新世纪电工电子实验系列规划教材

电路实验实训及仿真教程

主　编　张彩荣

副主编　闫俊荣　崔　霞

主　审　刘晓文

U0380419

东南大学出版社

·南京·

内 容 提 要

根据 2009 年教育部高等学校电子信息科学与电气信息类基础课程教学指导分委员会修订的"电路分析基础课程教学基本要求"、2011 年教育部高等学校电子电气基础课程教学指导分委员会修订的"电工学课程教学基本要求",及新世纪创新型人才需要,编写了这本电路实践及仿真教材。

本书内容分为 5 章,第 1 章为电路实验与实训基础,主要讲述了测量及误差分析、常用电工仪器仪表介绍、常用元器件介绍;第 2 章为电路实验,本部分首先介绍了 DGX 型实验装置结构,然后重点讲述了 20 个基础实验的原理及实验内容、11 个设计性实验的原理及设计要求;第 3 章为电路实训,本部分首先讲述了电路实训的总体目标及要求,然后介绍了供电及安全用电、实训工具等电路实训的准备知识,重点介绍了 6 个电路实训的项目及相关知识;第 4 章为 Multisim 9 辅助电路分析,主要介绍了 Multisim 9 软件及仿真方法,给出了 8 个电路仿真实验的过程及结果;第 5 章为 MATLAB 辅助电路分析,主要介绍 MATLAB 软件,给出了基于 MATLAB 的 5 个电路仿真实验的内容及仿真计算过程。

本书适合普通高等学校电类专业、机械类专业及计算机类专业师生使用,也可供其他科技人员参考。

图书在版编目(CIP)数据

电路实验实训及仿真教程/张彩荣主编 . —南京:东南大学出版社,2015. 8(2019. 8 重印)

新世纪电工电子实验系列规划教材

ISBN 978 - 7 - 5641 - 5988 - 7

Ⅰ. ①电… Ⅱ. ①张… Ⅲ. ①电路—实验—高等学校—教材 ②电子电路—计算机仿真—应用软件—高等学校—教材 Ⅳ. ①TM13 - 33 ②TN702

中国版本图书馆 CIP 数据核字(2015)第 199138 号

电路实验实训及仿真教程

出版发行	东南大学出版社
出 版 人	江建中
社 址	南京市四牌楼 2 号
邮 编	210096
经 销	全国各地新华书店
印 刷	南京工大印务有限公司
开 本	787mm × 1092mm 1/16
印 张	22.5
字 数	576 千字
版 次	2015 年 8 月第 1 版
印 次	2019 年 8 月第 2 次印刷
书 号	ISBN 978 - 7 - 5641 - 5988 - 7
印 数	3001—4500 册
定 价	50.00 元

(本社图书若有印装质量问题,请直接与营销部联系,电话:025 - 83791830)

前　言

电路课程是电类专业最早的一门专业基础课,它的实践技能和仿真计算验证能力对后面的专业基础课和专业课具有深远的影响。

近年来,电路及电工理论、实用技术、教学内容、教学方法都发生了深刻的变化。2009 年教育部高等学校电子信息科学与电气信息类基础课程教学指导分委员会修订了"电路分析基础课程教学基本要求",2011 年教育部高等学校电子电气基础课程教学指导分委员会修订了"电工学课程教学基本要求",本书作者根据对电路及电工课程教学基本要求的变化、新理论新技术的应用情况,结合当前用人单位对新型人才需求的要求及创新教育需要,依托天煌教仪公司生产的 DGX-Ⅰ型实验装置,编写了这本实践及仿真教程。

为了满足多层次学生对不同知识点的需求,本书提供了电路实验与实训基础、电路基础实验、电路设计性实验、电路实训、Multisim 9 软件及电路仿真实验、MATLAB 软件及电路仿真计算等内容。

本书内容分为 5 章,第 1 章讲述电路实验与实训基础,包括测量及误差分析、常用电工仪器仪表及常用元器件介绍。第 2 章讲解电路基础实验及设计性实验,首先介绍了 DGX—Ⅰ型实验装置结构及使用方法,然后详细讲解了 20 个基础实验的原理及实验内容,对 11 个设计性实验讲解了设计方法、提出了设计要求。第 3 章为电路实训内容,首先讲述了电路实训的总体目标及要求,然后介绍了供电及安全用电、实训工具等电路实训的准备知识,重点介绍了 6 个电路实训的项目及相关知识。第 4 章为 Multisim 9 仿真实验内容,主要介绍了 Multisim 9 软件及仿真方法,给出了 8 类电路仿真实验的方法及过程。第 5 章为 MATLAB 辅助电路分析内容,主要介绍 MATLAB 软件,给出了基于 MATLAB 的 5 个电路仿真计算的方法及过程。

通过本书教学内容,学生可以掌握以下技能:

(1) 认识常用电子元器件,能用仪器仪表测试其参数或直接读出其参数。

(2) 熟练使用常用电工电子仪器,包括电压表、电流表、万用表、功率表、直流稳压电源、函数信号发生器、模拟示波器、数字存储示波器、调压器等。

(3) 认识常用的电工工具,包括螺丝刀、电工钢丝钳、尖嘴钳、斜口钳、剥线钳、电工刀、验电笔、扳手、电烙铁、吸锡器、游标卡尺、外径千分尺等,并能正确选择使用这些工具。

(4) 认识常用导线,熟练掌握常用导线的绝缘层剖削、接头制作、绝缘层恢复的方法。

（5）熟练掌握五步焊接法，掌握导线、常用元件、印制板的焊接方法。

（6）了解印制板制作方法及工艺、设备，能用热转印法制作电路板。

（7）对所学理论知识能用实验方法进行验证，并能自行设计有实用价值的电路，通过选取元器件、连接电路验证其功能。

（8）根据所学理论知识及实践经验，能排除实验中出现的故障，具有一定的分析问题和解决问题的能力。

（9）对实验数据能进行处理和分析。

（10）能用计算机辅助工具对电路进行仿真实验及故障分析，会使用虚拟仪器。

（11）能用计算机辅助工具对电路进行分析计算，解决大规模电路分析计算问题。

（12）具有解决日常生活中常见的电路安装、低压供电、安全用电问题的能力。

本书由江苏师范大学张彩荣任主编，对全书进行统稿及校稿，并编写了第 2 章、第 3.1 节、第 3.2 节、第 3.3 节中的 3.3.5 及 3.3.6 部分，江苏师范大学闫俊荣任副主编并编写了第 4 章、第 5 章，泰山学院崔霞任副主编并编写了第 1.2 节，江苏师范大学胡福年教授任参编，并对本书的总体结构提出了建议，编写了第 1.3 节，江苏师范大学张兴奎任参编，编写了第 3.3 节中的 3.3.1 及 3.3.2 部分，江苏师范大学黄艳任参编，编写了第 1.1 节，江苏师范大学尚睿任参编，编写了第 3.3 节中的 3.3.3 及 3.3.4 部分。

在本书的编写过程中，许多同行给予了很多帮助、指导，特聘请中国矿业大学信息及电气工程学院刘晓文教授担任本书的主审工作，刘晓文教授在评审过程中提出了很多宝贵的意见，在此一并致以诚挚的谢意！

编　者
2015 年 7 月

目　录

1 电路实验与实训基础

现代高等教育应该是一种以能力培养为主线的教育,而实验室、实训基地的建设是高等教育教学基本建设的重要组成部分,是培养高等技术应用性专门人才的基本条件之一。电路实验的重点在于培养学生掌握电工仪表的使用,训练基本接线技能,正确使用电子仪器,学会调试电子电路,并培养学生设计综合实验的能力。电路实训着重培养学生的动手能力和应用理论解决实际问题的能力。电路实验与实训可以使学生较完整地、系统地学习电路基础理论,从而获得在电工测量方面必备的操作技能,并起到巩固、扩展所学理论知识的作用。另外,为了适应科学技术的发展,在实验与实训教程中引入计算机仿真技术,使学生能掌握新技术的发展和应用。希望通过实验与实训的教学能达到以下要求:

(1) 读懂基本的电路图,具有分析基本电路功能和作用的能力。

(2) 合理选择元器件,独立确定实验方案和步骤,组装、调试和设计基本电路的能力。

(3) 掌握常用电工电子测量仪器设备的选择和使用方法。

(4) 掌握电路性能和功能的测试方法,具有分析和发现基本实验一般故障并自行排除的能力。

(5) 能独立编写实验与实训报告。

1.1 测量和误差分析

电路实验的重要任务是定量地测量相关电路物理量,而对事物定量地描述又离不开数学方法和进行实验数据的处理。因此,测量方法、误差分析和数据处理是电路实验课的基础。误差理论和数据处理是一切实验结果中不可缺少的内容,是不可分割的两部分。

误差理论是一门独立的学科。随着科学技术的发展,近年来误差理论的基本概念和处理方法也有很大发展。误差理论以数理统计和概率论为其数学基础,研究误差性质、规律及如何消除误差。实验中的误差分析,其目的是对实验结果做出评定,最大限度地减小实验误差,或指出减小实验误差的方向,提高测量质量,提高测量结果的可信赖程度。对低年级大学生,这部分内容难度较大。本课程仅限于介绍误差分析的初步知识,着重点放在几个重要概念及最简单情况下的误差处理方法,不进行严密的数学论证,以减小学生学习的难度,有利于学好电路实验这门基础课程。本章将从测量及误差的定义开始,逐步介绍有关误差和实验数据处理的方法和基本知识。

1.1.1 概述

1) 电工测量的意义和发展趋势

电工测量是指以电工技术为理论依据,以电工电子测量仪器和设备为手段,对各种电量进行测量。电工测量知识是电类专业学生必须具备的,也是电类专业教学中进行基本技能训练的重要环节。

对电路的量进行测量,是电路实验中极其重要的一个组成部分。电工测量不仅要定性地观察电路现象,更重要的是找出有关电路的量(主要是物理量)之间的定量关系,因此就需要进行定量的测量,以取得电路量数据的表征。实验上把物理量与规定的标准单位的同类物理量或可借以导出的异类物理量进行比较、得出结论的过程就叫做测量。利用电工测量仪表对电路中各个物理量,如电压、电流、功率、电能量等参数的大小进行实验测量就叫做电工测量。把实现电工测量过程所需技术工具的总体叫做电工测量仪表。电工仪表的测量对象主要是物理量中的电学量和磁学量。电学量又分为电量和电参量。通常要求测量的电量有电流、电压、功率、电能、频率等;电参量有电阻、电容、电感等。

电工测量学科在计算机技术、现代检测技术的发展推动下,已成为以智能化、自动化、通用化、高精确度、高灵敏度为标志的学科。测量仪器的发展经历了 4 个阶段:第 1 阶段是借助表头指针来显示测量结果的模拟仪器时代;第 2 阶段是以数字方式显示测量结果的数字化仪器时代;第 3 阶段是既能进行自动测试又具有一定的数据处理功能的内置微处理器的智能仪器时代;第 4 阶段是用计算机软件和仪器软面板实现仪器的测量和控制功能的虚拟仪器时代。

目前电工测量的教学首先要培养学生以基本电工电子仪器和设备为测量工具的实际动手能力,并学会常见电路物理量的测量方法和常用仪器设备的基本使用方法,还有必须掌握以虚拟仪器为代表的现代测量技术。基本的硬件测量和先进的虚拟测量是相互促进的,常用电工仪器的使用有助于虚拟仿真实验的开设,反之,通过仿真实验的开设进一步熟识常用电工仪器的使用;另一方面,基本测量方法和技术是仿真实验的基础知识,而仿真软件中元件多、仪器多、功能全,又是对基本实验的补充和完善。

2) 电工测量的内容

电工测量的主要内容有:

(1) 电路物理量的测量:电流、电压(电位)、功率、电能、功率因数、频率、相位、有效值、电阻、电容、电感(自感、互感)、双口网络参数等。

(2) 电路定律的验证:欧姆定律、基尔霍夫定律、叠加定律、戴维南定理、诺顿定理等。

(3) 电路特性的测试:电流源电压源的伏安特性、单口网络的伏安特性、理想变压器的伏安特性、电路的频率响应、频率特性等。

3) 电工测量的方法

掌握正确的实验实训方法,是顺利完成实验实训内容,提高实验实训效果的重要保证。电工测量方式常分为:

(1) 根据获得测量结果的不同方式,分为直接测量法、间接测量法和组合测量法。

① 直接测量法:从测量仪器上直接得到被测量量值的测量方法。直接测量的特点是简便。此时,测量目的与测量对象一致。例如用电压表测量电压、用电桥测量电阻等。

② 间接测量法:通过测量与被测量有函数关系的其他量,才能得到被测量量值的测量方法。例如用伏安法测量电阻。

当被测量不能直接测量,或被测量很复杂,或采用间接测量比采用直接测量能获得更准确的结果时,采用间接测量。间接测量时,测量目的与测量对象是不一致的。

一个电路的量能否直接测量不是绝对的。随着科学技术的发展,测量仪器不断改进,很多原来只能间接测量的量,现在可以直接测量了。比如电能的测量本来是间接测量,现在也可以用电度表来进行直接测量。电路的量的测量,大多数是间接测量,但直接测量是一切测量的基础。

③ 组合测量法:在测量中,若被测量有多个,而且它们与可直接(或间接)测量的电路的量有一定的函数关系,通过联立求解各函数关系来确定被测量的数值,这种测量方式称为组合测量法。

例如,图 1.1.1 所示电路中测定有源线性一端口网络等效参数 R_0、U_{OC},调节 R_L 为 R_1 时得到电流表的示数为 I_1,电压表的示数为 U_1;调节 R_L 为 R_2 时得到电流表的示数为 I_2,电压表的示数为 U_2,根据欧姆定律得到:

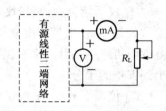

图 1.1.1 有源线性一端口网络
等效参数的测定

$$\begin{cases} U_1 + R_0 I_1 = U_{OC} \\ U_2 + R_0 I_2 = U_{OC} \end{cases}$$

从而求出 R_0 和 U_{OC} 的数值。

(2) 根据测量条件,分为等精度测量和非等精度测量。

等精度测量是指在同一(相同)条件下进行的多次测量,如同一个人,用同一台仪器,每次测量时周围环境条件相同,等精度测量每次测量的可靠程度相同。反之,若每次测量时的条件不同,或测量仪器改变,或测量方法、条件改变,这样所进行的一系列测量叫做非等精度测量,非等精度测量的结果,其可靠程度自然也不相同。电工测量中大多采用等精度测量。应该指出:重复测量必须是重复进行测量的整个操作过程,而不是仅仅为重复读数。

(3) 根据获得测量结果数值的方法,分为直读测量法和比较测量法。

① 直读测量法(直读法):直接根据仪表(仪器)的读数确定测量结果的方法。测量过程中,标准量(即度量器)不直接参与作用。例如用电流表测量电流、用功率表测量功率等。直读测量法的特点是设备简单、操作简便,缺点是测量准确度不高。

② 比较测量法:测量过程中被测量与标准量直接进行比较而获得测量结果的方法。例如用电桥测电阻,测量中作为标准量的标准电阻参与比较。比较测量法的特点是测量准确、灵敏度高,适用于精密测量,但测量操作过程比较麻烦,相应的测量仪器较贵。

综上所述,直读法与直接测量法,比较法与间接测量法,彼此并不相同,但又互有交叉。实际测量中采用哪种方法,应根据对被测量测量的准确度要求以及实验条件是否具备等多种因素具体确定。如测量电阻,当对测量准确度要求不高时,可以用万用表直接测量或伏安法间接测量,它们都属于直读法;当要求测量准确度较高时,则用电桥法进行直接测量,它属于比较测量法。

1.1.2 误差分析

一个被测电路的量,除了用数值和单位表征外,还有一个很重要的用来表征它的参数,便是对测量结果可靠性的定量估计,即误差。这个重要参数却往往容易为人们所忽视,设想如果得到一个测量结果的可靠性几乎为 0,那么这种测量结果还有什么价值呢? 因此,从表征被测量这个意义上来说,对测量结果可靠性的定量估计与其数值和单位至少具有同等的重要意义,三者是缺一不可的。

1) 基本概念

(1) 有关测量仪器的基本概念

测量仪器是进行测量的必要工具。熟悉仪器性能、掌握仪器的使用方法及正确进行读数,是每个测量者必备的基础知识。以下先简单介绍仪器精密度、准确度和量程等基本概念。

① 仪器精密度:是指仪器的最小分度相当的量。仪器最小的分度越小,所测量的量的位数就越多,仪器精密度就越高。对测量读数最小一位的取值,一般来讲应在仪器最小分度范围内再进行估计读出一位数字。如具有安培分度的电流表,其精密度为 1 A,应该估计读出到安培的十分位。

② 仪器准确度:是指仪器测量读数的可靠程度。它一般标在仪器上或写在仪器说明书上。如电学仪表所标示的级别就是该仪器的准确度。对于没有标明准确度的仪器,可粗略地取仪器最小的分度数值或最小分度数值的一半,一般对连续读数的仪器取最小分度数值的一半,对非连续读数的仪器取最小的分度数值。在制造仪器时,其最小的分度数值是受仪器准确度约束的,对不同的仪器准确度是不一样的。

③ 量程:是指仪器所能测量的量的最大值与最小值之差,即仪器的测量范围(有时也将所能测量的最大值称量程)。测量过程中,超过仪器量程使用仪器是不允许的,轻则仪器准确度降低,使用寿命缩短,重则损坏仪器。

(2) 有关测量误差的基本概念

① 真值

真值是表征被测量与给定特定量的定义一致的量值。真值客观存在,但又不可测量。随着科学技术的发展,人们对客观事物的认识不断提高,测量结果的数值会不断接近真值。任何一个测量在一定条件下是客观存在的,当能被完善地确定并能排除所有测量上的缺陷时,通过测量所得的量值称为该量的真值。但是,一个量的完善定义极其困难,人们也不能完全排除测量中的所有缺陷。因而,真值是一个比较抽象和理想的概念,一般来说不可能知道。电路实验课中被测量的真值常采用公认值、理论值或较高准确度结合在一起的测量或多次测量的平均值近似地代替真值,这些值叫做"约定真值",约定真值的误差可以忽略。相对真值也叫实际值,是在满足规定准确度时用来代替真值使用的值。

② 示值

通过实验所得到的量值也称为测量值。包括:

a. 单次测量值:若只能进行一次测量,如变化过程中的测量,或没有必要进行多次测量;对测量结果的准确度要求不高,有足够的把握;仪器的准确度不高或多次测量结果相同。这时就用单次测得值近似地表示被测量的真值。

b. 算术平均值:对多次等精度重复测量,用所有测量值的算术平均值来替代真值。由数理统计理论可以证明,算术平均值是被测量真值的最佳估计值。

c. 加权平均值:当每个测量值的可信程度或测量准确度不等时,为了区分每个测量值的可靠性,即重要程度,对每个测量值都给一个"权"数。最后测量结果用带上权数的测量值求出的平均值表示,即称为加权平均值。

③ 准确度

准确度表示测量结果与真值的一致程度。由于真值的不可知性,准确度只是一个定性概念,而不能用于定量表达,定量表达应该用"测量不确定度"。

④ 重复性

重复性是指在相同的条件下,对同一被测量进行多次连续测量所得结果之间的一致性。相同条件就是重复条件,包括相同的测量程序、相同的条件、相同的观测人员、相同的测量设备、相同的地点等。

⑤ 误差公理

在实际测量中,由于受测量方法、测量仪器、测量条件以及观测者水平等多种因素的限制,只能获得该被测量的近似值,也就是说,一个被测量值 x 与真值 x_0 之间存在差值 Δx,这种差值称为测量误差,即

$$\Delta x = x - x_0$$

测量误差的存在是不可避免的,也就是说"一切测量都具有误差,误差自始至终存在于所有科学实验的过程中",这就是误差公理。

人们研究测量误差的目的就是寻找产生误差的原因,认识误差的规律和性质,进而找出减少误差的方法,以求获得尽可能接近真值的测量结果。

2)测量误差的来源

测量值中存在测量误差通常有下列四方面原因:

(1)观测者:由于观测者的感觉器官的鉴别能力的局限性,在仪器安置、照准、读数等工作中都会产生误差。同时,观测者的技术水平及工作态度也会对观测结果产生影响。

(2)测量仪器:测量工作所使用的测量仪器都具有一定的精密度,从而使观测结果的精度受到限制。另外,仪器本身构造上的缺陷,也会使观测结果产生误差。

(3)外界观测条件:外界观测条件是指野外观测过程中,外界条件的因素,如天气的变化、植被的不同、地面土质松紧的差异、地形的起伏、周围建筑物的状况,以及太阳光线的强弱、照射的角度大小等。

(4)测量方法:测量方法不合理将会造成误差。例如:用普通万用表测量高内阻网络的端电压就不合理,由此产生的误差就是方法误差。

3)误差的分类及消除方法

观测误差按其性质,可分为系统误差、偶然误差和粗差。

(1)系统误差

系统误差是由于仪器制造或校正不完善、观测员生理习性、测量时外界条件、仪器检定时不一致等原因引起,在一定条件下多次测量的结果总是向一个方向偏离,其数值一定或按一定规律变化。在同一条件下获得的一组观测中,其数据、符号或保持不变,或按一定的规律变化。系统误差的特征是具有一定的规律性,在观测结果中具有累计性,对结果质量影响显著,应在观测中采取相应措施予以消除。

① 系统误差的来源

a. 仪器误差:是由于仪器本身的缺陷或没有按规定条件使用仪器而造成的误差。例如,用电流表测量电路中的电流时,由于仪器刻度不准、刻度盘和指针安装偏心而造成误差。

　　b. 理论误差:它是由于测量所依据的理论公式本身的近似性,或实验条件不能达到理论公式所规定的要求,或测量方法等所带来的误差。例如,用伏安法测量电阻时,由于忽略了电表内阻的影响而造成误差。

　　c. 观测误差:它是由于观测者本人生理或心理特点造成的误差。例如,用电流表测电流时,由于读数为斜视读出而造成误差。

　　d. 环境误差:在测量过程中,若环境温度升高或降低,使测量值按一定规律变化,例如在 25 ℃时标定的标准电阻在 30 ℃环境下使用而造成误差。

　　② 发现系统误差的方法

　　a. 理论分析法:从原理和测量公式上找原因,看是否满足测量条件。例如,用伏安法测量电阻时,实际中电压表内阻不等于无穷大、电流表内阻不等于 0,会产生系统误差。

　　b. 实验对比法:改变测量方法和条件,比较差异,从而发现系统误差。例如,调换测量仪器或操作人员,进行对比,观察测量结果是否相同而进行判断确认。

　　c. 数据分析法:分析数据的规律性,以便发现误差。例如,采用残差法,对一组等精度测量数据,通过计算偏差、观察其大小和比较正、负号的数目,可以寻找系统误差。

　　③ 消除、减小系统误差的方法

　　在任何一项实验工作和具体测量中,必须要想尽一切办法,最大限度地消除或减小一切可能存在的系统误差,或者对测量结果进行修正。发现系统误差需要改变实验条件和实验方法,反复进行对比,系统误差的消除或减小是比较复杂的问题,没有固定不变的方法,要具体问题具体分析,各个击破。产生系统误差的原因可能不止一个,一般应找出影响的主要因素,有针对性地消除或减小系统误差。以下介绍几种常用的方法。

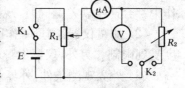

图 1.1.2　用替代法测电表内阻电路图

　　a. 检定修正法:将仪器、量具送计量部门检验,取得修正值,以便对某一被测量测量后进行修正。

　　b. 替代法:测量装置测定被测量后,在测量条件不变的情况下,用一个已知标准量替换被测量来减小系统误差。例如在电表改装实验中测量表头内阻时,如图 1.1.2 所示,首先将 K_2 与表头回路接通,调节 R_1 使 μA 表指到整刻度,记下该电流值,再将 K_2 与电阻箱回路接通,保持 R_1 不变,调节电阻箱 R_2 值,使 μA 表和记下的电流值相同,此时电阻箱的电阻值就等于被测表头的内阻,这种方法避免了测量仪器(μA 表)内阻引入的误差。

　　c. 异号法:对实验时在两次不同测量条件中出现符号相反的误差,采用取两次误差平均值作为测量结果。例如,在外界磁场作用下,仪表读数会产生一个附加误差,若将仪表位置转动180°再进行一次测量,外磁场将对读数产生相反的影响,引起负的附加误差。两次测量结果取平均,正负误差可以抵消,从而可以减小系统误差。

　　d. 零示法:电桥、电位差计均用这种方法,指零仪器两端等电位(即示零)时测量,可以减小仪器误差和避免指零仪器内阻引入的误差。图 1.1.3 所示为用零示法测量线性有源二端网络的开路电压 U_{OC} 的电路,因为在测量具有高内阻有源二端网络的开路电压时,用电压表直接测量会造成较大的误差,为了消除电压表内阻的影响,往往采用零示测量法。

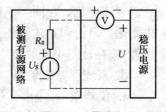

图 1.1.3　零示法

零示法测量原理是用一低内阻的稳压电源与被测有源二端网络进行比较,当稳压电源的输出电压与有源二端网络的开路电压相等时,电压表的读数将为"0"。然后将电路断开,测量此时稳压电源的输出电压,即为被测有源二端网络的开路电压。

(2) 偶然误差

偶然误差的产生取决于观测进行中的一系列不可能严格控制的因素(如湿度、温度、空气振动等)的随机扰动,有时也叫随机误差。在同一条件下获得的观测结果中,其数值、符号不定,表面看没有规律性,实际上是服从一定的统计规律的。

在实际测量条件下,多次测量同一量时,偶然误差的绝对值符号的变化时大时小、时正时负,以不可预见的方式变化。当测量次数很多时,偶然误差就显示出明显的规律性。实践和理论都已证明,偶然误差服从一定的统计规律(正态分布),其特点是:绝对值小的误差出现的概率比绝对值大的误差出现的概率大(单峰性);绝对值相等的正负误差出现的概率相同(对称性);绝对值很大的误差出现的概率趋于 0(有界性);误差的算术平均值随着测量次数的增加而趋于 0(抵偿性)。因此,增加测量次数可以减小随机误差,但不能完全消除。

引起偶然误差的原因很多。与仪器精密度和观察者感官灵敏度有关。例如:仪器显示数值的估计读数位偏大和偏小;仪器调节平衡时,平衡点确定不准;测量环境扰动变化以及其他不能预测、不能控制的因素,如空间电磁场的干扰、电源电压波动引起测量的变化等。实验中,精密度高是指偶然误差小,而数据很集中;准确度高是指系统误差小,测量的平均值偏离真值小;精确度高是指测量的精密度和准确度都高。数据集中而且偏离真值小,即偶然误差和系统误差都小。

由于测量者过失,如实验方法不合理、用错仪器、操作不当、读错数值或记错数据等引起的误差,是一种人为的过失误差,不属于测量误差,只要测量者采用严肃认真的态度,过失误差是可以避免的。

(3) 粗差

粗差是一些不确定因素引起的误差。国内外学者在粗差的认识上尚无统一的看法,目前的观点主要有几类:一类是将粗差看做与偶然误差具有相同的方差,但期望值不同;一类是将粗差看做与偶然误差具有相同的期望值,但其方差十分巨大;还有一类是认为偶然误差与粗差具有相同的统计性质,但有正态与病态的不同。以上理论均是建立在把偶然误差和粗差均属于连续型随机变量的范畴。还有一些学者认为粗差属于离散型随机变量。当观测值中剔除了粗差,排除了系统误差的影响,或者与偶然误差相比系统误差处于次要地位后,占主导地位的偶然误差就成了我们研究的主要对象。从单个偶然误差来看,其出现的符号和大小没有一定的规律性,但对大量的偶然误差进行统计分析,就能发现其规律性,误差个数越多,规律性越明显。

在实际测量中,由于测量误差的分类是人为的,在不同场合、不同测量条件下,误差之间是可以相互转化的。例如,指示仪表的刻度误差,对于制造厂生产的同一批仪表来说,具有随机性,属于随机误差;对于用户特定的一块仪表来说,该误差是固定不变的,属于系统误差。实验中,精密度高是指随机误差小,而数据很集中;准确度高是指系统误差小,测量的平均值偏离真值小;精确度高是指测量的精密度和准确度都高。数据集中而且偏离真值小,即随机误差和系统误差都小。

4) 测量误差的表示

误差按表达方式分为绝对误差和相对误差。

（1）绝对误差

绝对误差 Δx 是被测量的实际测量结果 x 减被测量的真值 x_0 后之差,即

$$\Delta x = x - x_0 \tag{1.1.1}$$

式中：Δx 为绝对误差；x 为测量值；x_0 为真值。

绝对误差不是误差的绝对值。绝对误差可正可负,具有与被测量相同的量纲和单位,它表示测量值偏离真值的程度。由于真值一般是得不到的,因此误差也无法计算。实际测量中是用多次测量的算术平均值来代替真值。

（2）相对误差

相对误差是绝对误差与被测量真值之比。由于真值不能确定,实际上常用约定真值来代替。相对误差是一个无单位的无名数,常用百分数表示,即

$$E_r = \left| \frac{\Delta x}{x_0} \right| \times 100\% \tag{1.1.2}$$

相对误差也称为百分误差。显然,相对误差越小,则准确度越高。

（3）引用误差

引用误差是绝对误差与量程之比,以百分数表示,即

$$E_q = \frac{\Delta x}{A_m} \times 100\% \tag{1.1.3}$$

式中：E_q 为引用误差；A_m 为测量仪表的量程。

因为绝对误差和相对误差不能客观正确地反映仪表的准确度,所以引用误差是为评价测量仪表的准确度等级而引入的。

仪表的精度等级是指最大引用误差,即绝对误差绝对值的最大值 $|\Delta x|_m$ 与仪表量程 A_m 之比,又称为允许误差,即

$$E_{qm} = \frac{|\Delta x|_m}{A_m} \times 100\% \tag{1.1.4}$$

式中：E_{qm} 为最大引用误差；$|\Delta x|_m$ 为绝对误差绝对值的最大值；A_m 为测量仪表的量程。

国家标准 GB 776—1976《测量指示仪表通用技术条件》规定,电测量仪表的准确度等级指数就是把允许误差中的百分号去掉,剩下的数字就称为仪表的精度等级,分为 0.1、0.2、0.5、1.0、1.5、2.5、5.0 等七级。仪表的精度等级常以圆圈内的数字标明在仪表的面板上。例如某个电压表的允许误差为 1.5%,这个电工仪表的精度等级就是 1.5,通常简称 1.5 级仪表。

仪表的精度等级为 a,它表明仪表在正常工作条件下,其最大引用误差的绝对值 δ_{max} 不能超过的界限,即

$$E_{qm} \leqslant a\% \tag{1.1.5}$$

由式(1.1.5)可知,在用仪表进行测量时所能产生的最大绝对误差(简称误差限)为:

$$|\Delta x|_{\mathrm{m}} \leqslant a\% \times A_{\mathrm{m}} \qquad (1.1.6)$$

而用仪表测量的最大值相对误差为:

$$E_{\mathrm{rm}} = \frac{|\Delta x|_{\mathrm{m}}}{A_{\mathrm{m}}} \leqslant a\% \times \frac{A_{\mathrm{m}}}{X} \qquad (1.1.7)$$

由式(1.1.7)可以看出,用仪表测量某一被测量所能产生的最大示值相对误差,不会超过仪表允许误差 $a\%$ 乘以仪表测量上限与测量值 X 之比。在实际测量中为可靠起见,可用下式对仪表的测量误差进行估计,即

$$E_{\mathrm{rm}} = a\% \times \frac{A_{\mathrm{m}}}{X} \qquad (1.1.8)$$

【例1.1.1】 用量限为5 A、准确度为0.5级的电流表,分别测量 $I_1 = 5\,\mathrm{A}$,$I_2 = 2.5\,\mathrm{A}$ 两个电流,试求测量 I_1 和 I_2 的相对误差为多少?

$$E_{\mathrm{rm1}} = a\% \times \frac{I_{\mathrm{m}}}{I_1} = 0.5\% \times \frac{5}{5} = 0.5\%$$

$$E_{\mathrm{rm2}} = a\% \times \frac{I_{\mathrm{m}}}{I_2} = 0.5\% \times \frac{5}{2.5} = 1.0\%$$

由此可见,当仪表的精度等级选定时,所选仪表的测量上限越接近被测量的值,则测量的误差的绝对值越小。

【例1.1.2】 欲测量约90 V的电压,实验室现有0.5级 $0 \sim 300\,\mathrm{V}$ 和1.0级 $0 \sim 100\,\mathrm{V}$ 的电压表。问选用哪一种电压表进行测量为好?

用0.5级 $0 \sim 300\,\mathrm{V}$ 的电压表测量90 V的相对误差为:

$$E_{\mathrm{rm0.5}} = a_1\% \times \frac{U_{\mathrm{m}}}{U} = 0.5\% \times \frac{300}{90} = 1.7\%$$

用1.0级 $0 \sim 100\,\mathrm{V}$ 的电压表测量90 V的相对误差为:

$$E_{\mathrm{rm1.0}} = a_2\% \times \frac{U_{\mathrm{m}}}{U} = 1.0\% \times \frac{100}{90} = 1.1\%$$

上例说明,如果选择得当,用量程范围适当的1.0级仪表进行测量,能得到比用量程范围大的0.5级仪表更准确的结果。因此,在选用仪表时,应根据被测量值的大小,在满足被测量数值范围的前提下,尽可能选择量程小的仪表,并使测量值大于所选仪表满刻度的2/3,即 $X > 2X_{\mathrm{m}}/3$。这样就可以达到满足测量误差要求,又可以选择精度等级较低的测量仪表,从而降低仪表的成本。

5) 测量的精密度、准确度和精确度

测量的精密度、准确度和精确度都是评价测量结果的术语,但目前使用时其含义并不尽一致,以下介绍较为普遍采用的意见。

测量精密度表示在同样测量条件下,对同一被测量进行多次测量,所得结果彼此间相互接近的程度,即测量结果的重复性、测量数据的弥散程度,因而测量精密度是测量偶然误差

的反映。测量精密度高,偶然误差小,但系统误差的大小不明确。

测量准确度表示测量结果与真值接近的程度,因而它是系统误差的反映。测量准确度高,则测量数据的算术平均值偏离真值较小,测量的系统误差小,但数据较分散,偶然误差的大小不确定。

测量精确度则是对测量的偶然误差及系统误差的综合评定。精确度高,测量数据较集中在真值附近,测量的偶然误差及系统误差都比较小。在一组测量中,精密度高的准确度不一定高,准确度高的精密度也不一定高,但精确度高,则精密度和准确度都高。

为了说明精密度与准确度的区别,可用下述打靶子例子来说明。如图 1.1.4 所示。

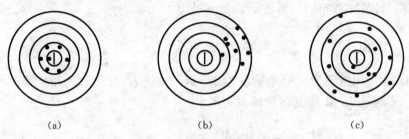

（a）　　　　　　　　　　（b）　　　　　　　　　　（c）

图 1.1.4　精密度与准确度的关系

图 1.1.4(a)表示精密度和准确度都很好,则精确度高;图 1.1.4(b)表示精密度很好,但准确度却不高;图 1.1.4(c)表示精密度与准确度都不好。在实际测量中没有像靶心那样明确的真值,而是设法去测定这个未知的真值。

学生在实验过程中,往往满足于实验数据的重现性,而忽略了数据测量值的准确程度。绝对真值是不可知的,人们只能制定一些国际标准作为测量仪表准确性的参考标准。随着人类认识运动的推移和发展,可以逐步逼近绝对真值。

6) 测量结果的误差估计

误差存在于一切测量之中,测量与误差形影不离,分析测量过程中产生的误差,将影响降低到最低程度,并对测量结果中未能消除的误差做出估计,是实验中的一项重要工作,也是实验的基本技能。实验总是根据对测量结果误差限度的一定要求来制订方案和选用仪器的,不要以为仪器精度越高越好。因为测量的误差是各个因素所引起的误差的总和,要以最小的代价来取得最好的结果,要合理设计实验方案,选择仪器,确定采用这种或那种测量方法,如比较法、替代法、正负误差补偿法等,都是为了减小测量误差;对测量公式进行这样或那样的修正,也是为了减少某些误差的影响;在调节仪器时,如使其处于铅直、水平状态,要考虑到什么程度才能使它的偏离对实验结果造成的影响可以忽略不计;电表接入电路和选择量程都要考虑到引起误差的大小。在测量过程中,某些对结果影响大的关键量,就要努力想办法将它测准;有的测量不太准确对结果没有什么影响,就不必花太多的时间和精力去对待;在进行处理数据时,某个数据取到多少位,怎样使用近似公式,作图时坐标比例、尺寸大小怎样选取,如何求直线的斜率等,都要考虑到引入误差的大小。

(1) 测量的偏差

由于客观条件所限、人们认识的局限性,测量不可能获得被测量的真值,只能是近似值。设某个被测量的真值为 x_0,进行 n 次等精度测量,测量值分别为 x_1,x_2,…,x_n(测量过程无明显的系统误差),它们的误差为:

$$\begin{cases} \Delta x_1 = x_1 - x_0 \\ \Delta x_2 = x_2 - x_0 \\ \vdots \\ \Delta x_n = x_n - x_0 \end{cases}$$

求和得：

$$\sum_{i=1}^{n} \Delta x_i = \sum_{i=1}^{n} x_i - n x_0$$

即

$$\frac{\sum_{i=1}^{n} \Delta x_i}{n} = \frac{\sum_{i=1}^{n} x_i}{n} - x_0$$

当测量次数 $n \to \infty$，可以证明 $\dfrac{\sum\limits_{i=1}^{n} \Delta x_i}{n} \to 0$，而且 $\dfrac{\sum\limits_{i=1}^{n} x_i}{n} = \bar{x}$ 是 x_0 的最佳估计值，称 $\bar{x}$ 为测量值的近似真实值。为了估计误差，定义测量值与近似真实值的差值为偏差，即 $\Delta x_i = x_i - \bar{x}$。偏差又叫做残差。实验中真值得不到，因此误差也无法知道，而测量的偏差可以准确知道，实验误差分析中要经常计算这种偏差，用偏差来描述测量结果的精确程度。

（2）随机误差的估算

对某一被测量进行多次重复测量，其测量结果服从一定的统计规律，也就是正态分布（或高斯分布）。我们用描述高斯分布的两个参量 x 和 σ 来估算随机误差。设在一组测量值中，n 次测量的值分别为 x_1，x_2，$\cdots$，x_n。

① 算术平均值

根据最小二乘法原理证明，多次测量的算术平均值为：

$$\bar{x} = \frac{1}{n} \sum_{i=1}^{n} x_i \tag{1.1.9}$$

它是被测量真值 x_0 的最佳估计值。称 $\bar{x}$ 为近似真实值，以后将用 $\bar{x}$ 表示多次测量的近似真实值。

② 标准偏差

误差理论证明，平均值的标准偏差为：

$$S_x = \sigma_x = \sqrt{\frac{\sum_{i=1}^{n} (x_i - \bar{x})^2}{n-1}} \tag{1.1.10}$$

此即贝塞尔公式，其意义是某次测量值的随机误差在 $-\sigma_x \sim +\sigma_x$ 之间的概率为 68.3%。

③ 算术平均值的标准偏差

当测量次数 n 有限时，其算术平均值的标准偏差为：

$$\sigma_{\bar{x}} = \frac{\sigma_x}{\sqrt{n}} \sqrt{\frac{\sum_{i=1}^{n} (x_i - \bar{x})^2}{n(n-1)}} \tag{1.1.11}$$

其意义是测量平均值的随机误差在 $-\sigma_{\bar{x}}\sim+\sigma_{\bar{x}}$ 之间的概率为 68.3%。或者说,被测量的真值在 $(\bar{x}-\sigma_{\bar{x}})\sim(\bar{x}+\sigma_{\bar{x}})$ 范围内的概率为 68.3%。因此 $\sigma_{\bar{x}}$ 反映了平均值接近真值的程度。

④ 标准偏差

标准偏差 σ_x 小表示测量值密集,即测量的精密度高;标准偏差 σ_x 大表示测量值分散,即测量的精密度低。

估计随机误差还有用算术平均误差、$2\sigma_x$、$3\sigma_x$ 等方法来表示的。

(3) 异常数据的剔除

剔除一组测量值中异常数据的标准有 $3\sigma_x$ 准则、肖维准则、格拉布斯准则等。

① $3\sigma_x$ 准则

统计理论表明,测量值的偏差超过 $3\sigma_x$ 的概率已小于 1%。因此,可以认为偏差超过 $3\sigma_x$ 的测量值是其他因素或过失造成的,为异常数据,应当剔除。剔除的方法是将多次测量所得的一系列数据,算出各测量值的偏差 Δx_i 和标准偏差 σ_x,把其中最大的 Δx_j 与 $3\sigma_x$ 比较,若 $\Delta x_j>3\sigma_x$,则认为第 j 个测量值是异常数据,舍去不计。剔除 x_j 后,对余下的各测量值重新计算偏差和标准偏差,并继续审查,直到各个偏差均小于 $3\sigma_x$ 为止。

② 肖维准则

假定对一被测量重复测量了 n 次,其中某一数据在这 n 次测量中出现的概率不到半次,即小于 $1/(2n)$,则可以肯定这个数据的出现是不合理的,应当予以剔除。

根据肖维准则,应用随机误差的统计理论可以证明,在标准误差为 σ 的一组测量值中,若某一个测量值的偏差等于或大于误差的极限值 K_σ,则此值应当剔出。不同测量次数的误差极限值 K_σ 列于表 1.1.1。

表 1.1.1　肖维系数

n	K_σ	n	K_σ	n	K_σ
4	1.53σ	10	1.96σ	16	2.16σ
5	1.65σ	11	2.00σ	17	2.18σ
6	1.73σ	12	2.04σ	18	2.20σ
7	1.79σ	13	2.07σ	19	2.22σ
8	1.86σ	14	2.10σ	20	2.24σ
9	1.92σ	15	2.13σ	30	2.39σ

③ 格拉布斯准则

若一组测量值中某个数值的偏差的绝对值 $|\Delta x_i|$ 与该组测量值的标准偏差 σ_x 之比大于某一阈值 $g_0(n,1-p)$,即

$$|\Delta x_i|>g_0(n,1-p)\sigma_x \qquad (1.1.12)$$

则认为此测量值中有异常数据,并可予以剔除。式中,n 为测量数据的个数,而 p 为服从此分布的置信概率,一般取 p 为 0.95 和 0.99(处理具体问题时取哪个值则由实验者自己决定)。表 1.1.2 中给出 $p=0.95$ 和 0.99 时或 $1-p=0.05$ 和 0.01 时,对不同的 n 值所对应的 g_0 值。

表 1.1.2 $g_0(n, 1-p)$ 值

n	$1-p = 0.05$	$1-p = 0.01$	n	$1-p = 0.05$	$1-p = 0.01$
3	1.15	1.15	17	2.48	2.78
4	1.46	1.49	18	2.50	2.82
5	1.67	1.75	19	2.53	2.85
6	1.82	1.94	20	2.56	2.88
7	1.94	2.10	21	2.58	2.91
8	2.03	2.22	22	2.60	2.94
9	2.11	2.32	23	2.62	2.96
10	2.18	2.41	24	2.64	2.99
11	2.23	2.48	25	2.66	3.01
12	2.28	2.55	30	2.74	3.10
13	2.33	2.61	35	2.81	3.18
14	2.37	2.66	40	2.87	3.24
15	2.41	2.70	45	2.91	3.29
16	2.44	2.75	50	2.96	3.34

1.1.3 实验与实训的基本要求

1) 电路实验与实训的操作程序

(1) 课前准备

电路实验课与理论课不同,它的特点是学生在教师的指导下自己动手,独立完成实验任务,所以预习尤其重要。预习的重点可以放在以下几个方面:

① 明确实验任务。应该明确实验中需要测量哪些电路物理量,每个被测量分别需要用什么方法去测量。

② 弄清楚实验原理。例如电位差计精确测量电压实验用到补偿法原理进行定标,应该理解补偿电路的特点,什么是定标,定标的作用以及如何利用补偿电路定标,电位差计测量的主要误差来源,怎样减小误差等。

③ 初步了解实验仪器。实验前要通过预习知道需要使用哪些仪器,并对仪器的相关知识进行初步学习(特别是仪器的操作要领、注意事项)。

④ 尝试总结实验所体现的思想,并与教师上课所讲授的内容进行比较、归纳,以提高后期实验报告的质量。

总之,实验前要认真阅读教材,明确实验目的和要求,理解实验原理,掌握测量方案,初步了解仪器的构造原理和使用方法,并根据实验要求,在实验室开放时间内到实验室进行预习,了解和熟悉本次实验所用实验仪器、设备。对于基础实验(验证性实验),要画出使用的实验电路,并记录实验参数;对于设计性、综合性实验,要记录由实验室提供的元器件参数以备使用,在此基础上写好预习报告。

实验预习报告和实验报告使用同一份报告纸。每个实验一份报告,报告纸可以双面使用。应注意以下事项:

① 在预习报告上除了要写出实验名称、实验目的、实验仪器设备外,要画出实验电路

图，标出 U、I 的参考方向。

② 设计性、综合性实验要画出所设计的电路图，标出所选用和确定的电路参数。

③ 根据需要设计合适的实验表格，其中包括：计算值、测量值等相关项目或栏目。计算值要写入预习报告，测量值在实验测量后填写，并与计算值相对照，以验证是否正确。

④ 验证性实验要对电路进行计算，并把计算值填入已设计好的表格。计算步骤写在表格旁边。设计性、综合性实验要验算所确定的参数是否合理，如果不合理，则需要重新确定参数，再一次验算，并对电路进行计算。

⑤ 验证性实验要在实验开始时把预习报告交给实验指导教师，教师当时给出预习成绩。设计性实验、综合性实验要按教师规定，在实验前交给实验指导教师，教师批阅后返还，如果设计不合理，应该重做预习报告或修改参数，直至合适。凡是抄袭他人，两个人所设计的电路以及参数完全相同的，一律不准参加本次实验。

（2）实验与实训的操作注意事项

① 按规定时间到实验室，认真听取指导教师的讲解，迟到 10 分钟者不得参加实验和实训。进入实验室后，自觉遵守实验室的规章制度。

② 开始实验前应注意以下事项：

a. 检查所用电源、仪器仪表和实验设备是否齐全，能否满足实验要求。

b. 检查实验板或实验装置，察看有没有断线及脱焊等情况，并将实验电路、设备及仪表合理布局。布局的一般原则为：被测电路居中放置，直读仪表仪器放在操作者的左侧，信号发生器、示波器等单独仪表放在操作者的右侧，严禁仪表歪斜摆放和随意搬动。

c. 检查使用的电阻、电感、电容等元件，不仅要注意其参数值应与实验要求符合，还应注意电阻的额定电流（功率）、电容的额定电压、电感的额定电流等。实验中元件的电流和电压不能超过其额定值，否则有可能使元件损坏。要熟悉元器件的安装位置，便于实验时能够迅速准确地找到测量点。

③ 正确选择和使用仪表的注意事项如下：

a. 根据被测量选择直流或交流仪表。

b. 正确选择仪表的量程（被测量应小于所选量程，指示式仪表能使指针偏转在量程的 2/3 到满偏较好）。

c. 注意正确连线：直流电路注意电流、电压的方向，交流电路注意特殊仪表的接线，如功率表。

d. 正确读数：根据选择的量程读数，并加上单位。

e. 测量仪表应在无电的情况下接入或拆出电路，不能带电接线或拆线，以保证人身安全和避免电路中的电流或电压冲击损坏仪表。

④ 电路连接的注意事项如下：

a. 接线时先关闭电源，电压源不能短路，电流源不能开路，可调电源接入电路前，其输出应调至最小。

b. 接线时主电路应从电源的一端开始，先接主要的串联电路，后接各个并联支路，终止于电源的另一端。须经指导教师同意后方可接通电源。连线应整洁清楚，便于调节，读数方便，操作安全。为减少接线差错，每个接头或焊接端所连接线头一般不超过 2 个。

c. 接线和拆线时要插拔导线的插头，不要直接拉扯导线，以免损坏。插拔的正确方法是将插头边转动边插或边转动边拉。如需加长导线,可将导线插头对插或迭插,也可借用某一闲置元件的一个插孔作单头支点(切不可形成电流通路)。应特别注意人身及设备的安全。对 220 V 以上的电压要特别小心,严禁带电接、拆线路,人体严禁接触电路中带电的金属部位,以免发生人身触电事故,最好养成单手操作的习惯,以确保人身安全。

⑤ 实验过程中,测量数据和调整仪器要认真仔细,必须随时把观察到的现象和实验数据如实地记录在记录本上,不得记在散页纸上,要养成良好的做原始记录的习惯。

⑥ 实验中如发现有异常声音、火花、异常气味、超量程等不正常现象时,应立即切断电源。首先用自己学过的知识,独立思考加以解决,努力培养独立分析问题和解决问题的能力,如自己不能解决可与指导教师共同讨论研究,提出解决问题的办法。待找出原因并排除故障后,经指导教师同意方可继续进行实验。

⑦ 实验内容完成后,实验结果须经指导教师认可,在教师同意后才能拆线。拆线前必须先切断电源,最后应将全部仪器设备及器材复位,清理好导线、工具、元器件等,方可离开实验室。

⑧ 凡是违章操作损坏设备者,要写出事故原因,并按实验室有关规定处理。

（3）实验与实训课后的整理

整理工作是对实验或实训的总结,其主要工作是编写实验报告或实训报告,这是培养学生理论联系实际及分析问题能力的重要环节,从报告质量的好坏可以看出实验者实验的成功与否,将体现实验者的动手能力、分析综合能力。报告内容应包括:实验目的,主要仪器设备,实验内容、方法、步骤,实验结果记录,数据处理(包括实验数据及计算结果的整理、分析、误差原因的估计等)。此外,实验报告中还应包括实验中发现的问题、现象和事故的分析,实验的收获及心得体会,并回答思考题。

2）实验报告的基本格式

实验报告的撰写是知识系统化的吸收和升华过程,因此,实验报告应该体现完整性、规范性、正确性、有效性。实验报告模板设计为打印版和印刷版两种格式,学生可根据需要选用。

（1）打印版

可从学校网页下载统一的实验报告模板,学生自行完成撰写和打印。

报告的首页包含本次实验的一般信息:

实验项目:即实验题目;

项目类型:验证性、综合性或设计性;

项目学时:表示本次实验所用的时间,例如 2 学时;

实验室名:说明实验室名称,例如电工电子实验室;

班级:说明自己的班级,例如 07 自动 41;

实验组号:例如 2-5,表示第 2 批第 5 组;

实验日期:例如 2015-10-06,表示本次实验日期(年-月-日)。

实验报告正文部分反映本次实验的预习、要点、要求以及完成过程等情况,包括以下四个方面:

① 实验预习

a. 实验目的:本次实验所涉及并要求掌握的知识点,目的要明确,在理论上验证定理、公式、算法,并使实验者获得深刻和系统的理解;在实践上,掌握使用实验设备的技能技巧和程序的调试方法。

　　b. 实验方法和原理分析:简单但要抓住要点,要写出实验原理所对应的公式表达式、公式中各参量的名称和含义、公式成立的条件等;画出简单原理图等。

　　c. 实验环境:实验所使用的软件、硬件及条件,仪器名称及主要规格,包括量程、分度值、精度等。

　　d. 实验内容与实验步骤:只写出主要操作步骤,不要照抄实习指导,要简明扼要;还应画出实验流程图或实验装置的结构示意图,再配以相应的文字说明,这样既可以节省许多文字说明,又能使实验报告简明扼要,清楚明白。

　　② 实验过程

　　包括:实验过程中所用的实际实验方法、步骤、操作过程及注意事项,实验设计方案(设计型实验),实验现象,原始数据记录等。

　　③ 实验数据分析处理

　　包括对实验现象的描述、实验数据的处理等。原始资料应附在本次实验主要操作者的实验报告上,同组的合作者要复制原始资料。对于实验结果的表述,一般有以下3种方法:

　　a. 文字叙述:根据实验目的将原始资料系统化、条理化,用准确的专业术语客观地描述实验现象和结果,要有时间顺序以及各项指标在时间上的关系。

　　b. 图表:用表格或坐标图的方式使实验结果突出、清晰,便于相互比较,尤其适合于分组较多,且各组观察指标一致的实验,使组间异同一目了然。每一图表应有表题和计量单位,应说明一定的中心问题。

　　c. 曲线图:应用记录仪器绘制的曲线图,其反映的指标的变化趋势形象生动、直观明了。在实验报告中,可任选其中1种或几种方法并用,以获得最佳效果。

　　④ 结论

　　根据相关的理论知识对所得到的实验结果进行解释和分析。如果所得到的实验结果与预期的结果一致,那么它可以验证什么理论? 实验结果有什么意义? 说明了什么问题? 这些是实验报告应该讨论的。但是,不能用已知的理论或生活经验硬套在实验结果上;更不能由于所得到的实验结果与预期的结果或理论不符而随意取舍甚至修改实验结果,这时应该分析其异常的可能原因。如果本次实验失败了,应找出失败的原因及以后实验应注意的事项。不要简单地复述课本上的理论而缺乏自己主动思考的内容。另外,也可以列写一些本次实验的心得以及提出一些问题或建议等。

　　(2) 印刷版

　　印刷版是学生用学校提供的统一印制的实验报告纸,根据具体实验要求,手写完成的实验报告。

　　3) 实训(习)报告的基本格式

　　实训(习)是对前面理论学习的综合训练,实训(习)报告是对实训(习)中见到的各种专业现象加以综合、分析和概括,用简练流畅的文字表达出来。撰写实训(习)报告是对实训(习)内容的系统化、巩固和提高的过程,是撰写专业报告的入门尝试,是进行专业思维的训练。实训(习)报告要求以实训(习)收集的专业素材为依据,报告要有鲜明的主题,确切的依据,严密的逻辑性,报告要简明扼要,图文并茂。报告必须是通过自己的组织加工撰写出来的,切勿照抄书本。

学生要结合实训(习)过程撰写出实训(习)报告,为提高报告的质量,规范报告的撰写、打印及装订格式,并便于储存、检索、利用及交流等,提出如下要求:

(1) 报告应有封面、题目、撰写人专业、班级、姓名、撰写日期等。

(2) 文字要工整通顺,语言流畅,基本无错字,不准请他人代写。

(3) 图表要美观整洁,布局合理,不准徒手画,必须按国家规定的绘图标准绘制。

(4) 毕业实习报告字数不少于 5 千字。

(5) 若打印,页面设置要求如下:

① 纸张为 A4 幅面,页边距为左右各 2.54 cm、上下各 3.17 cm,纵向排列。

② 页码在每页右下角,单纯页码,无其他符号。

③ 不设计页眉、页脚。

④ 题目名(包括摘要、目录、参考文献)为 3 号黑体。

⑤ 一级标题为 4 号黑体。

⑥ 二级及以下标题为 5 号黑体。

⑦ 正文为 5 号宋体。

⑧ 正文行距为单倍行距。

⑨ 封面格式见举例。

⑩ 将上述所有纸张,按照页码顺序排列,在顶部使用两枚钉书完成装订。

实训(习)报告的具体书写格式包括:

(1) 封面:写明学院、专业、班级、姓名、指导教师、实习报告题目等。

(2) 摘要:作为报告部分的第 1 页,为中文摘要,字数一般为 150 字,是报告的中心思想。

(3) 目录:是报告的提纲,也是报告组成部分的小标题。

(4) 正文:是报告的核心,内容可根据实训(习)内容和性质而不同,主要包括以下几项:

① 实训(习)目的或研究目的:介绍实训(习)目的和意义,选题的发展情况及背景简介,方案论证,或实训(习)单位的发展情况及实训(习)要求等。

② 实训(习)内容。

③ 实训(习)结果。

④ 实训(习)总结或体会:是对实训(习)的体会和最终的、总体的结论,不是正文中各段小结的简单重复。

⑤ 参考文献:是实训(习)过程中查阅过的、对实训(习)过程和实训(习)报告有直接作用或有影响的书籍与论文。

4) 实验数据的处理

实验测量结果通常用数字和图形两种形式来表示,所以实验数据的处理包括测量结果有效数字的处理和图形处理。

(1) 测量结果有效数字的处理

① 有效数字的概念

所谓有效数字,是指在分析工作中实际能够测量到的数字。能够测量到的数字包括最后一位估计的、不确定的数字。把通过直读获得的准确数字叫做可靠数字,把通过估读得到的那部分数字叫做存疑数字。把测量结果中能够反映被测量大小的带有一位存疑数字的全部数字叫做有效数字。例如最小分度为 0.01 mA 的指针式毫安表测量电路中的电流,数据记录时 1.275 mA 为正确,1.27 mA 则不正确。

　　测量结果都是包含误差的近似数据,在其记录、计算时应以测量可能达到的精度为依据来确定数据的位数和取位。如果参加计算的数据的位数取少了,就会损害到结果的精度并影响计算结果的应有精度;如果位数取多了,易使人误认为测量精度很高,且增加了不必要的计算工作量。一般而言,对一个数据取其可靠位数的全部数字加上第 1 位可疑数字,就称为这个数据的有效数字。一个近似数据的有效位数是该数中有效数字的个数,是指从该数左方第 1 个非零数字算起到最末一个数字(包括 0)的个数,它不取决于小数点的位置。

　　测量中的数据,由于受到误差及仪器分辨能力等因素的限制,它不可能完全准确,同时在对测量数据进行计算时,会遇到像 π、e、$\sqrt{2}$ 等无理数,实际计算时也只能取近似值,因此得到的数据只是一个近似数。当用这个数表示一个量时,为了表示得确切,通常规定误差不得超过末位单位数字的一半。例如末位数是"个"位,则包含的绝对误差应不大于 0.5,若末位数是"十"位,则包含的绝对误差值应不大于 5。对于这种误差不大于末位单位数字一半的数,从它左边第 1 个不为 0 的数字起,直到右面最后一个数字止,都叫做有效数字。例如 824、103、08、3、20 等,只要其中误差不大于末位单位数字之半,它们就都是有效数字。而 0.0042 kΩ 中的 3 个 0 就不是有效数字,因为它们可以表示成 4.2 Ω,但 6.40 V 中的 0 却是有效数字,该数包含绝对误差不大于 0.005 V,若把 6.40 V 改写成 6.4 V 则意味着该数包含绝对误差不大于 0.05 V,从而改变了测量的精确度。因此,有效数字必须满足其位数与误差大小相适应的原则。

　　此外,对于像 391 000 Hz 这样的数字,若实际上在百位数上包含了误差,即只有 4 位有效数字,但十位、个位上的 0 不能去掉,因为虽然它们不是有效数字,却要用来表示数字的大小。为了区分这 3 个 0 的不同,通常采用有效数字乘以 10 的幂来表示,这时上述数字可写成 3 910×10² Hz,它清楚地表明有效数字只有 4 位,误差绝对值不大于 50 Hz。

　　② 有效数字的运算

　　对尚需进行运算的数字来说,有效数字的位数对运算结果影响较大,所以在测量和运算时适当多留一两位有效数字。

　　a. 加减运算时,由于参加运算的各项数据必为相同单位的同一类量,故精度最差的数据也就是小数点后面有效数字位数最少的数据(如无小数点,则为有效位数最少者)。因此,在运算前应将各数据小数点后的位数进行处理,使之与精度最差的数据相同,然后再进行运算。

　　b. 乘、除运算时,运算前对各数据的处理仍以有效数字位数最少为准,与小数点无关,所得积和商的有效数字位数取决于有效数字位数最少的那个数据。

　　【例 1.1.3】　求 0.0121×25.645×1.057 82 等于多少?

　　其中 0.0121 为 3 位有效数字,位数最少,所以应对另外 2 个数据进行处理。

$$25.645 \rightarrow 25.6$$
$$1.057 82 \rightarrow 1.06$$

所以　　　　　　　$0.0121×25.6×1.06 = 0.328 345 6 ≈ 0.328$

　　若有效数字位数最少的数据中,其第 1 位数为 8 或 9,则有效数字位数应多计 1 位。例如上例中 0.0121 若改为 0.0921,则另外 2 个数据应取 4 位有效数字,即

$$25.645 \rightarrow 25.64$$

$$1.057\,82 \rightarrow 1.058$$

对运算项目较多或重要的测量,可酌情多保留 $1 \sim 2$ 位有效数字。

c. 乘方及开方运算时运算结果应比原数据多保留 1 位数字。

【例 1.1.4】
$$(25.6)^2 = 655.4$$
$$\sqrt{4.8} = 2.19$$

d. 对数运算时,对数运算前后的有效数字位数相等。

【例 1.1.5】
$$\ln 106 = 4.66$$
$$\ln 7.564 = 0.878\,7$$

③ 有效数字与不确定度的关系

有效数字的末位是估读数字,存在不确定性。一般情况下,不确定度的有效数字只取 1 位,其数位即是测量结果的存疑数字的位置;有时不确定度需要取 2 位数字,其最后一个数位才与测量结果的存疑数字的位置对应。

由于有效数字的最后一位是不确定度所在的位置,因此有效数字在一定程度上反映了测量值的不确定度(或误差限值)。测量值的有效数字位数越多,测量的相对不确定度就越小;有效数字位数越少,相对不确定度就越大。可见,有效数字可以粗略反映测量结果的不确定度。

④ 有效数字的具体说明

a. 实验中的数字与数学中的数字是不一样的。如数学中的 $8.35 = 8.350 = 8.350\,0$,而实验中的 $8.35 \neq 8.350 \neq 8.350\,0$。

b. 有效数字的位数与被测量的大小和仪器的精密度有关。如前例中测得最小分度为 $0.01\,\text{mA}$ 的毫安表测量电路中的电流,数据记录时 $1.275\,\text{mA}$ 为正确,其有效数字的位数有 4 位,若用最小分度为 $0.1\,\text{mA}$ 的毫安表测量 $1.27\,\text{mA}$ 时,其有效数字的位数只有 3 位。

c. 第 1 个非零数字前的 0 不是有效数字。

d. 第 1 个非零数字开始的所有数字(包括 0)都是有效数字。

e. 单位的变换不能改变有效数字的位数。因此,实验中要求尽量使用科学计数法表示数据。如 $100.2\,\text{V}$ 可记为 $0.100\,2\,\text{kV}$。但若用 mV 作单位时,数学中可记为 $100\,200\,\text{mV}$,但却改变了有效数字的位数。采用科学计数法就不会产生这个问题了。

⑤ 科学计数法——列表法

对一个量进行多次测量,或者测量几个量之间的函数关系,往往借助于列表法把实验数据列成表格。它的好处是,使大量数据表达清晰醒目、条理化,易于检查数据和发现问题,避免差错,同时有助于反映出量之间的对应关系。列表格没有统一的格式,但在设计表格时要求能充分反映上述特点,因此要注意以下各点:

a. 各栏目均应标明名称和单位。

b. 列入表中的主要应是原始数据,计算过程中的一些中间结果和最后结果也可列入表中,但应写出计算公式,从表格中要尽量使人看到数据处理的方法和思路,而不能把列表变成简单的数据堆积。

c. 栏目的顺序应充分注意数据间的联系和计算顺序,力求简明、齐全、有条理。

d. 反映测量值函数关系的数据表格,应按自变量由小到大或由大到小的顺序排列。

(2) 测量结果的图解分析

图线能够明显地表示出实验数据间的关系,并且通过它可以找出两个量之间的数学关系式,所以图解法是实验数据处理的重要方法之一,它在科学技术上很有用处。用图解法处理数据,首先要画出合乎规范的图线,因此要注意下列几点:

① 作图纸的选择

作图纸有直角坐标纸(即毫米方格纸)、对数坐标纸、半对数坐标纸和极坐标纸等几种,根据作图需要进行选择,在电路实验中比较常用的是毫米方格纸(1 cm 为一大格,其中又分成 10 小格)。由于图线中直线最易画,而且直线方程的 2 个参数——斜率和截距也较易算得,所以对于 2 个变量之间的函数关系是非线性的情况,如果它们之间的函数关系是已知的或者准备用某种关系式去拟合曲线时,尽可能通过变量变换将非线性的函数曲线转化为线性函数的直线。常见的几种变换方法如下:

a. $AB = C$ (C 为常数),令 $e = 1/B$,则 $A = Ce$。可见 A 与 e 为线性关系。

b. $y = ax^b$,式中 a 和 b 为常数。等式两边取对数,得 $\lg y = \lg a + b\lg x$。于是,$\lg y$ 与 $\lg x$ 为线性关系,b 为斜率,$\lg a$ 为截距。

② 坐标比例的选取与标度

作图时通常以自变量作横坐标(x 轴),以因变量作纵坐标(y 轴),并标明坐标轴所代表的量(或相应的符号)及单位。坐标比例的选取,原则上做到数据中的可靠数字在图上应是可靠的。若坐标比例选得不适当,过小会损害数据的准确度,过大会夸大数据的准确度,并且使点过于分散,对确定图的位置造成困难。对于直线,其倾斜度最好在 40°~60°之间,以免图线偏于一方。坐标比例的选取应以便于读数为原则,常用比例为 1∶1,1∶2,1∶5(包括 1∶0.1,1∶10,…)等,切勿采用复杂的比例关系,如 1∶3,1∶7,1∶9,1∶11,1∶13等,这样不但绘图不便,而且读数困难和易出差错。纵、横坐标的比例可以不同,而且标度也不一定从 0 开始。可以用小于实验数据最小值的某一数作为坐标轴的起始点,用大于实验数据最高值的某一数作为终点,这样图纸就能被充分利用。坐标轴上每隔一定间距(如 2~5 cm)应均匀地标出分度值,标记所用的有效数字位数应与实验数据的有效数字位数相同。

③ 数据点的标出

实验数据点用"+"符号标出,符号的交点正是数据点的位置。同一图纸上如有几条实验曲线,各条曲线的数据点可用不同的符号(如×、⊕、⊗等)标出,以示区别。

④ 曲线的描绘

由实验数据点描绘出平滑的实验曲线,连线要用透明直尺或三角板、曲线板等连接,尽可能使所描绘的曲线通过较多的测量点。对那些严重偏离曲线的个别点,应检查标点是否错误,若没有错误,在连线时可舍去不予考虑。其他不在图线上的点,应均匀分布在曲线的两旁。对于仪器仪表的校正曲线和定标曲线,连接时应将相邻的两点连成直线,整个曲线呈折线形状。

⑤ 注释和说明

在图纸上要写明图线的名称、作图者姓名、日期以及必要的简单说明(如实验条件、温度、压力等)。直线图解首先是求出斜率和截距,进而得出完整的线性方程。其步骤如下:

a. 选点。用两点法,因为直线不一定通过原点,所以不能采用一点法。在直线上取相距

较远的两点 $A(x_1, y_1)$ 和 $B(x_2, y_2)$（此两点不一定是实验数据点），用与实验数据点不同的记号表示，在记号旁注明其坐标值。如果所选两点相距过近，计算斜率时会减少有效数字的位数。不能在实验数据范围以外选点，因为它已无实验依据。

b. 求斜率。直线方程为 $y = a + bx$，将 A 和 B 两点坐标值代入，便可计算出斜率，即 $b = \dfrac{y_2 - y_1}{x_2 - x_1}$。

c. 求截距。若坐标起点为 0，则可将直线用虚线延长得到与纵坐标轴的交点，便可求出截距；若起点不为 0，则可用下式计算截距：$a = \dfrac{x_2 y_1 - x_1 y_2}{x_2 - x_1}$。

下面介绍用图解法求 2 个量的线性关系，并用直角坐标纸作图验证欧姆定律。

【例 1.1.6】 给定电阻为 $R = 500\ \Omega$，用伏安法测量电阻所得数据见表 1.1.3 和图 1.1.5。

表 1.1.3 验证欧姆定律数据

次 序	1	2	3	4	5	6	7	8	9	10
$U(V)$	1.00	2.00	3.00	4.00	5.00	6.00	7.00	8.00	9.00	10.00
$I(mA)$	2.12	4.10	6.05	7.85	9.70	11.83	13.78	16.02	17.86	19.94

求直线斜率和截距而得出经验公式时，应注意以下两点。第一，计算点只能从直线上取，不能选用实验点的数据。从图 1.1.5 中不难看出，如用实验点 a、b 来计算斜率，所得结果必然小于直线的斜率。第二，在直线上选取计算点时，应尽量从直线两端取，不应选用两个靠得很近的点。图 1.1.5 中如选 c、d 两点，则因 c、d 靠得很近，$(I_c - I_d)$ 及 $(U_c - U_d)$ 的有效数字位数会比实测得到的数据少很多，这样会使斜率 k 的计算结果不精确。因此必须用直线两端的 A、B 两点来计算，以保证较多的有效位数和尽可能高的精确度。计算公式为：

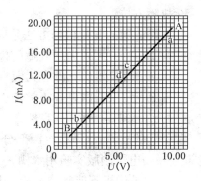

图 1.1.5 电流与电压关系

$$k = \frac{I_A - I_B}{U_A - U_B} = \frac{19.94\ \text{mA} - 2.12\ \text{mA}}{10.00\ \text{V} - 1.00\ \text{V}} = \frac{17.82\ \text{mA}}{9.00\ \text{V}} = 1.98 \times 10^{-3}\ \Omega^{-1}$$

不难看出，将 $U_A - U_B$ 取为整数值可使斜率的计算方便得多。

1.1.4 常见故障的检查

在电路实验与实训中，不可避免地会出现各种各样的故障现象，实验电路故障的检查与排除是实验与实训课程中一个重要内容。怎样才能从一个完整电路的大量元件和电路中迅速、准确找出故障，这就需要掌握电路故障的基本理论和正确的故障检查、排除的方法。下面主要介绍实验电路故障的常见类型、产生故障的原因以及常见故障的检查方法。

1）电路故障的常见类型

实验中的故障主要分为仪器自身故障和人为操作故障。

仪器自身故障是在仪器使用的基本条件满足、操作正确的情况下，仪器无法正常工作。实验中出现的仪器自身故障可分为三类：硬故障、软故障、自动保护停机故障。硬故障即为仪器故障现象或症状稳定不变、一旦损坏就无法正常工作的故障;而软故障具有一个显著特征,即时好时坏,故障现象发生与开机时间长短和环境变化有某种对应关系,也可能是随机的,无明显规律可循但故障现象总有消失的时候,即能恢复正常工作一段时间;自动保护停机类故障现象往往是在使用过程中突然发生自动停机,有时自动断电,其特征为再开机又能工作,但很快又进入自动保护停机状态。

人为操作故障是指仪器本身并无故障而是由于学生操作错误或者操作时未能提供仪器的基本工作条件而使仪器进入自保护状态或某些功能失效。仪器自身故障是与操作无关,机器本身出现故障,而对于人为操作故障,只要使用人员熟悉仪器功能和操作方法,掌握常见故障的检查方法,就能使仪器正常工作。实际上,操作技术水平高低是仪器故障的最重要因素。现代的仪器,越精密则可调节部分越多,越先进则越需要正规操作。通过检修故障分析还证明:95%以上的故障都出自或诱发自使用方法的不当。实际上,不正确操作引起的故障更复杂,更难以检修。

2) 仪器自身故障产生故障的原因及检查方法

(1) 硬故障的分析和检查排除

硬故障的现象或症状稳定不变,可长时间进行检测和调整,根据检测结果和工作原理判断故障方位。

硬故障的常规检修方法是问、看、听。

① 问:使用者出现故障前仪器外部环境(外部电压、温度、湿度)。

② 看:仪器内元件有无毁坏性失效,如变质、变色等损坏。

③ 听:仪器内声音正常与否,例如:

a. 示波器使用中,突然室内照明变亮、变暗,随即出现故障,是由于电源输入电压不正常引起的故障,故障在电源部分。

b. 电子制版实验用水槽,一两年使用突然无法循环水,打开机壳看,可能水泵老化。

c. 录像机不能放像,自动退带,听声音是加载电机不转,无加载动作,所以自动退带。

通过问、看、听一般都能找到故障元件,而对于症状稳定,但工作情况不好,不能满足实验要求的故障,则很大一部分是需要保养维护和对电子电器部分参数进行调整。对于集声、光、电、磁于一体的仪器,首先要检测其结合部分,分清是哪部分的故障,然后再检测其相应部分,一般的光、电、声仪器在其结合部都有专门转换部分,通过测试转换部分的输入、输出信号正常与否分清故障范围,在故障范围确定之后,再根据其故障现象和症状,测试检查元件,确定故障元件。

(2) 软故障的分析和检查排除

软故障的出现一般是元件失效。元器件随着工作时限延长可能发生退化性的失效,而退化性失效所包括的范围较广,主要有如下几个特征:元件的某些参数随着工作时间的延长或工作环境的变动,其参数发生漂移,造成时而工作正常,时而工作不正常的情况,例如电阻器的阻值、电容器的容量在开机工作一段时间后,随机内温度升高而发生变化,失去耦合作用,三极管放大倍数发生变化,等等。可见,元器件的退化失效是造成电子电器产品软故障的主要原因。元器件退化性失效的原因是:

① 由于负荷超过其内部承受能力和使用保养不当而产生的结果。

② 某一类元器件易失效较普遍的是存在品质与技术内部缺陷,即由制造元件的材料和

工艺决定的。

③ 环境因素作用，这些因素包括温度、湿度、电压、电流、气压、化学气体、射线、光照等。

软故障的处理最关键的是故障元件的确定，而要做到快速的检查定位，首先要求维修人员应具备较好的电路原理知识，掌握必要的检修方法和技巧，还必须具备较齐全的资料，具备一定的检修工具和常用零配件。

故障元件的检查方法很多，下面介绍几种常用的方法。

① 直观检查法

a. 眼看：仔细观察各种开关、操作键是否正常，元器件有否变形、老化、损坏。

b. 耳听：通电试听机内有无异常声音，如是否有电流声，机械运转正常否。

c. 手触：有些软故障是由于元器件轻微局部短路引起的，往往可以通过感觉其是否发烫而查出故障原因。

d. 鼻闻：用鼻子闻机内有无焦味或其他怪味，找出发出气味的元件。

e. 确定软故障后通电开机，在标准状态下，启动各种功能操作，确定在何种操作下出现问题，从而确定软故障元件的范围。

② 信号跟踪法

在被调电路的输入端接入适当幅度和频率的输入信号，利用示波器，根据电路图上所标注的各点波形和信号走向检测有关波形在故障前后的变动情况，能更直接有效地查出故障原因。这种方法对各种电路普遍适用，在动态调试中应用更广泛。

③ 参数测试法

a. 在路电阻的测量：在仪器完全断电的情况下，利用万用表电阻挡直接在印刷电路板上测量元器件各脚与地之间的电阻值，并与正常仪器该脚的电阻值进行比较，从而判断其是否正常。

b. 在路电流电压的测量：用万用表测量被怀疑的集成电路、二极管的电源电压、控制电压、信号电压，并与正常值进行比较来判断故障部位或故障点。把万用表串接在有故障的有关电路上，监测在故障出现前后的电流变化，如检修某些热稳定性不良引起的局部短路软故障时，在故障出现十几秒内，万用表指针会逐渐往数值大的方向摆动，当流过万用表的电流值达到一定数值时故障出现，从而确认故障部位，为进一步检查故障点提供方便。另外，通过监测负载与供电电路之间供电电流在故障出现前后的变化情况，也可快速判断是否因负载发生短路而引起的软故障。如果负载存在短路性软故障，故障发生时，电流值必然升高，如果供电部分不正常，往往是电流值减小。

④ 仿真对比法

让电路在电路仿真状态工作，使其工作情形可视，从而观察各部分电路的工作电流电压是否正常，以便分析由此引出的故障现象，然后确定故障部位。

⑤ 元件替换法

在测量过程中发现某些元器件工作不正常，利用储备元件来替换不正常工作的元件，使其恢复到正常工作，从而判断产生软故障的元器件。此方法可迅速缩小故障范围，快速有效地找出故障点。

3）人为操作故障产生故障的原因及检查方法

一般而言，人为操作故障的原因主要有四个方面，即：测量方法不正确、器件故障、接线

错误、设计错误。接下来就是针对各个因素逐个排查,直到发现并排除故障:

(1) 测量方法不正确

在电工电子实验中,测量仪器包括万用表、示波器、交流毫伏表等,不同的情况要用不同的测量仪器,如果测量仪器选择或操作不正确,测量结果也不可能正确。学生由于疏忽或对仪器不熟悉,往往不能够正确选择或操作测量仪器。例如,模拟电路中信号的有效值应该采用交流毫伏表测量,但很多学生却用万用表的直流挡来测量,所测得的结果当然也就不正确。再如,用示波器观测波形时,如果示波器没有同步,会使得波形不稳定。因此,在电路出现故障后,要提醒学生首先确认自己选择的测量方法是否正确,在确保测量方法正确后再去排查其他因素。

(2) 元器件故障

一般为了提高元器件使用率,集成电路、三极管、电容器、电阻器等元器件都要反复使用,难免有所损坏,因此,在确保测量方法正确的基础上,要求学生对所使用的元器件进行使用性能的检测。比如:从外观看元器件引脚是否齐全,电容器、电阻器是否有烧过的痕迹;接上电源后闻电路是否有焦味,用耳朵听声音有无异常,用手摸元器件的温度差异;按照集成芯片功能表给输入端加输入信号,然后测量输出端输出信号,观察与功能表是否符合,等等。在保证元器件完好的基础上,再进行接线错误的排查工作。

(3) 接线错误

接线错误是电工电子实验中最常见的错误,据有关统计,在教学实验中大约70%以上的故障是由接线错误引起的。在实验教学过程中常见的接线错误有以下几种:

① 忘记接地或错接电源、错接地。

② 测试线、导线老化,实验过程中导线过多地插拔,使得导线内的金属丝断掉,因此当结果有偏差时应指导学生用万用表的欧姆挡对所怀疑部分电路的导线进行测量,排除导线引起的故障。

③ 面包板金属条脱落,同导线一样,面包板使用过久,金属条脱落或接触不好也会造成实验故障。

④ 导线裸露部分接触造成短路。

⑤ 接线过乱,造成漏接,错接。

⑥ 接线不牢固,稍微不注意就松动脱落。

⑦ 集成电路引脚、方向认错接线错误。

首先是在不加电源的情况下用万用表检查元器件各引脚对地的电阻,判断有无短路、断路、开路和接触不良等。其次是在接通电源情况下对电路进行电压测试,检查各点电压大小及电压变化,从而判断电路逻辑功能和故障部位。对于模拟电路,则应先进行静态工作点测试,逐级排除故障。

(4) 设计错误

设计错误自然会造成实验结果出不来或者与预期结果不一致,一般排除了元器件和接线错误后,实验结果如果仍然不正确,就要考虑设计思路是否合理。教师应该从元器件功能到整个电路功能引导学生理清思路,使学生自我发现薄弱环节,并再次学习、再次设计电路,从而达到实验效果。

1.2　常用仪器仪表

在生产、科研及实验教学中,经常需要用电工仪表测量电路中的各种电参量,如电流、电压、频率、电功率、功率因数、电能、电阻、电感、电容等。通过测量这些电参量的值,便可了解电路和电气设备的工作情况,以便进行适当的处理和必要的调整,保证电路的正常工作和设备的安全运行。电工仪表结构简单,使用方便,并有足够的准确度。另外,利用电工仪表测量的方法还可以对非电量进行测量。因此,本节将对电路实验中常用电工仪器仪表作较为详细的介绍。

1.2.1　概述

1)常用电工仪表的分类

电工仪表按测量的方式,可分为直读式仪表和比较式仪表两类。直读式仪表有指示式和数字式两种,本节主要介绍指示式仪表的结构原理。

指示式仪表分为机电式仪表和电子式仪表两类。机电式仪表是通常所说的电工测量仪表(如电压表、电流表、功率表等),电子式仪表一般是由磁电式仪表和电子电路所构成。

机电式仪表按工作原理可分为磁电式仪表、电磁式仪表、电动式仪表、感应式仪表等;按测量对象可分为电流表(或安培表)、电压表(或伏特表)、欧姆表、功率表等;按电流的种类可分为直流表、交流表、交直流两用表。

电子式仪表一般只有直流电压表、交流电压表和欧姆表等类型。

指示式仪表按使用方式可分为安装式和携带式;按准确度分类共有七个等级:0.1、0.2、0.5、1.0、1.5、2.5、5.0。

由上面的讨论得知,电工仪表种类很多,性能各异,在实际测量中,要根据被测量,正确选用和使用仪表。国家标准规定把仪表的结构特点、电流种类、测量对象、使用条件、工作位置、准确度等级等,用不同的符号标明在仪表的刻度盘上。这些符号称为仪表的表面标记。各种符号及其所表示的意义如表1.2.1和表1.2.2所示。选用仪表时必须注意表面标记。

表 1.2.1　常用电工仪表的符号和意义

分　类	符　号	名　称	被测量的种类
电流种类	—	直流电表	直流电流、电压
	~	交流电表	交流电流、电压、功率
	≃	交直流两用表	直流电量或交流电量
	≈ 或3~	三相交流电表	三相交流电流、电压、功率
测量对象	Ⓐ ⓜA Ⓜ	安培表、毫安表、微安表	电流
	Ⓥ Ⓚⓥ	伏特表、千伏表	电压
	Ⓦ ⓀⓌ	功率表、千瓦表	功率

(续表 1.2.1)

分 类	符 号	名 称	被测量的种类
测量对象	kW·h	千瓦时表	电能量
	φ	相位表	相位差
	f	频率表	频率
	Ω　MΩ	欧姆表、兆欧表	电阻、绝缘电阻

表 1.2.2　常用电工仪表的符号和意义

分 类	符 号	名 称	被测量的种类
工作原理		磁电式仪表	电流、电压、电阻
		电磁式仪表	电流、电压
		电动式仪表	电流、电压、电功率、功率因数、电能量
		整流式仪表	电流、电压
		感应式仪表	电功率、电能量
准确度等级	1.0	1.0 级电表	以标尺量限的百分数表示
	1.5	1.5 级电表	以指示值的百分数表示
绝缘等级	2 kV	绝缘强度试验电压	表示仪表绝缘经过 2 kV 耐压试验
工作位置	→	仪表水平放置	
	↑	仪表垂直放置	
	∠60°	仪表倾斜 60° 放置	
端钮	+	正端钮	
	-	负端钮	
	± 或 ✳	公共端钮	
	⊥ 或 ⏚	接地端钮	

2）指示式仪表的基本结构

指示式仪表的核心是测量机构，它主要由三部分组成：一是产生转动转矩部分，使仪表的指示器（如带指针的转轴）偏转；二是产生阻转矩的部分，使仪表的偏转角与被测量成一定比例，并与转矩平衡在一定的位置上，从而反映出被测量的大小；三是产生阻尼力矩部分的阻尼器，使指针减少振荡，缩短测量时间。另外还有指示装置，用来指示被测量的大小。指示装置由指针和刻度盘组成，刻度盘固定不动，指针固定在活动部件上。

（1）磁电式仪表

图 1.2.1 为磁电式仪表的测量机构和原理示意图。

永久磁铁的磁场与通有直流电流的可动线圈相互作用而产生偏转力矩，使可动线圈（简称动圈）发生偏转，线圈受到的转矩 $T = k_1 I$。同时，与动圈固定在一起的游丝因动圈偏转而发生变形，产生反作用力矩，弹簧的阻转矩 T_C 与指针的偏转角 α 成正比，即 $T_C = k_2 \alpha$。

当反作用力矩与转动力矩相等时,即 $T = T_c$,活动部分最终将停留在相应的位置,指针在标度尺上指出被测量的数值。指针的偏转角为 $\alpha = \dfrac{k_1}{k_2} I = kI$,即指针偏转的角度与流经线圈的电流成正比。因此,标尺上的刻度是均匀的(即线性标尺),这是非常有用的特性。

动圈内的铝框架具有阻尼作用,当动圈偏转时,铝框架产生的力矩总与动圈偏转的方向相反,从而阻止动圈来回摆动,使动圈很快地静止下来。

磁电式测量机构(又称表头)的电路符号如表 1.2.2 所示。

磁电式直流电流表、电压表种类很多,可查阅电工及电子技术手册。以常用的准确度为 0.5 级的 C31 系列为例,见表 1.2.3。

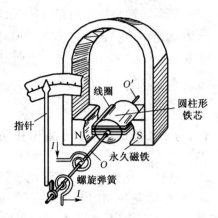

图 1.2.1　磁电式仪表的结构

表 1.2.3　C31 系列磁电式直流电表

型　　号	测 量 范 围
C31-μA	0～10 μA
	0～20 μA
	0～50 μA
	100/200/500/1 000 μA
	150/300/750/1 500 μA
C31-mA	1.5/3/7.5/15 mA
	5/10/20/50 mA
	100/200/500/1 000 mA
C31-A	7.5/15/30/75/150/300/750 mA
	1.5/3/7.5/15/30 A
C31-V	0.045/0.075/3/7.5/15/30/75/150/300/600 V
	1.5/15/150/1 500 V
	2/5/10/20 V
C31-AV	50/100/200/500 V
	1.5/3/7.5/15/30 A
	3/15/30/75/150/300/600 V

注:① C31 型 0.5 级直流电表(以下简称仪表)是磁电系张丝支承携带式指示电表,供在直流电路中测量电流和电压用。
　　② 仪表按使用条件属于 P 组,适用于周围环境温度为 23 ℃±10 ℃及相对湿度为 25%～80%的条件下工作。

磁电式测量机构(又称表头)可用来测量直流电压、直流电流及电阻。其优点是刻度均匀、灵敏度和准确度高、阻尼强、消耗电能量小、受外界磁场影响小,缺点是只能测量直流、价格较高、不能承受较大过载。

(2)电磁式仪表

图 1.2.2 所示为排斥型电磁式仪表的结构。当电流通入电表后,载流线圈产生磁场,线圈内的铁片 B1 和 B2 均被磁化,铁片间产生一个推斥力,铁片 B2 为固定铁片,铁片 B1 转动,

同时带动转轴与指针一起偏转。仪表的偏转力矩与通入电流的平方成正比,即 $T=kI^2$,弹簧的阻转矩 T_C 与指针的偏转角 α 成正比,即 $T_C=k_2\alpha$,当 $T=T_C$ 时,可动部分停止转动,即指针的偏转角 $\alpha=\dfrac{k_1}{k_2}I^2=kI^2$。指针偏转的角度与直流电流或交流电流有效值的平方成正比,所以标尺刻度是不均匀的,即是非线性的。与轴相连的活塞在小室中移动产生阻尼力 —— 空气阻尼器。

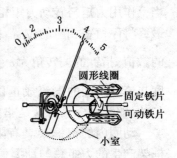

图 1.2.2　排斥型电磁式仪表的结构

　　这种仪表能够测量交流电压、交流电流。其优点是构造简单、价格低廉、可用于交直流、能测量较大的电流、允许较大的过载,缺点是刻度不均匀、易受外界磁场及铁片中磁滞和涡流(测量交流时)的影响、准确度不高、灵敏度较低、功耗较大。

　　常用电磁式仪表可查阅有关手册。T19、T54 系列 0.5 级电磁式交直流电表见表 1.2.4,T24、T30 系列 0.1 级、0.2 级电磁式交直流电表见表 1.2.5。

表 1.2.4　T19、T54 系列 0.5 级电磁系交直流电表(上海第二电表厂)

名　称	型　号	测量范围	外形尺寸(mm)	使用特点
交直流毫安表 0.5 级	T19-mA	0～10～20 mA		
		0～25～50 mA		
		0～50～100 mA		
		0～100～200 mA		
		0～150～300 mA		
		0～250～500 mA		
交直流安培表 0.5 级	T19-A	0～0.5～1 A	220×170×100	供直流电路和交流 50 Hz 电路中测量电压或电流
		0～1～2 A		
		0～2.5～5 A		
		0～5～10 A		
交直流伏特表 0.5 级	T19-V	0～7.5～15 V		
		0～15～30 V		
		0～30～60 V		
		0～7.5～15～30～60 V		
		0～50～100 V		
交直流伏特表 0.5 级	T19-V	0～75～150 V	220×170×100	供直流电路和交流 50 Hz 电路中测量电压或电流
		0～150～300 V		
		0～300～600 V		
		0～75～150～300～600 V		

(续表 1.2.4)

名　称	型　号	测量范围	外形尺寸(mm)	使用特点
交流安培表 0.5 级	T19-A	0～5～10～50～100 A	220×170×115	供交流 50 Hz 电路中测量电流
		0～10～25～50～100 A		
低耗电伏特表 0.5 级	T54-V	0～1.5～3～7.5～15～30 V	325×240×140	适用于微型电机、家用电器及低耗电电气设备的交直流电压、电流的测量
		0～30～75～150～300～600 V		
低耗电毫安表 0.5 级	T54-MV	0～1.5～3～6 mA		
		0～7.5～15～30 mA		

表 1.2.5　T24、T30 系列 0.2 级、0.1 级电磁系交直流电表(上海第二电表厂)

名　称	型　号	测量范围	外形尺寸(mm)	使用特点
直流伏安表 0.2 级	T24-mA	0～15～30～60 mA		
		0～75～150～300 mA		
交直流安培表 0.2 级	T24-A	0～0.5～1 A	320×235×145	电磁系张丝支承可携式电表,供实验室精密测量交直流电压、电流或计量室作标准表使用
		0～2.5～5 A		
		0～5～10 A		
交直流伏特表 0.2 级	T24-V	0～15～30～45～60 V		
		0～75～150～300 V		
		0～150～300～450～600 V		
交流安伏表 0.2 级	T24-AV	0～0.075～0.15～0.3～0.75	320×235×145	供实验室精密测量交流电压、电流或计量室作标准表使用
		0～1.5～3～7.5～15～30 V		
		7.5～15～30～75～150～300～750 V		
交流安培表 0.2 级	T24-A	0～0.075～0.15～0.3～0.75		
		0～1.5～3～7.5～15～30～60 A		
交直流安培表 0.1 级	T30-A	0～5～10 A	320×240×140	电磁系张丝支承光点指示可携式电表,供实验室精密测量交直流电压、电流或计量室作标准表使用
		0～3～6 A		
		0～2.5～5 A		
		0～0.75～1.5 A		
交直流伏特表 0.1 级	T30-V	0～75～150～300～600 V		
		0～15～30～45～60 V		
交直流毫安表 0.1 级	T30-mA	0～250～500 mA		
		0～100～200 mA		

（3）电动式仪表

图 1.2.3 为电动式仪表的结构。固定线圈有两个,平行排列并可获得均匀的磁场,而且可将其串联或并联,便于改变电流的量程。在固定线圈中通入电流时产生磁场。可动线圈与指针及空气阻尼器的活塞部固定在转轴上,可在固定线圈内自由偏转。当电流通入动线圈后,它与磁场相互作用而产生偏转力矩。

通入直流时,$T = kI_1 I_2$;通入交流时,$T = kI_1 I_2 \cos \varphi$。反作用力矩由游丝产生,当反作用力与偏转力矩相平衡时,仪表的指针偏转了一个角度。弹簧的阻转矩 T_C 与指针的偏转角 α 成正比,即 $T_C = k_2\alpha$,当 $T = T_C$ 时,可动部分停止转动,可以通过计算得出(计算方法可参阅理论教科书)偏转角,$\alpha = kI_1I_2$(直流)或 $\alpha = kI_1I_2\cos\varphi$(交流)。通入直流电时指针偏转的角度与两个电流(直流)的乘积成正比;通入交流电时偏转角不仅与通过动线圈和固定线圈的电流成正比,而且还与这两个电流之间的相位差的余弦成正比。利用这个特性,不仅可以测量交流、直流电路中的电流和电压,还可测量功率。

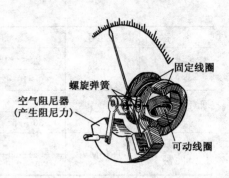

图 1.2.3　电动式仪表的结构

电动式仪表可以测量交直流电压、电流及功率。其优点是可用于交直流的测量、准确度较高,缺点是受外界磁场影响大、不能承受较大过载。

3) 指示仪表的正确选用和使用

(1) 仪表的选用

一般根据以下五个要求选用仪表:

① 电流种类:直流、交流、正弦、非正弦。

② 作用原理:磁电式、电磁式、电动式、磁电式整流式。

③ 测量对象:电压、电流、功率。

④ 准确度:根据测量准确度选择仪表准确度等级。

⑤ 量程:根据被测量的大概数值选择仪表量程。

(2) 仪表的使用

合理地选择了仪表,还必须正确地使用它,否则就达不到测量的目的。使用仪表主要应注意以下几个问题:

① 满足仪表的正确工作条件。测量时要使仪表满足正常工作条件,否则就会引起一定的附加误差。例如,应使仪表按规定的位置放置,仪表要远离外磁场和外电场,使用前仪表指针要调到零位。对于交流仪表波形要满足要求,频率要在仪表的允许范围内。

② 仪表要正确接线。因为要推动指示仪表的指针给出读数,必然要消耗一定的能量,而这些能量需要来自被测电路,因此,电路中接入仪表时,相当于增加了一个耗能电阻(交流电路中为一个阻抗)即仪表的内阻。为了尽量减少接入仪表影响被测量的实际数值,电压表要与被测支路并联,而且电压表的电阻要远大于被测电阻;电流表要与被测支路串联,而且电流表的内阻要远小于被测支路电阻。另外,对于直流表要注意正负极性,"+"端接高电位,电流从标有"+"端流入。

③ 正确选择仪表的量程。被测量必须小于仪表的量程,否则容易烧坏仪表。为了提高测量准确度,一般量程取为被测量的 1.5～2.0 倍。如果预先无法知道被测量的大概值,则必须先用大量程进行测量,测出大概数值,然后逐步换成小量程。

④ 正确读数。当刻度盘有几条刻度时,应先根据被测量的种类、量程,选好所需要的刻度。读数时视线要与刻度尺的平面垂直,指针指在两条分度线之间时,可估计 1 位数字。估计的位数太多,超出仪表的准确度范围,便没有意义了。反之,读数位数不够,不能达到所选仪表的准确度,也是不对的。

1.2.2　万用表

万用表是实验中常用的一种仪表。它是一种多用途的电表,可以用来测量直流电流、直流电压、交流电压、电阻和音频电平等。目前万用表有指针式及数字式两种,在一般测试及电路检查时,用指针式较为方便。在需要测量数据及读数的场合用数字式较为方便。数字式万用表还具有精度较高及测量电压时内阻大的优点。

1) 指针式万用表

指针式万用表的表头均为磁电式结构。万用表型号很多,测量范围也各有差异,因此,面板上的布置也各不相同。500 型万用表在实验室中广泛应用,是一种高灵敏度、多量程的携带式整流系仪表。该仪表具有 24 个测量量程,能分别测量交直流电压、直流电流、电阻及音频电平,外接附加装置,可直测电感、电容。500 型万用表外形图如图 1.2.4 所示。本节将以 500型万用表为例,简介万用表的有关结构组成、使用方法及注意事项。

图 1.2.4　500 型万用表外形

(1) 指针式万用表的结构

指针式万用表的形式很多,但基本结构是类似的,主要由表头、转换开关(又称选择开关)、测量线路等三部分组成。

① 表头

表头采用高灵敏度的磁电式机构,是测量的显示装置。万用表的表头实际上是一个灵敏电流计。表头上的表盘印有多种符号、刻度线和数值。符号 A—V—Ω 表示这只电表是可以测量电流、电压和电阻的多用表。表盘上印有多条刻度线。右端标有"Ω"的是电阻刻度线,其右端为 0,左端为∞,刻度值分布是不均匀的。符号"－"或"DC"表示直流,"～"或"AC"表示交流。刻度线下的几行数字是与选择开关的不同挡位相对应的刻度值。另外,表盘上还有一些表示表头参数的符号:如 DC 20 kΩ/V、AC 9 kΩ/V 等。表头上还设有机械零位调整旋钮(螺钉),用以校正指针在左端的指零位。

② 转换开关

选择开关是一个多挡位的旋转开关,用来选择测量种类和量程(或倍率)。一般的万用表测量项目包括:"mA"——直流电流、"V"——直流电压、"V ～"——交流电压、"Ω"——电阻。每个测量项目又划分为几个不同的量程(或倍率)以供选择。

500 型万用表有两只转换开关 S1 和 S2,各自有 12 个挡位。S1 和 S2 配合用于测量种类和量程的转换。测量线路将不同性质和大小的被测量转换为表头所能接受的直流电流。当转换开关拨到直流电流挡,可分别与 5 个接触点接通,用于 500 mA、50 mA、10 mA、1 mA 和 50 μA 量程的直流电流测量。同样,当转换开关拨到欧姆挡,可用×1、×10、×100、×1 kΩ、×10 kΩ 倍率分别测量电阻;当转换开关拨到直流电压挡,可用于2.5 V、10 V、50 V、250 V、500 V 和 2 500 V 量程的直流电压测量;当转换开关拨到交流电压挡,可用于 10 V、50 V、250 V、500 V、2 500 V 量程的交流电压测量。

③ 表笔

表笔分为红、黑两只,使用时应将红色表笔插入标有"＋"号的插孔中,黑色表笔插入标有"－"号的插孔中。

④ 万用表面板的布置

上半部分是刻度线：V—A—Ω。第 1 条：右边标有 Ω0，左边标有 Ω、∞，是欧姆刻度线。R×1 的 R0 是 10 Ω。第 2 条：右边标有 —∽(直流交流)，左边标有 VA(电压电流)，是直流交流电压电流刻度线，满刻度 50、250。第 3 条：左边、右边都标有 10 V∽，满刻度 10，是交流 10 V 专用刻度线。第 4 条：左边、右边都标有 dB，是电平刻度线。另外，MF500 型万用表由于整流二极管的非线性影响，在交流 50 V 挡的起始阶段，很明显分度是不均匀的，因此交流 10 V 挡要专用一根标度尺，不能与其他标度尺混用。

中间是机械调零(电压电流调零旋钮)。

下面是两个测量种类、量程的转换开关 S1 和 S2。

最下面的中间是"Ω"调零器，左边是测量高压 2 500 的红表笔插孔，电平插孔，右边是万用表红＋黑两表笔插孔。

(2) 万用表电阻挡的使用

万用表最常用的功能之一就是能测量各种规格电阻器的电阻值。这里主要介绍万用表电阻挡的正确操作方法及测量过程中应注意的问题。

① 指针式万用表工作原理

指针式万用表电阻挡的原理图如图 1.2.5 所示。测电阻时把转换开关 S1 拨到"Ω"挡，使用内部电池做电源，由外接的被测电阻 R_X、E、R_0 和表头部分组成闭合电路，形成的电流使表头的指针偏转。设被测电阻为 R_X，表内的总电阻为 R_0、形成的电流为 I，则根据全电路欧姆定律有：

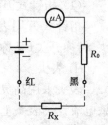

图 1.2.5　电阻挡测量原理

$$I = \frac{E}{R_0 + R_X} \qquad (1.2.1)$$

式中：R_0 为欧姆表的总阻，它包括表头的内阻 R_C、限流电阻 R_1、电池内阻 R_{01}、线路内阻 r 等，仪表制成后，R_0 不变，E 不变。

从式(1.2.1)可以看出：欧姆表的偏转角大小与被测电阻有一定关系，分析如下：

a. 当 $R_X = 0$ 时，$I = E/R_0 = I_m$(I_m 为电流最大值)，即指针指在满刻度位置，规定此位置为欧姆"0"位置。

b. 当 $R_X = R_0$ 时，$I = E/(2R_0) = I_m/2$，即指针指在满刻度的一半位置(欧姆刻度线的中心)，此值叫做"欧姆中心值"，它正好等于欧姆表的内阻 R_0，因此，欧姆表量程的设计都是以表度尺的中心刻度为标准，然后再求出其他电阻的刻度。

c. 当 R_X 增大，I 减小时，阻值越大，仪表的偏转角越小。

d. 当 R_X 接近无穷大，$I = 0$ 时，指针不偏转，规定此位置为欧姆"∞"位置。

由于仪表指针的偏转角与电流成正比，而电流与电阻有关，因此，仪表指针的偏转角大小就能反映被测电阻的大小。通过以上分析可知：欧姆表的标度尺是不均匀的，右疏左密，而且是反向偏转，即 $R_X = 0$，指针指向满刻度处，$R_X \rightarrow \infty$，指针指在表头机械零点上。电阻标度尺的刻度从右向左表示被测电阻逐渐增加，这与其他仪表指示正好相反，这在读数时应注意。测量电阻时，必须内接电池，被测电阻接在电表的"＋"、"—"两端之间。被测电阻越小，电流越大，因此指针偏转角越大。所以万用表测定电阻值，实质上是以测定在一定电压条件下通过表头电流的大小来实现的。

② 电阻挡测量电阻的操作步骤

当不知道被测电阻的大概数值时,可以放在×100 或×1 k 挡先进行预测,根据预测值再具体测量。步骤如下:

a. 机械调零:将万用表按放置方式(MF500 型是水平放置)放置好(一放);看万用表指针是否指在左端的零刻度上(二看);若指针不指在左端的零刻度上则用螺丝刀调整机械调零螺钉,使之指零(三调节)。

b. 将左边的转换开关 S1 放置在"Ω"挡。

c. 将右边的转换开关 S2 放置在 Ω 量程的一个合适(倍率 k)挡位:k= 预测值/欧姆中心值。取接近值 1、10、100、1 k、10 k。如预测值是 2 000 Ω,欧姆中心值 10 Ω,k=200,倍率 k 取 100。合适倍率的选择标准是使指针指示在中值附近。最好不使用刻度左边三分之一的部分,这部分刻度密集,读数偏差较大。即指针尽量指在欧姆挡刻度尺的数字 5~50 之间。另外,快速选择合适倍率的方法是示数偏大,倍率增大;示数偏小,倍率减小。注意:示数偏大或偏小是指相对刻度尺上数字 5~50 的区间而言。在指针指在 5 的右边时称为示数偏小,指针指在 50 的左边时称为示数偏大。

d. 欧姆调零:倍率选好后要进行欧姆调零,将两表笔短接后,转动零欧姆调节旋钮,使指针指在电阻刻度尺右边的"0"Ω 处。

e. 测量及读数:将红、黑表笔分别接触电阻器的两端,读出电阻值大小。表头指针所指示的示数(第 1 条 Ω 刻度线)乘以所选的倍率值即为所测电阻值。例如选用 R×100 挡测量,指针指示 40,则被测电阻值为:40×100=4 000 Ω=4 kΩ。

f. 如果被测元件有极性,如二极管、三极管、电解电容器等,测量时一要注意红负黑正,二要用中间挡如×100 或×1 k,三要迅速测量,防止损坏元件。

③ 电阻挡测量的注意事项

a. 当电阻器连接在电路中时,首先应将电路的电源断开,决不允许带电测量。若带电测量则容易烧坏万用表,会使测量结果不准确。

b. 万用表内干电池的正极与面板上"—"号插孔相连,干电池的负极与面板上的"+"号插孔相连。在测量电解电容器和晶体管等元器件的电阻时要注意极性。

c. 每换一次倍率挡,都要重新进行欧姆调零。

d. 不允许用万用表电阻挡直接测量高灵敏度表头内阻,因为这样做可能使流过表头的电流超过其承受能力(微安级)而烧坏表头。

e. 不准用两只手同时捏住表笔的金属部分测电阻,否则会将人体电阻并接于被测电阻而引起测量误差,因为这样测得的阻值是人体电阻与被测电阻并联后的等效电阻值,而不是被测电阻值。

f. 电阻在路测量时可能会引起较大偏差,因为这样测得的电阻值是部分电路电阻与被测电阻并联后的等效电阻值,而不是被测电阻值。最好将电阻器的一只引脚焊开进行测量。

g. 用万用表不同倍率的欧姆挡测量非线性元件的等效电阻时,测出电阻值是不相同的,这是由于各挡位的中值电阻和满度电流各不相同所造成的。在机械表中,一般倍率越小,测出的电阻值就越小(具体内容见晶体二极管部分)。

h. 测量晶体管、电解电容器等有极性元器件的等效电阻时,必须注意两支表笔的极性

（具体内容见电容器质量判别部分）。

i. 测量完毕，将转换开关置于交流电压最高挡或空挡。测量完后将 S1 放在黑点上（空挡），其他型号的万用表放在 OFF 挡。表的型号不同但使用大同小异，要能熟练掌握，就要多用多练，用时注意人身和仪表的安全。

（3）万用表电压挡的使用

万用表可以用来测量各种直流、交流电压的大小。下面分别介绍万用表测直流电压、交流电压的方法及测量注意事项。

① 测量直流电压

MF500 型万用表的直流电压挡主要有 2.5 V、10 V、50 V、250 V、500 V、2 500 V 等 9 挡。测量直流电压时首先估计一下被测直流电压的大小，然后将转换开关拨至适当的电压量程（万用表直流电压挡标有"V"或标"DCV"符号），将红表棒接被测电压"+"端即高电位端，黑表棒接被测量电压"−"端即低电位端。然后根据所选量程与标直流符号"DC"刻度线（刻度盘的第 2 条线）上的指针所指数字，来读出被测电压的大小。例如：用直流 500 V 挡测量时，被测电压最大可以读到 500 V 的指示数值。如用直流 50 V 挡测量时，这时万用表所测电压的最大值只有 50 V 了。

测量电压的具体操作步骤如下：

a. 更换万用表转换开关至合适挡位。弄清楚要测量的电压性质是直流电还是交流电，将转换开关转到对应的电压挡（直流电压挡或交流电压挡）。若不清楚被测电压极性，可按先用最高直流电压挡试测，指针动，说明是直流电；指针不动，说明此时所测电压可能因量程太大或是交流电，则转至最高交流电压挡再试测；指针动，说明是交流电，指针不动，则再转到低一挡的直流电压挡试测；指针动，说明是直流电，指针不动，再转至下一挡的交流电压挡，如此反复进行。

b. 选择合适的量程。根据被测电路中电源电压大小大致估计被测直流电压的大小来选择量程。若不清楚电压大小，应先用最高电压挡试触测量，然后逐渐换用低电压挡直至找到合适的量程为止。电压挡合适量程的标准是：指针尽量指在刻度盘满偏刻度的 2/3 以上位置（与电阻挡合适倍率标准有所不同，要注意）。

c. 测量方法如下：万用表测电压时应使万用表与被测电路相并联，将万用表红表笔接被测电路的高电位端即直流电流流入该电路端，黑表笔接被测电路的低电位端即直流电流流出该电路端。例如测量干电池的电压时，将红表棒接干电池的正极端，黑表棒接干电池的负极端。

d. 正确读数的方法如下：

（a）找到所读电压刻度尺。仔细观察表盘，直流电压挡刻度线应是表盘中的第 2 条刻度线。表盘第 2 条刻度线下方有 V 符号，表明该刻度线可用来读交直流电压、电流。

（b）选择合适的标度尺。在第 2 条刻度线的下方有三个不同的标度尺：0～50～100～150～200～250、0～10～20～30～40～50、0～2～4～6～8～10。根据所选用的不同量程选择合适标度尺，例如：2.5 V、250 V 量程可选用 0～50～100～150～200～250 标度尺；1 V、10 V 量程可选用 0～2～4～6～8～10 标度尺；50 V、500 V 量程可选用 0～10～20～30～40～50 标度尺。这样读数比较容易、方便。

（c）确定最小刻度单位。根据所选用的标度尺来确定最小刻度单位。例如：用 0～50～

$100\sim150\sim200\sim250$ 标度尺时,每一小格代表 5 个单位;用 $0\sim10\sim20\sim30\sim40\sim50$ 标度尺时,每一小格代表 1 个单位;用 $0\sim2\sim4\sim6\sim8\sim10$ 标度尺时,每一小格代表 0.2 个单位。

(d) 读出指针示数大小。根据指针所指位置和所选标度尺读出示数大小。例如:指针指在 $0\sim50\sim100\sim150\sim200\sim250$ 标度尺的 100 向右过 2 小格时,读数为 110。

(e) 读出电压值大小。根据示数大小及所选量程读出所测电压值大小。例如:所选量程是 2.5 V,示数是 110(用 $0\sim50\sim100\sim150\sim200\sim250$ 标度尺读数),则该所测电压值是 $(110/250)\times2.5 = 1.1$ V 。

(f) 读数时,视线应正对指针,即只能看见指针实物而不能看见指针在弧形反光镜中的像所读出的值。如果被测直流电压大于 1 000 V 时,则可将 1 000 V 挡扩展为 2 500 V 挡。方法很简单,转换开关置1 000 V 量程,红表棒从原来的"＋"插孔中取出,插入标有 2 500 V 的插孔中即可测 2 500 V 以下的高电压了。

② 测量交流电压

MF500 型万用表的交流电压挡主要有 10 V、50 V、250 V、500 V、2 500 V 等五挡。交流电压挡的测量方法与直流电压挡测量方法相同,不同之处是转换开关要放在交流电压挡处以及红黑表棒搭接时不需再分高、低电位(正负极)。交流电压挡简化原理电路图如图 1.2.6 所示。当被测电压为正半周时,电流从(＋)端流进,经二极管 VD_1 和交流调整电位器后,部分电流经过微安表头从(一)端流出。负半周时,电流直接经二极管 VD_2 从(＋)端流出。可见。通过微安表头的是半波电流,这时,表头的读数为该半波电流的平均值。但在工程技术中,交流电压或电流的数值一般都用有效值计量。因此,电表用交流调整电位器使半波电流分流,并改变表盘刻度,使表头的读数表示正弦电压的有效值。因此,万用表交流电压挡只能测正弦波电压。

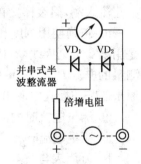

图 1.2.6 交流电压挡简化原理

普通万用表只适用于测量频率为 $45\sim1\ 000$ Hz 的正弦交流电压。

万用表交流电压挡的灵敏度以 Ω/V 表示,但一般都比直流电压挡的灵敏度低。例如 MF-30 型万用表交流电压挡的灵敏度为 5 kΩ/V。

③ 电压挡使用的注意事项

a. 在使用万用表之前,应先进行机械调零,即在没有被测电量时,使万用表指针指在零电压或零电流的位置上。

b. 在测电压过程中,不能用手接触表笔的金属部分,这样一方面可以保证测量的准确,另一方面也可以保证人身安全。

c. 在测量某一电量时,不能在测量的同时换挡,尤其是在测量高电压时更应注意,否则,会使万用表毁坏。如需换挡,应先断开表笔,换挡后再去测量。

d. 万用表在使用时必须水平放置,以免造成误差。同时,还要注意避免外界磁场对万用表的影响。

e. 万用表使用完毕,应将转换开关置于交流电压的最大挡。如果长期不使用 ,还应将万用表内部的电池取出来,以免电池腐蚀表内其他元器件。

（4）万用表电流挡的使用

万用表除了进行电阻、电压测量外，最常用的另一个功能就是测量电流。MF500 型万用表只能测量直流电流，而不能进行交流电流的测量（交流电流测量所需场合较少）。若要测量交流电流，可选用 MF116 型万用表等有测量交流电流功能的万用表。

① 测量直流电流的步骤

a. 机械调零：与测量电阻、电压一样，在使用之前都要对万用表进行机械调零。机械调零方法与测量电阻、电压的机械调零操作一样。一般经常用的万用表不需每次都进行机械调零。

b. 选择量程：根据被测电路中电源的电流大致估计一下被测直流电流的大小，然后选择量程。若不清楚电流的大小，应先用最高电流挡（500 mA 挡）测量，逐渐换用低电流挡，直至找到合适电流挡（标准与测量电压相同）。

c. 测量方法：使用万用表电流挡测量电流时，应将万用表串联在被测电路中，因为只有串联连接才能使流过电流表的电流与被测支路电流相同。测量时，应断开被测支路，将万用表红、黑表笔串接在被断开的两点之间。特别应注意电流表不能并联接在被测电路中，这样做是很危险的，极易使万表烧毁。同时注意红、黑表棒的极性，红表棒要接在被测电路的电流流入端，黑表棒接在被测电路的电流流出端（与直流电压极性选择一样）。

d. 正确使用刻度和读数：万用表测直流电流时选择表盘刻度线与测量电压时一样，都是用第 2 条刻度线（右边有 mA 符号）。其他刻度特点、读数方法与测量电压时一样。如果测量的电流大于 500 mA 时，可选用 5 A 挡。操作时，转换开关置 500 mA 挡量程，红表棒从原来的"＋"插孔中取出，插入万用表右下角标有 5 A 的插孔中，即可测 5 A 以下的大电流。

② 测量电流时的注意事项

a. 测量电流时转换开关的位置一定要置电流挡。

b. 万用表与被测电路之间的连接必须串联。具体操作方法如上所述。

c. 不能带电测量。测量中人手不能碰到表棒的金属部分，以免触电。万用表由磁电式表头、测量电路和转换开关组成。改变面板上转换开关的挡位从而改变测量电路的结构，即可把各种被测量分别转换成适合于表头测量的直流电流，通过表头指示出被测量的数值。由于直流电压、交流电压、直流电流等不同的被测量共用一个表头，因此在表面盘上有相应的几条标度尺。在面板上转换开关有测量范围的刻度，用以表明各被测量挡位及其量程。

归纳起来，使用指针式万用表时要遵循一看、二扳、三试、四测四个步骤：

一看：测量前，看看仪表联接是否正确，是否符合被测量的要求。

二扳：按照被测量的种类和估计量程的大小，将转换开关扳到适当的位置上（或者先放在较高量程上）。

三试：测量前，先用测试笔触碰被测试点，同时看指针的偏转情况。如果指针急剧偏转并超过量程，应立即抽回测试笔。检查原因后，予以调整。

四测：试测中若无异常现象，即可进行测量、读取数据。

2）数字式万用表

数字式万用表是指测量结果主要以数字的方式显示的万用表，如图 1.2.7 所示为一种数字万用表的实物图。数字万用表（DMM——Digital Multi-Meter）是 20 世纪中半个世纪以来数字技术发展的产物，是近年来出现的普遍测试仪器。它采用大规模集成电路

(LSI——Large-Scal Integration)和数字显示(Digital Display)技术,具有结构轻巧、测量精度高(误差可达十万分之一以内)、输入阻抗高、显示直观、过载能力强、功能全、用途广、耗电省等优点及自动量程转换、极性判断、信息传输等功能,深受人们的欢迎,目前有逐步取代传统的指针式万用表的趋势。

图 1.2.7　数字式万用表外形

数字式万用表与指针式万用表相比,具有以下特点:一是采用大规模集成电路,提高了测量精度,减少了测量误差;二是以数字方式在屏幕上显示测量值,使读数变得更为直观、准确;三是增设了快速熔断器和过压、过流保护装置,使过载能力进一步加强;四是具有防磁抗干扰能力,测试数据稳定,使万用表在强磁场中也能正常工作;五是具有自动调零、极性显示、超量程显示及低压指示功能。有的数字万用表还增加了语音自动报测数据装置,真正实现了会说话的智能型万用表。

(1) 数字式万用表的种类

数字式万用表的种类繁多,分类方法也有多种,比如根据其使用领域的不同,可分计量用实验室高精度数字万用表、台式/系统数字万用表、便携式数字万用表、嵌入式数字万用表等。通常按其测量准确度的高低,以产品档次分类。

① 普及型数字万用表:结构、功能较为简单,一般只有五个基本测量功能:DCV、ACV、DCI、ACI、Ω 及 h_{FE},它价格低廉,精度一般为 3 位半,如 DT-830、DT-840 等型号。

② 多功能型数字万用表:较普及型数字万用表主要是增加了一些实用功能,如电容量、高电压、大电流的测量等,有些还有语音功能。这类仪表有 DT-870、DT-890 等型号。

③ 高精度、多功能型数字万用表:精度在 4 位半及以上,除常用于测量电流、电压、电阻、三极管放大系数等功能外,还可测量温度、频率、电平、电导及高电阻(可达 10 000 MΩ)等,有些还有示波器功能和读数保持功能。常见型号有袖珍式 DT-930F、DT-930FC、DT-980 等及台式 DM-8145、DM8245 等数字万用表。

④ 高精度、智能化数字万用表:计算机技术的渗透、新型集成电路的采用及新的测量原理的出现,导致了各种新数字万用表的问世。高精度、智能化数字万用表是指内部带微处理器,具有数据处理、故障自检等功能的数字万用表。它可通过标准接口(如 IEEE-488、RS-232 等)与计算机、打印机连接。如美国迪特郎(Datron)公司的 7 位半 1081 型数字万用表(天津无线电一厂引进生产),可测 1 nV~1 000 V 交直流电压,1 μΩ~10 MΩ 电阻,-100~+200 ℃温度(分辨率达 0.001 ℃)。它采用自动校准(AUTO CAC)专利技术,能对全部测量项目和量程进行自动校准,并能显示极值和各项测量误差。这类数字万用表还有北京无线电技术研究所引进美国福鲁克(Fluke)公司生产的 8840A 型(5 位半)、英国舒力强(Solartron)公司研制生产的 7081 型(8 位半)数字万用表等。

⑤ 专用数字仪表:指专用于测量某一量的数字仪表,如数字电容表、电压表、电流表、电感表、电阻表等。常见的袖珍式专用仪表如 DM-6013、DM-6013A 数字电容表,DM6243/DL6243 数字电容电感表,DM860 型数字功率计,M6040D 型 LCR 测量仪(可测电感、电容和电阻)。IM4025 型则属于自动 LCR 测量仪。此外,还有数字温度计、数字血压表、数字绝缘电阻测试仪等。

⑥ 数字、模拟双显示数字万用表:采用数字量和模拟量同时显示,以观察正在变动的量

值参数,弥补数字表对检测对象在不稳定状态时出现的不断跳字的缺陷,兼有模拟仪表与数字仪表的优点,如 DA-250 型数字万用表。

(2) 数字式万用表的基本工作原理

数字式万用表由功能变换器、转换开关和直流数字电压表三部分组成,其原理框图如图 1.2.8所示。直流数字电压表是数字式万用表的核心部分,各种电量或参数的测量,都是首先经过相应的变换器,将其转换为直流数字电压表可以接受的直流电压,然后送入直流数字电压表,经 A/D(模/数)转换器转换为数字量,再经计数器计数并以十进制数字将被测量显示出来。

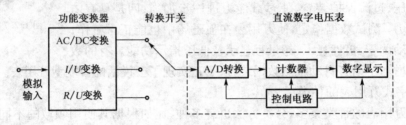

图 1.2.8　数字式万用表原理框图

(3) 数字式万用表的特点

与指针式万用表相比,数字式万用表有其明显的特点。

① 外观结构

数字式万用表外壳一般选用 ABB 公司的工程塑料制成,重量轻,强度高,外形主要有袖珍式和台式两种。袖珍式普遍采用液晶显示器(LCD),台式多使用发光二极管(LED)显示器。高精度智能型数字万用表一般为台式结构。此外,也有的数字万用表制成笔式、台历式、笔记本式等。还有的与电子计算器或电子手表等制成一体,但其精度较低。

② 显示位数

数字式万用表显示位数一般为 3～8 位,即有效读数为 3～8 位。具体地讲,有 3 位、$3\frac{1}{2}$位、$4\frac{1}{2}$、$5\frac{1}{2}$、$6\frac{1}{2}$、$8\frac{1}{2}$位等几种。普及型数字万用表多为 $3\frac{1}{2}$ 位(3 位半),其最高位只能显示"1"或"0"(0 亦可消隐),故称半位,其余 3 位是整位,可显示 0～9 全部数字。3 位半数字万用表最大显示值为 19 999。近年来,市场上又推出了 $3\frac{3}{4}$ 位数字万用表,其最大显示值为 3 999 或 2 999,也有产品显示 5 999(不同厂家规定定义不同),量程比 $3\frac{1}{2}$ 位表高 1 倍或 50% 或 2 倍。

③ 量程转换

数字式万用表有三种量程转换方式:手动转换量程、自动转换量程、自动/手动转换量程。手动转换量程式数字万用表内部电路结构较为简单,价格也相对较低,但操作比较繁琐,而且量程选择不合适时易使仪表过载。自动转换量程式数字万用表能使操作步骤简化,并可以有效地避免过载现象,其不足之处是测量过程较长,即使被测电量很小,每次测量也要先从最高量程开始,然后逐渐降低量程,直到合适为止,这势必增加等待时间,另外,其价格较高,其典型产品有 DT-840、DT-845、DT-860、DT-860B、DT-860C、DT-910、

SK-6221 等。自动/手动转换量程式数字万用表兼有二者的特点,使用更灵活,典型产品有DT-950 等。

④ 测量精度

数字式万用表基本量程(通常为最低直流电压挡)精度最高,随着量程的扩展或经各种转换器后精度指标会下降。一般 3 位半数字万用表基本量程精度可达到 $\pm0.5\%\sim\pm0.1\%$,4 位半数字万用表达到 $\pm0.05\%\sim\pm0.07\%$,5 位半数字万用表达到 $\pm0.01\%\sim\pm0.005\%$,7 位半数字万用表则达到 $\pm0.0001\%$。

⑤ 分辨力

数字式万用表在最低电压量程上末位一个字所对应的数值称分辨力,是数字万用表对下限被测量值的反应能力,反映数字万用表灵敏度的高低。3 位半数字万用表的分辨力可达 0.1 mV,即 100 μV,4 位半数字万用表达 10 μV,8 位半数字万用表则高达 10 nV。

(4) 数字式万用表的面板

① 输入端插孔:黑表笔总是插"COM"插孔,测量交直流电压、电阻、二极管及通断检测时,红表笔插"V/Ω"插孔,测量 200 mA 以下交直流电流时,红表笔插"mA"插孔,测量200 mA 以上交直流电流时,红表笔插"A"插孔。

② 功能和量程选择开关:交、直流电压挡的量程为 200 mV、2 V、20 V、200 V、1 000 V,共五挡。交、直流电流挡的量程为 200 μA、2 mA、20 mA、200 mA、10 A,共五挡。电阻挡的量程为 200 Ω、2 kΩ、20 kΩ、200 kΩ、2 MΩ、20 MΩ,共七挡,其中 ➤⊢•⟩) 挡用于判断电路的通、断。

③ β 插座:测量三极管的 β 值,注意区别管型是 NPN 还是 PNP。

(5) 数字式万用表的使用和维护

与许多产品一样,数字万用表都附有用户使用手册,一般使用方法都有比较详细的说明。这里仅对日常使用较多的中低档袖珍式数字万用表的维护使用要点作进一步的说明。

① 测量之前应先估计一下被测量的大小范围,尽可能选用接近满刻度的量程,这样可提高测量精度。如测 100 Ω 电阻,宜用 200 Ω 挡而不宜用 2 kΩ 或更高挡。如果预先不能估计被测量值的大小,可从最高量程挡开始测,逐渐减小到恰当的量程位置。当测量结果显示只有"半位"上的读数"1"时,表明被测量值超出所在挡范围,说明量程选得太小,应转换量程。

② 数字万用表在刚测量时,显示屏上的数值会有跳数现象(类似指针式表表针的摆动)。应等待显示数值稳定后才能读数。另外,被测元器件引脚由于氧化等原因造成被测件和表笔之间接触不良,显示屏也会长时间跳数,无法正确测量数值,会增加测量误差。这时应先清洁元器件引脚后再进行测量。

③ 数字万用表相邻挡位之间距离很小,习惯使用指针式表的人会感到量程转换开关"吃"挡手感不如指针式表明显,容易造成跳挡或拨错挡位。所以拨动量程开关时要慢,用力不能过猛;开关到位后应再轻轻左右拨动一下,以确定真正到位。

④ 严禁在测量的同时拨动量程开关,特别是在高电压、大电流的情况下,以防产生电弧烧坏量程开关。

⑤ 数字万用表在测量一些连续变化的量时不如指针式万用表方便直观,如测电解电容器的充、放电过程、测热敏电阻、光敏二极管等,这时可采用数字万用表与指针式万用表相结

合，或使用数字、模拟双显示数字万用表。

⑥ 当测 10 Ω 以下精密电阻时（200 Ω 挡），先将两个表笔短接，测出表笔线电阻（如 0.20 Ω），然后在测量中减去这一数值。

⑦ 尽管数字万用表有比较完善的各种保护功能，使用中仍应力求避免误操作，如用电阻挡去测 220 V 交流电压等，以免带来不必要的损失。

⑧ 每次测量结束应及时关断电源。对设置了自动断电电路（一般 15 分钟自动断电）的数字万用表，自动断电后要重新启动电源，可连续按动电源开关两次。

⑨ 当出现电池电压过低告警指示时，应及时更换电池，以免影响测量准确度。

⑩ 仪表应经常保持清洁干燥，避免接触腐蚀性物质和受到猛烈撞击。

（6）数字式万用表的优缺点

数字式万用表的使用与指针式万用表类似，不再详述。总之，指针式万用表与数字式万用表各有优缺点。

① 指针式万用表是一种平均值式仪表，具有直观、形象的读数指示，因为一般读数值与指针摆动角度密切相关。数字式万用表是瞬时取样式仪表，采用 0.3 s 取一次样来显示测量结果，有时每次取样结果只是十分相近，并不完全相同，因此，读取结果时就不如指针式万用表方便。

② 指针式万用表一般内部没有放大器，所以内阻较小，如 MF-10 型直流电压灵敏度为 100 kΩ/V，MF-500 型直流电压灵敏度为 20 kΩ/V。数字式万用表由于内部采用了运放电路，内阻可以做得很大，往往达到 1 MΩ 或更大，即可以得到更高的灵敏度，这使得对被测电路的影响可以更小，测量精度较高。

③ 指针式万用表由于内阻较小，且多采用分立元件构成分流分压电路，所以频率特性是不均匀的（相对数字式万用表来说），指针式万用表的频率特性相对好一点。

④ 指针式万用表内部结构简单，所以成本较低，功能较少，维护简单，过流过压能力较强。数字式万用表内部采用了多种振荡、放大、分频、保护等电路，所以功能较多，比如可以测量温度、频率（在较小的范围内）、电容、电感或用做信号发生器等，由于内部结构多用集成电路，所以过载能力较差，损坏后一般不易修复。

⑤ 指针式万用表输出电压较高（10.5 V，12 V 等），电流较大（如 MF-500 ×1 欧挡最大约为 100 mA），可以方便地测试可控硅、发光二极管。数字式万用表输出电压较低（通常不超过 1 V），对于一些电压特性特殊的元件的测试则不方便（如可控硅、发光二极管等）。对于初学者，应当先熟练使用指针式万用表。

1.2.3　电压表

1）概述

电压、电流、功率是表征电信号能量大小的三个基本参量。在电子电路中，只要测量出其中一个参量就可以根据电路的阻抗求出其他两个参量。考虑到测量的方便性、安全性、准确性等因素，几乎都用测量电压的方法来测定表征电信号能量大小的三个基本参量。此外，许多参数，例如频率特性、谐波失真度、调谐度等都可视为电压的派生量。所以电压的测量是其他许多电量以及非电量测量的基础。

（1）对电压表的性能要求

① 频率范围宽。被测信号电压的频率可以从 0 Hz 到几千兆赫范围内变化,这就要求测量信号电压的仪表的频带覆盖较宽的频率范围。

② 测量电压范围广。通常,被测信号电压小到微伏级,大到千伏以上。这就要求测量电压的仪表的量程相当宽。电压表所能测量的下限值定义为电压表的灵敏度,目前只有数字电压表才能达到微伏级的灵敏度。

③ 输入阻抗高。电压测量仪表的输入阻抗是被测电路的附加并联负载。为了减小电压表对测量结果的影响,要求电压表的输入阻抗很高,即输入电阻大、输入电容小,使附加的并联负载对被测电路影响很小。

④ 测量精度高。一般的工程测量,如市电的测量、电路电源电压的测量等都不要求高的精度;但对一些特殊电压的测量却要求有很高的测量精度,如对 A/D 转换器的基准电压的测量,对稳压电源的稳压系数的测量都要求有很高的测量精度。

⑤ 抗干扰能力强。测量工作一般都在有干扰的环境下进行,所以要求测量仪表具有较强的抗干扰能力。特别是高灵敏度、高精度的仪表都要具备很强的抗干扰能力,否则就会引入明显的测量误差,达不到测量精度的要求。对于数字电压表来说,这个要求更为突出。

(2)电压表的分类

电压表按被测对象可分为直流电压表和交流电压表;按测量结果的显示方式可分为指针式电压表和数字式电压表。指针式电压表测量电压常用磁电式电压表,电压测量主要是采用电子电压表对正弦电压的稳态值及其他典型的周期性非正弦电压参数进行测量。电压表按其工作原理和读数方式分为模拟式电压表和数字式电压表两大类。本节重点讨论模拟式和数字式两种电压表的结构、原理和使用方法。

2)模拟式电压表

模拟式电压表又叫指针式电压表,一般都采用磁电式直流电流表头作为被测电压的指示器。测量直流电压时,可直接或经放大或经衰减后变成一定量的直流电流驱动直流表头的指针偏转指示。测量交流电压时,必须经过交流/直流变换器即检波器,将被测交流电压先转换成与之成比例的直流电压后,再进行直流电压的测量。

(1)模拟式电压表的分类

模拟式电压表可按不同的方式进行分类。

① 按工作频率分类:分为超低频(1 kHz 以下)、低频(1 MHz 以下)、视频(30 MHz 以下)、高频或射频(300 MHz 以下)、超高频(300 MHz 以上)电压表。

② 按测量电压量级分类:分为电压表(基本量程为 V 量级)和毫伏表(基本量程为 mV 量级)。

③ 按检波方式分类:分为均值电压表、有效值电压表和峰值电压表。

④ 按电路组成形式分类:分为检波-放大式电压表、放大-检波式电压表、外差式电压表。

(2)模拟式电压表的原理

电压表是用来测量电源、负载或某段电路两端电压的,所以电压表必须与它们并联,如图 1.2.9(a)所示。如前所述,为了使电路工作不因接入电压表而受影响,电压表的内阻必须很高。而表头的电阻 R_0 不大,所以必须与它串联一个称为分压器的高值电阻 R_V,如图 1.2.9(b)所示,这样将使电压表的量程扩大了。

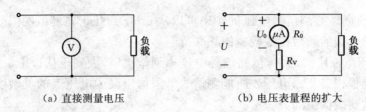

(a) 直接测量电压　　　　　　(b) 电压表量程的扩大

图 1.2.9　模拟式电压表原理

由图 1.2.9(b)可知:

$$\frac{U}{U_0} = \frac{R_0 + R_V}{R_0} \tag{1.2.2}$$

所以:

$$R_V = R_0 \left(\frac{U}{U_0} - 1 \right) \tag{1.2.3}$$

由式(1.2.3)可知,需要扩大的量程越大,则分压器的电阻应越高。多量程电压表的表面上具有几个标有不同量程的接线端,这些接线端分别与表内相应阻值的分压器串联。使用时根据被测电压的大小,选择不同的量程。测量直流电压时必须注意,当电压表并联在被测支路上时,电压的"+"极性端要接入表头的"+"极性端,否则指针将反向偏转。

电压表测量交流电压时,也是用倍增电阻来扩大量程的,所不同的是电流表(或称为电压表的表头)是磁电系测量机构,只能通过直流,而不能通过交流。为了使其能测量交流,必须配上整流电路,将被测的交流电流变成直流电流后再通过表头,测量原理如图 1.2.10 所示。交流电压表与直流电压表相比,只是增加了与表头串联的二极管 VD_1 及并联的二极管 VD_2,被测的交流电压 u 经分压电阻 R 分压。

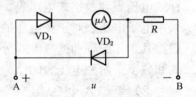

图 1.2.10　模拟式电压表测量交流电压的电路

二极管 VD_1 和 VD_2 均具有单向导电性,在交流电压的正半周时,VD_2 不导通,VD_1 导通,此时有电流通过表头;相反,在交流电压的负半周时,VD_2 导通,VD_1 不导通,这时被测交流电流被 VD_1 断开,并被 VD_2 短路,因而没有电流通过表头。所以,虽然被测电压是交流电压,但通过表头的却是单方向的电流,使指针偏转的角度基本上与被测的交流电压 u 的幅值成正比,从而测出被电压的值。另外,也必须在表头上串联分压器来扩大量程。测量交流时没有"+"、"-"极性之分。

设通过电阻 R 分压后加在表头两端的电压为:

$$u = \sqrt{2}U\sin \omega t \quad \left(0 \leqslant t < \frac{T}{2} \right) \tag{1.2.4}$$

式中:U 为电压有效值。

根据《电路分析》中的知识可知,在一个周期内表头上得到的平均电压为:

$$U_0 = \frac{1}{2\pi}\int_0^\pi \sqrt{2}U\sin \omega t \, dt \tag{1.2.5}$$

同理,可以得到表头中的平均电流:

$$I_0 = 0.45I \quad 或 \quad I = 2.22I_0 \tag{1.2.6}$$

从以上分析可知,通过表头的电流是单向脉动电流。因此,作用于磁电系表头活动部分的转矩 M 是方向不变、大小随着时间按 50 Hz 的规律变化。由于机械的惯性,指针来不及跟着 M 的变化而变化,而是取决于 1 个周期的平均转矩:

$$M_0 = \frac{1}{2\pi}\int_0^{2\pi} m\mathrm{d}t \qquad (1.2.7)$$

因为 m、i 是脉动的,m 的平均转矩为 M_0,i 脉动流的平均值为 I_0,所以有 $M_0 = KI_0$,K 为磁电系测量机构的系数。从磁电系测量原理可知,指针要反映 I_0 的大小,一定要受到一个反作用力矩 M 的作用,M_0 由游丝产生。$M_\alpha = D\alpha$,D 为弹簧系数;α 为指针偏转角度。当 $M_0 = M_\alpha$ 时,指针就停留在对应于 I_0 大小的一个位置,即 $D\alpha = K_1 I_0$,K_1 为仪表灵敏度。为了便于读数,交流电压表的标度尺是以电压的有效值刻度的。

(3) 模拟式电压表的使用

① 调零:电压表在使用前要检查表头的指针是否指在刻度盘零点的位置,若指针不在零点位置,则要用螺丝刀调节中间旋钮,使指针指到零点位置上。必要时应注意通电预热。

② 量程选择:如果事先不知道被测电压的大小,可以先从大量程开始,再逐步减少量程,直至量程合适,在一般情况下,要求指针处于量程满刻度值的 2/3 以上区域。

③ 测量直流电压时,电压表并联在被测支路上时,电压的"+"极性端(高电位端)要接入表头的"+"极性端(正表笔),"−"极性端(低电位端)要接入表头的"−"极性端(负表笔)。

④ 拆接线的顺序:对于灵敏度较高的电子电压表,测量时应先接入地线(即与机壳相连的测试线),然后再接入另一测试线。测试结束时,应按相反顺序取下连接线,否则内部的感应信号有可能使指针偏转过量而损坏表头。测量时接地线应可靠接地。

⑤ 注意安全,防止触电:不要在测试时触摸金属体。

⑥ 校准:电压表使用一段时间后,定期用标准电压表进行校准,以保证其准确度。

3) 数字式电压表

数字电压表是诸多数字化仪表的核心与基础。以数字电压表为核心可以扩展成各种通用数字仪表和专用数字仪表以及各种非电量的数字化仪表,如温度计、湿度计、酸度计、重量计、厚度仪等,几乎覆盖了电子电工测量、工业测量、自动化仪表等各个领域。因此,对数字电压表作全面深入的了解是很有必要的。

(1) 数字式电压表的特点

① 读数直观、准确。电压表的数字化是将连续的模拟量如直流电压转换成不连续的离散的数字形式并加以显示,这有别于传统的以指针和刻度盘进行读数的方法,避免了读数的视差和视觉疲劳。

② 显示范围宽,分辨力高。指针式电压表的分辨力是由刻度盘的细度表达的,刻度盘在一定条件下无法分得很细,太细了视觉分辨也很困难,而数字显示的电压表其分辨力目前可以做到从 $2\frac{1}{2} \sim 4\frac{1}{2}$。

③ 输入阻抗高,可高达 $1 \sim 10^4$ MΩ。输入阻抗越高,所吸收的被测信号的电流就越小,所带来的附加误差极小,可以忽略。

④ 集成度高,功耗小,抗干扰能力强。目前双积分或多重积分式 A/D 转换器构成的数字电压表,由于在积分过程中可将干扰信号部分或全抵消掉,其差模抑制比可达 100 dB,共

模抑制比可达 120 dB。

⑤ 可扩展能力强。直流数字电压表本身可以扩展成交流电压表、交直流电流表、峰值表、功率表等。还可以附加智能化，例如计算、保持、比较数字、设定时间、设定上下量限及自动控制等多种功能。

（2）数字式电压表的原理

直流数字电压表基本上由七个部分组成，如图 1.2.11 所示。

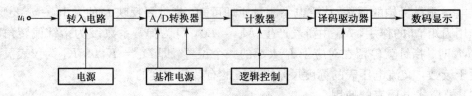

图 1.2.11　直流数字电压表基本组成

① 转入电路：对转入信号进行前置放大或衰减，用以扩大测量范围。

② A/D 转换器：将转入的模拟量转换成数字量，是数字电压表的核心。

③ 计数器：记录 A/D 转换器转换后与模拟量相对应的数字量的值。

④ 译码驱动器显示器：将计数器中的数字量 BCD 码变换成数码显示器的七段码并驱动点亮。

⑤ 逻辑控制：由时钟发生器与逻辑电路组成用来控制 A/D 转换器、计数器、译码器，使它们按一定的时序及顺序工作。

⑥ 基准电源：是稳定度极高的电压源，用来比较转入信号的大小。

⑦ 工作电源：集成电路工作一般需要 3～18 V 的直流电源，可以用电池供电，也可以用市电交流经变换后供电，还可以用不间断电源（UPS）供电。

（3）数字式电压表的使用

数字电压表测量电压时，它的 H、L 输入端决不能随意接入被测电路中。数字电压表的输入端有二端输入和三端输入两种；三端输入屏蔽端分为短接片和引线两种。二端输入的数字电压表正确的测量方法是把 L 端接到被测电压的低端，H 端接到被测电压的高端。值得注意的是，被测电路的低端不一定是地端，也可能是浮地的。三端引线输入的数字电压表的 H、L 端接法与二端输入的相同，屏蔽端的引线与 L 端引线同时接到被测电路的低端，否则，输入端的共模干扰引起的误差较大。当然，测量对象不同，屏蔽端接法也应不同。屏蔽端的接入必须与 L 端输入点同电位，或者尽量接近被测电压低端，使共模电流对测量的影响最小。

数字电压表在使用中还应注意如下几点：

① 接地良好，以便减少串模、共模干扰。

② 当被测电压的内阻很大时，应考虑数字电压表的零电流引起的误差。

③ 数字电压表的零点在长期使用后是否漂移。

④ 注意使用环境温度和湿度的条件。

⑤ 数字电压表的量程选择应使被测电压值大于量程的 10%。

⑥ 数字电压表的基本量程性能最好，输入阻抗高，测量误差小，其他挡输入电阻较低，误差也大。

⑦ 袖珍数字万用表,当电池不足时,测量值变大,电池越不足,测量值越大,一般 9 V 电池下降到 7 V 左右将产生上述现象,所以,要时常更换新电池,避免给测量带来不必要的误差。

1.2.4 毫伏表

毫伏表又叫电子电压表,是一种特殊的交流电压表,主要用来测量微弱的正弦交流电压。

1) 交流毫压表的分类

交流毫伏表种类很多。按测量信号频率的高低可分为低频、高频和超高频毫伏表;按放大电路元器件的不同可分为电子管毫伏表、晶体管毫伏表和集成电路毫伏表,最常见的是晶体管毫伏表,如 DF-2173B、DA-16 等。按所测信号的频率范围可分为音频毫伏表、视频毫伏表和超高频毫伏表等;按通道数目不同可分为单通道毫伏表和双通道毫伏表;按显示形式可分为指针式毫伏表和数字式毫伏表。下面主要介绍指针式毫伏表的原理、结构和使用。

2) 指针式毫伏表

(1) 指针式毫伏表的原理

毫伏表的内部电路形式有放大-整流式和整流-放大式两种,常用的放大-整流式毫伏表方框图如图 1.2.12 所示。其结构由可变分压器(量程开关)、放大电路、整流电路和指示电路等四部分组成。被测信号电压通过输入电缆送到电路的输入端,经电容耦合到可变分压器,再进入交流放大器进行放大,以提高毫伏表的灵敏度,放大后的交流信号再经整流电路变换成直流信号,输出的直流电流流过表头,推动指针偏转并显示所测量的值。

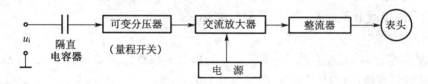

图 1.2.12 毫伏表原理框图

交流毫伏表通常设有放大电路,具有输入阻抗高、测量频率范围宽、灵敏度高等特点。毫伏表输入阻抗的高低直接涉及对被测电路影响的程度。由于毫伏表的输入阻抗高达几百千欧甚至几兆欧,在测量时与被测电路并联,对测量电路的分流作用极小,其影响甚微,测量结果较接近被测交流电压的实际值。普通毫伏表的工作频率一般在 5 Hz～5 MHz,有的甚至更宽,可测量 300 V 以内的正弦交流电压有效值,而普通万用表的交流电压挡信号频率一般为 45 Hz～1 kHz。所以在实际应用中,尽量不用普通万用表的交流电压挡去测量较高频率交流信号的有效值,否则因频率相差太大,导致极大的误差。现以 DA-16 型低频晶体管毫伏表为例说明其使用方法。

(2) DA-16 型毫伏表的使用

DA-16 型毫伏表频带宽,可从 20 Hz～1 MHz;采用二级分压,故测量电压范围宽,可从 100 μV～300 V,指示读数为正弦波电压的有效值。

① 主要技术性能

DA-16 型毫伏表主要性能指标见表 1.2.6。

表 1.2.6　　DA-16 型毫伏表主要性能指标

项　目	性能指标	项　目	性能指标
测量电压范围	100 μV～300 V	频率响应误差	−27～+32 dB(600 Ω)
测量电平范围	100 Hz～100 kHz≤±3%		20 Hz～1 MHz≤±5%
被测频率范围	20 Hz～1 MHz	输入阻抗	电阻 1 MΩ(1 kHz),电容 ≤50～70 pF
固有误差	≤±3%(基准频率 1 kHz)	消耗功率	3 W

② 仪表面板结构

DA-16 型晶体管毫伏表的外形如图 1.2.13 所示。

DA-16 型晶体管毫伏表面板各旋钮功能如下:

a. 量程选择开关:选择被测电压的量程,共有 11 挡。量程括号中的分贝(dB)数供仪器做电平表时读分贝(dB)数用。

b. 输入端。采用一同轴电缆线作为被测电压的输入引线。在接入被测电压时,被测电路的公共地端应与毫伏表输入端同轴电缆的屏蔽线相连接。

c. 零点调整旋钮:当毫伏表输入端信号电压为 0 时(输入端短路),电表指示应为 0,否则需调节该旋钮。

d. 表头刻度:表头上有三条刻度线,供测量时读数之用,第3 条(−12 dB～+2 dB)刻度线作为电平表用时的分贝(dB)读数刻度。

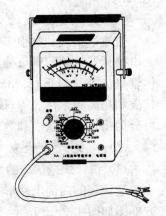

图 1.2.13　DA-16 型晶体管毫伏表外形

e. 电源开关。

f. 指示灯:接通电源开关,指示灯亮,反之则灭。

③ 使用方法

a. 机械调零:毫伏表垂直放置,在未通电的情况下检查电表指针是否在零位,如不在零位应进行机械调零校正(机械零点不需经常调整)。

b. 电气调零:将毫伏表的输入夹子短接,接通电源,待指针摆动数次至稳定后,校正电气调零旋钮,使指针在零位,此时即可进行测量(有的毫伏表有自动电气调零,无须人工调节)。

c. 测量:根据被测信号的大约数值,选择适当的量程。在不知被测电压大约数值的情况下,可先用大量程进行试测,然后再选合适的量程。选量程时一般应使电表指示有最大偏转角度为佳。被测电压为非正弦波或正弦波形有失真时,读数有误差。连接电路时,被测电路的公共地端应与毫伏表的接地线相连,注意应先接上地线,然后接另一端。测量完毕后,应先断开不接地的一端,然后断开地线,以免在较高灵敏挡级(毫伏挡)时,因人手触及输入端而使表头指针打弯。测量完毕后应将"测量范围"开关放到最大量程挡,然后关掉电源。测电平时,被测点的实际电平分贝(dB)数等于表头指示分贝(dB)数与量程选择开关所示的电平分贝(dB)数之和。

④ 使用注意事项

a. 测量前必须调零。接通电源后,需经 1～2 min 后再进行测量。

b. 所测交流电压的有效值不得大于 300 V。

c. 由于毫伏表灵敏度较高,使用时必须正确选择接地点,以减小测量误差。

d. 用毫伏表测量市电时,相线接输入电缆的信号端,中线接信号电缆的屏蔽线,不能接反,否则会有安全隐患。测量 36 V 以上电压时,应注意机壳带电。

1.2.5 电流表

测量电流的基本工具是电流表。电流表按被测对象可分为直流电流表和交流电流表;按测量结果的显示方式可分为指针式电流表和数字式电流表;按量程大小可分为微安表、毫安表和安培表。还有一种电流表,不用来测量电流大小,而是检测电流的有无,称为检流计,在比较测量中,它作为指零计得到广泛应用。指针式电流表测量电流又分为磁电式电流表、电磁式电流表、电动式电流表。本节重点讨论指针式电流表(安培表)和钳形电流表的结构、原理和使用方法。

1) 指针式电流表的原理

测量直流电流通常采用磁电式安培表,测量交流电流多采用电磁式安培表。电流表应串联在电路中使用。如图 1.2.14(a)所示。为使电路的工作不因接入安培表而受影响,安培表的内阻必须很小。因此,如果不慎将安培表并联在电路的两端,则安培表将被烧毁。在使用时必须特别注意。

使用磁电式安培表测量直流电流时,因其表头所允许通过的电流很小(一般只允许在 100 mA 以内),不能直接测量较大电流。为了扩大它的量程,一般在表头上并联上一个称为分流器的低值电阻 R_A,如图 1.2.14(b)所示。

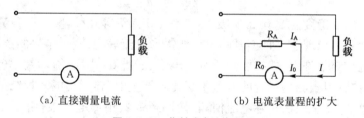

(a) 直接测量电流　　　　　　(b) 电流表量程的扩大

图 1.2.14　指针式电流表原理

这样,通过磁电式安培表表头的电流 I_0 只是被测电流 I 的一部分。电流关系为:

$$I_0 = I \frac{R_A}{R_0 + R_A} \tag{1.2.8}$$

由式(1.2.8)可知,需要扩大的量程越大,则分流器的电阻 R_A 应越小。多量程安培表的表面上有几个标有不同量程的接头,这些接头与安培表内部相应的分流器相连,分流器由不同电阻值的电阻器构成(较大电流的分流器也有接在仪表外面的)。使用时根据被测电流的大小,选择不同的量程。

2) 指针式电流表的使用

测量直流电流时必须注意:

① 当电流表串联在被测支路中时,电流必须从"＋"极性端流入,"－"极性端流出,否则指针将反向偏转。

② 直流电流表不能用来测量交流电流。当误接交流电时,指针虽无指示,但动圈内仍

有电流通过,若电流过大,将损坏仪表。

③ 磁电式仪表过载能力较低,注意不要过载。

用电磁式安培表(即交流电流表)测量交流电流时,不用分流器来扩大量程。这是因为:一方面,电磁式安培表的线圈是固定的,可以允许通过较大电流;另一方面,在测量交流电时,由于电流的分配不仅与电阻有关,而且还与电感有关,因此分流器较难制作。在测量几百安以上交流电流时,采用电流互感器来扩大量程。

3) 钳形电流表

钳形电流表最显著的特点是无需断开被测电路,就能够实现对流过导体或电器中电流的测量,特别适合于不便于断开线路或不允许停电的测量场合,而且其结构简单、携带方便,因此在各行各业的电气工作中应用甚广。

(1) 钳形电流表的选用

首先,应明确被测电流是交流电流还是直流电流;是正常频率和正常波形的工频电流,还是频率偏离工频较多的非工频电流,或波形失真比较严重、谐波成分较多的不规则波形的电流。因为整流系钳形电流表只适于测量波形失真较低、频率变化不大的工频电流,否则,将产生较大的测量误差。而对于电磁系钳形电流表来说,由于其测量机构的可动部分的偏转与电流的极性无关,因此它既可用于测量交流电流,也可用于测量直流电流。总之,必须根据被测电流的性质合理选择钳形电流表的类型。其次,应明确被测设备工作电压的高低,必须按照被测设备的电压等级选用钳形电流表。低电压等级的钳形电流表只能用于测量低压系统中的电流,绝对不能测量高压系统中的电流,尽管采取其他绝缘措施也无济于事。

钳形电流表的准确度主要有 2.5 级、3.0 级、5.0 级等几种,应根据测量技术要求和实际情况选用。近年来出现了多种型号的数字式钳形电流表,其测量结果的读数直观而方便,而且测量功能也扩充了许多,如扩展到能测量电阻、二极管、电压、有功功率、无功功率、功率因数、频率等参数。但当测量场合的电磁干扰比较严重时,显示出的测量结果的数字可能发生离散性跳变,从而无法确认实际电流值,若使用指针式钳形电流表,由于磁电系机械表头所具有的阻尼作用,它对电磁干扰的反映比较迟钝,至多导致表针小幅摆动,其示值范围比较直观,相对而言读数不太困难。

(2) 钳形电流表使用前的检查

首先检查检定合格证以及是否在检定周期之内。钳形电流表属于强检仪表,使用单位必须按时送达国家技术监督部门核准的具有检定资格的部门进行检定。检查内容包括如下几项:

① 检查钳口上的绝缘材料有无脱落、破裂等损伤现象,若有则必须待修复之后方可使用。

② 检查钳形电流表包括表头玻璃在内的整个外壳,不得有开裂和破损现象,因为钳口绝缘和仪表外壳的完好与否,直接关系到测量安全问题,还涉及仪表的性能问题。

③ 检查零点是否正确,若表针不在零点时可通过调节机构调准。

④ 对于多用型钳形电流表,还应检查测试线和表棒有无损坏,要求导电性能良好、绝缘完好无损。

⑤ 对于数字式钳形电流表,还需检查表内电池的电量是否充足,不足时必须更新。

（3）钳形电流表的使用

① 先估计被测电流大小，选择适当量程。若无法估计，可先选较大量程，然后逐挡减少，转换到合适的挡位。转换量程挡位时，必须在不带电情况下或者在钳口张开情况下进行，以免损坏毫伏表。

② 测量时，被测导线应尽量放在钳口中部，钳口的结合面如有噪声，应重新开合一次，如仍有噪声，应处理结合面，以使读数准确。另外，不可同时钳住两根导线。

③ 测量 5 A 以下电流时，为得到较为准确的读数，在条件许可时，可将导线多绕几圈，放进钳口测量，其实际电流值应为仪表读数除以放进钳口内的导线根数。

④ 每次测量前后，要把调节电流量程的切换开关放在最高挡位，以免下次使用时因未经选择量程就进行测量而损坏毫伏表。

1.2.6　功率表

功率表又称为电力表，用于测量电路中的直流功率、交流有功功率或无功功率。功率表按测量相数可分为单相功率表和三相功率表，按显示方式可分为指针式功率表和数字式功率表。

1）指针式功率表的原理

指针式功率表结构简单，图 1.2.15 是实验室常用的单相功率表外形。表头主要采用电动式仪表，因为功率是与电路中的电流和电压的乘积有关。因此，电动式功率表中具有两个线圈：一个线圈与负载串联，反映负载电流，称为串联线圈或电流线圈，它的匝数少，导线较粗，是功率表中的一个固定线圈，如图 1.2.16(a)中的线圈 1；另一个线圈与负载并联，反映负载电压，称为并联线圈或电压线圈，它的匝数较多，导线较细，是功率表内的动线圈，如图 1.2.16(a)中的线圈 2。另外，还有指示机构，它由表盘、阻尼器、弹簧、转轴和指针等组成。

图 1.2.15　单相功率表外形

因为电动式功率表中指针的偏转角与通过动线圈和定线圈的电流及这两个电流之间的余弦成正比，即与电路中的有功功率 P 成正比，因此，利用电动式功率表可以测量电路中的有功功率。

如果不慎将电动式功率表的两个线圈中的任一个反接，指针就反向偏转，这样便不能读出功率的数值。因此，为了保证功率表正确联接，两个线圈的始端应标出"＋"、"－"或"＊"号，这两端均要连在电源的同一端。如图 1.2.16(c)所示。

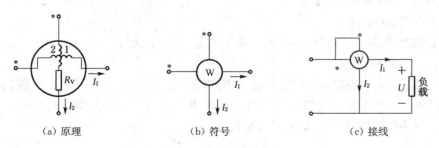

　　　　　（a）原理　　　　　　　　　　　（b）符号　　　　　　　　　　（c）接线

图 1.2.16　电动式功率表

　　功率表的电压线圈和电流线圈均各有几个量程。改变电压量程的方法和电压表一样，即是用改变分压器的串联电阻值来扩大量程。电压一般有两个或三个量程。而电流线圈常常是由两个相同的线圈组成。当两个线圈并联时，电流量程要比串联时扩大 1 倍。因电流有两个量程，所以使用功率表测量功率时，要根据被测电压的大小选择功率表的电压量程，又要根据被测电流的大小选择电流量程（即电流线圈串联或并联）。由于功率表是多量程的，所以它的标度尺只标有分格数。在选用不同的电流量程和电压量程时，每一分格代表不同的功率数。因此在使用功率表时，要注意被测量的实际值与指针读数之间的换算关系。

　　假定在测量时，功率表指针读数为 α 格，则被测功率的数值（单位为 W）应为：

$$P = c\alpha \qquad\qquad (1.2.9)$$

式中：c 为功率表的分格常数（W/格）。

$$c = \frac{U_N I_N}{\alpha_N} \qquad\qquad (1.2.10)$$

式中：α_N 为功率表标度尺的满刻度的格数；U_N 为所使用的电压线圈的额定值（标注在电压线圈的接线端钮旁边）；I_N 为所使用的电流线圈的额定值（标注在表盖上，而在表盖上有四个电流接线钮，用两片金属联接片串联或并联来改变电流额定值）。

　　【例 1.2.1】　功率表电压量程 500 V，电流量程 5 A，满刻度是 125 个分格，测量一负载所消耗的功率时，指针偏转 60 个分格，求负载所消耗的功率是多少？

　　解：功率表每一个分格所代表的功率是：

$$c = \frac{U_N I_N}{\alpha_N} = \frac{500 \times 5}{125} = 20(\text{W/格})$$

故被测功率为 $P = 20 \times 60 = 1\,200(\text{W})$。

　　2）数字式功率表的原理

　　数字功率表结构如图 1.2.17 所示。可以看出，数字功率表的核心电路为模拟乘法器。模拟乘法器已有现成的单片集成电路，如 MC1495 等，但是由于其精度较低，一般不宜用做功率表。常见电路采用一种新型的时分割乘法器。

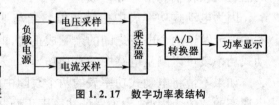

图 1.2.17　数字功率表结构

　　3）功率表测量功率的方法

　　（1）单相功率的测量

　　如指针式功率表的原理所述，测量电路如图 1.2.16(c)所示。

　　（2）三相功率的测量

　　① 一表法：用一个单相功率表测得一相功率，然后乘以 3 即得三相负载的总功率。图 1.2.18(a)是星形连接的三相电路的测量电路，图 1.2.18(b)是三角形连接的三相电路的测量电路。这种方法仅限于测量三相对称负载。

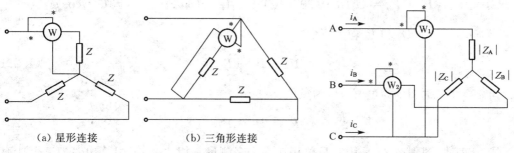

（a）星形连接　　　　　　（b）三角形连接

图 1.2.18　一表法测试三相功率的电路　　　　　　**图 1.2.19　二表法测试三相功率的电路**

② 二表法：如图 1.2.19 用两只单相功率表来测量三相功率，三相总功率为两个功率表的读数之和。若负载功率因数小于 0.5，则其中一个功率表的读数为负，会使这个功率表的指针反转。为了避免指针反转，需将其电压线圈或电流线圈反接，这时三相总功率为两个功率表的读数之差。下面分析二表法的原理。

三相电路的瞬时功率为：

$$p = p_A + p_B + p_C = u_A i_A + u_B i_B + u_C i_C \tag{1.2.11}$$

因为 $i_A + i_B + i_C = 0$，所以：

$$
\begin{aligned}
p &= u_A i_A + u_B i_B + u_C(-i_A - i_B) \\
&= (u_A - u_C) i_A + (u_B - u_C) i_B \\
&= u_{AC} i_A + u_{BC} i_B \\
&= p_1 + p_2
\end{aligned}
\tag{1.2.12}
$$

W_1 的读数为：

$$P_1 = \frac{1}{T} \int_0^T u_{AC} i_A \, dt = U_{AC} I_A \cos \alpha \tag{1.2.13}$$

式中：α 为 u_{AC} 与 i_A 之间的相位差。

W_2 的读数为：

$$P_2 = \frac{1}{T} \int_0^T u_{BC} i_B \, dt = U_{BC} I_B \cos \beta \tag{1.2.14}$$

式中：β 为 u_{BC} 与 i_B 之间的相位差。

所以两功率表读数之和为：

$$P = P_1 + P_2 = U_{AC} I_A \cos \alpha + U_{BC} I_B \cos \beta \tag{1.2.15}$$

对于对称三相电路，画出三相电路的相量图如图 1.2.20 所示。

由相量图可知，两功率表的读数为：

$$P_1 = U_{AC} I_A \cos \alpha = U_l I_l \cos(30° - \varphi) \tag{1.2.16}$$

$$P_2 = U_{BC} I_B \cos \beta = U_l I_l \cos(30° + \varphi) \tag{1.2.17}$$

所以两功率表读数之和为：

$$P = P_1 + P_2 = U_l I_l \cos(30° - \varphi) + U_l I_l \cos(30° + \varphi) = \sqrt{3} U_l I_l \cos\varphi$$

当 $\varphi < 60°$ 时，P_1 和 P_2 均为正值，

$$P = P_1 + P_2 \tag{1.2.18}$$

当 $\varphi > 60°$ 时，P_1 为正值，P_2 为负值，

$$P = P_1 - P_2 \tag{1.2.19}$$

③ 三表法：图 1.2.21 是用三只单相功率表来测量三相功率，三相总功率为三个功率表的读数之和。

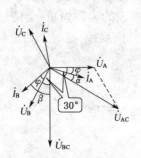

图 1.2.20　三相电路的相量图

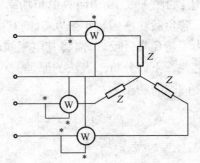

图 1.2.21　三表法测试三相功率的电路

④ 图 1.2.22 所示是用二元功率表和三元功率表测量三相总功率，三相总功率均可直接从表上读出。

⑤ 三相无功功率的测量：对于三相三线制对称负载，可用一只瓦特表测得三相负载的总无功功率 Q，测试原理如图 1.2.23 所示。

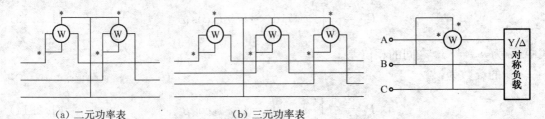

（a）二元功率表　　　　（b）三元功率表

图 1.2.22　二元功率表和三元功率表测试三相总功率的电路　　图 1.2.23　测试三相无功功率的电路

图中功率表的示数为 P，功率表电流线圈测量的是 A 相电流，电压线圈测量的是 B、C 相的电压，设 I_A 对 U_{BC} 的相位差 θ 为：$\theta = 90° - \varphi$（容性负载为 $90° + \varphi$），则瓦特表的读数为：

$$P = U_{BC} I_A \cos(90° \pm \varphi) = \pm U_l I_l \sin\varphi \tag{1.2.20}$$

由无功功率的定义

$$Q = \sqrt{3} U_l I_l \sin\varphi \tag{1.2.21}$$

可知：

$$Q = \sqrt{3} P \tag{1.2.22}$$

即对称三相负载总的无功功率为图示瓦特表读数的$\sqrt{3}$倍。

除了图1.2.23给出的一种连接法(I_A、U_{BC})外,还可以有另外两种连接法,即接成(I_B、U_{CA})或(I_C、U_{AB})。

4)功率表的使用注意事项

(1)正确选择功率表的量程。选择功率表的量程就是选择功率表中的电流量程和电压量程。使用时应使功率表中的电流量程不小于负载电流,电压量程不低于负载电压,而不能仅从功率量程来考虑。例如:两块功率表,量程分别是1 A、300 V和2 A、150 V,由计算可知其功率量程均为300 W,如果要测量一负载电压为220 V、电流为1 A的负载功率时,应选用1 A、300 V的功率表,而2 A、150 V的功率表虽功率量程也大于负载功率,但是由于负载电压高于功率表所能承受的电压150 V,故不能使用。所以,在测量功率前要根据负载的额定电压和额定电流来选择功率表的量程。

(2)正确连接测量线路。电动系仪表测量机构的转动力矩方向与两线圈中的电流方向有关,为了防止电动系功率表的指针反偏,接线时功率表电流线圈标有"＊"号的端钮必须接到电源的正极端,而电流线圈的另一端则与负载相连,电流线圈以串联形式接入电路中,功率表电压线圈标有"＊"号的端钮可以接到电流端钮的任一端上,而另一电压端钮则跨接到负载的另一端,如图1.2.16(c)所示。

当负载电阻远远大于电流线圈的内阻时,应采用电压线圈前接法,见图1.2.24(a)。这时电压线圈的电压是负载电压与电流线圈电压之和,功率表测量的是负载功率与电流线圈电功率之和。如果负载电阻远远大于电流线圈的电阻,则可以略去电流线圈分压所造成的影响,其测量比较接近负载的实际功率值。

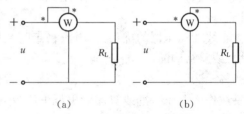

图 1.2.24　功率表的接线方法

当负载电阻远远小于电压线圈内阻时,应采用电压线圈后接法,见图1.2.24(b)。这时电压线圈两端的电压虽然等于负载电压,但电流线圈中的电流却等于负载电流与功率表电压线圈的电流之和,测量时功率读数为负载功率与电压线圈之和。由于此时负载电阻远小于电压线圈电阻,所以电压线圈分流作用大大减小,其对测量结果的影响也可以大为减小。如果被测负载功率本身较大,可以不考虑功率表本身的功率对测量结果的影响,则两种接法可以任意选择。但最好选用电压线圈前接法,因为功率表中电流线圈的功率一般都小于电压线圈支路的功耗。

(3)功率表的正确读数。一般安装式功率表为直读单量程式,表上示数即为功率数。但便携式功率表一般为多量程式,在表的标度尺上不直接标注功率大小,只标注分格数。在选用不同的电流与电压量程时,每一分格都可以表示不同的瓦数。在读数时,应先根据所选的电压量程U、电流量程I以及标尺满量程时的格数α,求出每格瓦数(又称功率表常数)c,可按公式(1.2.10)计算。

1.2.7　直流稳压电源

电源是电子设备的心脏部分,其质量的好坏直接影响电子设备的可靠性,而且电子设备的故障60%来自电源,因此作为电子设备的基础元件,电源受到越来越多的重视。

1) 直流稳压电源的原理

日常生活中需将交流电转变为直流电成直流稳压电源。如图 1.2.25 是直流稳压电源原理框图,一般由如图所示四部分组成。

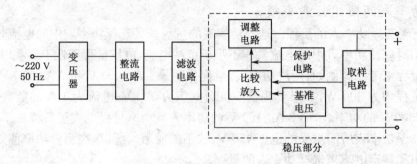

图 1.2.25　直流稳压电源原理框图

　　稳压电源的整流滤波一般采用分立元件组成,稳压部分按其工作原理可分为线性稳压器(包括串联型稳压器、并联型稳压器)和开关型稳压器两种。串联型稳压器是把调整元件串接在不稳定直流输入电压与负载(稳定电流输出)之间;并联型稳压器是把调整元件与负载相并联;开关型稳压器一般是把调整元件接在输入与输出之间,并让调整元件工作在开关状态。

　　线性稳压器的优点是:电源稳定度及负载稳定度较高;输出纹波电压小;瞬态响应速度快;线路结构简单,便于维修;没有开关干扰。缺点是:功耗大、效率低,其效率一般只有 35%~60%;体积大、质量重、不能微小型化;必须有较大容量的滤波电容。线性稳压器一般只在作为电压基准或只需输出低电压、小电流的电源中采用。开关型稳压器效率最高,高达 70%~90%,但其输出电压纹波最大。现在计算机、电视机的电源大多采用开关型稳压器。但随着现代电子技术的进步和开关电源新技术的发展以及新型抗干扰性强的高频开关变换器的研制成功,直流稳压电源采用开关型电源是现代技术发展的必然趋势。

　　2) 双路直流稳压电源的使用

双路直流稳压电源是用来提供可调直流电压的电源设备。在电网电压或负载变化时,能保持其输出电压基本稳定不变。直流稳压电源的内阻非常小,在其工作范围内,直流稳压电源的伏安特性十分接近于理想电压源。

　　直流稳压电源的型号众多,面板布置也有差异,但它们的使用方法相差不多。图 1.2.26 所示是实验室常用的 RYI-3005D-2 型双路直流稳压电源。

　　双路直流稳压电源后面的插头与 220 V 交流电源插座相连,使其正常工作。稳压电源有额定电流和额定电压不等的若干路输出,每一路都由粗调旋钮控制。稳压电源面板上装有电压表(电流表),不论是作为电压源使用还是作为电流表

图 1.2.26　双路直流稳压电源外形

使用,均由转换开关确定。稳压电源的输出电压一般是分挡连续调节的。粗调旋钮决定输出电压的挡位或范围,而输出电压究竟取该范围中的哪个值则由细调旋钮来调节。例如取直流电压为 6 V,则粗调旋钮置于"0 V"挡,通过细调旋钮可将输出电压调在 0~10 V 的范

围内;取直流电压为 15 V 时,则粗调旋钮置于"10 V"挡,通过细调旋钮可将输出电压调在
10~20 V 的范围内;取直流电压为 25 V 时,则粗调旋钮置于"20 V"挡,通过细调旋钮可将
输出电压调在 20~30 V 的范围内。面板上的输出端旋钮有电源正、负端子和接地端子之
分。电路若不需要接地时,接地端子可空着。两个红旋钮分别为两路直流电源的正极输出
端子,两个黑旋钮分别为两路直流电源的负极输出端子。

直流稳压电源的使用方法很简单。使用时应注意所需直流电压的极性。如果需要输出
正电压,则应将直流稳压电源的输出端子"－"接用电设备的"地"端,将端子"＋"接所需正电
压端。如果需要输出负电压,则把上述接线方法反一下即可。通电前,应用万用表测量一
下,检查输出电压是否符合使用要求,以免电压过高损坏用电设备。

为了使用电设备能正常工作,不致因直流电源性能不佳而影响用电设备稳定可靠地工
作,在使用稳压电源前,最好将它简单地测试一下。测试的主要内容有:输出电压的调节范
围、稳定程度、纹波电压和过流保护等。测试的常规方法是调节自耦调压器和滑线变阻器
(见图 1.2.27),使稳压电源工作在合适的状态,用交流电压表、精密直流电压表、精密电流
表、交流毫伏表来分别测量被测直流稳压电源的输入电压、输出电压、输出电流和输出纹波
电压。

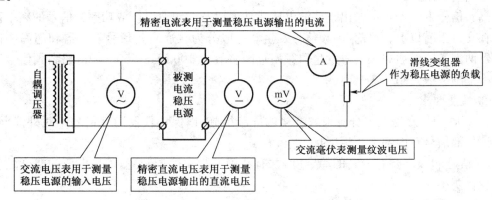

图 1.2.27 稳压电源性能测试电路

1.2.8 信号发生器

信号发生器是一种能产生标准信号的电子仪器,是工业生产和电工、电子实验室中经常
使用的电子仪器之一。信号发生器种类繁多,性能各异,但它们都可以产生不同频率的正弦
波信号,有些还可以产生调幅波、调频波信号以及各种频率的方波、三角波、锯齿波和正负
脉冲波信号等。利用信号发生器输出的信号,可以对元器件的特性及参数进行测量,还
可以对电工和电子产品整机进行指标验证、参数调整及性能鉴定。在多级电路传递网
络、电容与电感组合电路、电容与电阻组合电路及信号调制器的频率、相位特性测试中都
得到广泛的应用。

1) 信号发生器的分类

信号发生器按其输出频率的高低可分为超低频信号发生器、低频信号发生器、高频信号
发生器、超高频信号发生器、视频信号发生器;按产生波形的不同可分为正弦波信号发生器、
脉冲信号发生器、函数信号发生器等;按调制方式的不同可分为调频、调幅、调相、脉冲调制

信号发生器。此外,还有可以产生多种波形的信号发生器。本节仅主要介绍产生正弦信号的低频信号发生器和高频信号发生器,以及函数信号发生器。

(1) 低频信号发生器

① 基本功能

低频信号发生器能产生频率范围在 20～200 kHz 以内、输出一定电压和功率的正弦波信号。

② 性能要求

低频信号发生器是用来产生标准低频正弦波信号的仪器。因此,它应该满足以下的要求:

a. 输出波形应尽可能地接近正弦波,非线性失真不应超过 1%～2%。

b. 在信号发生器产生的整个频率范围内,输出信号的幅度应不随频率而变化。

c. 信号频率能在一定范围内连续调节,输出频率要有较高的稳定性和准确度。

d. 输出信号电压应能连续调节,并且能准确地读出输出电压数值。

(2) 高频信号发生器

① 基本功能

高频信号发生器可以输出正弦波电压或功率以及调幅波电压或功率。信号的频率范围一般在几百千赫以上。目前,高频信号发生器一般分为普通高频信号发生器和超高频信号发生器两大类。普通高频信号发生器频率范围一般为 100 kHz～50 MHz,超高频信号发生器频率范围一般为 10～350 MHz。

② 性能要求

a. 高频信号发生器本身应采取严格的屏蔽措施,以保证仪器内部信号不对外泄漏,同时保证外部信号对内部不产生干扰。

b. 信号的频率要有较高的稳定度,并有精确的频率微调装置,输出电压的幅度随信号频率变化要小。

2) 信号发生器的结构和原理

信号发生器内部电路一般由振荡器、放大器、衰减器、稳压电源及指示电压表等部分组成。

(1) 振荡器

振荡信号可以由以下三种形式的振荡器产生:

① LC 振荡器。在一般高频信号振荡器中使用较多。

② 差频振荡器。由一稳定的基准频率振荡器与可调频率振荡器产生差频信号,此差频信号经过低频滤波、放大后作为信号源输出信号。这种振荡器频率覆盖面宽,缺点是受高频基准振荡器频率稳定度的影响很大,所以输出频率稳定性较差,在低频端尤为显著,使用时需要经常校正。

③ RC 振荡器。在低频信号发生器中被广泛地应用。典型的 RC 振荡器叫做文氏电桥振荡器。文氏电桥振荡器的优点是:在同一频段内比 LC 振荡器的频率范围宽,其频率变化比值(以最高频率与最低频率之比表示)可达 10:1,而 LC 振荡器只有 3:1 左右。振荡波形是正弦波,失真小。频率稳定性高,在所有工作频率范围内,振幅几乎等于常数。

(2) 放大器

放大器一般是由电压放大器、功率放大器、保护电路及输出匹配电路组成。电压放大器主要用于阻抗变换。对功率放大器的要求是有足够的输出功率、信号不失真、频率特性好、非线性失真小和输出阻抗低等。晶体三极管电路的过载能力差,信号发生器输出端又经常会发生短路,晶体三极管的工作状态超出极限时便很容易烧毁。为使低频信号发生器能安全、可靠地工作,设有保护电路是非常必要的。

（3）输出衰减器

输出衰减器的作用是调节输出电压的大小,常采用步进调节或连续调节。

（4）指示电压表

电压表用来指示信号源输出电压的高低。电压表可用做内测量和外测量。内测量时,电压表直接接到电压输出端钮上;外测量时,将衰减器输入端接到电压表输入电缆上。内测量和外测量一般是通过开关进行变换。

3）XD1632 函数信号发生器的使用

函数信号发生器可产生正弦波、三角波、方波等基本波形,也可产生各种连续的扫频信号、函数信号、脉冲信号等。

（1）技术参数

① 频率范围:0.2 Hz～2 MHz,数字显示。

② 输出电压:$U_{P-P} \geqslant 20$ V。

③ 频率准确度:2×10^{-5}。

④ 输出波形:三角波、正弦波、方波、脉冲及锯齿波,TTL、COMS 电平输出。

⑤ 正弦波失真:$<1\%$（20 Hz～200 kHz）。

⑥ 正弦波频响:<0.1 dB（0.2 Hz～200 kHz）,<0.5 dB（200 kHz～2 MHz）。

⑦ TTL 上升时间:<25 μs（电平>3 V（开路））。

⑧ COMS 电平:5～15 V 可调。

⑨ 可用做 10 MHz 频率计。

（2）使用方法

① 面板开关、旋钮的功能及使用。XD1632 型脉冲信号发

图 1.2.28　XD1632 函数信号发生器外形

器的面板布置示意如图 1.2.28 所示。调节"频率粗调"开关和"频率细调"旋钮,可实现从 1 kHz～100 MHz 连续调整。"频率粗调"分为十挡（1 kHz、3 kHz、10 kHz、100 kHz、300 kHz、1 MHz、3 MHz、10 MHz、30 MHz、100 MHz）,用细调覆盖。"频率细调"旋钮顺时针旋转时频率增高,顺时针旋转到底为波段粗调挡所指频率,逆时针旋转到底为此波段粗调挡所指刻度低一挡。例如:"频率粗调"开关置于 10 kHz 挡,"频率细调"旋钮顺时针旋转到底时输出频率为 10 kHz;逆时针旋转到底时输出频率为 3 kHz。

② "延迟粗调"开关和"延迟细调"旋钮。调节此组开关和旋钮,可实现延迟时间从 5 ns～300 μs 的连续调整。"延迟粗调"分为十挡（5 ns、10 ns、3 ns、100 ns、300 ns、1 μs、3 μs、10 μs、30 μs、10 μs）,用细调覆盖。延迟时间加上大约 30 ns 的固有延迟时间,等于同步输出负方波的下降沿超前主脉冲前沿时间。"延迟细调"旋钮逆时针旋转到底为粗调挡所指的延迟时间。顺时针旋转时延迟时间增加,顺时针旋转到底为此粗调挡位高一挡的延迟时间。例如:"延迟"粗调开关置于 30 μs 挡,"延迟细调"旋钮顺时针旋转到底时输出延迟时间为 100 ns;逆时针旋转到底时输出延迟时间为 30 ns。

③"脉宽粗调"开关和"脉宽细调"旋钮。通过调节此组开关和旋钮,可实现脉宽从 5 ns～300 μs 的连续调整。"脉宽粗调"分为十挡(5 ns、10 ns、30 ns、100 ns、300 ns、1 μs、3 μs、10 μs、30 μs、100 μs),用细调覆盖。"脉宽细调"旋钮逆时针旋转到底为粗调挡所指的脉宽时间。顺时针旋转时脉宽增加,顺时针旋转到底为此粗调挡位高一挡的脉宽。例如:"脉宽粗调"开关置于 10 ns 挡,"脉宽细调"旋钮顺时针旋转到底时输出脉宽为 30 ns;逆时针旋转到底时输出延迟时间为 10 ns。

④"极性选择"开关。转换此开关可使仪器输出四种脉冲波形中的一种。

⑤"偏移"旋钮。调节"偏移"旋钮可改变输出脉冲对地的参考电平。

⑥"衰减"开关和"幅度"旋钮。调节此组开关和旋钮,可实现输出脉冲幅度从 150 mV～5 V 的调整。

1.2.9　模拟示波器

示波器是用于观察电信号波形的电子仪器。可测量周期性信号波形的周期(或频率)、脉冲波的脉冲宽度和前后沿时间、同一信号任意两点间的时间间隔、同频率两正弦信号间的相位差、调幅波的调幅系数等各种电参量,若借助传感器还可测非电量。

按示波器的用途一般分为通用示波器、多束示波器(或称多线示波器)、取样示波器、记忆与存储示波器、特殊示波器等。按示波器的性能和结构可分为模拟示波器、数字示波器、混合示波器和专用示波器四类。下面以 YB4320 双踪示波器为例介绍通用示波器的原理和使用。

1)基本结构及其工作原理

（1）示波器的结构

示波器一般由示波管(显示器)、垂直偏转系统、水平偏转系统、扫描发生器、供电电源五部分构成。示波管是示波器的核心部件,它由电子枪、偏转板和荧光屏 3 部分组成,被密封在一抽成真空的玻璃壳体内,形成真空器件,作为示波器的显示器。电子枪的作用是产生聚焦良好、具有一定速度的电子流,即电子束,让汇聚点正好落在荧光屏上。偏转板分为垂直偏转板和水平偏转板各两对,均水平对称。

如图 1.2.29 所示是示波器原理框图。当偏转系统送入的电压信号加在偏转板上时,板间就形成电场,电子束则在电场力的作用下偏转。荧光屏的作用是在高速电子轰击下在荧光涂层上显示被测波形。垂直偏转系统的作用是把被测电压信号输入,经放大器放大后送示波管的垂直偏转板。水平偏转系统的作用,一是产生与触发信号有固定时间关系的锯齿电压,并以足够的幅值对称地加在示波管的水平偏转板上,二是产生一个调辉信号,最终使水平偏转板控制电子束沿水平方向左右移动。扫描发生器的作用是产生三种工作信号,包括:锯齿波发生器、触发同步电路和抹迹电路。电源供给电路供给垂直与水平放大电路、扫描与同步电路以及示波管与控制电路所需的负高压、灯丝电压等。

（2）双踪显示原理

示波器的双踪显示是依靠电子开关的控制作用来实现的。

电子开关由"显示方式"开关控制,共有五种工作状态,即 Y1、Y2、Y1＋Y2、交替、断续。当开关置于"交替"或"断续"位置时,荧光屏上便可同时显示两个波形。当开关置于"交替"位置时,电子开关的转换频率受扫描系统控制,工作过程如图 1.2.30 所示。即电子

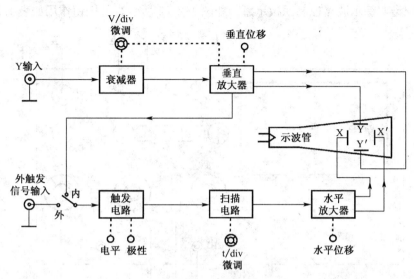

图 1.2.29 示波器原理框图

开关首先接通 Y2 通道,进行第 1 次扫描,显示由 Y2 通道送入的被测信号的波形;然后电子开关接通 Y1 通道,进行第 2 次扫描,显示由 Y1 通道送入的被测信号的波形;接着再接通 Y2 通道……这样便轮流地对 Y2 和 Y1 两通道送入的信号进行扫描、显示,由于电子开关转换速度较快,每次扫描的回扫线在荧光屏上又不显示出来,借助于荧光屏的余辉作用和人眼的视觉暂留特性,使用者便能在荧光屏上同时观察到两个清晰的波形。这种工作方式适宜于观察频率较高的输入信号场合。

当开关置于"断续"位置时,相当于将一次扫描分成许多个相等的时间间隔。在第 1 次扫描的第 1 个时间间隔内显示 Y2 信号波形的某一段;在第 2 个时间时隔内显示 Y1 信号波形的某一段;以后各个时间间隔轮流地显示 Y2、Y1 两信号波形的其余段,经过若干次断续转换,使荧光屏上显示出两个由光点组成的完整波形,如图 1.2.31(a)所示。由于转换的频率很高,光点靠得很近,其间隙用肉眼几乎分辨不出,再利用消隐的方法使两通道间转换过程的过渡线不显示出来,见图 1.2.31(b),因而同样可达到同时清晰地显示两个波形的目的。这种工作方式适合于输入信号频率较低时使用。

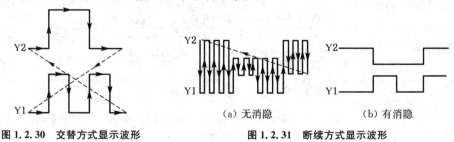

图 1.2.30 交替方式显示波形   图 1.2.31 断续方式显示波形

2) YB4320 型双踪示波器的面板功能

不同类型或型号的示波器的控制面板构成是有区别的,因而在具体的操作使用上也略有差异,但主要的功能与操作方法是相似的。下面以 YB4320 型通用双踪示波器为例,介绍示波器的基本使用方法。

YB4320 型双踪示波器控制面板示意图如图 1.2.32 所示。各按钮作用如表 1.2.7 所示。

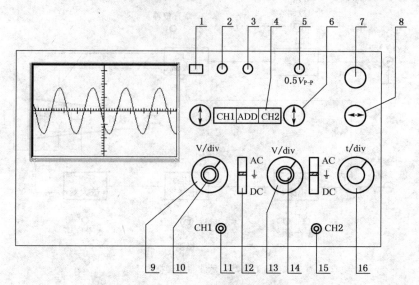

图 1.2.32　YB4320 型双踪示波器控制面板示意图

表 1.2.7　YB4320 型双踪示波器控制面板各旋钮的功能

序号	控制件名称	功　能
1	电源开关(POWER)	接通或开关电源
2	辉度(INTEN)	调节光迹的亮度;顺时针调节光迹变亮,反时针调节光迹变暗
3	聚焦(FOCUS)	调节光迹的清晰度
4	显示方式(MODE)	CH1 或 CH2:通道 1 单独显示;ALT:两个通道交替显示,实现双踪显示;ADD:用于两个通道的代数和或差
5	机内校准方波信号	其电压峰-峰值为 0.5 V,信号频率为 1 kHz。用于探极、垂直与水平灵敏度校正
6	垂直位移(POSITION)	调节光迹在屏幕上的垂直位置
7	垂直微调(VAR)	通道 1 或通道 2 调节垂直偏转灵敏度,顺时针旋足为校正位置,读出信号幅度时应为校正位置
8	水平位移(POSITION)	调节光迹在屏幕上的水平位置
9/13	垂直衰减开关(VOLTS/DIV)	通道 1 或通道 2 的垂直输入灵敏度步进式选择旋钮(V/div),调节扫描速度,分为10 挡,可根据被测信号的电压幅值选择合适的挡位
10/14	水平微调(VAR)	垂直输入灵敏度步进式选择旋钮(t/div)的微调旋钮,连续调节扫描速度,在读取信号波形的幅值等参数时,要沿顺时针方向旋至最紧
11/15	输入通道 CH1 或 CH2	被测信号输入通道 1 或通道 2
12	耦合方式(AC·DC·GND)	选择被测信号输入垂直通道的耦合方式
16	水平扫描速度开关(SEC/DIV)	调节扫描速度,按 1,2,5 分 20 挡,可根据被测信号频率的高低选择合适的挡位
17	触发方式(TRIG MODE)	常态(NORM):按下为常态,无信号时,屏幕上无显示,有信号时,与电平控制配合显示稳定波形;自动(AUTO):无信号时,屏幕上显示光迹,有信号时,与电平控制配合显示稳定波形;电视场(TV):用于显示电视场信号;峰值自动(P-P AUTO):无信号时,屏幕上显示光迹,有信号时,无须调节电平即能获得稳定的波形显示
	内触发源(INT SOURCE)	选择 CH1、CH2 电源或交替触发(VERT MODE),交替触发受垂直方式开关控制

（续表 1.2.7）

序号	控制件名称	功　　能
	触发源选择	选择内（INT）或外（EXT）触发
	接地（GND）	与机壳相连的接地端
	外触发输入（EXT）	外触发输入插座
	电平（LEVEL）	调节被测信号在某一电平触发扫描
	触发极性（SLOP）	选择信号的上升或下降沿触发扫描
	通道 2 倒相（CH2 INV）	CH2 倒相开关，在 ADD 方式时使 CH1＋CH2 或 CH1－CH2

3）YB4320 双踪示波器的操作方法

（1）电源检查

YB4320 双踪示波器电源电压为 220 V±22 V。接通电源前，检查当地电源电压，如果不相符合，则严格禁止使用。

（2）面板一般功能检查

① 将有关控制件按表 1.2.8 置位。

表 1.2.8　面板一般功能检查的置位

控制件名称	作用位置	控制件名称	作用位置
亮度	居中	触发方式	自动
聚焦	居中	扫描速率	0.5 ms/div
位移	居中	极性	正
垂直方式	CH1	触发源	INT
灵敏度选择	10 mV/div	内触发源	CH1
微调	校正位置	输入耦合	AC

② 接通电源，电源指示灯亮，稍预热后，屏幕上出现扫描光迹，分别调节亮度、聚焦、辅助聚焦、迹线旋转、垂直、水平移位等控制件，使光迹清晰并与水平刻度平行。

③ 用 10∶1 探极将仪器自带的校准信号——电压峰-峰值为 0.5 V、信号频率为 1 kHz 的方波信号输入至 CH1 输入插座。

④ 调节示波器有关控制件，使荧光屏上显示稳定且易观察的方波波形。

⑤ 将探极换至 CH2 输入插座，垂直方式置于"CH2"，内触发源置于"CH2"，重复④操作。

（3）垂直系统的操作

① 垂直方式的选择

当只需观察一路信号时，将"垂直方式"开关置"CH1"或"CH2"，此时被选中的通道有效，被测信号可从通道端口输入。当需要同时观察两路信号时，将"垂直方式"开关置"交替"，该方式使两个通道的信号被交替显示，交替显示的频率受扫描周期控制。当扫速低于一定频率时，交替方式显示会出现闪烁，此时应将开关置于"断续"位置。当需要观察两路信号代数和时，将"垂直方式"开关置于"代数和"位置，在选择这种方式时，两个通道的衰减设置必须一致，CH2 移位处于常态时为 CH1＋CH2，CH2 移位拉出时为 CH1－CH2。

② 输入耦合方式的选择

直流（DC）耦合：适用于观察包含直流成分的被测信号，如信号的逻辑电平和静态信号的直流电平,当被测信号的频率很低时,也必须采用这种方式。

交流(AC)耦合:信号中的直流分量被隔断,用于观察信号的交流成分,如观察较高直流电平上的小信号。

接地(GND):通道输入端接地(输入信号断开),用于确定输入为 0 时光迹所处的位置。

③ 灵敏度选择(V/div)的设定

按被测信号幅值的大小选择合适挡级。"灵敏度选择"开关外旋钮为粗调,中心旋钮为细调(微调),微调旋钮按顺时针方向旋足至校正位置时,可根据粗调旋钮的示值(V/div)和波形在垂直轴方向上的格数读出被测信号幅值。

(4) 触发源的选择

① 触发源选择

当触发源开关置于"电源"触发,机内 50 Hz 信号输入到触发电路。当触发源开关置于"常态"触发,有两种选择:一种是"外触发",由面板上外触发输入插座输入触发信号;另一种是"内触发",由内触发源选择开关控制。

② 内触发源选择

"CH1"触发:触发源取自通道 1。

"CH2"触发:触发源取自通道 2。

"交替触发":触发源受垂直方式开关控制,当垂直方式开关置于"CH1",触发源自动切换到通道 1;当垂直方式开关置于"CH2",触发源自动切换到通道 2;当垂直方式开关置于"交替",触发源与通道 1、通道 2 同步切换,在这种状态使用时,两个不相关的信号其频率不应相差很大,同时,垂直输入耦合应置于"AC",触发方式应置于"自动"或"常态"。当垂直方式开关置于"断续"和"代数和"时,内触发源选择应置于"CH1"或"CH2"。

(5) 水平系统的操作

① 扫描速度选择(t/div)的设定

按被测信号频率高低选择合适挡级,"扫描速率"开关外旋钮为粗调,中心旋钮为细调(微调),微调旋钮按顺时针方向旋足至校正位置时,可根据粗调旋钮的示值(t/div)和波形在水平轴方向上的格数读出被测信号的时间参数。当需要观察波形某一个细节时,可进行水平扩展×10,此时原波形在水平轴方向上被扩展 10 倍。

② 触发方式的选择

"常态":无信号输入时,屏幕上无光迹显示;有信号输入时,触发电平调节在合适位置上,电路被触发扫描。当被测信号频率低于 20 Hz 时,必须选择这种方式。

"自动":无信号输入时,屏幕上有光迹显示;一旦有信号输入时,电平调节在合适位置上,电路自动转换到触发扫描状态,显示稳定的波形,当被测信号频率高于 20 Hz 时,最常用这种方式。

③ "极性"的选择

用于选择被测试信号的上升沿或下降沿去触发扫描。

④ "电平"的位置

用于调节被测信号在某一合适的电平上启动扫描,当产生触发扫描后,触发指示灯亮。

4) 电参数的测量

(1) 电压的测量

示波器的电压测量实际上是对所显示波形的幅度进行测量,测量时应使被测波形稳定地显示在荧光屏中央,幅度一般不宜超过 6 div,以避免非线性失真造成的测量误差。

① 交流电压的测量

a. 将信号输入至 CH1 或 CH2 插座,将垂直方式置于被选用的通道。

b. 将 Y 轴"灵敏度微调"旋钮置校准位置,调整示波器有关控制件,使荧光屏上显示稳定、易观察的波形,则交流电压幅值为:

$$U_{P-P} = 垂直方向格数(div) \times 垂直偏转因数(V/div) \tag{1.2.23}$$

② 直流电平的测量

a. 设置面板控制件,使屏幕显示扫描基线。

b. 设置被选用通道的输入耦合方式为"GND"。

c. 调节垂直移位,将扫描基线调至合适位置,作为零电平基准线。

d. 将"灵敏度微调"旋钮置校准位置,输入耦合方式置"DC",被测电平由相应 Y 输入端输入,这时扫描基线将偏移,读出扫描基线在垂直方向偏移的格数(div),则被测电平为:

$$U = 垂直方向偏移格数(div) \times 垂直偏转因数(V/div) \times 偏转方向(+ 或 -) \tag{1.2.24}$$

式中:基线向上偏移取正号;基线向下偏移取负号。

③ 时间的测量

时间测量是指对脉冲波形的宽度、周期、边沿时间及两个信号波形间的时间间隔(相位差)等参数的测量。一般要求被测部分在荧光屏 X 轴方向应占(4~6)div。

a. 时间间隔的测量或周期性信号周期(频率)的测量

对于一个波形中两点间的时间间隔的测量,测量时先将"扫描微调"旋钮置校准位置,调整示波器有关控制件,使荧光屏上波形在 X 轴方向大小适中,读出波形中需测量两点间水平方向格数,则时间间隔为:

$$\Delta t = 两点之间水平方向格数(div) \times 扫描时间因数(t/div) \tag{1.2.25}$$

b. 脉冲边沿时间的测量

上升(或下降)时间的测量方法与时间间隔的测量方法一样,只不过是测量被测波形满幅度的 10% 和 90% 两点之间的水平方向距离,如图 1.2.33(a)所示。

用示波器观察脉冲波形的上升边沿、下降边沿时,必须合理选择示波器的触发极性(用触发极性开关控制)。显示波形的上升边沿用"+"极性触发,显示波形下降边沿用"-"极性触发。如波形的上升边沿或下降边沿较快则可将水平扩展×10,使波形在水平方向上扩展10 倍,则上升(或下降)时间为:

$$上升(或上降)时间 = \frac{水平方向格数(div) \times 扫描时间因数(t/div)}{水平扩展倍数} \tag{1.2.26}$$

④ 相位差的测量

a. 参考信号和一个待比较信号分别馈入"CH1"和"CH2"输入插座。

b. 根据信号频率,将垂直方式置于"交替"或"断续"。

c. 设置内触发源至参考信号那个通道。

d. 将 CH1 和 CH2 输入耦合方式置"⊥",调节 CH1、CH2 移位旋钮,使两条扫描基线重合。

e. 将 CH1、CH2 耦合方式开关置"AC",调整有关控制件,使荧光屏显示大小适中、便于观察两路信号,如图 1.2.33(b)所示。读出两波形水平方向差距格数 D 及信号周期所占格数 T,则相位差 θ 为:

$$\theta = \frac{D}{T} \times 360° \tag{1.2.27}$$

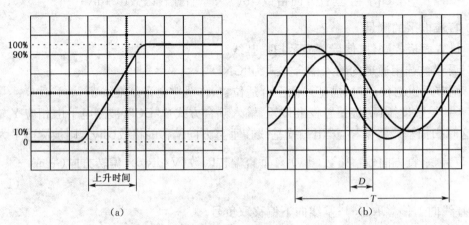

(a)　　　　　　　　　　　　　　　(b)

图 1.2.33　相位差的测量

1.2.10　数字存储示波器

数字存储示波器有存储波形、捕获罕见的异常事件、先进的触发、显示触发事件之前的信息、去除噪声、具有更精确的时基、彩色显示、信号处理、传输拷贝存储的波形等功能,它不仅具有体积小、功耗低、使用方便的优点,而且还具有强大的信号实时处理分析功能,可以与计算机或其他外设相连实现更复杂的数据运算或分析。随着相关技术的进一步发展,数字示波器的频率范围也越来越高了,其使用范围将更为广泛。

1) 数字存储示波器基本结构及工作原理、性能指标

(1) 基本结构

数字存储示波器一般结构如图 1.2.34 所示,数字存储示波器一般由采样电路、模数转换电路、存储电路、时基电路、处理器、显示电路组成。

(2) 数字存储示波器的工作原理

数字存储示波器的信号进入示波器后立刻通过高速 A/D 转换器将模拟信号前端快速采样,存储其数字化信号。并利用数字信号处理技术对所存储的数据进行实时快速处理,得到信号的波形及其参数,并由示波器显示,从而实现模拟示波器功能。而且测量精度高,还可以存储和调用显示特定时刻信号。

模拟输入信号先进行放大或衰减,然后再进行数字化处理。数字化包括"取样"和"量化"两个过程,取样是获得模拟输入信号的离散值,而量化则是使每个取样的离散值经 A/D 转换成二进制数字,最后,数字化的信号在逻辑控制电路的控制下依次写入到 RAM(存储器)中,CPU 从存储器中依次把数字信号读出并在显示屏上显示相应的信号波形。通过通

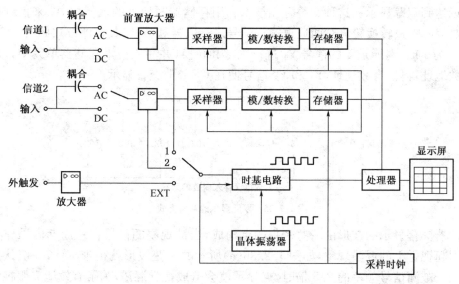

图 1.2.34 数字存储示波器电路结构图

用接口总线系统可以程控数字存储示波器的工作状态,并且使内部存储器和外部存储器交换数据。

数字示波器必须要完成波形的取样、存储和波形的显示,数字示波器还提供了波形的测量与处理功能。

① 波形的取样和存储

由于数字系统只能处理离散信号,所以必须对模拟连续波形先进行抽样,再进行 A/D 转换。根据采样定理,只有抽样频率大于要处理信号频率的两倍时,才能在显示端理想地复现该信号。

连续信号离散化通过取样,这个模拟量就是离散化了的模拟量,把每一个模拟量进行 A/D 转换,就可以得到相应的数字量。把这些数字量按序存放在存储器中就相当于把一幅模拟波形以数字量存储起来。

② 波形的显示

数字存储示波器必须把上面存储器中的波形显示出来以便用户进行观察、处理和测量。存储器中每个单元存储了一个抽样点的信息,在显示屏上显示为一个点,该点 Y 方向的坐标值决定于数字信号值的大小、示波器 Y 方向电压灵敏度设定值、Y 方向整体偏移量,X 方向的坐标值决定于数字信号值在存储器中的位置(即地址)、示波器 X 方向电压灵敏度的设定值、X 方向的整体偏移量。

为了适应对不同波形的观测、智能化的数字存储器有多种灵活的显示方式:存储显示、双踪显示、插值显示、流动显示等。

存储显示是示波器最基本的显示方式。它显示的波形是由一次触发捕捉到的信号片断,即制下稳定地显示在 CRT 上。存储显示还有连续捕捉显示和单次捕捉显示之分,在连续捕捉显示方式下,每满足一次触发条件,屏幕上原来的波形就被新存储的波形更新,而单次捕捉显示只保存并显示一次触发形成的波形。

如果需要显示两个电压波形并保持两个波形在时间上的原有对应关系,可采用交替存储技术以达到双踪显示。这种交替存储技术利用存储器写地址的最低位 A_0 来控制通道开关，使取样和 A/D 转换轮流对两通道输入信号进行取样和转换，其存储方式如图 1.2.35 所示，当 A_0 为 1 时，对通道 1 的信号 Y_1 进行采样和转换，并写入技术存储器单元中，读出时，先读偶数地址，再读奇数地址，Y_1 和 Y_2 信号便在 CRT 上交替显示。

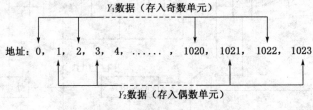

图 1.2.35　双踪显示的存储方式

　　示波器屏幕显示的波形由一些密集的点构成，当被观察的信号在一周期内采样点数较少时会引起视觉上的混淆现象，如图 1.2.36(a)所示的正弦波形就很难辨认，一般认为当采样频率低于被测信号频率的 2.5 倍时，点显示就会造成视觉混淆，为了有效地克服视觉的混淆现象，同时又不降低带宽指标，数字滤波器往往采用插值显示，即在波形上两个测试点数据间进行估值。估值方式通常有矢量插值法和正弦插值法两种，矢量插值法是用斜率不同的直线段来连接相邻的点，当被测信号频率为采样频率的 1/10 以下时，采用矢量插值可以得到满意的效果；正弦插值法是以正弦规律用曲线连接各数据点的显示方式，它能显示频率为采样频率的 1/2.5 以下的被测波形，如图 1.2.36(b)所示，其能力已接近奈奎斯特极限频率。

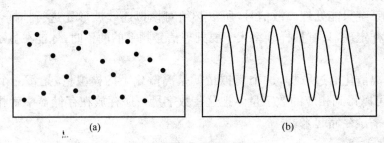

图 1.2.36　波形的插值显示

　　③ 信号的触发

　　为了实时稳定地显示信号波形，示波器必须重复地从存储器中读取数据并显示。为使每次显示的曲线和前一次重合，必须采用触发技术。信号的触发也叫整部或同步，一般的触发方式为：输入信号经衰减放大后分送至 A/D 转换器的同时也分送至触发电路，触发电路根据一定的触发条件(如信号电压达到某值并处于上升沿)产生触发信号，控制电路一旦接收到来自触发电路的触发信号，就启动一次数据采集与 RAM 写入循环。

　　触发决定了示波器何时开始采集数据和显示波形，一旦触发被正确设定，它可以把不稳定的显示或黑屏转换成有意义的波形。示波器在开始收集数据时，先收集足够的数据用来在触发点的左方画出波形。示波器在等待触发条件发生的同时连续地采集数据。当检测到触发后，示波器连续地采集足够的数据以在触发点的右方画出波形。

　　触发可以从多种信源得到，如输入通道、市电、外部触发等。常见的触发类型有边沿触发和视频触发；常见的触发方式有自动触发、正常触发和单次触发。

（3）数字存储示波器的主要性能指标

① 最大采样速率

② 存储带宽

③ 分辨率

④ 存储容量

⑤ 读出速度

2）Tektronix TDS2002C 型数字存储示波器特点及使用说明

Tektronix TDS2002C 型数字存储示波器外观如图 1.2.37 所示。

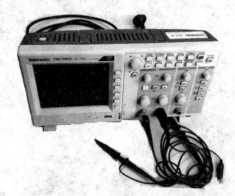

图 1.2.37　Tektronix TDS2002C 型数字存储示波器外观

（1）Tektronix TDS2002C 型数字存储示波器特点

① 70 MHz 带宽模式；

② 2 通道型号；

③ 全部通道均实现高达 1.0 GS/s 采样率；

④ 全部通道均实现 2.5K 点记录长度；

⑤ 高级触发，包括脉宽触发和选行视频触发；

⑥ 16 种自动测量功能及 FFT 分析，简化波形分析；

⑦ 内置的波形极限测试；

⑧ 自动化、扩展的数据记录功能；

⑨ 自动设置和信号自动量程；

⑩ 内置的上下文相关帮助；

⑪ 探头检查向导；

⑫ 多语言用户界面；

⑬ 5.7 in(144 mm)有源 TFT 彩色显示器；

⑭ 体积小、重量轻——厚度仅 4.9 in(124 mm)，重量仅 4.4 lb(2 kg)；

⑮ 前面板配有 USB 2.0 主控端口，存储数据便捷；后面板配有 USB 2.0 设备端口，与 PC 连接或连接兼容 PictBridge® 打印机直接打印都十分方便；随附美国国家仪器的 LabVIEW SignalExpress ™ TE 限定版和泰克 OpenChoice® 软件，让工作台实现连通；内置的数据记录功能可以设置示波器，将用户指定的触发波形保存到 USB 存储设备中，时间长达 24 h；可以选择"无限"选项不间断监控波形，该模式可以将触发波形保存到外部 USB 存

储设备,没有时间长度限制,直到存储设备存满为止,示波器还会到时引导您插入另一个
USB 存储设备以继续保存波形;

(2) Tektronix TDS2002C 型数字存储示波器前面板主要按钮功能说明

Tektronix TDS2002C 型数字存储示波器前面板如图 1.2.38 所示。

图 1.2.38　Tektronix TDS2002C 型数字存储示波器前面板图

① Autorange(自动量程):显示"自动量程"菜单,并激活或禁用自动量程功能。自动量程激活时,相邻的 LED 变亮。

② Save/Recall(保存/调出):显示设置和波形的 Save/Recall(保存/调出)菜单。

③ Measure(测量):显示"自动测量"菜单。

④ Acquire(采集):显示 Acquire(采集)菜单。

⑤ Ref(参考):显示 Reference Menu(参考波形)以快速显示或隐藏存储在示波器非易失性存储器中的参考波形。

⑥ Utility(辅助功能):显示 Utility(辅助功能)菜单。

⑦ Cursor(光标):显示 Cursor(光标)菜单。离开 Cursor(光标)菜单后,光标保持可见(除非"类型"选项设置为"关闭"),但不可调整。

⑧ Display(显示):显示 Display(显示)菜单。

⑨ Help(帮助):显示 Help(帮助)菜单。

⑩ Default Setup(默认设置):调出出厂时设置。

⑪ AutoSet(自动设置):每次按"自动设置"按钮,自动设置功能都会获得显示稳定的波形。它可以自动调整垂直刻度、水平刻度和触发设置。自动设置也可在刻度区域显示几个自动测量结果,这取决于信号类型。

⑫ Single(单次):(单次序列)采集单个波形,然后停止。

(3) Tektronix TDS2002C 型数字存储示波器显示屏中显示各参数含义说明

Tektronix TDS2002C 型数字存储示波器显示画面如图 1.2.39 所示。

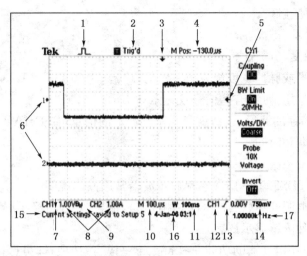

图 1.2.39 Tektronix TDS2002C 型数字存储示波器显示画面

① 显示图标表示获取方式：

∏ 采样方式；

∏ 峰值检测方式；

∏ 平均值方式。

② 触发状态显示如下：

□ Armed：示波器正在采集预触发数据。在此状态下忽略所有触发；

R Ready：示波器已采集所有预触发数据并准备接受触发；

T Trig'd：示波器已发现一个触发，并正在采集触发后的数据；

● Stop：示波器已停止采集波形数据；

● Acq：Complete 示波器已经完成"单次序列"采集；

R Auto：示波器处于自动方式并在无触发状态下采集波形；

□ Scan：在扫描模式下示波器连续采集并显示波形。

③ 标记显示水平触发位置。旋转"水平位置"旋钮可以调整标记位置。

④ 显示中心刻度处时间的读数。触发时间为零。

⑤ 显示边沿或脉冲宽度触发电平的标记。

⑥ 屏幕上的标记指明所显示波形的地线基准点。如没有标记，不会显示通道。

⑦ 箭头图标表示波形是反相的。

⑧ 读数显示通道的垂直刻度系数。

⑨ A BW 图标表示通道带宽受限制。

⑩ 读数显示主时基设置。

⑪ 如使用视窗时基，读数显示视窗时基设置。

⑫ 读数显示触发使用的触发源。

⑬ 采用图标显示以下选定的触发类型：

∫ 上升沿的边沿触发；

↘ 下降沿的边沿触发；

∧ 行同步的视频触发；

▄■ 场同步的视频触发；

⊓ 脉冲宽度触发,正极性；

⊔ 脉冲宽度触发,负极性。

⑭ 读数显示边沿或脉冲宽度触发电平。

⑮ 显示区显示有用信息；有些信息仅显示 3 s。

如果调出某个储存的波形,读数就显示基准波形的信息,如 RefA 1.00 V　500 μs。

⑯ 读数显示日期和时间。

⑰ 读数显示触发频率。

(4) Tektronix TDS2002C 型数字存储示波器常用操作说明

① 启动示波器电源开关(仪器顶部左侧按钮),预热 30 秒后显示屏稳定显示。

② 可以选择一种屏幕显示语言。

任何时候按下:Utility(辅助功能)→Language(语言)选项,即可选择一种语言。

③ 每次将电压探头连接到输入通道时,都应该使用探头检查向导。

请按下 PROBE CHECK(探头检测)按钮。如果电压探头连接正确、补偿正确,而且示波器“垂直”菜单中的“衰减”选项设置与探头相匹配,则示波器就会在屏幕的底部显示一条“合格”信息。否则,示波器会在屏幕上显示一些指示,指导纠正这些问题。

说明:该过程完成之后,探头检查向导将示波器设置恢复到您按下 PROBECHECK(探头检测)按钮之前的设置(“探头”选项除外)。

④ 探头衰减设置:

探头有不同的衰减系数,它影响信号的垂直刻度。探头检查向导验证示波器的衰减系数是否与探头匹配。

作为探头检查的替代方法,可以手动选择与探头衰减相匹配的系数。例如,要与连接到 CH1 的设置为 10X 的探头相匹配,请按下“1”→“探头”→“电压”→“衰减”选项,然后选择 10X。

说明:“衰减”选项的默认设置为 10X。

⑤ 使用“自动设置”按钮,快速稳定显示某个信号,可按如下步骤进行:

a. 按下“1”(通道 1 菜单)按钮。

b. 按下“探头”→“电压”→“衰减”→10X。

c. 如果使用 P2220 探头,请将其开关设置到 10X。

d. 将通道 1 的探头端部与信号连接。将基准导线连接到电路基准点(即接地点)。

e. 按下“自动设置”按钮。示波器自动设置垂直、水平和触发控制。如果要优化波形的显示,可手动调整上述控制。

说明:示波器根据检测到的信号类型在显示屏的波形区域中显示相应的自动测量结果。

⑥ 要使用“测量”按钮,测量信号的频率、周期、峰峰值幅度、上升时间以及正频宽,请遵循以下步骤进行操作:

a. 按下 Measure(测量)按钮以查看“测量菜单”；

b. 按下顶部选项按钮;显示 Measure 1 Menu(测量 1 菜单)；

c. 按下“类型”→“频率”。“值”读数将显示测量结果及更新信息；

d. 按下"返回"选项按钮；

e. 按下顶部第二个选项按钮；显示 Measure 2 Menu(测量 2 菜单)；

f. 按下"类型"→"周期"。"值"读数将显示测量结果及更新信息；

g. 按下"返回"选项按钮；

h. 按下中间的选项按钮；显示 Measure 3 Menu(测量 3 菜单)；

i. 按下"类型"→"峰−峰值"。"值"读数将显示测量结果及更新信息；

j. 按下"返回"选项按钮；

k. 按下底部倒数第二个选项按钮；显示 Measure 4 Menu(测量 4 菜单)；

l. 按下"类型"→"上升时间"。"值"读数将显示测量结果及更新信息；

m. 按下"返回"选项按钮；

n. 按下底部的选项按钮；显示 Measure 5 Menu(测量 5 菜单)；

o. 按下"类型"→"正频宽"。"值"读数将显示测量结果及更新信息；

p. 按下"返回"选项按钮。设置测量参数完成。

⑦ 使用 Cursor(光标)按钮测量：使用光标可快速对波形进行时间和振幅测量。

测量振荡的频率和振幅，请执行以下步骤：

a. 按下 Cursor(光标)按钮以查看"光标"菜单。

b. 按下"类型"→"时间"。

c. 按下"信源"→CH1。

d. 按下"光标 1"选项按钮。

e. 旋转多用途旋钮，将光标置于振荡的第一个波峰上。

f. 按下"光标 2"选项按钮。

g. 旋转多用途旋钮，将光标置于振荡的第二个波峰上。

可在 Cursor(光标)菜单中查看时间和频率 Δ(增量)(测量所得的振荡频率)，如图 1.2.40 所示。

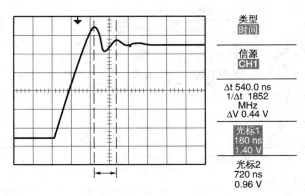

图 1.2.40　在 Cursor 菜单中查看时间和频率

h. 按下"类型"→"幅度"。

i. 按下"光标 1"选项按钮。

j. 旋转多用途旋钮，将光标置于振荡的第一个波峰上。

k. 按下"光标 2"选项按钮。

l. 旋转多用途旋钮,将光标 2 置于振荡的最低点上。

在 Cursor(光标)菜单中将显示振荡的振幅,如图 1.2.41 所示。

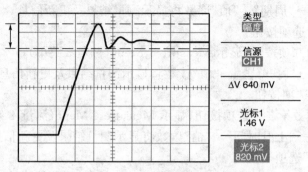

图 1.2.41　在 Cursor 菜单中查看振荡和振幅

(5) Tektronix TDS2002C 型数字存储示波器部分测量显示参数的定义

Tektronix TDS2002C 型数字存储示波器部分测量显示参数的定义如表 1.2.9 所示。

表 1.2.9　Tektronix TDS2002C 型数字存储示波器部分测量显示参数表

测量类型	定　义
频率	通过测定第一个周期,计算波形的频率
周期	计算第一个周期的时间
平均值	计算整个记录内的自述平均幅度
峰一峰值	计算整个波形最大和最小峰值间的绝对差值
均方根值	计算波形第一个完整周期的实际均方根值测定
均方根	计算一帧波形数据中全部 2 500 个取样的真实均方根测量值
光标 RMS	计算从选定的起点到终点之间波形数据的真实 RMS 测量值
最小	检查全部 2 500 个点波形记录并显示最小值
最大	检查全部 2 500 个点波形记录并显示最大值
上升时间	测定波形第一个上升边沿的 10% 和 90% 的时间
下降时间	测定波形第一个下降边沿的 90% 和 10% 的时间
正频宽	测定波形第一个上升边沿和邻近的下降边沿 50% 电平之间的时间
负频宽	测定波形第一个下降边沿和邻近的上升边沿 50% 电平之间的时间
占空比	测量正脉冲时间长度占整个周期的比例
相位	用第一个信号的上升边沿与第二个信号的上升边沿进行比较,计算两个不同通道信号的相角差
延迟	用第一个信号的上升边沿与第二个信号的上升边沿进行比较,计算两个不同通道信号的时间差
无	不进行任何测量

1.2.11　测电笔

测电笔是一种测试导线、电器、电气设备、仪器仪表外壳是否带电的常用电工工具。在电工电子实验中,为了防止触及正常不带电而意外带电的导电体(如漏电的电机、电器设备的外壳等),使用测电笔来判断是否意外带电。平时还使用测电笔测试电源插座或导线是否有电。

测电笔的结构如图 1.2.42 所示,由笔尖、金属导体、电阻、氖管、笔杆小窗、弹簧及笔尾金属体组成。常见的测电笔有钢笔式和螺丝刀式两种。如果使测电笔的笔尖金属导体与带电体(相线)接触,笔尾金属体与人手接触,通过人身体形成回路,那么氖管就会发光,因电流极小,人身并无触电感觉。氖管发光,说明有电流通过氖管及人体,即被测物体带电。如果氖管不发光,则物体不带电。

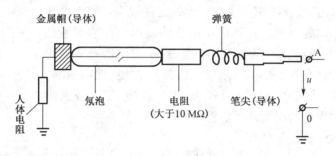

图 1.2.42　测电笔的结构

使用时要注意以下问题:

(1) 若手持测电笔触及带电体后氖管即发光,则说明被测物体带电。若接触导电体后氖管不发光,则还不能随即就判定被测导体不带电,因为若导电体表面不洁有油污等,就会造成测电笔与导体间接触不良。最好用测电笔笔尖在被测物体表面反复磨划几次,此时若氖管仍不发光,则可判定被测物体不带电。

(2) 利用测电笔判断输电线路是同相还是异相时,可将测电笔两端接出绝缘导线,分别触及两条线路的导线,只要测电笔不接触其他物体(包括绝缘物体)使其悬空。当测电笔发光时两线为异相,不发光时为同相。

(3) 用测电笔测试判断电路中是交流电或直流电时,若测电笔氖管只有一端发亮,则说明被测电路存在直流电,反之,若氖管两端同时发亮,则电路中为交流电。

(4) 在直流电路要判断正负极时,可以用测电笔触及被测电路的导线,氖管发亮的电极所接的是直流负极,氖管不亮的电极所接的则是直流电的正极。

(5) 需要判别直流正、负极中哪个电极接地时,可用测电笔触及被测点,若氖管发亮,说明直流电有一端接地。氖管前端发亮,说明电路正极接地;氖管后端发亮则为负极接地。

(6) 当被测物体外壳有麻电感,需要区别是感应电还是电路漏电时,可用测电笔触及被测物体的外壳,若氖管一端或两端微微发出闪烁的红光,表明外壳带的是感应电,此时用手接触外壳,氖管会熄灭;若氖管的发光亮度很强,则说明被测物体内部存在漏电。必须注意,为了安全起见,测电笔每次使用前必须要在已知带电的相线上预先测试一下,检查测电笔是否完好。低压测电笔只能在对地电压为 250 V 以下的带电体上使用。还要注意使用时手指一定要与笔尾金属体(即笔挂)相接触。

1.2.12　单相调压器

单相调压器是一种可调的自耦变压器,在环形铁芯上均匀地绕制着线圈,接触电刷在弹簧压力作用下与线圈的磨光表面紧密吻合,转动转轴带动刷架使电刷沿着线圈的表面滑动,改变电刷接触位置,可使在输出电压调节范围获得平滑无极调节。

1) 单相调压器的结构

单相调压器如图 1.2.43 所示。左上红色接线柱 A 和左下黑色接线柱 X 是单相调压器输入端接线柱,分别与实验室单相交流电源 220 V 火线与零线相接;右上红色接线柱 a 和右下黑色接线柱 X 是单相调压器输出接线柱,作为负载的火线与零线端。转动调压器手柄可以输出不同的电压。具体电压的数值应以电压表测量值为依据,调压器上指示数值仅为参考(不准确)。调压器具有波形不失真、结构简单、体积小、重量轻、效率高、使用方便、性能可靠、能长期运行等特点,广泛应用于仪器仪表、机电制造,轻工业及学校、实验室,是一种理想的交流调压电源。

图 1.2.43　单相调压器

2) 调压器使用注意事项

(1) 调压器初次使用或长期停用后使用,在使用之前,必须用兆欧表测量线圈对地的绝缘电阻,应不低于 0.5 MΩ 时才能安全使用。

(2) 调压器在调节电压之前,应将手轮先旋至零位,在调节电压的过程中,从零位顺时针缓慢均匀地旋转手轮,并观察电压表指示数值(旋转过快则易引起电刷磨损和火花现象),调至负载所需数值后停止旋转手轮。

(3) 搬动调压器时,不可利用手轮将整个调压器提起移动。

(4) 单相调压器的输入电压不应高于 230 V。

1.3　常用元器件

家用电器和电子设备中含有大量各种类型的电子元器件,电器和设备发生故障大多由于电子元器件失效或损坏。所以必须掌握其特性并能用最常用的测试仪表来判断这些元器件的好坏。本节电路实验和实训中经常使用的电子元器件,包括电阻器、电位器、电容器、电感器、二极管、运算放大器等。

1.3.1　电子元器件的发展现状

目前,电子元器件正进入以新型电子元器件为主体的时代,它将基本上取代传统元器件,由原来只为适应整机的小型化及其装配新工艺的要求,变为满足数字技术、微电子技术发展所提出的特殊要求。常用元器件的国际发展现状是:体积越来越小,电路密度越来越高,传输速度越来越快,新型电子元器件正在向片式化、微型化、高频化、宽频化、高精度化和集成化方向发展。其中片式化已成为衡量电子元器件技术发展水平的重要标志之一。

我国片式电子元件中,电阻器、电容器、电感器片式化率较高,目前已超过 70%,但片式机电元件(如继电器)基本上还没有产品或处于起步阶段。我国电容器行业除能生产各种传统电容器外,现已经能生产片式陶瓷电容器、片式钽电容器、片式铝电容器和片式塑料膜电容器。国内可大批量生产片式电阻器和片式电阻网络,并已大量出口,片式电阻器及片式电阻网络用的瓷基片也已开始生产。我国目前片式电阻器、片式独石陶瓷电容器、铝电解电容器、石英晶体谐振器、压电陶瓷滤波器、双面及多层印制板、覆铜板、扬声器等产品已达到规模经济生产要求。未来 5～10 年发展趋势是继续扩大片式化、微型化、高频化、高速化、集成化、绿色化。其中影响该领域发展的关键技术是低温共烧陶瓷(LTCC)技术、电磁兼容技术、高精度高性能传感器技术、绿色环保技术。

1.3.2 电阻器

1)概述

电阻表示导体对电流的阻碍作用。电阻器(也可简称为电阻)是电子电路中使用最多的元件之一。电阻器的主要物理特征是变电能为热能,也可以说它是一个耗能元件,电流经过它就产生内能,应用于限流、分流、降压、分压、负载以及与电容器配合作为滤波器及阻抗匹配等。对信号来说,交流与直流信号都可以通过电阻器。电阻器都有一定的电阻值,称为电阻(也可称为阻值),它代表这个电阻器对电流流动阻挡力的大小。电阻的单位是欧[姆],用符号 Ω 表示。电路中常用电阻器的外形如图 1.3.1 所示。

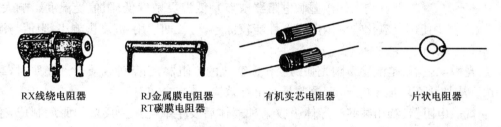

RX线绕电阻器   RJ金属膜电阻器   有机实芯电阻器   片状电阻器
RT碳膜电阻器

图 1.3.1 常用电阻器的外形

2)电阻器的分类

电阻器种类繁多。按用途不同可分为通用型、高阻型、高压型和高频无感型。按结构形状不同可分为圆柱形、圆盘形、管形和片形。按引出线不同可分为径向引线、轴向引线、同向引线和无引线。电阻器按电阻材料通常分为以下几种:

(1)实芯碳质电阻器:用碳质颗粒状导电物质、填料和粘合剂混合制成一个实体的电阻器。特点是价格低廉,但其阻值误差、噪声电压都大,稳定性差,目前较少使用。

(2)绕线电阻器:用高阻合金线绕在绝缘骨架上制成,外面涂有耐热的釉绝缘层或绝缘漆。具有较低的温度系数,阻值精度高,稳定性好,耐热耐腐蚀,主要用做精密大功率电阻器,缺点是高频性能差,时间常数大。

(3)薄膜电阻器:用蒸发的方法将一定电阻率的材料蒸镀于绝缘材料表面制成。主要包括以下几种:

①碳膜电阻器:将结晶碳沉积在陶瓷棒骨架上制成。其成本低、性能稳定、阻值范围宽、温度系数和电压系数低,是目前应用最广泛的电阻器。

②金属膜电阻器:用真空蒸发的方法将合金材料蒸镀于陶瓷棒骨架表面。比碳膜电阻器的精度高,稳定性好,噪声、温度系数小。在仪器仪表及通信设备中大量采用。

③金属氧化膜电阻器:在绝缘棒上沉积一层金属氧化物。由于其本身即是氧化物,所以高温下稳定,耐热冲击,负载能力强。

④合成膜电阻器:将导电合成物悬浮液涂敷在基体上而得,因此也叫漆膜电阻器。由于其导电层呈现颗粒状结构,所以其噪声大,精度低,主要用来制造高压、高阻、小型电阻器。

(4)金属玻璃铀电阻器:将金属粉和玻璃铀粉混合,采用丝网印刷法印在基板上。其特点是耐潮湿、高温、温度系数小,主要应用于厚膜电路。

（5）片状电阻器:片状电阻器是金属玻璃铀电阻器的一种形式,它的电阻体是高可靠的钌系列玻璃铀材料经过高温烧结而成,电极采用银钯合金浆料。其特点是体积小、精度高、稳定性好,由于其为片状元件,所以高频性能好。

（6）敏感电阻器:是指对温度、电压、湿度、光照、气体、磁场和压力等作用敏感的电阻器。主要包括以下几种:

① 热敏电阻器:是电阻值对温度极为敏感的电阻器,其种类繁多。

② 压敏电阻器:主要有碳化硅压敏电阻器和氧化锌压敏电阻器,氧化锌具有更多的优良特性。

③ 湿敏电阻器:由感湿层、电极、绝缘体组成,主要包括氯化锂湿敏电阻器、碳湿敏电阻器、氧化物湿敏电阻器。氯化锂湿敏电阻器随湿度上升而电阻减小,缺点是测试范围小、特性重复性不好、受温度影响大。碳湿敏电阻器缺点是低温灵敏度低、阻值受温度影响大、有老化特性,较少使用。氧化物湿敏电阻器性能较优越,可长期使用,温度影响小,阻值与湿度变化呈线性关系。

④ 光敏电阻器:是电导率随光强的变化而变化的电阻器,当某物质受到光照时,载流子的浓度增加从而增加了电导率,这就是光电导效应。

⑤ 气敏电阻器:利用某些半导体吸收某种气体后发生氧化还原反应的原理制成,主要成分是金属氧化物,主要品种有金属氧化物气敏电阻器、复合氧化物气敏电阻器、陶瓷气敏电阻器等。

⑥ 力敏电阻器:是一种阻值随压力变化而变化的电阻器,国外称为压电电阻器。所谓压力电阻效应,即半导体材料的电阻率随机械应力的变化而变化的效应。可用来制成各种力矩计、半导体话筒、压力传感器等。主要品种有硅力敏电阻器、硒碲合金力敏电阻器,相对而言,合金电阻器具有更高灵敏度。

3）电阻器的符号及型号命名

（1）电阻器的图形符号

电阻器可以固定电阻器、电位器（含可变电阻）和特种电阻器（如敏感电阻器、熔断电阻器等）三大类。电阻器在电路图中常见图形符号如图 1.3.2 所示,其基本文字符号为 R。

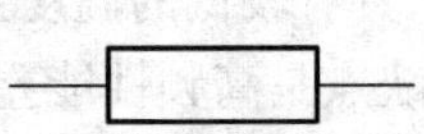

（2）电阻器的型号命名方法

国产电阻器的型号由四部分组成（不适用敏感电阻）:

第一部分:主称。用字母表示,表示产品的名字。如 R 表示电阻器,W 表示电位器。

（a）国内符号

（b）国际符号

图 1.3.2　电阻器的图形符号

第二部分:材料。用字母表示,表示电阻体用什么材料组成。T 为碳膜;H 为合成碳膜;S 为有机实心;N 为无机实心;J 为金属膜;Y 为氮化膜;C 为沉积膜;I 为玻璃釉膜;X 为线绕。

第三部分:分类。一般用数字表示,个别类型用字母表示,表示产品属于什么类型。1为普通;2 为普通;3 为超高频;4 为高阻;5 为高温;6 为高湿;7 为精密;8 为高压;9 为特殊;G 为高功率;T 为可调;X 为小型;J 为精密。

第四部分:序号。用数字表示,表示同类产品中不同品种,以区分产品的外形尺寸和性能指标等。

例如:RT11型普通碳膜电阻

4) 电阻器的主要参数

电阻器的性能参数有标称阻值、允许偏差、额定功率、额定环境温度、最大工作电压、噪声及稳定性等十几项,其主要参数为前三项。

(1) 标称阻值

标称阻值是指标注在电阻器外表面上的阻值。基本单位为欧(Ω),常用单位还有千欧($k\Omega$)和兆欧($M\Omega$),三者之间的换算关系式为:$1\ M\Omega = 1\ 000\ k\Omega = 10^6\ \Omega$。

(2) 允许偏差

允许偏差是指由于制造工艺等方面原因,电阻器实际阻值与标称阻值之间偏差的允许范围。一般阻值的允许偏差越小,阻值精度越高,稳定性越好,但成本也越高。阻值允许偏差应根据电路或整个系统的实际要求选用。例如,一般的电子电路可选用普通型电阻器,其阻值允许偏差一般为$\pm5\%$、$\pm10\%$、$\pm20\%$;而对于一些精密仪器的电子电路则需要选用高精度的电阻器,其阻值允许偏差一般为$\pm1\%$、$\pm0.5\%$。

(3) 额定功率

额定功率指电阻器在正常大气压力$86.7\sim106.7\ kPa$和规定温度(按产品标准不同而不同,一般在$-55\ ℃\sim125\ ℃$)下,长期连续正常工作时所能承受的最大耗散功率。如果电阻器实际的耗散功率大于其额定功率值,就会因过热而被损坏,因此选用电阻器额定功率时要留有一定余量,通常应比实际消耗功率大$50\%\sim150\%$。但余量也不能过大,因为电阻器的额定功率越大,其体积就越大,不便于安装,而且还易受外界干扰信号影响。

电阻器的额定功率取值有标准化的系列值,线绕电阻器额定功率系列值为:0.05 W、0.125 W、0.25 W、0.5 W、1 W、2 W、4 W、8 W、10 W、16 W、25 W、40 W、50 W、75 W、100 W、150 W、250 W、500 W;非线绕电阻器额定功率系列值为:0.05 W、0.125 W、0.25 W、0.5 W、1 W、2 W、5 W、10 W、25 W、50 W、100 W;片状电阻器额定功率系列值为:0.05 W、0.1 W、0.125 W、0.25 W、0.5 W、1 W、2 W。

5) 电阻器的标志及识别

(1) 直标法

用数字和单位符号在电阻器表面标出阻值,其允许误差直接用百分数表示,若电阻器上未注偏差,则均为$\pm20\%$。

(2) 文字符号法

用阿拉伯数字和文字符号两者有规律的组合来表示标称阻值,其允许偏差也用文字符号表示。符号前面的数字表示整数阻值,后面的数字依次表示第1位小数阻值和第2位小数阻值。表示允许误差的文字符号有D、F、G、J、K、M,其允许偏差分别为$\pm0.5\%$、$\pm1\%$、$\pm2\%$、$\pm5\%$、$\pm10\%$、$\pm20\%$。

(3) 数码法

在电阻器上用3位数码表示标称值。数码从左到右,第1位、第2位为有效值,第3位为指数,即0的个数,单位为欧[姆](Ω)。偏差通常采用文字符号表示。

(4) 色环标注法

选用不同颜色代表相应的数值,以色环或色点的方式标注在电阻器的表面,所标注的参数一般只有标称阻值和允许偏差。色环标注法通常分为 2 位有效数字色标法和 3 位有效数字色标法。2 位有效数字色标法多用于普通电阻器,电阻器上共有 4 条色环,前 3 条表示阻值,最后一条表示允许偏差。具体识别方法如图 1.3.3(a)所示。

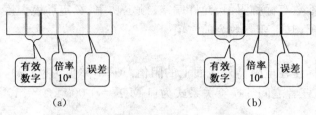

图 1.3.3　色环电阻器识别示意图

3 位有效数字色标法多用于精密电阻器。电阻器上共有 5 条色环,前 4 条表示阻值,最后一条表示允许偏差,其色环标注示意图与 2 位有效数字的类似,只是多了一条标称值有效数字色环,具体识别方法如图 1.3.3(b)所示。色标法中所用颜色及其对应数值和代表的意义见表 1.3.1。例如:有一个色标法普通电阻器的色环依次为红、黑、棕、银,则其标称阻值和允许偏差应为:200 Ω±20 Ω;若一色标法精密电阻器的色环若依次为黄、紫、黑、棕、红,则其标称阻值和允许偏差应为:4.7 kΩ±0.094 kΩ。

表 1.3.1　电阻器色标法色环颜色对应数值及意义

颜　色	第 1 位有效数字	第 2 位有效数字	第 3 位有效数字	倍　率	允许偏差(%)
黑	0	0	0	10^0	
棕	1	1	1	10^1	±1
红	2	2	2	10^2	±2
橙	3	3	3	10^3	
黄	4	4	4	10^4	
绿	5	5	5	10^5	±0.5
蓝	6	6	6	10^6	±0.25
紫	7	7	7	10^7	±0.1
灰	8	8	8	10^8	
白	9	9	9	10^9	
金				10^{-1}	±5
银				10^{-2}	±10

6)电阻器的检测

(1)普通电阻器的检测

将万用表两表笔分别接触电阻器两个固定端子,表针指示阻值应与电阻器标称阻值相符,误差不应超出其允许偏差。如果断路,指针式万用表显示阻值变大或无穷大,数字式万用表显示"1"。

(2)特殊电阻器的检测

① 贴片电阻器:贴片电阻器分为单个贴片电阻器和排阻,如图 1.3.4 所示。单个贴片电阻检测时测贴片单个电阻器两端;排阻("RN RA RP NR")有 8 脚、10 脚、16 脚之分,

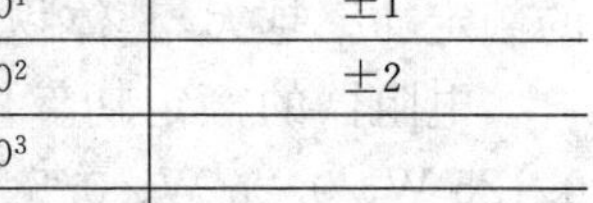

(a)单个贴片电阻器　　　(b)排阻

图 1.3.4　贴片电阻器

10 脚排组分别测对脚,如果两端 2 组阻值为 10 kΩ,中间 3 组阻值分别为 20 kΩ,中间 3 组是 10×2 的关系。

② 热敏电阻器:符号是 RT,起保护作用和监测温度。热敏电阻分为随温度升高阻值增大和随温度升高阻值减小两种。热敏电阻器测量要加温测量。

③ 保险电阻器:符号是 F、FS、FP、R,起保护作用。用数字式万用表检测时,好的长响,坏的显示"1"。

7) 电阻器的选用原则

(1) 选择电阻器的阻值:应根据设计电路时理论计算的阻值,在最靠近标称值系列中选用。普通电阻器(不包括精密电阻器)阻值标称系列值见表 1.3.2,实际电阻器的阻值是表中的数值乘以 10^n(n 为整数)。

表 1.3.2　电阻器阻值标称系列值

允许偏差(%)	阻　　值(Ω)
±5	1.0、1.1、1.2、1.3、1.5、1.6、1.8、2.0、2.2、2.4、2.7、3.0、3.3、3.6、3.9、4.3、4.7、5.1、5.6、6.2、6.8、7.5、8.2、9.1
±10	1.0、1.2、1.5、1.8、2.2、2.7、3.3、3.9、4.7、5.6、6.8、8.2
±20	1.0、1.5、2.2、3.3、4.7、6.8

(2) 选择电阻器的额定功率:根据理论计算的电阻器在电路中消耗的功率,一般按额定功率是实际功率的 1.5～3 倍之间选定。普通电阻器额定功率标称系列值见表 1.3.3。

表 1.3.3　电阻器额定功率标称系列值

电阻器类型	额　定　功　率(W)
线绕电阻器	0.05、0.125、0.25、0.5、1、2、4、8、10、16、25、40、50、75、100、150、250、500
非线绕电阻器	0.05、0.125、0.25、0.5、1、2、5、10、25、50、100

(3) 选用电阻器的类型:根据电路的具体要求,如在哪些稳定性、耐热性、可靠性要求比较高的电路中,应选用金属膜或金属氧化膜电阻器;对于要求功率大、耐热性能好、工作频率要求不高的电路,可选用线绕电阻器;对于无特殊要求的一般电路,可使用碳膜电阻器,以降低成本。

【例 1.3.1】 由发光二极管组成的电路如图 1.3.5 所示。设流过发光二极管 VD 的正向电流 $I_F = 15$ mA,发光二极管 VD 的正向压降约 1.95 V,试选定限流电阻 R。

解:电阻 R 理论值为:

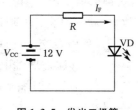

图 1.3.5　发光二极管
组成的电路

$$R = \frac{V_{CC} - U_F}{I_F} = \frac{12 \text{ V} - 1.95 \text{ V}}{15 \text{ mA}} \approx 670 \ \Omega$$

根据表 1.3.2,选择实际电阻值 $R = 680 \ \Omega$。

电阻器实际消耗的功率为 $P \approx I_F^2 R = (15 \times 10^{-3})^2 \times 680 \approx 0.15$(W)

实际选用电阻器的额定功率为 0.25 W。由于该电阻器不要求高精度,温度特性也不必特别考虑,故可选用一般碳膜电阻器即可。

8) 电阻器的代换原则

(1) 精密电阻器必须原值代换。

（2）普通电阻器代换可比原值相差±10％左右。

（3）标称阻值相同情况下，功率大的可代换功率小的。

（4）保险电阻器与普通电阻器相似，对这种电阻器不要用普通电阻器代替。

（5）电源管理芯片、时钟芯片周围的电阻器要原值代换。

1.3.3 电位器（可变电阻器）

电位器是一种可调电阻器，也是电子电路中用途最广泛的元器件之一。它是一种机电元件，靠电刷在电阻体上的滑动取得与电刷位移成一定关系的输出电压。对外有3个引出端，其中2个为固定端，另一个是中心抽头。转动或调节电位器转动轴，其中心抽头与固定端之间的电阻将发生变化。电位器的作用主要是调节电压（含直流电压与信号电压）与电流的大小。常见的电位器外形图如图1.3.6所示。

| 同轴双联电位器 | 半可调电位器 | 有机实芯电位器 | 碳膜电位器 | 多圈电位器 |

图1.3.6 常用电位器外形

1）电位器的分类

电位器与电阻器一样，种类也十分繁多。按结构的不同可分为单圈电位器、多圈电位器、单联电位器、双联电位器、带开关电位器、锁紧型电位器和非锁紧型电位器。按调节方式不同可分为旋转式电位器、直滑式电位器。按电阻体选用材料不同可分为：

（1）合成碳膜电位器：电阻体是用经过研磨的炭黑、石墨、石英等材料涂敷于基体表面而成，工艺简单，是目前应用最广泛的电位器。特点是分辨力高、耐磨性好、寿命较长，缺点是电流噪声和非线性大、耐潮性和阻值稳定性差。

（2）有机实心电位器：是一种新型电位器，用加热塑压的方法将有机电阻粉压在绝缘体的凹槽内。与碳膜电位器相比具有耐热性好、功率大、可靠性高、耐磨性好的优点，但温度系数大、动噪声大、耐潮性能差、制造工艺复杂、阻值精度较差。在小型化、高可靠、高耐磨性的电子设备以及交、直流电路中用做调节电压、电流。

（3）金属玻璃铀电位器：用丝网印刷法按照一定图形，将金属玻璃铀电阻浆料涂覆在陶瓷基体上，经高温烧结而成。特点是阻值范围宽、耐热性好、过载能力强、耐潮和耐磨等都很好，是很有前途的电位器品种，缺点是接触电阻和电流噪声大。

（4）绕线电位器：是将康铜丝或镍铬合金丝作为电阻体，并把它绕在绝缘骨架上制成。特点是接触电阻小、精度高、温度系数小，缺点是分辨力差、阻值偏低、高频特性差。主要用做分压器、变阻器、仪器中调零和调节工作点等。

（5）金属膜电位器：电阻体可由合金膜、金属氧化膜、金属箔等分别组成。特点是分辨力高、耐高温、温度系数小、动噪声小、平滑性好。

（6）导电塑料电位器：用特殊工艺将（邻苯二甲酸二烯丙酯）DAP电阻浆料覆在绝缘机

体上,加热聚合成电阻膜,或将 DAP 电阻粉热塑压在绝缘基体的凹槽内,形成的实心体作为电阻体。特点是平滑性好、分辨力优异、耐磨性好、寿命长、动噪声小、可靠性极高、耐化学腐蚀。用于宇航装置、导弹、飞机、雷达天线的伺服系统等。

(7) 带开关的电位器:有旋转式开关电位器、推拉式开关电位器、推推开关式电位器。

(8) 预调式电位器:预调式电位器在电路中一旦调试好,用蜡封住调节位置,在一般情况下不再调节。

(9) 直滑式电位器:采用直滑方式改变电阻值。

(10) 双联电位器:有异轴双联电位器和同轴双联电位器。

(11) 无触点电位器:由于无触点,消除了机械接触,寿命长、可靠性高。有光电式电位器、磁敏式电位器等。

随着电子技术的迅猛发展,电位器的新品也层出不穷,其中应用广泛的主要是贴片电位器,也称为片状微调电位器。

2) 电位器符号

电位器(可变电阻器)实质上也是电阻器,只是其阻值是可调整、可变化的。它一般有三个引出端(特殊类型如双联同轴电位器有六个引出端)。电位器的文字符号为 RP,其电路图形符号如图 1.3.7 所示。

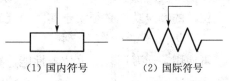

(1) 国内符号   (2) 国际符号

图 1.3.7 电位器电路图形符号

电位器有 3 个引出端子,中间的端子称为滑动端子,两端的端子称为固定端子。当电位器在电路中用做电位调节时,通常三个端子独立使用;当电位器在电路中用做改变电阻值时,则中间的滑动端子要与其中的一个固定端子合并使用。

3) 电位器的型号命名

电位器的命名方法由四部分组成:第一部分用字母 W 表示电位器的主称;第二部分用字母表示构成电位器电阻体的材料;第三部分用字母表示电位器的分类;第四部分用数字表示序号,见表 1.3.4。

表 1.3.4 电位器的型号命名

第一部分	第二部分(材料)	第三部分(分类)	第四部分(序号)
W	H 合成碳膜	G 高压类	数字
	S 有机实心	H 组合类	
	N 无机实心	B 片式类	
	I 玻璃釉膜	W 螺杆预调类	
	X 线绕	Y 旋转预调类	
	J 金属膜	J 单旋精密类	
	Y 氧化膜	D 多旋精密类	
	D 导电塑料	M 直滑精密类	
	F 复合膜	X 旋转低功率	
		Z 直滑低功率	
		P 旋转功率类	
		T 特殊类	

例如:型号为 WHJ3,表示这是精密合成碳膜电位器。

4）电位器的主要参数

电位器与电阻器的性能指标含义在标称阻值、允许偏差、额定功率等方面是一致的,除此之外还有如下指标:

（1）阻值变化规律:是指电位器旋转角度（或行程）与作为分压器使用时输出电压的关系。常见电位器的阻值变化规律有线性变化型、指数变化型、对数变化型。

（2）滑动噪声:当电刷在电阻体上滑动时,电位器中心端与固定端之间的电压出现无规则的起伏,这种现象称为电位器的滑动噪声。它是由材料电阻率分布的不均匀以及电刷滑动时接触电阻的无规律变化引起的。

（3）分辨力:是指对输出量可实现的最精细的调节能力。线绕电位器的分辨力较差。

（4）极限电压:是指电位器在短时间内能承受的最高电压。

（5）机械耐久性:通常以旋转（或滑动）多少次为标志,是表示电位器使用寿命的指标。

电位器的主要参数——标称阻值,通常用数字直接标注在电位器壳体上,标称阻值是指电位器的最大阻值。额定功率是指电位器在长期连续负荷下所允许承受的最大功率,使用中电位器的额定功率必须大于实际消耗功率,额定功率值通常直接标注在电位器上。

5）电位器的性能检测

可使用普通万用表对电位器性能进行测试,主要包括阻值、阻值变化特性、开关性能等3项指标。

（1）检测标称阻值

根据电位器标称阻值的大小,将万用表置于适当的 Ω 挡位,两表笔短接,然后转动调零旋钮校准 Ω 挡零位。万用表两表笔（不分正、负）分别与电位器的两定臂相接,表针应指在相应的阻值刻度上。如表针不动、指示不稳定或指示值与电位器标称值相差很大,则说明该电位器已损坏。

（2）检测动臂与电阻体的接触是否良好

万用表一表笔与电位器动臂相接,另一表笔与定臂 A 相接,来回旋转电位器旋柄,万用表表针应随之平稳地来回移动,如表针不动或移动不平稳,则该电位器动臂接触不良,然后再将接定臂 A 的表笔改接至定臂 B,重复以上检测步骤。

（3）检测带开关电位器的开关好坏

旋动或推拉电位器旋柄,随着开关的断开与接通,应有良好的手感,并同时可听到开关触点弹动发出的响声。万用表置于 Ω 挡位,两表笔分别接开关接点 A 和 B,旋转电位器旋柄使开关交替地"开"与"关",观察表针指示,开关"开"时表针应指向最右边（满度）,开关"关"时表针应指向最左边（电阻∞）。可重复若干次以观察开关是否接触不良。

（4）双联同轴电位器的检测

用万用表电阻挡的适当量程,分别测量双联电位器上两组电位器的电阻值（即 A、C 两点之间的电阻值和 A'、C'两点之间的电阻值）是否相同而且是否与标称阻值相符。再用导线分别将电位器的 A、C'两点及 A'、C 两点短接,然后用万用表测量中心头 B、B'两点之间的电阻值,在理想的情况下,无论电位器的转轴转到什么位置,B、B'两点之间的电阻值均应等于 A、C 两点或 A'、C'两点之间的电阻值（即万用表指针应始终保持在 A、C 两点或 A'、C'两点阻值的刻度上不动）。若万用表指针有偏转,则说明该电位器的同步性能不良。

　　6）电位器的选用原则

　　（1）根据电路的要求和电位器在电路的安装位置来选择电位器的电阻材料、结构、类型、规格、调节方式。

　　① 功率大的电路应选择线绕电位器，这种电位器额定功率大、噪声低、温度稳定性好、寿命长，其缺点是成本高、阻值范围小（100 Ω～100 kΩ）、分布电感和电容大。精密仪器等电路中应选用高精度线绕电位器、精密多圈电位器或金属玻璃釉电位器。

　　② 在家用电器的中、高频电路中可选用碳膜电位器、金属膜电位器、合成膜电位器等，它们的优点是阻值范围宽、价格较便宜、分布电感和电容小，缺点是噪声大于线绕电位器、额定功率较小、寿命短。根据安装电位器的位置来确定是选择旋转式电位器还是直滑式电位器。例如：半导体收音机的音量调节兼电源开关可选用小型带旋转式开关的碳膜电位器；立体声音频放大器的音量控制可选用双联同轴电位器；音响系统的音调控制可选用直滑式电位器。

　　③ 在便于调整的电路中应选用微调电位器或锁紧型电位器。一般微调电位器都安装在机器内部的印制电路板上，不打开机壳就不会轻易被调整。锁紧型电位器一般都安装在机壳的外边，以方便技术人员调整，调整后用螺母锁紧，避免人们随意调动。例如：电源电路的基准电压调节应选用微调电位器；通信设备和计算机中使用的电位器可选用贴片式多圈电位器或单圈电位器。

　　（2）合理选择电位器的电参数。根据电路的要求选好电位器的类型和规格后，还要根据电路的要求合理选择电位器的电参数，包括额定功率、标称阻值、允许偏差、分辨力、最高工作电压、动噪声等。

　　（3）根据阻值变化规律选用电位器。电源电路中的电压调节、放大电路中的工作点调节，以及副亮度调节及行、场扫描信号调节用电位器，均应使用直线式电位器。音响器材中的音调控制用电位器应选用反转对数式（旧称指数式）电位器，音量控制用电位器可选用对数式电位器。

1.3.4　电容器

　　1）概述

　　电容器（也可简称为电容），是容纳和释放电荷的电子元器件，是电子电路中不可缺少的基本元器件。电容器的基本工作原理就是充电、放电，当然还有整流、振荡以及其他作用。电容器的结构非常简单，主要由两块正负电极和夹在中间的绝缘介质组成，所以电容器类型主要是由电极和绝缘介质决定的。

　　电容器的用途非常多，主要有如下几种：

　　（1）隔直流；

　　（2）为交流电路中某些并联的元件提供低阻抗通路，即旁路（去耦）；

　　（3）耦合：作为两个电路之间的连接，允许交流信号通过并传输到下一级电路；

　　（4）滤波；

　　（5）温度补偿：针对其他元件对温度的适应性不够带来的影响而进行补偿，以改善电路的稳定性；

　　（6）计时：电容器与电阻器配合使用，可确定电路的时间常数；

　　（7）调谐：对与频率相关的电路进行系统调谐，比如手机、收音机、电视机；

（8）整流：在预定的时间开或者关闭半导体开关元件；

（9）储能：储存电能，用于必要时释放，例如用于相机闪光灯、加热设备等。

电容储存电荷的能力用电容（或称为容量）C 表示，电容量的基本单位是法（F），常用单位是微法（μF）和皮法（pF）。常见电容器的外形如图 1.3.8 所示。

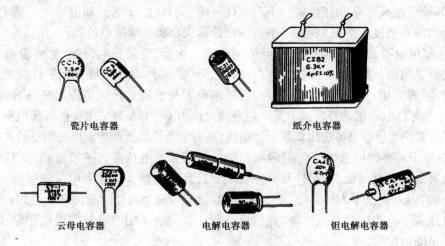

瓷片电容器　　　　　　　纸介电容器

云母电容器　　　　电解电容器　　　　钽电解电容器

图 1.3.8　常见电容器的外形

2）电容器的分类

电容器的种类繁多，性能各异。电容器按绝缘介质的不同可分为气体介质电容器（如空气电容器）、液体介质电容器（如油浸电容器）、无机固体介质电容器（如云母电容器、玻璃釉电容器、陶瓷电容器等）、电解电容器。电解电容器按电解质形态的不同可分为液式和干式两种。电容按其电容量是否可调可分为固定电容、可变电容及其半可变电容（微可调电容）等。电容器按极性的不同可分为有极性电容器和无极性电容器两类。有极性电容器按其阳极材料的不同可分为铝、钽、铌、钛电解电容器等。下面介绍几种常用的电容器。

（1）瓷介电容器

瓷介电容器的主要特点是介质损耗较低，电容量对温度、频率、电压和时间的稳定性都比较高，且价格低廉，应用极为广泛。瓷介电容器可分为低压小功率和高压大功率两种。常见的低压小功率电容器有瓷片、瓷管、瓷介独石电容器，主要用于高频电路、低频电路中。高压大功率瓷片电容器可制成鼓形、瓶形、板形等形式，主要用于电力系统的功率因数补偿、直流功率变换等电路中。

（2）云母电容器

云母电容器以云母为介质，多层并联而成。它具有优良的电气性能和机械性能，具有耐压范围宽、可靠性高、性能稳定、容量精度高等优点，可广泛用于高温、高频、脉冲、高稳定性的电路中。但云母电容器的生产工艺复杂，成本高、体积大、容量有限，这使它的使用范围受到了限制。

（3）有机薄膜电容器

常见有涤纶电容器和聚丙烯电容器。涤纶电容器的体积小，容量范围大，耐热、耐潮性能好。

（4）电解电容器

电解电容器的介质是很薄的氧化膜，容量可做得很大，一般标称容量为 1～10 000 μF。

电解电容有正极和负极之分,使用中应保证正极电位高于负极电位,否则电解电容器的漏电流增大,会导致电容器过热损坏,甚至炸裂。电解电容器的损耗比较大,性能受温度影响比较大,高频性能差。电解电容器主要有铝电解电容器、钽电解电容器和铌电解电容器。铝电解电容器价格便宜,容量可以做得比较大,但性能较差,寿命短(存储寿命小于5年)。一般使用在要求不高的去耦、耦合和电源滤波电路中。后两种电解电容器的性能要优于铝电解电容器,主要用于温度变化范围大、对频率特性要求高、对产品稳定性和可靠性要求严格的电路中,但这两种电容器的价格较高。

3) 电容器的符号

电容器的图形符号如图 1.3.9 所示。

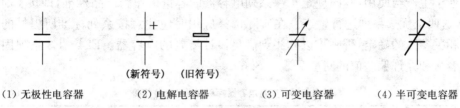

(新符号)　(旧符号)			
(1) 无极性电容器	(2) 电解电容器	(3) 可变电容器	(4) 半可变电容器

图 1.3.9　常见电容器的图形符号

4) 电容器的型号命名

电容器的型号由四部分组成。第一部分为字母 C,表示电容器;第二部分表示介质材料;第三部分表示结构类型的特征;第四部分为序号,见表 1.3.5。

表 1.3.5　电容器的型号命名

第一部分:主称		第二部分:材料		第三部分:特征分类					第四部分:序号
符号	意义	符号	意义	符号	意义				
					瓷介	云母	有机	电解	
C	电容器	C	瓷介	1	圆片	非密封	非密封	箔式	数字:对主称、材料特征相同,仅尺寸、性能指标略有差别,但基本上不影响互换的产品给同一序号。若尺寸、性能指标的差别已明显影响互换时,则在序号后面用大写字母作为区别代号予以区别
		Y	云母	2	管形	非密封	非密封	箔式	
		I	玻璃釉	3	叠片	密封	密封	烧结粉液体	
		O	玻璃膜	4	独石	密封	密封	烧结粉固体	
		Z	纸介	5	穿心		穿心		
		J	金属化纸	6	支柱管		无极性		
		B	聚苯乙烯	7					
		L	涤纶	8	高压	高压	高压		
		Q	漆膜	9		特殊	特殊		
		S	聚碳酸酯	G	高功率				
		H	复合介质						
		D	铝						
		A							
		N	铌	W	微调				
		G	合金						
		T	钛						
		E	其他						

5) 电容主要技术参数

电容器的技术参数较多,有标称容量、允许偏差、额定电压、绝缘电阻、漏电流、损耗因数以及时间常数等。

(1) 标称容量及允许偏差

电容量的基本单位为法[拉](F),但在实际的应用中,法[拉]作为单位往往显得太大,不方便使用,因此又定义了毫法(mF)、微法(μF)、纳法(nF)和皮法(pF),它们之间的换算关系式为:

$$1\ \text{F} = 10^3\ \text{mF} = 10^6\ \mu\text{F} = 10^9\ \text{nF} = 10^{12}\ \text{pF}$$

为便于生产与使用,我国规定了一系列电容器的容量值作为产品标准,即按 E24、E12、E6、E3 这四个优选系列进行生产。在实际选择应用时应注意按系列标准所提供的性能指标进行相关参数的确定,否则难以购买到满足设计需要的电容器。E24~E3 系列固定电容器标称容量和允许偏差值的对应见表 1.3.6。

表 1.3.6　固定电容器标称容量及允许偏差

系列	允许偏差(%)	标称容量值											
E24	±5	1.0	1.1 1.2	1.3 1.5	1.6 1.8	2.0 2.2	2.4 2.7	3.0 3.3	3.6 3.9	4.3 4.7	5.1 5.6	6.2 6.8	7.5 8.2	9.1
E12	±10	1.0	1.2	1.5	1.8	2.2	2.7	3.3	3.9	4.7	5.6	6.8	8.2
E16	±20	1.0		1.5		2.2		3.3		4.7		6.8	
E3	±20	1.0				2.2				4.7			

(2) 额定电压

电容器的额定电压也被称为耐压值,是指在允许的环境温度范围内,电容器可连续长期施加的最大电压有效值。使用时不允许超过此额定电压,若超过,电容器则有可能被损坏或击穿,甚至可能爆裂。额定电压系列随电容器种类不同而有所不同,例如,纸介和瓷介电容器的额定电压可从几十伏到几万伏,电解电容器的额定电压可从几伏到 1 000 V。额定电压的数值通常都在电容器上标出。

(3) 绝缘电阻和漏电流

电容器的绝缘电阻是指电容器两极之间的电阻,也称漏电阻。漏电流是指当电容器两极间加上工作电压时所产生的电流。这两个参数是用来衡量电容器绝缘介质性能优劣的重要性能指标,绝缘电阻值越大越好,漏电流越小越好。

(4) 损耗因数

在电容器两端加交流电压时会产生功率损耗,其原因是由电容器绝缘电阻造成的。一般用电容器损耗功率(有功功率)与电容器存储功率(无功功率)之比来表示,定义为损耗角正切 $\tan\delta$,也称为损耗因数。此损耗越大,电容器发热就越严重。

6) 电容器型号的标志识别

(1) 加单位的直标法

这种方法是国际电工委员会(IEC)推荐的表示法。具体方法是:用 2~4 位数字和一个字母 m(10^{-3})、μ(10^{-6})、n(10^{-9})和 p(10^{-12})表示标称容量,其中数字表示有效数值,字母表示数值的量级。通常用表示数量的字母加上数字组合表示。例如 4n7 表示 4.7×10^{-9} F $= 4\,700$ pF，33m 表示 33 mF 或 33 000 μF，6p8 表示 6.8 pF。另外，有时在数字前冠以 R，如 R22，表示 0.22 μF；有时用大于 1 的 4 位数字表示，单位为 pF，如 2 200 表示为 2 200 pF；有时用小于 1 的数字表示，单位为 μF，如 0.33 为 0.33 μF。

（2）不标单位的直接表示法

这种方法是：若用 1～4 位数字表示，容量单位为皮法（pF），如 3 300 表示 3 300 pF；若用零点零几或零点几表示，其容量单位为微法（μF），如 0.056 表示 0.056 μF。

（3）数码表示法

一般用 3 位数字表示，前 2 位数字表示电容量的有效数字，第 3 位数字表示有效数字后面 0 的个数，其单位为 pF。如 223 代表 22×10^3 pF $= 22\,000$ pF $= 0.022$ μF，这种表示法最为常见。但注意这种表示法中的一种特殊情况，即当第 3 位数字为 9 时，是用有效数字乘 10^{-1} 来计量的，如 479 表示为 47×10^{-1} pF。

（4）色码表示法

色码表示法是用不同的颜色来表示不同的数字。具体方法是：沿电容器引线方向，第 1 种和第 2 种色环代表电容量的有效数字，第 3 种色环表示有效数字后面 0 的个数，单位为 pF。每种颜色所代表的数字见表 1.3.7。

表 1.3.7　色码法标注颜色对应数值表

颜　色	黑	棕	红	橙	黄	绿	蓝	紫	灰	白
数　字	0	1	2	3	4	5	6	7	8	9

7）电容器性能检测

电容器常见故障有短路、断路、失效等。为确保电路正常工作，在选用电容器时必须对其进行性能检测。检测途径可应用专用仪器，如交流电桥等，也可借助于万用表进行简单的性能测试。在检测电解电容器之前，要先将两引脚短接，进行放电，然后根据电容量的大小，选择合适的量程（R×100 或 R×1 k 挡，视电容器的容量而定）。

（1）固定电容器的检测

① 检测 10 pF 以下的小容量电容器。因 10 pF 以下的固定电容器容量太小，用万用表进行测量，只能定性检查其是否有漏电、内部短路或击穿现象。测量时，可选用万用表 R×10 K 挡，用两表笔分别任意接电容器的两个引脚，阻值应为无穷大。若测出阻值（指针向右摆动）为 0，则说明电容器漏电损坏或内部击穿。

② 检测 10 pF～0.01 μF 固定电容器是否有充电现象，进而判断其好坏。万用表选用 R×1 k 挡，两只三极管的 β 值均为 100 以上，且穿透电流要小些，可选用 3DG6 等型号硅三极管组成复合管。万用表的红和黑表笔分别与复合管的发射极 e 和集电极 c 相接。由于复合三极管的放大作用，把被测电容器的充放电过程予以放大，使万用表指针摆幅度加大，从而便于观察。应注意的是：在测试操作时，特别是在测较小容量电容器时，要反复调换被测电容器引脚接触 A、B 两点，才能明显地看到万用表指针的摆动。

③ 对于 0.01 μF 以上的固定电容器，可用万用表的 R×10 k 挡直接测试电容器有无充电过程以及有无内部短路或漏电，并可根据指针向右摆动的幅度大小估计出电容器的容量。

（2）电解电容器的检测

① 因为电解电容器的容量较一般固定电容器大得多，所以测量时应针对不同容量选用合适的量程。根据经验，一般情况下，$1\sim47~\mu\mathrm{F}$ 之间的电容器，可用 $\mathrm{R}\times1\mathrm{k}$ 挡测量，大于 $47~\mu\mathrm{F}$ 的电容器可用 $\mathrm{R}\times100$ 挡测量。

② 将万用表红表笔接负极，黑表笔接正极，在刚接触的瞬间，万用表指针即向右偏转较大偏度（对于同一电阻挡，容量越大，则摆幅越大），接着逐渐向左回转，直到停在某一位置，此时的阻值便是电解电容器的正向漏电阻，此值略大于反向漏电阻。实际使用经验表明，电解电容器的漏电阻一般应在几百千欧以上，否则将不能正常工作。在测试中，若正向、反向均无充电现象，即表针不动，则说明容量消失或内部断路；如果所测阻值很小或为0，说明电容器漏电大或已击穿损坏，不能再使用。

③ 对于正、负极标志不明的电解电容器，可利用上述测量漏电阻的方法加以判别。即先任意测一下漏电阻，记住其大小，然后交换表笔再测出一个阻值。两次测量中阻值大的那一次便是正向接法，即黑表笔接的是正极，红表笔接的是负极。

④ 使用万用表电阻挡，采用给电解电容器进行正、反向充电的方法，根据指针向右摆动幅度的大小，可估测出电解电容器的容量。

（3）可变电容器的检测

① 用手轻轻旋动转轴，应感觉十分平滑，不应感觉有时松时紧甚至卡滞现象。将载轴向前、后、上、下、左、右各个方向推动时，转轴不应有松动的现象。

② 用一只手旋动转轴，另一只手轻摸动片组的外缘，不应感觉有任何松脱现象。转轴与动片之间接触不良的可变电容器是不能再继续使用的。

③ 将万用表置于 $\mathrm{R}\times10\mathrm{k}$ 挡，一只手将两个表笔分别接可变电容器的动片和定片的引出端，另一只手将转轴缓缓旋动几个来回，万用表指针都应在无穷大位置不动。在旋动转轴的过程中，如果指针有时指向0，说明动片与定片之间存在短路点；如果碰到某一角度，万用表读数不为无穷大而是出现一定阻值，说明可变电容器动片与定片之间存在漏电现象。电容器容量越小，量程挡位也要放小，否则会将电容器的充电误认为击穿短路。

8）电容器的选用原则

（1）不同电路选用不同种类的电容器。在电源滤波、去耦、旁路等电路中需用大容量电容器时应选用电解电容器；在高频、高压电路中应选用瓷介电容器、云母电容器；在谐振电路中可选用云母、陶瓷、有机薄膜等电容器；用作隔直时可选用纸介、涤纶、云母、电解等电容器。

（2）选用电容器时还应注意电容器的引线形式，可根据实际需要选择焊片引出、接线引出、螺钉引出等，以适应电路的插孔要求。

1.3.5　电感器

1）概述

电感器又称电感元件，是用绝缘导线（例如漆包线、纱包线等）绕制而成的电磁感应元件。电感器一般由骨架、绕组、屏蔽罩、封装材料、磁芯或铁芯等组成。

电感器是电子电路中常用的元器件之一，在电路中具有"通直隔交"的作用，主要是对交流信号进行隔离、滤波或与电容器、电阻器等组成谐振电路。在电路中用字母 L 表示电感器。常见电感器的外形如图 1.3.10 所示。

2）电感器的分类

电感器种类很多。按其结构的不同可分为线绕式电感器和非线绕式电感器（多层片状、印刷电感等），还可分为固定式电感器和可调式电感器。按工作频率可分为高频电感器、中频电感器和低频电感器，空心电感器、磁心电感器和铜芯电感器一般为中频或高频电感器，而铁芯电感器多数为低频电感器。按用途可分为振荡电感器、校正电感器、显像管偏转电感器、阻流电感器、滤波电感器、隔离电感器、被偿电感器等。

图 1.3.10　常见电感器的外形　　　　图 1.3.11　电感器的图形符号
　　　　　　　　　　　　　　　　　　（1）固定电感器
　　　　　　　　　　　　　　　　　　（2）可变电感器

3）电感器的符号

电感器的图形符号如图 1.3.11 所示。

4）电感器的型号命名

电感器的型号命名由三部分组成，第一部分用字母表示主称为电感线圈，第二部分用字母与数字混合或数字表示电感量，第三部分用字母表示误差范围。各部分的含义见表 1.3.8。

表 1.3.8　电感器的型号命名及含义

第一部分：主称		第二部分：电感量			第三部分：误差范围	
字母	含义	数字与字母	数字	含义	字母	含义
L 或 PL	电感线圈	2R2	2.2	$2.2\ \mu H$	J	±5%
		100	10	$10\ \mu H$		
		101	100	$100\ \mu H$	K	10%
		102	1 000	$1\ mH$		
		103	10 000	$10\ mH$	M	±20%

5）电感器主要参数

（1）电感量 L

电感量也称为自感系数，是用来表示电感器自感应能力大小的物理量。电感器电感量的大小主要取决于线圈的圈数（匝数）、绕制方式、有无磁芯及磁芯的材料等。通常，线圈圈数越多、绕制的线圈越密集，电感量就越大。有磁芯的线圈比无磁芯的线圈电感量大；磁芯磁导率越大的线圈，电感量也越大。其基本单位为亨［利］（H），在实际应用中使用较多的单位则为毫亨（mH）和微亨（μH），3 个单位之间对应的换算关系式为：

$$1\ H = 10^3\ mH = 10^6\ \mu H$$

感抗 X_L 表示电感线圈对交流电的阻力作用,它与电感线圈的电感量 L 以及交流电的频率 f 成正比,计算公式为:$X_L = 2\pi f L$。

（2）品质因数 Q

品质因数是指电感器在一定频率的交流电压作用下,其感抗和等效损耗电阻之比。电感器的 Q 值越高,其损耗越小,效率越高。品质因数反映了电感器质量的高低,它与电感器线圈导线的直流电阻、线圈骨架的介质损耗及铁芯、屏蔽罩等引起的损耗等有关。

（3）允许偏差

允许偏差是指电感器上标称的电感量与实际电感量的允许误差值。一般用于振荡或滤波等电路中的电感器要求精度较高,允许偏差为 $\pm 0.2\% \sim \pm 0.5\%$;而用于耦合、高频阻流等的精度要求不高,允许偏差为 $\pm 10\% \sim 15\%$。

（4）分布电容

由于电感器的线圈每两圈（或每两层）导线就相当于电容器的两块金属片,导线间的绝缘材料相当于绝缘介质,因此就构成了分布电容。电感器的分布电容越小,其稳定性越好。分布电容的存在会使电感器的品质因数值下降,因此要尽可能减少电感器的分布电容效应。将导线进行多股绕制或绕成蜂房式,对天线线圈则采用间绕法,可以减少分布电容。

（5）额定电流

额定电流是指电感器正常工作时允许通过的最大电流值。若工作电流超过额定电流,则电感器就会因发热而使性能参数发生改变,其至还会因过流而烧毁。

6）电感器型号的标志识别

（1）直标法

固定电感器一般都将电感量和型号直接标注在其表面,一看便知。有些电感器则只标注型号或电感量一种,还有一些电感器只标注型号及商标等,如需知其他参数等,需要查阅产品手册或相关资料。例如立式密封固定电感器采用同向型引脚,国产有 LG 和 LG2 等系列电感器,其电感量范围为 $0.1 \sim 2\,200\,\mu H$（直标在外壳上）,额定工作电流为 $0.05 \sim 1.6$ A,误差范围为 $\pm 5\% \sim \pm 10\%$。

（2）色环（点）标示法

与电阻器四色环标示相同,见图 1.3.12。电感器上有 4 条色环（或点）,前 3 条（或点）表示阻值,最后一条（或点）表示允许偏差,例如进口有 TDK 系列色码电感器,其电感量用色点标在电感器表面。LGA 系列电感器采用超小型结构,外形与 1/2W 色环电阻器相似,其电感量范围为 $0.22 \sim 100\,\mu H$（用色环标在外壳上）,额定电流为 $0.09 \sim 0.4$ A。LGX 系列色码电感器也是小型封装结构,其电感量范围为 $0.1 \sim$

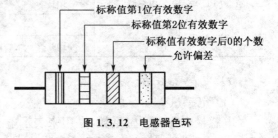

图 1.3.12　电感器色环

$10\,000\,\mu H$,额定电流分为 50 mA、150 mA、300 mA 和 1.6 A 等四种规格。

电感器色环每种颜色对应的数值及意义如表 1.3.9 所示。

表 1.3.9　电感色标法色环颜色对应数值及意义

颜　色	第 1 位有效数字	第 2 位有效数字	倍率	允许偏差(%)
黑	0	0	10^0	±20
棕	1	1	10^1	
红	2	2	10^2	
橙	3	3	10^3	
黄	4	4		
绿	5	5		
蓝	6	6		
紫	7	7		
灰	8	8		
白	9	9		
金			10^{-1}	±5
银			10^{-2}	±10

7) 电感器性能测量

使用万用表的电阻挡,测量电感器的通断及电阻值大小,通常是可以对其好坏作出鉴别的。将万用表置于 R×1 挡,红、黑表笔各任接电感器的任一引出端,此时指针应向右摆动,根据测出的电阻值大小,可具体分下述三种情况进行鉴别。

(1) 被测电感器电阻值太小,说明电感器内部线圈有短路性故障,注意测试操作时,一定要先认真将万用表调零,并仔细观察表针向右摆动的位置是否确实到达零位,以免造成误判,当怀疑色码电感器内部有短路性故障时,最好是用 R×1 挡反复多测几次,这样才能作出正确的鉴别。

(2) 被测电感器有电阻值,色码电感器直流电阻值的大小与绕制电感器线圈所用的漆包线线径、绕制圈数有直接关系,线径越细,圈数越多,则电阻值越大,一般情况下用万用表 R×1 挡测量,只要能测出电阻值,则可认为被测电感器是正常的。

(3) 被测电感器的电阻值为无穷大,这种现象比较容易区分,说明电感器内部的线圈或引出端与线圈接点处发生了断路性故障。用万用表的欧姆挡(R×10 或 R×1 挡)测量电感器线圈的阻值,

(4) 如要测量电感器的电感量或品质因数,则需要用专用电子仪器,如高频 Q 表或交流电桥等。

8) 电感器的选用原则

(1) 按工作频率的要求选择某种结构的电感器,用于音频段的一般要用带铁芯(硅钢片或坡莫合金)或低频铁氧体的,在几百千赫到几兆赫间的线圈最好用铁氧体,并以多股绝缘线绕制的,这样可以减少集肤效应,提高 Q 值。使用几兆赫到几十兆赫的电感器时,宜选用单股镀银粗铜线绕制,磁芯要采用短波高频铁氧体,也常用空心线圈。由于多股线间分布电容的作用及介质损耗的增加,所以不适宜频率高的地方,在 100 MHz 以上时一般不能选用铁氧体,只能用空心线圈。

(2) 因为线圈骨架的材料与线圈的损耗有关,因此用于高频电路的电感器,通常应选用高频损耗小的高频瓷做骨架,对于要求不高的场合,可选用塑料、胶木和纸做骨架的电感器,

虽然损耗大一些,但价格低廉、制作方便、重量轻。

(3) 选用电感器时必须考虑机械结构是否牢固,不应使电感器线圈松脱、引线接点活动等。

1.3.6 运算放大器

运算放大器(简称 OP、OPA、OPAMP)是一种直流耦合,差动模式输入、通常为单端输出的高增益电压放大器,因为初期主要用于加法、乘法等运算电路中,因而得名。运算放大器的应用十分广泛。一般用途的运算放大器售价不到 1 美元,而且设计、使用非常可靠。

1) 集成运算放大器的分类

(1) 按用途分为通用集成运算放大器和专用集成运算放大器。

① 通用集成运算放大器:它的参数指标比较均衡和全面,适用于一般的工程设计。一般认为在没有特殊参数要求情况下工作的集成运算放大器可列为通用型。由于通用型应用范围宽、产量大,因而价格便宜。若作为一般应用,首先考虑选用通用集成运算放大器。

② 专用集成运算放大器:它是为满足某些特定要求而设计的,其参数中往往有一项或几项非常突出,因而它又可以分为低功耗或微功耗集成运算放大器、高速集成运算放大器、宽带集成运算放大器、高精度集成运算放大器、高电压集成运算放大器、功率型集成运算放大器、高输入阻抗集成运算放大器、电流型集成运算放大器、跨导型集成运算放大器、程控型集成运算放大器、低噪声集成运算放大器、集成电压跟随器等。

(2) 按供电电源分为双电源集成运算放大器和单电源集成运算放大器。

① 双电源集成运算放大器:绝大部分集成运算放大器在设计中都是正、负对称的双电源供电,以保证运算放大器的优良性能。

② 单电源集成运算放大器:采用特殊设计,在电源下能实现零输入、零输出。交流放大时,失真较小。

(3) 按制作工艺分为双极型集成运算放大器、单极型集成运算放大器、双极-单极兼容型集成运算放大器等。

(4) 按单片封装中的运算放大器级数分为单运算放大器、双运算放大器、三运算放大器、四运算放大器等。

2) 集成运算放大器的图形符号

集成运算放大器的引出端有同相输入端、反相输入端、输出端、正电源端、负电源端、接地端、补偿端、偏置端、调零端等,运算放大器的图形符号如图 1.3.13 所示。

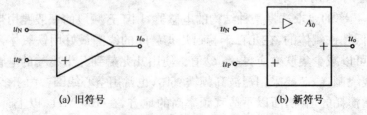

(a) 旧符号　　　　　　　　　　(b) 新符号

图 1.3.13　运算放大器的图形符号

3）集成运算放大器的型号命名

运算放大器的国际统一型号命名法如下：型号由字母和阿拉伯数字两部分组成，字母在首部，采用 CF 两个字母，C 表示符合国际标准，F 表示线性放大器。其后部的阿拉伯数字表示运算放大器的类型。例如：通用运算放大器（F003、F007、F030）、高速运算放大器（F051B）、高精度运算放大器（F714）、高阻抗运算放大器（CF072）、低功耗运算放大器（F010）、双运算放大器（CF358）以及四运算放大器（CF324）等。其中最典型、最普及的为 F007（国外型号为 μA741、μPC741）和 CF324（国外型号为 LM324）。

4）集成运算放大器的参数

集成运算放大器的参数主要有开环差模电压增益（越大越好）、开环共模增益（越小越好）、共模抑制比（越大越好）、差模输入电阻（越大越好）、输入失调电压、输入失调电流（越小越好）、最大共模输入电压、最大差模输入电压和转换速率（越大越好）等。

5）集成运算放大器的选择和使用

集成运算放大器类别、品种很多，应根据实际使用要求合理选择，规范使用。

（1）尽量选用通用型集成运算放大器。当一个系统中使用多个运算放大器时，尽可能选用多运算放大器集成电路，例如 LM324、LF347 等都是将 4 个运算放大器封装在一起的集成电路。

（2）实际选择集成运算放大器时，还要考虑信号源的性质（是电压源还是电流源）、负载的性质、集成运算放大器输出电压和电流是否满足要求、环境条件、集成运算放大器允许工作范围、工作电压范围、功耗与体积等因素是否满足要求。例如：对于放大音频、视频等交流信号的电路，选用转换速率大的运算放大器比较合适；对于处理微弱直流信号的电路，选用精度比较高的运算放大器比较合适（即失调电流、失调电压及温漂均比较小）。

（3）使用前要了解集成运算放大器的类别及电参数，弄清楚封装形式、外引线排法、引脚接线、供电电压范围等。

（4）消振网络应按要求接好，在能消振的前提下兼顾带宽。

（5）集成运算放大器是电子电路的核心，为了减少损坏，应采取适当的保护措施。

2 电路实验

本章将详细介绍电路实验室常用的 DGX 型实验装置,以及电路的 20 个基础实验和 11 个设计性实验。

2.1 DGX-1 型电工技术实验装置

2.1.1 概述

DGX-1 型电工技术实验装置吸收了国内外先进教学仪器的优点,充分考虑实验室的现状和发展趋势,从性能上、结构上进行了改进和创新。实验测量仪表采用指针式、数字化、数模双显、智能化、人机对话及计算机接口相结合,用户根据需要进行选择。对控制屏及部件采用全方位的功能保护及人身安全保护体系,同时还设有"定时器兼报警记录仪(服务管理器)",为开放性实验室创造了条件,可以大大提高学生的实验动手能力。这样,既能方便实验室管理,又能减轻教师实验工作量。

DGX-1 型电工技术实验装置能满足各高校的"电路分析"、"电工基础"、"电工学"、"数字电路"、"模拟电路"、"信号与系统"、"电机学"、"电机与拖动"、"电机控制"、"继电接触控制"、"可编程控制器技术"及"工厂电气控制"等课程的教学大纲要求。

1) 特点

(1) 综合性强。本装置综合了目前各院校电工类课程的全部实验项目。

(2) 适应性强。能满足各类学校相应课程的实验教学,实验的深度与广度可根据需要灵活调整,普及与提高可根据教学的进程进行有机的结合。本装置采用积木式结构,更换便捷,如要扩展功能或开发新实验,只需添加部件即可,永不淘汰。

(3) 整套性强。从仪器仪表、专用电源、实验部件到实验连接专用导线等均配套齐全,部件的性能、规格等均密切结合实验的需要进行配套。

(4) 一致性强。实验用元器件设计精良、选择合理、配套完整,专用与通用结合,使多组实验结果有良好的同一性,便于教师组织和指导实验教学。

(5) 直观性强。各实验挂件采用分隔结构形式,挂件面板示意、图线分明,各分隔块任务明确,操作、维护方便。

(6) 科学性强。装置占地面积少,节约实验用房,减少基建投资;实验室整齐美观,改善实验环境;实验内容丰富,设计合理,除了加深理论知识外,还可结合实际情况开设出设计性的实验;测量仪表采用多种模式相结合,结合教学实验需要进行灵活配置,使装置测量手段现代化。

(7) 开放性强。控制屏供电采用三相隔离变压器隔离,并设有内、外电压型漏电保护器和电流型漏电保护器,确保操作者的安全;各电源输出均有监视及短路保护等功能,各测量仪表均有可靠的保护功能,使用安全可靠;控制屏还设有定时器兼报警记录仪(服务管理器),为学生实验技能的考核提供了一个统一的标准。整套装置经过精心设计,加上可靠的元器件质量及可靠的工艺作为保障,产品性能优良,所有这些均为开放性实验室创造了条件。

2) 技术性能

(1) 输入电源:三相四线(或三相五线),额定线电压 380 V±38 V,额定电源频率 50 Hz。

(2) 工作环境:温度 $-10\ ℃\sim+40\ ℃$,相对湿度 $<85\%(25\ ℃)$,海拔 $<4\ 000$ m。

(3) 装置容量:<1.5 kV・A

(4) 重量:380 kg

(5) 外形尺寸:172 cm × 73 cm × 160 cm。

2.1.2 DG01 电源控制屏

电源控制屏的材料是铁质双层亚光密纹喷塑结构,铝质面板。主要由交流电源、直流电源、保护电路、报警电路及相关设施组成。

1) 交流电源

提供三相 0~450 V 连续可调交流电源,同时可得到单相 0~250 V 连续可调交流电源(配有 1 台三相同轴联动自耦调压器,规格为 1.5 kV・A/0~450 V,克服了 3 只单相调压器采用链条结构或齿轮结构组成的许多缺点)。可调交流电源输出处设有过流保护技术,相间、线间过电流及直接短路均能自动保护,克服了调换熔断器所带来的麻烦。配有 3 只指针式交流电压表,通过切换开关可指示输入的三相电网电压值和三相调压器的输出电压值。

2) 高压直流电源两路

励磁电源为 220 V(0.5 A),具有输出短路保护。

电枢电源为 40~230 V(3 A)连续可调稳压电源,具有过压、过流、过热、短路软截止自动保护和自动恢复功能,并设有过压、过流告警指示。

3) 五大安全保护体系

(1) 三相隔离变压器一组(三相电源经钥匙开关、接触器,到隔离变压器,再经三相调压器输出):使输出与电网隔离(浮地设计),对人身安全起到一定的保障作用。

(2) 电压型漏电保护器 1:对隔离变压器前的电路出现的漏电现象进行保护,使控制屏内的接触器跳闸,切断电源。

(3) 电压型漏电保护器 2:对隔离变压器后的电路及实验过程中的接线等出现的漏电现象进行保护,发出报警信号并切断电源,确保人身安全。

(4) 电流型漏电保护器:当控制屏有漏电现象且漏电流超过一定值时,即切断电源。

(5) 强电连接线及插座:采用全封闭结构,使用安全、可靠、防触电。

4) 仪表保护体系

设有多只信号插座,与仪表相连,当仪表超量程时,即报警并使控制屏内的接触器跳闸,对仪表起到良好的保护作用。

5）定时器兼报警记录仪（服务管理器）

平时作为时钟使用，具有设定实验时间、定时报警、切断电源等功能；还可以自动记录漏电告警及仪表超量程告警的总次数。

6）控制屏其他设施

控制屏正面大凹槽内设有两根不锈钢钢管，可挂置仪表及实验部件。

凹槽底部设有多个小圆形单相三芯 220 V 电源插座，供仪表等部件供电用。

控制屏两边设有单相二极、三极 220 V 电源插座及三相四极 380 V 电源插座。

设有实验台照明用的 220 V、40 W 日光灯 1 盏，还设有实验用 220 V、40 W 日光灯灯管 1 支，将灯管灯丝的 4 个头引出，供实验用。

DG02 实验桌为铁质双层亚光密纹喷塑结构，桌面为防火、防水、耐磨高密度板，结构坚固，形状似长方体封闭式结构，造型美观大方；设有两个大抽屉、柜门，用于放置工具、存放挂件及资料等。桌面用于安装电源控制屏并提供一个宽敞舒适的工作台面。实验桌还设有 4 个万向轮和 4 个固定调节机构，便于移动和固定，有利于实验室的布局。

2.1.3　有源挂件

1）DG03 数控智能函数信号发生器（带频率计）

该信号源能输出正弦波、矩形波、三角波、锯齿波、四脉方列、八脉方列。由单片机主控电路、锁相式频率合成电路及 A/D 转换电路等构成，输出频率、脉宽均采用数字控制技术，失真度小、波形稳定。

（1）输出频率范围：正弦波为 1 Hz～160 kHz、矩形波为 1 Hz～160 kHz、三角波和锯齿波为 1 Hz～10 kHz、四脉方列和八脉方列固定为 1 kHz。

（2）频率调整步幅：1 Hz～1 kHz 为 1 Hz，1～10 kHz 为 10 Hz，10～160 kHz 为 100 Hz。

（3）输出脉宽选择：占空比为 1∶1、1∶3、1∶5、1∶7，共四挡。

（4）输出幅度调节范围：A 口（正弦波、三角波、锯齿波）5 mV～17.0 V（峰-峰值），多圈电位器调节；B 口（矩形波、四脉、八脉）5 mV～3.8 V（峰-峰值）数控调节。A、B 口均带输出衰减（0 dB、20 dB、40 dB、60 dB）。

（5）频率计：6 位数字显示，测量范围 1 Hz～300 kHz，作为外部测量和信号源频率指示。

2）DG03-1 数控智能函数信号发生器及双交流毫伏表

本挂件在 DG03 数控智能函数信号发生器（带频率计）基础上，增加了正弦波功率输出，最大输出功率 10 W，频率范围为 20 Hz～20 kHz。另外，还提供 2 只完全相同的真有效值交流数字毫伏表，能够对各种复杂波形的有效值进行精确测量，电压测试范围 0.2 mV～600 V（有效值），测试基本精度达到±1%，量程分 200 mV、2 V、20 V、200 V、600 V 共五挡，直键开关切换，3 位半数字显示，每挡均有超量程告警、指示及切断总电源功能。测试频率范围 10 Hz～600 kHz，输入阻抗 1 MΩ，输入电容≤30 pF。

3）DG04 直流稳压电源（2 路）、恒流源、受控源（4 路）、回转器及负阻抗变换器

提供二路 0～30 V/1 A 可调稳压电源，内部分五挡，自动切换，具有截止型短路软保护

和自动恢复功能,设有 3 位半数显指示。

提供一路 0~500 mA 连续可调恒流源,分 2 mA、20 mA、500 mA 共三挡,最大输出功率 10 W,从 0 mA 起调,调节精度 1‰,负载稳定度≤5×10⁻⁴,额定变化率≤5×10⁻⁴,配有数字式直流毫安表指示输出电流,具有输出开路、短路保护功能。

提供电流控制电压源(CCVS)、电压控制电流源(VCCS)、电压控制电压源(VCVS)、电流控制电流源(CCCS)、回转器及负阻抗变换器。

4)DG04-1 直流稳压电源、恒流源

提供二路 0~30 V/2 A 可调稳压电源,均具有截止型短路软保护和自动恢复功能,设有 3 位半数显指示。提供 0~500 mA 连续可调恒流源 1 组,具体功能与 DG04 中的功能一样。

5)DG04-2 数控稳压电源、恒流源

本挂件是在 DG04-1 直流稳压电源、恒流源基础上开发出的新一代电源,保留了 DG04-1 直流稳压电源、恒流源的所有优点,并采用了单片机控制及 12 位高精度 D/A 转换器,配有计算机控制软件,通过此软件可以利用计算机键盘的键入,直接改变电源的输出。

输出直流电压范围为 0~30 V,调节步幅分 1 V、0.1 V 共两挡,分辨力为 0.1 V。

输出电流范围为 0~500 mA,调节步幅分 10 mA、1 mA 共两挡,分辨力为 1 mA。

2.1.4 无源挂件

1)DG05 电路基础实验 1

提供仪表量程扩展(配戴镜面指针式精密毫安表 1 只)、电压源与电流源等效变换、基尔霍夫定律(可设置 3 个典型故障点)、叠加原理(可设置 3 个典型故障点)、戴维南定理、诺顿定理、最大功率传输条件测定、二端口网络及互易定理等实验项目,既能加深对理论知识的理解,又能很好地联系实际,提高分析问题、解决问题的能力。

2)DG06 受控源、回转器、负阻抗变换器

提供 CCVS、VCCS、VCVS、CCCS、回转器及负阻抗变换器。4 组受控源、回转器、负阻抗变换器的图形符号采用标准网络符号。

3)DG07 电路基础实验 2

提供 R、L、C 元件特性及交流电参数测定(判断性实验)、电路状态轨迹的观测、RLC 串联谐振电路(L 用空心电感器)、RC 串并联选频电路、RC 双 T 选频网络、1 阶和 2 阶动态电路等实验。

4)DG08 电路基础实验 3

提供单相、三相负载电路、变压器、互感器及电度表等实验。负载为 3 个完全独立的灯组,可连接成 Y 或△这两种三相负载线路,每个灯组均设有 3 个并联的白炽灯罗口灯座(每组设有 3 个开关控制 3 个负载并联支路的通断),可插 60 W 以下的白炽灯 9 只,各灯组设有电流插座;各灯组均设有过压保护电路,保障实验学生的安全及防止灯组因过压而导致损坏;铁芯变压器 1 只(50 V・A、36 V/220 V),原、副边均设有电流插座便于电流的测试,均设有熔断器;互感线圈 1 组,实验时临时挂上,2 个空心线圈 L1、L2 装在滑动架上,可调节 2 个线圈间的距离,并可将小线圈放到大线圈内,配有大、小铁棒各 1 根及非导磁铝棒 1 根;电度表 1 只,规格为 220 V、3/6 A,实验时临时挂上,其电源线、负载线均已接在电度表接线架

的接线柱上,实验方便;220/8.2 V(0.5 A)/8.2 V(0.5 A)变压器1只,可进行变压器原、副绕组同名端判断,变压器副边双绕组同名端判断及变压器应用等实验。

5) DG08-1 电路基础实验4

提供的功能与DG08基本一样,增加了一组电流互感器,其原、副边电流比 $I_1:I_2$ 分别为2∶1、3∶1、4∶1、5∶1,原边最大电流5 A。

6) DG09 元件箱

设有3组高压电容器(每组1 μF/500 V、2.2 μF/500 V、4.7 μF/500 V高压电容器各1只)、十进制可变电阻器箱(阻值0~99 999.9 Ω,2 W)、8 W固定阻值功率电阻器、日光灯启辉器插座、镇流器、短接按钮、电感器、电流插座、电位器、开关及非线性元件等实验器件。

7) DG11 十进制可变电阻箱

提供6组十进制电阻箱,0~99 999.9 Ω/2 W,2组;1~10 kΩ/1 W(分10挡),2组;100 Ω~1 kΩ/1 W(分10挡),2组。

8) DG21 交流元件箱

提供0~0.9 μF/500 V十进制可调电容器、1~10 μF/500 V十进制可调电容器、0~90 mH/0.5 A十进制可调电感器及100~1 000 mH/0.5 A十进制可调电感器,另外还提供900 Ω×2/0.41 A大功率、可调瓷盘电阻器1组。

9) DG16 信号与系统实验

提供函数信号发生器、6位数字显示频率计、数字式真有效值交流毫伏表、直流稳压电源、50 Hz非正弦多波形信号发生及自由布线区等。可完成以下实验项目:①基本运算单元;②50 Hz非正弦周期信号的分解与合成;③无源滤波器、有源滤波器(LPF、HPF、BPF、BEF);④8阶巴特沃斯滤波器;⑤2阶网络函数的模拟;⑥系统时域的模拟解;⑦2阶网络状态轨迹的显示;⑧信号的采样与恢复(取样定理)。其中①、⑥用自由组合实验线路进行实验。

10) DG17 信号与系统实验

提供50 Hz非正弦信号发生器、阶跃函数信号发生器、直流稳压电源及自由布线区(以便自由组合实验电路进行实验)等。实验项目同DG16。

11) D31 直流数字电压表、毫安表、安培表(3只表)

直流数字电压表1只,测量范围0~200 V,分200 mV、2 V、20 V、200 V共四挡,直键开关切换,3位半数字显示,输入阻抗为10 MΩ,精度0.5级,具有超量程报警、指示、切断总电源等功能。

直流数字毫安表1只,测量范围0~200 mA,分2 mA、20 mA、200 mA共三挡,直键开关切换,3位半数字显示,精度0.5级,具有超量程报警、指示、切断总电源等功能。

直流数字电流表1只,测量范围为0~5 A,3位半数字显示,精度0.5级,具有超量程报警、指示、切断总电源等功能。

12) D31-2 智能直流电压表、电流表(3只表)

直流电压表1只,测量范围0~300 V;直流毫安表1只,测量范围0~500 mA;直流安培表1只,测量范围0~5 A。精度均为0.5级。输入量程自动切换,通过键盘可设定电压、电流保护值,具有超值报警、指示及切断总电源等功能。可测量、存储数据,并有计算机通信等功能。

13) D32 D/A 交流电流表（3 只表）

提供真有效值交流数字电流表 1 只，测量范围 0～5 A，量程自动判断、自动切换，精度 0.5 级，3 位半数字显示，具有超量程告警、指示及切断总电源功能。

提供指针式精密交流电流表 2 只，采用带镜面、双刻度线（红、黑）表头（不同的量程读取相应刻度线），测量范围 0～5 A，分 0.3 A、1 A、3 A、5 A 共四挡，精度 1.0 级，直键开关切换，每挡均有超量程告警、指示及切断总电源功能。

14) D33 D/A 交流电压表（3 只表）

提供真有效值交流数字电压表 1 只，测量范围 0～500 V，量程自动判断、自动切换，精度 0.5 级，3 位半数字显示。

提供指针式精密交流电压表 2 只，采用带镜面、双刻度线（红、黑）表头（不同的量程读取相应的刻度线），测量范围 0～500 V，分 10 V、30 V、100 V、300 V、500 V 共五挡，输入阻抗 1 MΩ，精度 1.0 级，直键开关切换，每挡均有超量程告警、指示及切断总电源功能。

15) D34-4 单相智能功率表、功率因数表

由 1 套微电脑，高速、高精度 A/D 转换芯片和全数字显示电路构成。通过键控、数字显示窗口实现人机对话的智能控制模式。为了提高测量范围和测试精度，将被测电压、电流瞬时值的取样信号经 A/D 转换，采用专用数字信号处理器（DSP）计算有功功率、无功功率。功率的测量精度 0.5 级，电压、电流量程分别为 450 V、5 A，可测量负载的有功功率、无功功率、功率因数及负载的性质；还可以存储、记录 15 组功率和功率因数的测试结果数据，并可逐组查询。

16) D34-5 单相智能功率表、功率因数表

本挂箱与 D34-4 单相智能功率表、功率因数表相比，增加了计算机通信等功能。

17) D34-3 单三相智能功率表、功率因数表

由 2 套微电脑，高速、高精度 A/D 转换芯片和全数字显示电路构成。通过键控、数字显示窗口实现人机对话的智能控制模式。为了提高测量范围和测试精度，将被测电压、电流瞬时值的取样信号经 A/D 转换，采用专用 DSP 计算有功功率、无功功率。单相功率及三相功率 P_1、P_2 测量，精度为 0.5 级，电压、电流量程分别为 450 V、5 A，可测量负载的有功功率、无功功率、功率因数及负载的性质等；还可以存储、记录 15 组功率和功率因数的测试结果数据，并可逐组查询。通过二表法即可测量三相总功率，直接显示总功率 P（即 $P_1 + P_2$ 之和）。

18) D34-2 单三相智能功率表、功率因数表

本挂箱与 D34-3 单三相智能功率表、功率因数表相比，增加了计算机通信等功能。

19) D35 智能真有效值电流表（3 只）

由单片机主控测试电路构成全数字显示和全测程交流电流表 3 只，通过键控、数字显示窗口实现人机对话功能控制模式。能对交流信号（20 Hz～20 kHz）进行真有效值测量，测量范围 0～5 A，量程自动判断、自动切换，精度 0.5 级，4 位数码显示。同时能对数据进行存储、查询、修改（共 15 组，掉电保存）。

20) D35-1 智能真有效值电流表（3 只）

本挂箱与 D35 智能真有效值电流表相比，增加了计算机通信等功能。

21) D36 智能有效值电压表(3 只)

由单片机主控测试电路构成全数字显示和全测程交流电压表 3 只,通过键控、数字显示窗口实现人机对话功能控制模式。能对交流信号(20 Hz～20 kHz)进行真有效值测量,测量范围 0～500 V,量程自动判断、自动切换,精度 0.5 级,4 位数码显示。同时能对数据进行存储、查询、修改(共 15 组,掉电保存)。

22) D36-1 智能有效值电压表(3 只)

本挂箱与 D36 智能有效值电压表相比,增加了计算机通信等功能。

23) D37 D/A 双显智能真有效值电流表(4 只)

由单片机主控测试电路构成全数字显示和全测程交流电流表 3 只,通过键控、数字显示窗口实现人机对话功能控制模式。能对交流信号(20 Hz～20 kHz)进行真有效值测量,测量范围 0～5 A,量程自动判断、自动切换,精度 0.5 级,4 位数码显示。同时能对数据进行存储、查询、修改(共 15 组,掉电保存)。

设有指针式精密交流电流表 1 只,采用带镜面、双刻度线(红、黑)表头(不同的量程读取相应刻度线),测量范围分 0～5 A,分 0.3 A、1 A、3 A、5 A 共四挡,精度 1.0 级,直键开关切换,设有超量程告警、指示及切断总电源功能。

24) D37-1 D/A 双显智能真有效值电流表(4 只)

本挂箱与 D37 D/A 双显智能真有效值电流表相比,增加了计算机通信等功能。

25) D38 D/A 双显智能真有效值电压表(4 只)

由单片机主控测试电路构成全数字显示和全测程交流电压表 3 只,通过键控、数字显示窗口实现人机对话功能控制模式。能对交流信号(20 Hz～20 kHz)进行真有效值测量,测量范围 0～500 V,量程自动判断、自动切换,精度 0.5 级,4 位数码显示。同时能对数据进行存储、查询、修改(共 15 组,掉电保存)。

设有指针式精密交流电压表 1 只,采用带镜面、双刻度线(红、黑)表头(不同的量程读取相应的刻度线),测量范围 0～500 V,分 10 V、30 V、100 V、300 V、500 V 共五挡,输入阻抗 1 MΩ,精度 1.0 级,直键开关切换,每挡均有超量程告警、指示及切断总电源功能。

26) D38-1 D/A 双显智能真有效值电压表(4 只)

本挂箱与 D38 D/A 双显智能真有效值电压表相比,增加了计算机通信等功能。

27) D39 虚拟仪器仪表

为了适应实验室网络化发展的趋势,研发了一整套虚拟仪表和虚拟示波器,可取代所有的数字式和指针式交直流仪表。本挂箱是输入模拟信号与计算机连接的重要组成部分,挂箱内采用了高精度的交、直流传感器,通过数据采集卡将输入信号转换为数字信号,由计算机软件构建所有的虚拟仪表。

28) D83 真有效值交流数字毫伏表

能够对各种复杂波形的有效值进行精确测量,电压测试范围 0.2 mV～600 V(有效值),测试基本精度达到±1%,量程分 200 mV、2 V、20 V、200 V、600 V 共五挡,直键开关切换,3 位半数码显示,每挡均有超量程告警、指示及切断总电源功能。测试频率范围 10 Hz～600 kHz,输入阻抗 1 MΩ,输入电容≤30 pF。

29) D84 双真有效值交流数字毫伏表(2 只)

与 D83 真有效值交流数字毫伏表挂箱相比,增加了一套同样的电路,具有 D83 挂箱 2 只表的功能,测量方便。

30) D85 智能交流电压、电流表(2 只)

由单片机主控测试电路构成全数字显示和全测程交流电流表、电压表各 1 只,通过键控、数字显示窗口实现人机对话功能控制模式。能对交流信号(20 Hz～20 kHz)进行真有效值测量,电流表测量范围 0～5 A,电压表测量范围 0～500 V,量程自动判断、自动切换,精度 0.5 级,4 位数码显示。同时能对数据进行存储、查询、修改(共 15 组,掉电保存)。并带有计算机通信功能。

31) D61 继电接触控制 1

提供交流接触器(线圈电压 220 V)3 只、热继电器 1 只、电子式时间继电器(通电延时,工作电压 220 V)1 只、变压器(220 V/26 V/6.3 V)、整流电路、能耗制动电阻器(10 Ω/25 W)各 1 组、带灯按钮(黄、绿、红各 1 只)。面板上画有器件的外形,并将各器件的工作端子引到面板上,供实验接线用,器件的工作状态均有发光二极管指示。面板设有摇臂结构,可看到具体器件,并可对需要调节的器件进行调节。

32) D62 继电接触控制 2

提供中间继电器(线圈电压 220 V)2 只、热继电器 1 只、熔断器 3 只、转换开关 3 只、按钮 1 只、行程开关 4 只、信号灯和熔断器座各 1 只。各器件的工作端子均已引到面板上,供实验接线用,中间继电器及热继电器的工作状态用发光二极管指示。

33) D63 继电接触控制 3

提供中间继电器(线圈电压 220 V,工作状态用发光二极管指示)2 只、时间继电器(断电延时,线圈电压 220 V)1 只、按钮 2 只。各器件工作端子均引到面板上,供实验接线用。

34) D64 继电接触控制 4

提供交流接触器(线圈电压 380 V)3 只、热继电器 1 只、电子式时间继电器(通电延时,工作电压 380 V)1 只、变压器(220 V/26 V/6.3 V)、整流电路、能耗制动电阻(10 Ω/25 W)各 1 组、带灯按钮(黄、绿、红各 1 只)。面板上画有器件的外形,并将各器件的工作端子引到面板上,供实验接线用,器件的工作状态均有发光二极管指示。面板设有摇臂结构,可看到具体器件,并可对需要调节的器件进行调节。

35) DJ24 三相鼠笼电机(△220 V)

电机的 3 个绕组均已引出,接线方便。

36) DJ26 三相鼠笼电机(△380 V)

电机的 3 个绕组均已引出,接线方便。

37) D65 可编程逻辑控制器(PLC)主机及模拟实验

配备日本三菱公司的 FX1S-20MR 型可编程逻辑控制器主机,配套日本三菱公司 FX-20P-E 型手持编程器,提供实验所需的+24 V 直流电源。设有过压保护电路,对主机进行过压保护,使主机不会因承受过高的电源电压而导致损坏。提供两个实验模块:①基本指令编程练习;②3 层电梯控制系统的模拟。

38）D66 可编程逻辑控制器(PLC)模拟实验 1

提供以下 4 个实验模块：①液体混合装置控制的模拟；②三相异步电动机 Y/△换接启动控制(自备三相异步电动机)；③4 节传送带的模拟；④机械手动作的模拟。

39）D67 可编程逻辑控制器(PLC)模拟实验 2

提供以下 5 个实验模块：①发光二极管数码显示控制；②步进电机的模拟控制；③十字路口交通灯控制；④装配流水线的顺序控制；⑤水塔水位控制。

40）D68 可编程逻辑控制器(PLC)主机及模拟实验

配备日本三菱公司的 FX1N-40MR 型可编程逻辑控制器主机,配套日本三菱公司 FX-20P-E 型手持编程器,其产品特点、保护措施等均与 D65 可编程逻辑控制器主机及模拟实验挂件相同。提供以下两个实验模块：①基本指令编程练习；②四层电梯控制系统的模拟。

41）D69 可编程逻辑控制器(PLC)模拟实验 3

提供以下四个实验模块：①轧钢机控制系统模拟；②邮件分拣系统模拟；③霓虹灯饰模拟；④运料小车控制模拟。

42）D71 数字电路、模拟电路实验

提供稳压电源四路(±5 V/0.5 A 和±15 V/0.5 A,均有短路保护、自动恢复功能)、低压交流电源(0 V、6 V、10 V、14 V 抽头各 1 路及 17 V 中心抽头 2 路)、4 位十进制译码显示器、2 组拨码盘、8 位逻辑电平开关、8 位电平指示器、三态逻辑笔、单次脉冲源、扬声器、振荡线圈、按键、桥堆及电位器等。另外,还设有一些高可靠圆脚集成电路插座(8P 2 只、14P 3 只、16P 4 只、28P 1 只、40P 1 只)及可靠的镀银长紫铜管(供插电阻器、电容器、电位器、晶体管等元器件)。实验挂箱配有单管/负反馈两级放大器、射极跟随器、RC 串并联选频网络振荡器、差动放大器及低频无输出变压器(OTL)功率放大器共 5 块固定电路实验板。可采用固定电路或分立元件灵活组合进行实验,既有利于提高学生动手能力,又能保障实验项目顺利完成。

43）D72 数字电路实验

提供直流稳压电源四路(±5 V/0.5 A 和±15 V/0.5 A,均有短路保护、自动恢复功能)、脉冲信号源(正、负输出单次脉冲和频率为 0.5 Hz～300 kHz 连续可调的计数脉冲源各 1 路)、三态逻辑测试笔(高电平为红色发光管亮,低电平为绿色发光管亮,高阻态或电平处于不高不低的电平值时黄色发光管亮)、电平指示(15 位红色发光二极管)、逻辑电平开关(15 位红色发光二极管)、4 位十进制译码显示器、拨码开关(4 位可逆十进制拨码开关)、高可靠圆脚集成块插座(8P、14P、16P、20P、28P 及 40P 各若干个)、可靠的镀银长紫铜管及固定元器件(10 kΩ多圈电位器 1 只、100 kΩ 电位器 1 只、按钮开关 2 只以及晶振)等。

44）D73 模拟电路实验

提供直流电源四路(±5 V/0.5 A 和±12 V/0.5 A,均有短路保护、自动恢复功能)、直流信号源 2 路(−5 V～+5 V 可调)、低压交流电源(0 V、6 V、10 V、14 V 抽头 1 路及 17 V 中心抽头 2 路)、指针式直流毫安表(量程 1 mA,内阻 100 Ω)、高可靠圆脚集成块插座(8P 2 只、14P 1 只、40P 1 只)、镀银长紫铜管(供插电阻器、电容器、三极管等)及固定元器件(三端稳压块、电容器、信号灯、扬声器、场效应管、三极管、可控硅、整流桥堆、振荡线圈、功率电阻器及电位器等),实验挂箱配有单管/负反馈两级放大器、射极跟随器、RC 串并联选频网络振荡器、差动放大器及低频 OTL 功率放大器共 5 块固定电路实验板。可采用固定电路或分立元件灵活组合进行实验,既有利于提高学生动手能力,又能保障实验项目顺利完成。

45) 实验连接线

该实验装置根据不同实验项目的特点,配备 2 种不同的实验联接线。强电部分采用高可靠护套结构手枪插连接线,里面采用无氧铜抽丝而成头发丝般细的多股线,达到超软目的,外包丁氰聚氯乙烯绝缘层,具有柔软、耐压高、强度大、防硬化、韧性好等优点,插头采用实心铜质件外套披轻铜弹片,接触安全可靠。弱电部分采用弹性铍青铜裸露结构联接线,2 种导线都只能配合相应内孔的插座,不能混插,大大提高了实验的安全及合理性。

2.1.5　安全和维护

(1) 三相四线制(或三相五线制)电源输入后经隔离输出(浮地设计),总电源由三相钥匙开关控制,设有三相带灯熔断器作为断相指示。

(2) 控制屏电源由接触器通过起、停按钮进行控制。

(3) 屏上装有两套电压型漏电保护装置,控制屏内或强电输出若有漏电现象,即发出告警并切断总电源,确保实验进程安全。

(4) 屏上装有一套电流型漏电保护装置,控制屏若有漏电现象,漏电流超过一定值,即切断供电。

(5) 屏上三相调压器原、副边各设有一套过流保护装置。调压器短路或所带负载太大,电流超过设定值,系统即告警并切断总电源。

(6) 控制屏设有定时器兼报警记录仪(服务管理器),为学生实验技能的考核提供统一的标准。

(7) 各种电源及各种仪表均有可靠的保护功能。

(8) 实验连接线及插座采用不同结构,使用安全、可靠、防触电。

2.2　基础实验

本部分实验的主要目的是使学生熟悉电路实验台的布局结构,学会电路的基本连接方法、常用仪器仪表的使用方法,验证一些电路的基本原理及定理。

2.2.1　电路元件的伏安特性测试

本实验主要测试线性电阻器、非线性电阻器、二极管的伏安特性曲线。

1) 实验目的

(1) 熟悉实验台的结构布局。

(2) 掌握实验台上直流电压表、电流表的使用方法。

(3) 学会识别常用电路元件的方法。

(4) 学会线性电阻、非线性电阻元件伏安特性曲线的测试方法。

(5) 掌握绘制曲线的方法。

2) 原理说明

(1) 伏安特性:在电路中,元件的特性用该元件上的电压 U 与通过该元件的电流 I 之间

的函数关系 $U = f(I)$ 来表示，这种函数关系称为该元件的伏安特性，有时也称为外部特性。通常以电压为横坐标、电流为纵坐标作出元件的电压—电流关系曲线，叫做该元件的伏安特性曲线。

如果电阻元件的伏安特性曲线是一条直线，说明通过元件的电流与元件两端的电压成正比，则称该元件为线性电阻元件。如果电阻元件的伏安特性曲线不是直线，则称其为非线性电阻元件。

（2）线性电阻器的伏安特性曲线是一条通过坐标原点的直线，如图 2.2.1 所示，该直线的斜率等于该电阻器的电阻值。

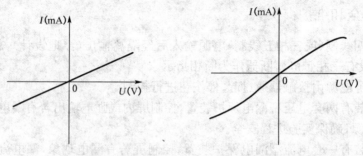

图 2.2.1　线性电阻器的伏安特性　　　　　图 2.2.2　白炽灯的伏安特性

（3）一般的白炽灯在工作时灯丝处于高温状态，其灯丝电阻随着温度的升高而增大，通过白炽灯的电流越大，其温度越高，阻值也越大，一般灯泡的"冷电阻"与"热电阻"的阻值可相差几倍至十几倍，所以它的伏安特性如图 2.2.2 所示，为非线性电阻器。

（4）一般的半导体二极管是一个非线性电阻元件，其伏安特性如图 2.2.3 所示。当对晶体二极管加上正向偏置电压，则有正向电流流过二极管，且随正向偏置电压的增大而增大。开始电流随电压变化较慢，而当正向偏压增加到接近二极管的导通电压（一般的锗管约为 $0.2 \sim 0.3$ V，硅管约为 $0.5 \sim 0.7$ V），电流明显变化。在导通后，电压变化少许，电流就会急剧变化。而反向电压从零一直增加到十多伏至几十伏时，其反向电流增加很小，粗略地可视为 0。可见，二极管具有单向导电性，但反向电压加得过高，超过二极管的极限值，则会导致二极管击穿损坏。

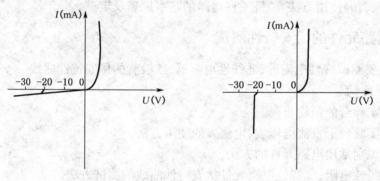

图 2.2.3　二极管的伏安特性　　　　　图 2.2.4　稳压管的伏安特性

（5）稳压二极管是一种特殊的半导体二极管，其正向特性与普通二极管类似，但其反向特性较特别，如图 2.2.4 所示。在反向电压开始增加时，注意该二极管处于截止状态，但不是完全没有电流,而是有很小的反向电流。该反向电流随反向偏置电压增加得很慢,其反向电流几乎为0。但当电压增加到某一数值时(称为二极管的稳压值,有各种不同稳压值的稳压管),电流将突然增加,以后它的端电压将基本维持恒定,当外加的反向电压继续升高时其端电压仅有少量增加。

注意:流过二极管的电流不能超过二极管的极限值,否则二极管会被烧坏。

3)实验设备

实验设备如表 2.2.1 所示。

表 2.2.1　电路元件伏安特性测试实验设备

序　号	名　　称	型号与规格	数　量	备　注
1	可调直流稳压电源	0～30 V	1	DG04
2	万用表	FM-47 或其他	1	自备
3	直流数字毫安表	0～200 mA	1	D31
4	直流数字电压表	0～200 V	1	D31
5	二极管	IN4007	1	DG09
6	稳压管	2CW51	1	DG09
7	白炽灯	12 V/0.1 A	1	DG09
8	线性电阻器	200 Ω, 510 Ω/8 W	1	DG09

4)实验内容

(1)测定线性电阻器的伏安特性

① 用表后法测量:按图 2.2.5 接线,调节稳压电源的输出电压 U,按表 2.2.2 给出的电压数值变化增加,将相应的电流表的读数 I 记入表 2.2.2 中。

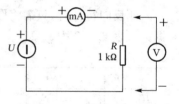

图 2.2.5　测量线性电阻器
伏安特性的电路

表 2.2.2　线性电阻器伏安特性的表后法测量数据

U_R(V)	0	1	2	4	5	6	8	9	10	12
I(mA)										

② 用表前法测量:按图 2.2.6 接线,调节稳压电源的输出电压 U,按表 2.2.3 给出的电压数值变化增加,将相应的电流表的读数 I 记入表 2.2.3 中。

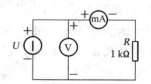

图 2.2.6　测量线性电阻器伏安特性的电路

表 2.2.3　线性电阻器伏安特性的表前法测量数据

U_R(V)	0	1	2	4	5	6	8	9	10	12
I(mA)										

(2)测定非线性白炽灯泡的伏安特性

将图 2.2.5 及 2.2.6 中的 R 换成一只 12 V/0.1 A 的灯泡,重复实验内容(1)的步骤,数据记入表 2.2.4 及 2.2.5 中。U_L 为灯泡的端电压。

表 2.2.4　非线性电阻器伏安特性的表后法测量数据

$U_L(V)$	0	1	2	4	5	6	8	9	10	12
$I(mA)$										

表 2.2.5　非线性电阻器伏安特性的表前法测量数据

$U_L(V)$	0	1	2	4	5	6	8	9	10	12
$I(mA)$										

（3）测定半导体二极管的伏安特性

按图 2.2.7 接线，R 为限流电阻器。测二极管的正向特性时，二极管 VD 的正向施压 U_{D+} 可在 0～0.75 V 之间取值，在 0.5～0.75 V 之间应多取几个测量点，数据记入表 2.2.6 中。注意：测二极管正向特性时，稳压电源输出应由小至大逐渐增加，应时刻注意电流表读数不得超过 35 mA。

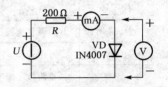

图 2.2.7　测量二极管伏安特性的电路

表 2.2.6　二极管正向特性实验测量数据

$U_{D+}(V)$	0.10	0.20	0.30	0.40	0.50	0.55	0.60	0.65	0.70	0.75
$I(mA)$										

测反向特性时，只需将图 2.2.7 中的二极管 VD 反接，且其反向施压 U_{D-} 可达 30 V，数据记入表 2.2.7 中。

表 2.2.7　二极管反向特性实验测量数据

$U_{D-}(V)$	0	−2	−5	−8	−12	−15	−20	−23	−26	−30
$I(mA)$										

如果要测定 2AP9 的伏安特性，则正向特性的电压值应取 0、0.10、0.13、0.15、0.17、0.19、0.21、0.24、0.30(V)，反向特性的电压值取 0、2、4、…、10(V)。

（4）测定稳压二极管的伏安特性

① 正向特性实验：如图 2.2.8 连接电路，图中的二极管 2CW51 为稳压二极管。重复实验内容（3）中的正向测量方法，数据记入表 2.2.8 中。U_{Z+} 为 2CW51 的正向施压。

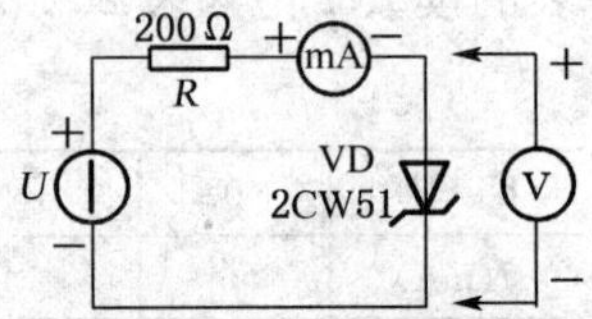

图 2.2.8　测量稳压管伏安特性的电路

表 2.2.8　稳压管正向特性实验测量数据

$U_{Z+}(V)$	0.10	0.20	0.30	0.40	0.50	0.55	0.60	0.65	0.70	0.75
$I(mA)$										

② 反向特性实验：将图 2.2.8 中的 R 换成 510 Ω，2CW51 反接，测量 2CW51 的反向特性。稳压电源的输出电压从 0～20 V，测量 2CW51 两端的电压 U_{Z-} 及电流 I，由 U_{Z-} 可看出其稳压特性，数据记入表 2.2.9 中。

表 2.2.9 稳压管反向特性实验测量数据

U_{Z-} (V)	0	-2	-4	-6	-8	-10	-12	-14	-17	-20
I (mA)										

5) 实验注意事项

(1) 实验过程中,直流稳压电源不能短路。

(2) 电流表要串联在被测支路中,电压表要并联在被测电路中。电流表可以用导线直接串联,也可以用电流插座串联。

(3) 进行不同实验时,应先估算电压和电流值,合理选择仪表的量程,不能使仪表超量程,仪表的极性亦不可接错。

(4) 实验过程中,记录所用仪表的量程和内阻值,以备分析测量误差。

6) 实验前预习思考题

(1) 了解本实验的目的、原理、内容及实验步骤。

(2) 设某器件伏安特性曲线的函数式为 $I = f(U)$,试问在逐点绘制曲线时,其坐标变量应如何放置?

(3) 线性电阻与非线性电阻的概念是什么?电阻器与二极管的伏安特性有何区别?稳压二极管与普通二极管有何区别,其用途如何?

(4) 用表前法和表后法测量元件的伏安特性有何区别?

(5) 如何减小测量误差?

7) 实验报告

(1) 写出本实验的实验目的、实验原理、所使用的实验设备、实验内容及步骤。

(2) 画出每项实验内容的电路图。

(3) 记录每项实验内容的实验数据。

(4) 根据各实验数据,分别在方格坐标纸上绘制出光滑的伏安特性曲线(其中二极管和稳压管的正、反向特性均要求画在同一张图中,正、反向电压可取为不同的比例尺)。

(5) 要有实验结论,即根据实验结果,总结、归纳各被测元件的伏安特性。

(6) 进行误差分析,包括产生的原因、减小误差的办法等。

(7) 写出心得体会及其他。

2.2.2 基尔霍夫定律和叠加原理的验证

本实验主要验证基尔霍夫电流定律、基尔霍夫电压定律、叠加原理、齐次定理。

1) 实验目的

(1) 进一步熟悉实验台的结构布局,熟悉无源挂件 DG05。

(2) 验证基尔霍夫定律的正确性,加深对基尔霍夫定律的理解。

(3) 验证线性电路叠加原理的正确性,加深对线性电路的叠加性和齐次性的认识和理解。

2) 原理说明

(1) 基尔霍夫电流定律(KCL):测量某电路的各支路电流,对电路中的任一个节点而言,应有 $\sum I = 0$;

（2）基尔霍夫电压定律（KVL）：测量某电路每个元件两端的电压，应满足对任何一个闭合回路而言，有 $\sum U = 0$。

基尔霍夫定律是电路的基本定律，运用上述定律时必须注意各支路或闭合回路中电流的正方向，此方向可预先任意设定。

（3）叠加原理：在有多个独立源共同作用下的线性电路中，通过每一个元件的电流或其两端的电压，可以看成是由每一个独立源单独作用时在该元件上所产生的电流或电压的代数和。

（4）线性电路的齐次性是指当激励信号（某独立源的值）增加 K 倍或减小到 $1/K$ 倍时，电路的响应（即在电路中各电阻元件上所建立的电流和电压值）也将增加 K 倍或减小到 $1/K$ 倍。

3）实验设备

实验设备如表 2.2.10 所示。

表 2.2.10　基尔霍夫定律及叠加原理的验证实验设备

序　号	名　　称	型号与规格	数　量	备　注
1	直流稳压电源	0～30 V 可调	2 路	DG04
2	万用表		1	自备
3	直流数字电压表	0～200 V	1	D31
4	直流数字毫安表	0～200 mV	1	D31
5	基尔霍夫定律/叠加原理实验电路板		1	DG05

4）实验内容

实验线路如图 2.2.9 所示，采用 DG05 挂箱的"基尔霍夫定律/叠加原理"线路。

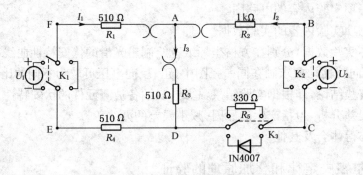

图 2.2.9　基尔霍夫定律及叠加原理验证实验电路

实验前先任意设定三条支路和三个闭合回路的电流正方向。图 2.2.9 中的 I_1、I_2、I_3 的方向已设定。三个闭合回路的电流正方向可设为 ADEFA、BADCB 和 FBCEF。

（1）将 DG04 挂件上的双路直流稳压电源分别调为 12 V 和 6 V，接入电路 U_1 和 U_2 处，开关 K_3 投向 330 Ω 侧。

（2）熟悉电流插头的结构，将毫安电流表串联在电路中。先将电流插头的两端接至数字毫安表的"＋、－"两端，然后将电流插头插入支路的电流插座中。

（3）令 U_1 电源单独作用（将开关 K_1 投向 U_1 侧，开关 K_2 投向短路侧）。用直流数字电压表和毫安表（接电流插头）测量各支路电流及各电阻元件两端的电压，数据记入

表 2.2.11 中。

表 2.2.11 基尔霍夫定律及叠加原理的实验数据 1

测量项目	U_1(V)	U_2(V)	I_1(mA)	I_2(mA)	I_3(mA)	U_{AB}(V)	U_{CD}(V)	U_{AD}(V)	U_{DE}(V)	U_{FA}(V)
U_1 单独作用										
U_2 单独作用										
U_1、U_2 共同作用										
$2U_2$ 单独作用										

(4) 令 U_2 电源单独作用(将开关 K_1 投向短路侧,开关 K_2 投向 U_2 侧),重复上面实验步骤的测量,数据记入表 2.2.11 中。

(5) 令 U_1 和 U_2 共同作用(开关 K_1 和 K_2 分别投向 U_1 和 U_2 侧),重复上述的测量,数据记入表 2.2.11 中。

(6) 将 U_2 的数值调至 $+12\,V$,重复上述第(4)项的测量,并将数据记入表 2.2.11 中。

(7) 将 R_5(330 Ω)换成二极管 1N4007(即将开关 K_3 投向二极管 IN4007 侧),重复第(3)项~第(6)项的测量过程,数据记入表 2.2.12 中。

表 2.2.12 基尔霍夫定律及叠加原理的实验数据 2

测量项目	U_1(V)	U_2(V)	I_1(mA)	I_2(mA)	I_3(mA)	U_{AB}(V)	U_{CD}(V)	U_{AD}(V)	U_{DE}(V)	U_{FA}(V)
U_1 单独作用										
U_2 单独作用										
U_1、U_2 共同作用										
$2U_2$ 单独作用										

5)实验注意事项

(1) 实验过程中,直流稳压电源不能短路。

(2) 所有需要测量的电压值,均以电压表测量的读数为准。U_1、U_2 也需测量,不应取电源本身的显示值。

(3) 用指针式电压表或电流表测量电压或电流时,注意所接仪表的+、-极性。如果仪表指针反偏,则必须调换仪表极性,重新测量。此时指针正偏,可读得电压或电流值。若用数字电压表或电流表测量,则可直接读出电压或电流值。但应注意:所读得的电压或电流值的正、负号应根据设定的电流参考方向来判断。

用电流插头测量各支路电流时,或者用电压表测量电压降时,应注意仪表的极性,正确判断测得值的正、负号后,记入数据表格。

(4) 注意仪表量程的及时更换。

(5) 在实验挂件上有故障 1、故障 2、故障 3 三个按钮,正常实验时应处于高位状态,不要随意按下这三个按钮。

6)实验前预习思考题

(1) 了解本实验的目的、原理、内容及实验步骤。

(2) 根据图 2.2.9 电路的参数,将开关 K_3 投向 330 Ω 侧,分别计算出 U_1 电源单独作用、U_2 电源单独作用、U_1 和 U_2 共同作用、$2U_2$ 电源单独作用四种情况下待测的电流 I_1、I_2、I_3 和各电阻器上的电压值,记入表 2.2.13 中,以便实验测量时正确地选定毫安表和电压表的量程。

表 2.2.13　基尔霍夫定律及叠加原理的计算数据 1

计算值	U_1(V)	U_2(V)	I_1(mA)	I_2(mA)	I_3(mA)	U_{AB}(V)	U_{CD}(V)	U_{AD}(V)	U_{DE}(V)	U_{FA}(V)
U_1 单独作用										
U_2 单独作用										
U_1、U_2 共同作用										
$2U_2$ 单独作用										

　　(3) 根据图 2.2.9 电路的参数,将开关 K_3 投向 IN4007 侧,分别计算出 U_1 电源单独作用、U_2 电源单独作用、U_1 和 U_2 共同作用、$2U_2$ 电源单独作用四种情况下待测的电流 I_1、I_2、I_3 和各电阻器上的电压值,记入表 2.2.14 中,以便实验测量时正确地选定毫安表和电压表的量程。

表 2.2.14　基尔霍夫定律及叠加原理的计算数据 2

计算值	U_1(V)	U_2(V)	I_1(mA)	I_2(mA)	I_3(mA)	U_{AB}(V)	U_{CD}(V)	U_{AD}(V)	U_{DE}(V)	U_{FA}(V)
U_1 单独作用										
U_2 单独作用										
U_1、U_2 共同作用										
$2U_2$ 单独作用										

　　(4) 实验中,若用指针式万用表直流毫安挡测各支路电流,在什么情况下可能出现指针反偏? 应如何处理? 在记录数据时应注意什么? 若用直流数字毫安表进行测量时,则会有什么显示呢?

　　(5) 在叠加原理实验中,要令 U_1、U_2 分别单独作用,应如何操作? 可否直接将不作用的电源(U_1 或 U_2)短接置零?

　　(6) 实验电路中,若有一个电阻器改为二极管,试问叠加原理的叠加性与齐次性还成立吗? 为什么?

　7) 实验报告

　　(1) 写出本实验的实验目的、实验原理、所使用的实验设备、实验内容及步骤。

　　(2) 画出实验电路图。

　　(3) 记录每项实验内容的实验数据。

　　(4) 根据实验数据,选定节点 A,验证 KCL 的正确性。

　　(5) 根据实验数据,选定实验电路中的任意三个闭合回路,验证 KVL 的正确性。

　　(6) 将支路和闭合回路的电流方向重新设定,重复第(4)项和第(5)项验证。

　　(7) 根据实验数据表格,验证线性电路的叠加性。

　　(8) 根据实验数据表格,验证线性电路的齐次性。

　　(9) 激励电源与某一电阻元件所消耗的功率 P_K 之间是否满足叠加定理? 各电阻器所

消耗的功率能否用叠加原理计算得出？激励电源向网络提供的总功率与网络中各元件上所消耗的功率之间满足什么关系？独立电压源和独立电流源分别单独作用时供给网络的功率之和与它们共同作用时向网络提供的总功率之间存在什么关系？试用上述实验数据进行计算并作结论。通过实验数据分析，能得出什么结论？

(10) 进行误差分析。

(11) 写出心得体会及其他。

2.2.3 特勒根定理和互易定理的验证

本实验主要验证特勒根定理、互易定理的正确性。

1）实验目的

(1) 进一步熟悉实验台的结构布局，学会使用直流电流源（恒流源）。

(2) 验证特勒根定理的正确性，加深对特勒根定理的理解。

(3) 验证线性无源电路互易定理的正确性，加深对线性电阻电路的互易性理解。

2）原理说明

(1) 特勒根定理 1

对于一个具有 n 个结点和 b 条支路的电路，假设各支路电流和支路电压取关联参考方向，并令 $(i_1，i_2，\cdots，i_b)$、$(u_1，u_2，\cdots，u_b)$ 为 b 条支路的电流和电压，则对任何时间 t，有 $\sum_{k=1}^{b} u_k i_k = 0$。

(2) 特勒根定理 2

如果有两个具有 n 个结点和 b 条支路的电路，它们具有相同的拓扑结构图，但由内容不同的支路构成。假设各支路电流和支路电压都取关联参考方向，并分别用 $(i_1，i_2，\cdots，i_b)$、$(u_1，u_2，\cdots，u_b)$ 和 $(\hat{i}_1，\hat{i}_2，\cdots，\hat{i}_b)$、$(\hat{u}_1，\hat{u}_2，\cdots，\hat{u}_b)$ 表示两个电路中 b 条支路的电流和电压，则对任何时间 t，有 $\sum_{k=1}^{b} u_k \hat{i}_k = 0$，$\sum_{k=1}^{b} \hat{u}_k i_k = 0$。

特勒根定理是电路理论中对集总电路普遍适用的基本定律。

(3) 互易定理

对一个仅含线性电阻器构成的电路，在单一激励下产生的响应，当激励和响应互换位置时，其比值保持不变。有如下三种表达方式：

① 在单一电压源激励而响应为电流时，当激励与响应互换位置时，将不改变同一激励产生的响应，即：$\dfrac{i_2}{u_s} = \dfrac{\hat{i}_1}{\hat{u}_s}$。

② 在单一电流源激励而响应为电压时，当激励与响应互换位置时，将不改变同一激励产生的响应，即：$\dfrac{u_2}{i_s} = \dfrac{\hat{u}_1}{\hat{i}_s}$。

③ 在单一电压源激励而响应为电流、单一电流源激励而响应为电压时，当激励与 t 互换位置时，将不改变同一激励产生的响应，即：$\dfrac{i_2}{i_s} = \dfrac{\hat{u}_1}{\hat{u}_s}$。

互易定理是不含受控源的线性网络的主要特性之一。

3）实验设备

实验设备如表 2.2.15 所示。

表 2.2.15　特勒根定理及互易定理的验证实验设备

序　号	名　　称	型号与规格	数　量	备　注
1	直流稳压电源	0～30 V 可调	2 路	DG04
2	直流恒流源	0～20 mA 可调	1 路	DG04
3	万用表		1	自备
4	直流数字电压表	0～200 V	1	D31
5	直流数字毫安表	0～200 mV	1	D31
6	基尔霍夫定律/叠加原理实验电路板		1	DG05

4）实验内容

实验线路采用 DG05 挂箱的"基尔霍夫定律/叠加原理"线路。

（1）验证特勒根定理 1

按图 2.2.10 连接电路，将 DG04 挂件上的双路直流稳压电源分别调为 12 V 和 6 V，接入电路 U_1 和 U_2 处。

① 将开关 K_3 投向 R_5（330 Ω）侧，用直流数字电压表和毫安表（接电流插头）测量各支路电流及各电阻元件两端的电压，数据记入表 2.2.16 中。

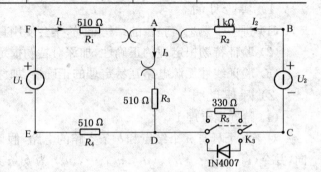

图 2.2.10　特勒根定理 1 实验电路

表 2.2.16　特勒根定理 1 的实验数据

测量项目	U_{FE}(V)	U_{BC}(V)	I_1(mA)	I_2(mA)	I_3(mA)	U_{AB}(V)	U_{CD}(V)	U_{AD}(V)	U_{DE}(V)	U_{FA}(V)
K_3 投向 R_5										
K_3 投向二极管										

② 将开关 K_3 投向二极管侧，用直流数字电压表和毫安表（接电流插头）测量各支路电流及各电阻元件两端的电压，数据记入表 2.2.16 中。

（2）验证特勒根定理 2

将 DG04 挂件上的双路直流稳压电源分别调为 12 V 和 6 V，接入电路 U_1 和 U_2 处。

① 按图 2.2.11(a) 连接电路（即开关 K_1 拨到短路端），用直流数字电压表和毫安表（接电流插头）测量电路 a 各支路电流及各电阻元件两端的电压，数据记入表 2.2.17 中。

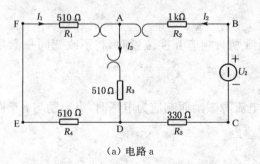

（a）电路 a

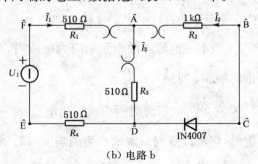

（b）电路 b

图 2.2.11　特勒根定理 2 实验电路

② 按图 2.2.11(b)连接电路(即开关 K_2 拨到短路端),用直流数字电压表和毫安表(接电流插头)测量电路 b 各支路电流及各电阻元件两端的电压,数据记入表 2.2.17 中。

表 2.2.17 特勒根定理 2 的实验数据

测量项目	U_{FE}(V)	U_{BC}(V)	I_1(mA)	I_2(mA)	I_3(mA)	U_{AB}(V)	U_{CD}(V)	U_{AD}(V)	U_{DE}(V)	U_{FA}(V)
电路 a										
电路 b										

(3) 验证互易定理形式 1

① 将 DG04 挂件上的双路直流稳压电源分别调为 6 V,接入电路 U_1 和 U_2 处,按图 2.2.12(a)连接电路(即开关 K_2 拨到短路端),用直流毫安表(接电流插头)测量电路电流 I_2,按图 2.2.12(b)连接电路(即开关 K_1 拨到短路端),用直流毫安表测量电路电流 I_1,数据记入表 2.2.18 中。

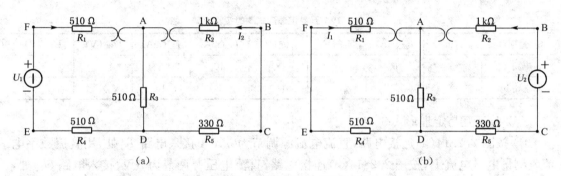

图 2.2.12 互易定理形式 1 实验电路

② 将 DG04 挂件上的双路直流稳压电源分别调为 12 V,接入电路 U_1 和 U_2 处,按图 2.2.12(a)连接电路(即开关 K_2 拨到短路端),用直流毫安表(接电流插头)测量电路电流 I_2,按图 2.2.12(b)连接电路(即开关 K_1 拨到短路端),用直流毫安表测量电路电流 I_1,数据记入表 2.2.18 中。

表 2.2.18 互易定理形式 1 的实验数据

测量项目	U_1(V)	U_2(V)	I_1(mA)	I_2(mA)	U_1(V)	U_2(V)	I_1(mA)	I_2(mA)
电路 a	6	0	×		12	0	×	
电路 b	0	6		×	0	12		×

(4) 验证互易定理形式 2

① 将 DG04 挂件上的直流电流源调为 5 mA,按图 2.2.13(a)连接电路,5 mA 接入电路 I_{S1} 处,用直流数字电压表测量电路电压 U_{BC},按图 2.2.13(b)连接电路,5 mA 接入电路 I_{S2} 处,用直流数字电压表测量电路电压 U_{FE},数据记入表 2.2.19 中。

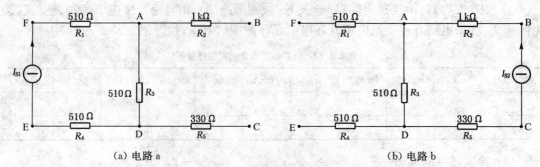

（a）电路 a　　　　　　　　　　　（b）电路 b

图 2.2.13　互易定理形式 2 实验电路

② 将 DG04 挂件上的直流电流源调为 10 mA，按图 2.2.13(a)连接电路，10 mA 接入电路 I_{S1} 处，用直流数字电压表测量电路电压 U_{BC}，按图 2.2.13(b)连接电路，10 mA 接入电路 I_{S2} 处，用直流数字电压表测量电路电压 U_{FE}，数据记入表 2.2.19 中。

表 2.2.19　互易定理形式 2 的实验数据

测量项目	I_{S1}(mA)	I_{S2}(mA)	U_{BC}(V)	U_{FE}(V)	I_{S1}(mA)	I_{S2}(mA)	U_{BC}(V)	U_{FE}(V)
电路 a	5	0		✕	10	0		✕
电路 b	0	5	✕		0	10	✕	

（5）验证互易定理形式 3

① 按图 2.2.14(a)连接电路，直流电流源调节为 5 mA 接入电路 I_{S1} 处，用直流数字电流表测量电路电流 I_2，按图 2.2.14(b)连接电路，直流电压源调节为 5 V，接入电路 U_{S2} 处，用直流数字电压表测量电路电压 U_1，数据记入表 2.2.20 中。

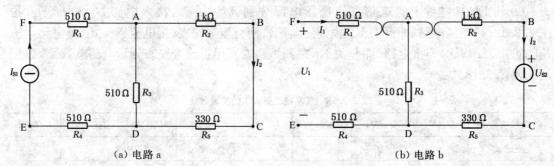

（a）电路 a　　　　　　　　　　　（b）电路 b

图 2.2.14　互易定理形式 3 实验电路

② 按图 2.2.14(a)连接电路，直流电流源调节为 10 mA 接入电路 I_{S1} 处，用直流数字电流表测量电路电流 I_2，按图 2.2.14(b)连接电路，直流电压源调节为 10 V，接入电路 U_{S2} 处，用直流数字电压表测量电路电压 U_1，数据记入表 2.2.20 中。

表 2.2.20　互易定理形式 3 的实验数据

测量项目	I_{S1}(mA)	U_{BC}(V)	I_2(mA)	U_{FE}(V)	I_{S1}(mA)	U_{BC}(V)	I_2(mA)	U_{FE}(V)
电路 a	5	0		✕	10	0		✕
电路 b	0	5	✕		0	10	✕	

5）实验注意事项

（1）实验过程中，直流稳压电源不能短路，直流电流源不能开路。调节电流源的电流时，一定要将电流源的输出端作短路处理。

（2）所有需要测量的电压值、电流值均以电压表、电流表的读数为准。电压源、电流源的输出也需测量，不应取电源本身的显示值。

（3）测量各支路电压、电流数值作记录时，要注意参考方向是否关联。如参考方向不是关联关系，要变为关联的参考方向。

（4）注意仪表的极性及量程。

6）实验前预习思考题

（1）了解本实验的目的、原理、内容及实验步骤。

（2）根据图 2.2.10～图 2.2.14 电路及参数，按表 2.2.21～表 2.2.25 中所列内容，分别计算出五种情况下待测的电流、电压值，并记入表中，以便实验测量时正确地选定毫安表和电压表的量程。

表 2.2.21 特勒根定理 1 的计算数据

测量项目	U_{FE}(V)	U_{BC}(V)	I_1(mA)	I_2(mA)	I_3(mA)	U_{AB}(V)	U_{CD}(V)	U_{AD}(V)	U_{DE}(V)	U_{FA}(V)
K_3 投向 R_5										
K_3 投向二极管										

表 2.2.22 特勒根定理 2 的计算数据

测量项目	U_{FE}(V)	U_{BC}(V)	I_1(mA)	I_2(mA)	I_3(mA)	U_{AB}(V)	U_{CD}(V)	U_{AD}(V)	U_{DE}(V)	U_{FA}(V)
电路 a										
电路 b										

表 2.2.23 互易定理形式 1 的计算数据

测量项目	U_1(V)	U_2(V)	I_1(mA)	I_2(mA)	U_1(V)	U_2(V)	I_1(mA)	I_2(mA)
电路 a	6	0	×		12	0	×	
电路 b	0	6		×	0	12		×

表 2.2.24 互易定理形式 2 的计算数据

测量项目	I_{S1}(mA)	I_{S2}(mA)	U_{BC}(V)	U_{FE}(V)	I_{S1}(mA)	I_{S2}(mA)	U_{BC}(V)	U_{FE}(V)
电路 a	5	0		×	10	0		×
电路 b	0	5	×		0	10	×	

表 2.2.25 互易定理形式 3 的计算数据

测量项目	I_{S1}(mA)	U_{BC}(V)	I_2(mA)	U_{FE}(V)	I_{S1}(mA)	U_{BC}(V)	I_2(mA)	U_{FE}(V)
电路 a	5	0		×	10	0		×
电路 b	0	5	×		0	10	×	

（3）电路中，某支路电压、电流所设的参考方向非关联，数据记录时如何处理？实验中测量的数据如何处理？

(4) 在特勒根定理实验中,对元器件的特性有要求吗? 在互易定理实验中,对元器件的特性有要求吗?

(5) 根据理论计算数据,验证特勒根定理及互易定理的正确性。

(6) 电流源输出为什么不能开路?

7) 实验报告

(1) 写出本实验的实验目的、实验原理、所使用的实验设备、实验内容及步骤。

(2) 画出实验电路图。

(3) 记录每项实验内容的实验数据。

(4) 根据实验数据表 2.2.16,验证特勒根定理 1 的正确性。

(5) 根据实验数据表 2.2.17,验证特勒根定理 2 的正确性。

(6) 根据实验数据表 2.2.18,验证互易定理形式 1 的正确性。

(7) 根据实验数据表 2.2.19,验证互易定理形式 2 的正确性。

(8) 根据实验数据表 2.2.20,验证互易定理形式 3 的正确性。

(9) 通过实验数据分析,能得出什么结论?

(10) 进行误差分析。

(11) 写出心得体会及其他。

2.2.4　电压源和电流源的等效变换

本实验主要测试电压源、电流源的外特性及等效变换条件。

1) 实验目的

(1) 掌握电源外特性的测试方法。

(2) 验证电压源与电流源等效变换的条件。

2) 原理说明

(1) 直流稳压电源在一定的电流范围内具有很小的内阻,故在实用中,常将它视为一个理想的电压源,即其输出电压不随负载电流而变,其外特性曲线即其伏安特性曲线 $U = f(I)$ 是一条平行于 I 轴的直线。实际使用中的恒流源在一定的电压范围内可视为一个理想的电流源,即其输出电流不随负载电压而变,其外特性曲线即其伏安特性曲线 $I = g(U)$ 是一条平行于 U 轴的直线,如图 2.2.15 所示。

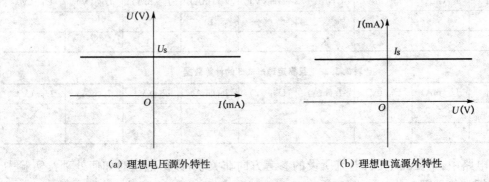

(a) 理想电压源外特性　　　　　　　　(b) 理想电流源外特性

图 2.2.15　理想电源的外特性

(2) 实际使用的电压源(或电流源)其端电压(或输出电流)不可能不随负载而变,因它具有一定的内阻值,故在实验中用一个小阻值的电阻器(或大阻值的电阻器)与稳压源(或恒流源)相串联(或并联)来模拟一个实际的电压源(或电流源),实际的电压源(或电流源)的外特性是一条下倾的直线,如图 2.2.16 所示。

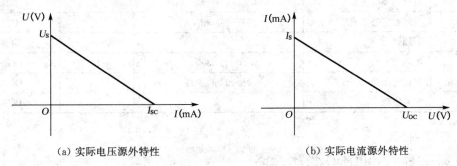

(a) 实际电压源外特性　　　(b) 实际电流源外特性

图 2.2.16　实际电源的外特性

(3) 一个实际使用的电源,就其外部特性而言,既可以看成是一个电压源,又可以看成是一个电流源。若视为电压源,则可用一个理想的电压源 U_S 与一个电阻 R_0 相串联的组合来表示;若视为电流源,则可用一个理想电流源 I_S 与一电导 g_0 相并联的组合来表示。如果这两种电源能向同样大小的负载提供同样大小的电流和端电压,则称这两个电源是等效的,即具有相同的外特性。

一个电压源与一个电流源等效变换的条件为:

$$I_S = \frac{U_S}{R_0}, \; g_0 = \frac{1}{R_0}$$

或

$$U_S = I_S R_0, \; R_0 = \frac{1}{g_0}$$

如图 2.2.17 所示。

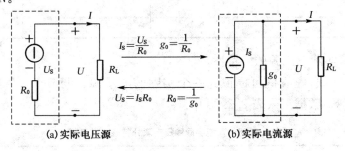

(a) 实际电压源　　　(b) 实际电流源

图 2.2.17　实验电源的等效变换条件

3) 实验设备

实验设备如表 2.2.26 所示。

表 2.2.26　电压源与电流源等效变换实验设备

序　号	名　　称	型号与规格	数　量	备　注
1	可调直流稳压电源	0~30 V	1	DG04
2	可调直流恒流源	0~500 mA	1	DG04
3	直流数字电压表	0~200 V	1	D31
4	直流数字毫安表	0~200 mA	1	D31
5	万用表		1	自备
6	电阻器	120 Ω, 200 Ω, 300 Ω, 1 kΩ		DG09
7	可调电阻箱	0~99 999.9 Ω	1	DG09
8	实验线路			DG05

4) 实验内容

（1）测定直流稳压电源的外特性

按图 2.2.18 接线，U_S 为 +12 V 直流稳压电源。调节 R_2，令其值由大至小变化，记录电压表、电流表的读数，数据记入表 2.2.27 中。

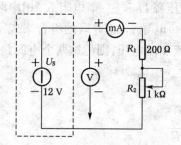 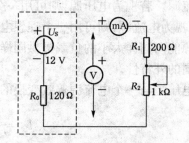

图 2.2.18　直流稳压电源外特性测试电路　　　图 2.2.19　直流实际稳压电源外特性测试电路

表 2.2.27　直流稳压电源外特性测试数据

$R_2(\Omega)$	∞	1 000	500	200	100	50	0
$U(V)$							
$I(mA)$							

（2）测定直流实际电压源的外特性

按图 2.2.19 接线，虚线框可模拟为一个实际的电压源。调节 R_2，令其值由大至小变化，记录两表的读数，数据记入表 2.2.28 中。

表 2.2.28　直流实际稳压电源外特性测试数据

$R_2(\Omega)$	∞	1 000	500	200	100	50	0
$U(V)$							
$I(mA)$							

（3）测定理想电流源的外特性

按图 2.2.20 接线，I_S 为直流恒流源，调节其输出为 10 mA，调节电位器 R_L，令其阻值由小至大变化，记录两表的读数。数据记入表 2.2.29 中。

表 2.2.29 理想电流源外特性测试数据

$R_L(\Omega)$	0	50	100	200	500	1 000	∞
$U(V)$							
$I(mA)$							

(4) 测定实际电流源的外特性

按图 2.2.21 接线，I_S 为直流恒流源，调节其输出为 10 mA，令 R_0 为 1 kΩ，调节电位器的阻值 R_L，令其阻值由小至大变化，记录两表的读数。数据记入表 2.2.30 中。

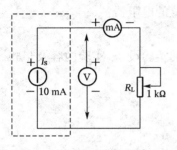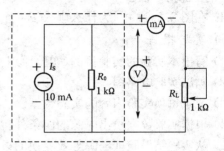

图 2.2.20 理想恒流源外特性测试电路   图 2.2.21 实际电流源外特性测试电路

表 2.2.30 实际电流源外特性测试数据

$R_L(\Omega)$	0	50	100	200	500	1 000	∞
$U(V)$							
$I(mA)$							

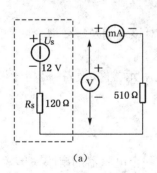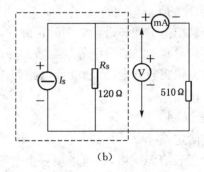

(a)   (b)

图 2.2.22 测试电源等效变换的条件

(5) 测定电源等效变换的条件

首先按图 2.2.22(a)线路接线，记录线路中两表的读数。然后利用图 2.2.22(a)中右侧的元件和仪表，按图 2.2.22(b)接线。调节恒流源的输出电流 I_S，使两表的读数与图 2.2.22(a)时的数值相等，记录 I_S 值，验证等效变换条件的正确性。

5) 实验注意事项

(1) 在测电压源外特性时，不要忘记测空载时的电压值，直流稳压电源不能短路；测电流源外特性时，不要忘记测短路时的电流值，注意恒流源负载电压不要超过 20 V，负载不要开路。

（2）直流仪表的接入应注意极性与量程。

（3）换接线路时必须关闭电源开关。

6）实验前预习思考题

（1）了解本实验的目的、原理、内容及实验步骤。

（2）通常直流稳压电源的输出端不允许短路，直流恒流源的输出端不允许开路，为什么？

（3）电压源与电流源的外特性为什么呈下降变化趋势，稳压源和恒流源的输出在任何负载下是否保持恒值？

（4）在图 2.2.18 中，为什么串入了一个固定数值的电阻器？

7）实验报告

（1）写出本实验的实验目的、实验原理、所使用的实验设备、实验内容及步骤。

（2）画出实验电路图。

（3）记录每项实验内容的实验数据。

（4）根据实验数据绘出电源的四条外特性曲线。

（5）从实验结果验证电源等效变换的条件。

（6）通过实验数据分析，总结、归纳各类电源的特性，能得出什么结论？

（7）进行误差分析。

（8）写出心得体会及其他。

2.2.5　线性含源二端网络和等效电源定理

本实验主要测试线性含源一端口网络的入端电阻、开路电压、短路电流。

1）实验目的

（1）验证戴维南定理和诺顿定理的正确性，加深对该定理及等效概念的理解。

（2）掌握测量有源二端网络等效参数的一般方法。

（3）学习自拟实验方案，合理设计电路和正确选用元器件、设备、提高分析问题和解决问题的能力。

2）原理说明

（1）戴维南定理

任何一个线性有源网络，总可以用一个电压源与一个电阻器的串联来等效代替，此电压源的电动势 U_S 等于这个有源二端网络的开路电压 U_{OC}，其等效内阻 R_0 等于该网络中所有独立源均置零（理想电压源视为短接，理想电流源视为开路）时的等效电阻，如图 2.2.23 所示。

（2）诺顿定理

任何一个线性有源网络，总可以用一个电流源与一个电阻器的并联组合来等效代替，此电流源的电流 I_S 等于这个有源二端网络的短路电流 I_{SC}，其等效内阻 R_0 定义同戴维南定理，如图 2.2.24 所示。

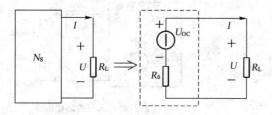

图 2.2.23 电源网络等效为电压源支路

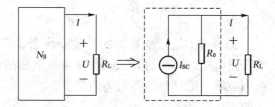

图 2.2.24 电源网络等效为电流源支路

$U_{OC}(U_S)$ 和 R_0 或者 $I_{SC}(I_S)$ 和 R_0 称为有源二端网络的等效参数。

（3）U_{OC} 的测量方法

① 电压表直接测量法：将有源网络的端口 R_L 断开，用数字电压表或万用表电压挡直接测量端口的开路电压即为 U_{OC}。

在测量具有高内阻有源二端网络的开路电压时，用电压表直接测量会造成较大的误差。

② 零示法测 U_{OC}：为了消除电压表内阻的影响，往往采用零示测量法，如图 2.2.25 所示。零示法测量原理是用一低内阻的稳压电源与被测有源二端网络进行比较，当稳压电源的输出电压与有源二端网络的开路电压相等时，电压表的读数将为 0。然后将电路断开，测量此时稳压电源的输出电压，即为被测有源二端网络的开路电压。

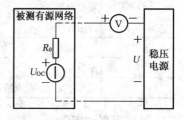

图 2.2.25 有源网络零示法测开路电压

（4）I_{SC} 的测量方法

① 直接短路测量法：将 R_L 处短接，串入电流表直接测量短路电流 I_{SC}。

② 计算法：$I_{SC} = \dfrac{U_{OC}}{R_0}$。

（5）R_0 的测量方法

① 无源法：将含源网络中的电压源和电流源置零，用万用表欧姆挡测量无源网络的电阻即为 R_0。

② 开路电压、短路电流法：在有源二端网络输出端开路时，用电压表直接测其输出端的开路电压 U_{OC}，然后再将其输出端短路，用电流表测其短路电流 I_{SC}，则等效内阻为：

$$R_0 = \frac{U_{OC}}{I_{SC}}$$

如果二端网络的内阻很小，若将其输出端口短路则易损坏其内部元件，因此不宜用此法。

③ 伏安法：用电压表、电流表测出有源二端网络的外特性曲线，如图 2.2.26 所示。根据外特性曲线求出斜率 $\tan\varphi$，则内阻为：

$$R_0 = \tan\varphi = \frac{\Delta U}{\Delta I} = \frac{U_{OC}}{I_{SC}}$$

也可以先测量开路电压 U_{OC}，再测量电流为额定值 I_N 时的输出端电压值 U_N，则内阻为：

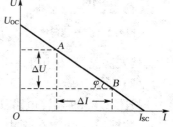

图 2.2.26 伏安法测量的二端网络外特性曲线

$$R_0 = \frac{U_{OC} - U_N}{I_N}$$

④ 半电压法:如图 2.2.27 所示,当负载电压为被测网络开路电压的一半时,负载电阻(由电阻箱的读数确定)即为被测有源二端网络的等效内阻值。

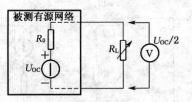

图 2.2.27 半压法测量电源内阻的电路

3) 实验设备

实验设备如表 2.2.31 所示。

表 2.2.31 线性含源网络参数测试实验设备

序 号	名 称	型号与规格	数 量	备 注
1	可调直流稳压电源	0~30 V	1	DG04
2	可调直流恒流源	0~500 mA	1	DG04
3	直流数字电压表	0~200 V	1	D31
4	直流数字毫安表	0~200 mA	1	D31
5	万用表		1	自备
6	可调电阻箱	0~99 999.9 Ω	1	DG09
7	电位器	1 kΩ/2 W 510 Ω/2 W	1	DG09
8	戴维南定理实验电路板		1	DG05

4) 实验内容

(1)测定线性网络的开路电压、入端电阻、短路电流

含源网络如图 2.2.28 所示,接入稳压电源 $U_S = 12\ V$ 和恒流源 $I_S = 10\ mA$。

分别用上述原理中的各种方法测量该电路的开路电压、入端电阻、短路电流,结果记录表 2.2.32 中。

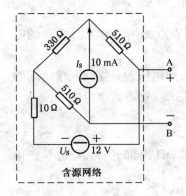

图 2.2.28 含源网络

表 2.2.32 线性含源网络参数测试实验数据

被测参数	测量方法	测量结果	被测参数	测量方法	测量结果
U_{OC}	电压表直接测量法		U_{OC}	零示法	
I_{SC}	直接短路测量法		I_{SC}	计算法	
R_0	开路电压、短路电流法		R_0	无源法	
R_0	伏安法		R_0	半电压法	

伏安法测量 R_0 用下一步的实验数据即可。

(2)负载实验

按图 2.2.29 连接电路,R_L 可用电阻箱代替。改变 R_L 值,测量有源二端网络的外特性曲线,数据记入表 2.2.33 中。

表 2.2.33　线性含源网络外特性实验数据

$R_L(\Omega)$	∞	3 000	2 000	1 500	1 000	800	500	200	100	50	0
U(V)											
I(mA)											

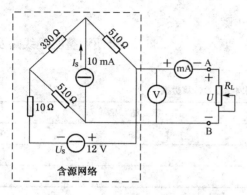

图 2.2.29　测量含源网络的外特性测试电路

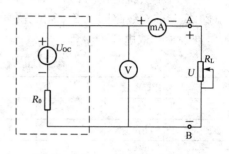

图 2.2.30　等效电压源的外特性测试电路

（3）验证戴维南定理

从电阻箱上取得按步骤（1）所得的等效电阻 R_0 值，然后令其与直流稳压电源（调到步骤（1）时所测得的开路电压 U_{OC} 之值）相串联，如图 2.2.30 所示，仿照步骤（2）测其外特性，对戴维南定理进行验证，数据记入表 2.2.34 中。

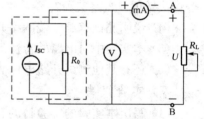

图 2.2.31　等效电流源的外
特性测试电路

表 2.2.34　戴维南定理验证实验数据

$R_L(\Omega)$	∞	3 000	2 000	1 500	1 000	800	500	200	100	50	0
U(V)											
I(mA)											

（4）验证诺顿定理

从电阻箱上取得按步骤（1）所得的等效电阻 R_0 值，然后令其与直流恒流源（调到步骤（1）时所测得的短路电流 I_{SC} 之值）相并联，如图 2.2.31 所示，仿照步骤（2）测其外特性，对诺顿定理进行验证，数据记入表 2.2.35 中。

表 2.2.35　诺顿定理验证实验数据

$R_L(\Omega)$	∞	3 000	2 000	1 500	1 000	800	500	200	100	50	0
U(V)											
I(mA)											

5）**实验注意事项**

（1）注意仪表（特别是电流表）量程的及时更换。

（2）用无源法测入端电阻时，直流稳压电源置零但不能短路、直流电流源置零但不能开路。

（3）用万用表直接测 R_0 时，网络内的独立源必须先置零，以免损坏万用表。其次，欧姆挡必须经调零后再进行测量。

（4）用零示法测量 U_{OC} 时，应先将稳压电源的输出调至接近于 U_{OC}，再按电路图 2.2.25 进行测量。

（5）改接线路时，要关掉电源。

6）实验前预习思考题

（1）了解本实验的目的、原理、内容及实验步骤。

（2）实验前对线路图 2.2.28 预先做好计算，填入表 2.2.36 中，以便调整实验线路及测量时可准确地选取电表的量程。

表 2.2.36　线性含源网络参数计算数据

计算参数	计 算 结 果
U_{OC}	
I_{SC}	
R_0	

（3）在求戴维南或诺顿等效电路时，做短路试验，测 I_{SC} 的条件是什么？在本实验中可否直接做负载短路实验？

（4）说明测试有源二端网络开路电压及等效内阻的几种方法，并比较其优缺点。

（5）本实验中对电路外特性的测试可采用前表法和后表法，对测试结果有什么影响？

（6）还有其他测试开路电压和等效电阻方法吗？

7）实验报告

（1）写出本实验的实验目的、实验原理、所使用的实验设备、实验内容及步骤。

（2）画出实验电路图。

（3）记录每项实验内容的实验数据。

（4）根据步骤（2）、（3）、（4），分别绘出曲线，验证戴维南定理和诺顿定理的正确性，并分析产生误差的原因。

（5）根据步骤（1）、（5）、（6）的几种方法测得的 U_{OC} 与 R_0 与预习时电路计算的结果进行比较，能得出什么结论？

（6）通过实验数据分析，能得出什么结论？

（7）写出心得体会及其他。

2.2.6　受控源 VCVS、VCCS、CCVS、CCCS 的实验研究

本实验主要测试四种受控源：电压控制电压源（VCVS）、电压控制电流源（VCCS）、电流控制电压源（CCVS）、电流控制电流源（CCCS）的控制特性及负载特性曲线。

1）实验目的

（1）了解受控源 VCVS、VCCS、CCVS、CCCS 的特性。

（2）通过测试受控源 VCVS、VCCS、CCVS、CCCS 的控制特性及负载特性曲线，加深对受控源特性的认识。

（3）通过实验初步掌握含有受控源线性网络的分析方法及使用受控源的注意事项。

2) 原理说明

(1) 电源有独立电源(如电池、发电机等)与非独立电源(或称为受控源)两种。

受控源与独立源的不同点是:独立源的电势 E_s 或电流 I_s 是某一固定的数值或是时间的某一函数,不随电路其余部分的状态而变。而受控源的电势或电流则是随电路中另一支路的电压或电流而变的一种电源。

受控源又与无源元件不同,无源元件两端的电压与其自身的电流有一定的函数关系,而受控源的输出电压或电流则与另一支路(或元件)的电流或电压有某种函数关系。

(2) 独立源与无源元件是二端器件,受控源则是四端器件,或称为双口元件。它有一对输入端(U_1、I_1)和一对输出端(U_2、I_2)。输入端可以控制输出端电压或电流的大小。施加于输入端的控制量可以是电压或电流,因而有两种受控电压源(即 VCVS 和 CCVS)和两种受控电流源(即 VCCS 和 CCCS)。它们的示意图如图 2.2.32 所示。

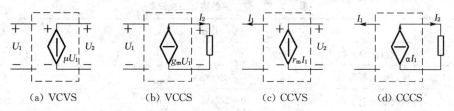

(a) VCVS   (b) VCCS   (c) CCVS   (d) CCCS

图 2.2.32　四种受控源的电路示意图

四种受控源的转移函数参量的定义如下:

① VCVS:$U_2 = f(U_1)$,$\mu = U_2/U_1$ 称为转移电压比(或电压增益)。

② VCCS:$I_2 = f(U_1)$,$g_m = I_2/U_1$ 称为转移电导。

③ CCVS:$U_2 = f(I_1)$,$r_m = U_2/I_1$ 称为转移电阻。

④ CCCS:$I_2 = f(I_1)$,$\alpha = I_2/I_1$ 称为转移电流比(或电流增益)。

(3) 当受控制源的输出电压(或电流)与控制支路的电压(或电流)成正比变化时,则称该受控源是线性的。

理想受控源的控制支路中只有一个独立变量(电压或电流),另一个独立变量等于 0,即从输入口看,理想受控源或者是短路(即输入电阻 $R_1 = 0$,因而 $U_1 = 0$),或者是开路(即输入电导 $G_1 = 0$,因而输入电流 $I_1 = 0$);从输出口看,理想受控源或是一个理想电压源或者是一个理想电流源。

(4) 受控源常用来描述电子器件中所发生的物理现象。

① 如图 2.2.33(a)所示的运算放大器电路,它的输出电压受输入电压的控制,所以它的电路模型是一种 VCVS,在理想条件下它的等效电路如图 2.2.32(a)所示。

② 如图 2.2.33(b)所示的场效应管电路,它的漏极电流 I_2 受栅极电压 U_1 控制,所以它的电路模型是一种 VCCS,其等效电路如图 2.2.32(b)所示。

③ 如图 2.2.33(c)所示的晶体三极管电路,从输出端一侧看,它的性质相当于一个输出电流为 I_2 的电流源,且电流 I_2 受三极管基极电流 I_1 控制,所以虚框出的三极管部分其电路模型是一种 CCCS,其等效电路如图 2.2.32(d)所示。

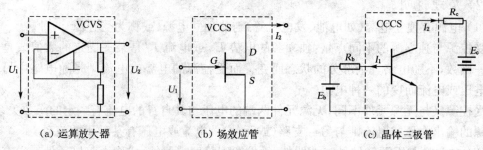

（a）运算放大器　　　　　（b）场效应管　　　　　（c）晶体三极管

图 2.2.33　可以等效为受控源模型的电子器件

3）实验设备

实验设备如表 2.2.37 所示。

表 2.2.37　受控源的实验研究设备

序　号	名　　称	型号与规格	数　量	备　注
1	可调直流稳压源	0～30 V	1	DG04
2	可调恒流源	0～500 mA	1	DG04
3	直流数字电压表	0～200 V	1	D31
4	直流数字毫安表	0～200 mA	1	D31
5	可变电阻箱	0～99 999.9 Ω	1	DG09
6	受控源实验电路板		1	DG04 或 DG06
7	万用表			

4）实验内容

（1）测量受控源 VCVS 的转移特性 $U_2 = f(U_1)$ 及负载特性 $U_2 = f(I_L)$，实验线路如图 2.2.34 所示。

① 不接电流表，固定 $R_L = 2\text{ k}\Omega$，调节稳压电源输出电压 U_1，测量 U_1 及相应的 U_2 值，数据记入表 2.2.38 中。

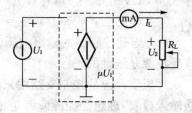

图 2.2.34　受控源 VCVS 转移特性及负载特性测试电路

② 接入电流表，保持 $U_1 = 2\text{ V}$，调节可变电阻箱的阻值 R_L，测 U_2 及 I_L，数据记入表 2.2.39 中。

表 2.2.38　受控源 VCVS 的转移特性测试实验数据

U_1(V)	0	1	2	3	5	7	8	9	10	μ
U_2(V)										

表 2.2.39　受控源 VCVS 的负载特性测试实验数据

R_L(Ω)	50	70	100	200	300	400	500	∞
U_2(V)								
I_L(mA)								

（2）测量受控源 VCCS 的转移特性 $I_L = f(U_1)$ 及负载特性 $I_L = f(U_2)$，实验线路如图 2.2.35所示。

① 固定 $R_L = 2\,\text{k}\Omega$，调节稳压电源的输出电压 U_1，测出相应的 I_L 值，数据记入表 2.2.40 中。

表 2.2.40 受控源 VCCS 的转移特性测试实验数据

U_1(V)	0.1	0.5	1.0	2.0	3.0	3.5	3.7	4.0	g_m
I_L(mA)									

② 保持 $U_1 = 2\,\text{V}$，令 R_L 从大到小变化，测出相应的 I_L 及 U_2，数据记入表 2.2.41 中。

表 2.2.41 受控源 VCCS 的负载特性测试实验数据

R_L(kΩ)	50	20	10	8	7	6	5	4	2	1
I_L(mA)										
U_2(V)										

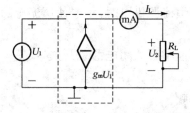 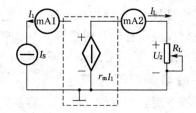

图 2.2.35 受控源 VCCS 转移特性 及负载特性测试电路　　图 2.2.36 受控源 CCVS 转移特性 及负载特性测试电路

（3）测量受控源 CCVS 的转移特性 $U_2 = f(I_1)$ 与负载特性 $U_2 = f(I_L)$，实验线路如图 2.2.36所示。

① 固定 $R_L = 2\,\text{k}\Omega$，调节恒流源的输出电流 I_S，按表 2.2.42 所列 I_1 值测出 U_2，数据记入表 2.2.42 中。

表 2.2.42 受控源 CCVS 的转移特性测试实验数据

I_1(mA)	0.1	1.0	3.0	5.0	7.0	8.0	9.0	9.5	r_m
U_2(V)									

② 保持 $I_S = 2\,\text{mA}$，按表 2.2.43 所列 R_L 值测出 U_2 及 I_L，数据记入表 2.2.43 中。

表 2.2.43 受控源 CCVS 的负载特性测试实验数据

R_L(kΩ)	0.5	1	2	4	6	8	10
U_2(V)							
I_L(mA)							

（4）测量受控源 CCCS 的转移特性 $I_L = f(I_1)$ 及负载特性 $I_L = f(U_2)$，实验线路如图 2.2.37 所示。

① 固定 $R_L = 2\,\text{k}\Omega$，调节恒流源的输出电流 I_S，按表 2.2.44 所列 I_1 值测出 I_L，数据记入表 2.2.44 中。

② 保持 $I_S = 1\,\text{mA}$，令 R_L 为表 2.2.45 所列值，测出 I_L，数据记入表 2.2.45 中。

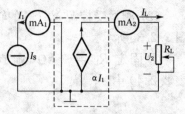

图 2.2.37　受控源 CCCS 转移特性及负载特性测试电路

表 2.2.44　受控源 CCCS 的转移特性测试实验数据

I_1(mA)	0.1	0.2	0.5	1	1.5	2	2.2	α
I_L(mA)								

表 2.2.45　受控源 CCCS 的负载特性测试实验数据

R_L(kΩ)	0	0.1	0.5	1	2	5	10	20	30	80
I_L(mA)										
U_2(V)										

5）实验注意事项

（1）实验过程中，直流稳压电源不能短路，用恒流源供电时，不要使恒流源的负载开路。

（2）注意仪表量程的及时更换。

（3）每次组装线路，必须事先断开供电电源，但不必关闭电源总开关。

6）实验前预习思考题

（1）了解本实验的目的、原理、内容及实验步骤。

（2）受控源和独立源相比有何异同点？比较四种受控源的代号、电路模型、控制量与被控量的关系。

（3）四种受控源中的 r_m、g_m、α 和 μ 的意义是什么？如何测得？

（4）若受控源控制量的极性反向，其输出极性是否发生变化？

（5）受控源的控制特性是否适合于交流信号？

（6）如何由两个基本的 CCVS 和 VCCS 获得其他两个 CCCS 和 VCVS，它们的输入、输出如何连接？

7）实验报告

（1）写出本实验的实验目的、实验原理、所使用的实验设备、实验内容及步骤。

（2）画出实验电路图。

（3）记录每项实验内容的实验数据。

（4）根据实验数据，在方格坐标纸上分别绘出四种受控源的转移特性，即：$U_2 = f(U_1)$ 曲线、$I_L = f(U_1)$ 曲线、$U_2 = f(I_1)$ 曲线、$I_L = f(I_1)$ 曲线，并由其线性部分求出转移电压比 μ、转移电导 g_m、转移电阻 r_m、转移电流比 α，并绘制负载特性曲线 $U_2 = f(I_L)$ 和 $I_L = f(U_2)$。

（5）对实验结果作出合理的分析和结论，总结对四种受控源的认识和理解。

（6）通过实验数据分析，能得出什么结论？

（7）对预习思考题作必要的回答。

（8）进行误差分析。

(9) 写出心得体会及其他。

2.2.7　典型电信号的观察和测量

本实验主要学习示波器、信号发生器的基本使用方法。

1) 实验目的

(1) 熟悉低频信号发生器、示波器各旋钮和开关的作用,初步掌握示波器、信号发生器的使用方法。

(2) 初步掌握用示波器观察电信号波形,定量测出正弦信号和脉冲信号的波形参数。

2) 原理说明

(1) 正弦交流信号和方波脉冲信号是常用的电激励信号,可分别由低频信号发生器和脉冲信号发生器提供。正弦信号的波形参数是幅值 U_m、周期 T(或频率 f)和初相位;脉冲信号的波形参数是幅值 U_m、周期 T 及脉宽 t_k。

(2) 信号发生器是产生各种波形的信号电源,常用的有正弦信号发生器、方波信号发生器、脉冲信号发生器等。本实验装置能提供频率范围为 20 Hz～50 kHz 的正弦波及方波,并由 6 位发光二极管(LED)显示信号的频率。正弦波的幅度值在 0～5 V 之间连续可调,方波的幅度为 1～3.8 V 可调。

(3) 电子示波器是一种综合性的电信号图形观测仪器,可测出电信号的波形,测量其幅值、频率以及同频率两信号的相位差等参数。电子示波器的类型很多,功能和使用方法也各异,在此只介绍常用的使用方法。从荧光屏的 Y 轴刻度尺并结合其量程分挡选择开关(Y 轴输入电压灵敏度 V/div 分挡选择开关)读得电信号的幅值;从荧光屏的 X 轴刻度尺并结合其量程(时间扫描速度t/div分挡)选择开关读得电信号的周期、脉宽、相位差等参数。为了完成对各种不同波形、不同要求的观察和测量,它还有一些其他的调节和控制旋钮,希望在实验中加以摸索和掌握。

一台双踪示波器可以同时观察和测量两个信号的波形和参数。

3) 实验设备

实验设备如表 2.2.46 所示。

表 2.2.46　典型电信号观察实验设备

序　号	名　　称	型号与规格	数　量	备　注
1	双踪示波器		1	
2	低频、脉冲信号发生器		1	DG03
3	交流毫伏表	0～600 V	1	D83
4	频率计		1	DG03

4) 实验内容

(1) 双踪示波器的自检

将示波器面板部分的"标准信号"插口,通过示波器专用同轴电缆接至双踪示波器的 Y 轴输入插口 Y_A 或 Y_B 端,然后开启示波器电源,指示灯亮。稍后,协调地调节示波器面板上的"辉度"、"聚焦"、"辅助聚焦"、"X 轴位移"、"Y 轴位移"等旋钮,使在荧光屏的中心部分显示出线条细而清晰、亮度适中的方波波形;通过选择幅度和扫描速度,并将它们的微调旋钮旋至"校准"位置,从荧光屏上读出该"标准信号"的幅值与频率,并与标称值(1 V, 1 kHz)作比较,如相差较大,请指导老师给予校准。

（2）正弦波信号的观测

① 将示波器的幅度和扫描速度微调旋钮旋至"校准"位置。

② 通过电缆线,将信号发生器的正弦波输出口与示波器的 Y_A 插座相连。

③ 接通信号发生器的电源,选择正弦波输出。通过相应调节,使输出频率分别为50 Hz、1.5 kHz 和 20 kHz(由频率计读出);再使输出幅值分别为有效值 0.1 V、1 V、3 V(由交流毫伏表读得)。调节示波器 Y 轴和 X 轴的偏转灵敏度至合适的位置,从荧光屏上读得幅值及周期,记入表 2.2.47 中。

表 2.2.47　正弦波的频率及幅值测量

频率计读数所测项目	正弦波信号频率的测定		
	50 Hz	1 500 Hz	20 000 Hz
示波器"t/div"旋钮位置			
一个周期占有的格数			
信号周期(s)			
计算所得频率(Hz)			
交流毫伏表读数所测项目	正弦波信号幅值的测定		
	0.1 V	1 V	3 V
示波器"V/div"位置			
峰-峰值波形格数			
峰-峰值			
计算所得有效值			

（3）方波脉冲信号的观察和测定

① 将电缆插头换接在脉冲信号的输出插口上,选择方波信号输出。

② 调节方波的输出幅度为 3.0 V(峰-峰值,用示波器测定),分别观测 100 Hz、3 kHz 和 30 kHz 方波信号的波形参数。

③ 使信号频率保持在 3 kHz,选择不同的幅度及脉宽,观测波形参数的变化。

5）实验注意事项

（1）示波器的辉度不要过亮。

（2）调节仪器旋钮时,动作不要过快、过猛。

（3）调节示波器时,要注意触发开关和电平调节旋钮的配合使用,以使显示的波形稳定。

（4）作定量测定时,"t/div"和"V/div"的微调旋钮应旋置"标准"位置。

（5）为防止外界干扰,信号发生器的接地端与示波器的接地端要相连(共地)。

（6）不同品牌的示波器,各旋钮、功能的标注不尽相同,实验前请详细阅读所用示波器的说明书。

6）实验前预习思考题

（1）了解本实验的目的、原理、内容及实验步骤。

（2）实验前应认真阅读信号发生器的使用说明书。

（3）示波器面板上"t/div"和"V/div"的含义是什么？

（4）观察本机"标准信号"时，要在荧光屏上得到 2 个周期的稳定波形，而幅度要求为 5 格，试问 Y 轴电压灵敏度应置于哪一挡位置？"t/div"又应置于哪一挡位置？

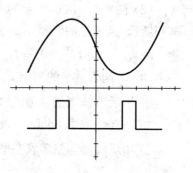

图 2.2.38　思考题用图

（5）应用双踪示波器观察到如图 2.2.38 所示的两个波形，Y_A 和 Y_B 轴的"V/div"指示均为 0.5 V，"t/div"指示为 20 μs，试写出这两个波形信号的波形参数。

7）实验报告

（1）写出本实验的实验目的、实验原理、所使用的实验设备、实验内容及步骤。

（2）记录每项实验内容的实验数据。

（3）整理实验中显示的各种波形，绘制有代表性的波形。

（4）总结实验中所用仪器的使用方法及观测电信号的方法。

（5）如用示波器观察正弦信号时，荧光屏上出现图 2.2.39 所示的几种情况时，试说明测试系统中哪些旋钮的位置不对？应如何调节？

（6）写出心得体会及其他。

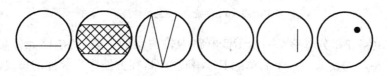

图 2.2.39　实验报告用图

2.2.8　一阶电路的研究

本实验主要测试一阶 RC 电路的零输入响应、零状态响应、全响应曲线及参数。

1）实验目的

（1）测定一阶 RC 电路的零输入响应、零状态响应及完全响应。

（2）学习电路时间常数的测量方法。

（3）掌握有关微分电路和积分电路的概念。

（4）进一步学会用示波器观测波形。

2）原理说明

（1）动态网络的过渡过程是十分短暂的单次变化过程。要用普通示波器观察过渡过程和测量有关的参数，就必须使这种单次变化的过程重复出现。为此，利用信号发生器输出的方波来模拟阶跃激励信号，即利用方波输出的上升沿作为零状态响应的正阶跃激励信号；利用方波的下降沿作为零输入响应的负阶跃激励信号。只要选择方波的重复周期远大于电路的时间常数 τ，那么电路在这样的方波序列脉冲信号的激励下，它的响应就与直流电接通和断开的过渡过程基本相同。

（2）图 2.2.40(b)所示的 1 阶 RC 电路的零输入响应和零状态响应分别按指数规律衰减和增长，其变化的快慢决定于电路的时间常数 τ。根据一阶微分方程的求解得知，对于零输入响应：$u_C = U_m e^{-\frac{t}{RC}} = U_m e^{-\frac{t}{\tau}}$；对于零状态响应：$u_C = U_m(1 - e^{-\frac{t}{RC}}) = U_m(1 - e^{-\frac{t}{\tau}})$。

（3）时间常数 τ 的测定方法如下：

① 用示波器测量零输入响应的波形如图 2.2.40(a)所示。$u_C = U_m e^{-\frac{t}{RC}} = U_m e^{-\frac{t}{\tau}}$。当 $t = \tau$ 时，$u_C(\tau) = 0.368 U_m$。此时所对应的时间就等于 τ。

② 用示波器测量零状态响应波形如图 2.2.40(c)所示。$u_C = U_m(1 - e^{-\frac{t}{RC}}) = U_m(1 - e^{-\frac{t}{\tau}})$。当 $t = \tau$ 时，$u_C(\tau) = 0.632 U_m$，此时所对应的时间就等于 τ。

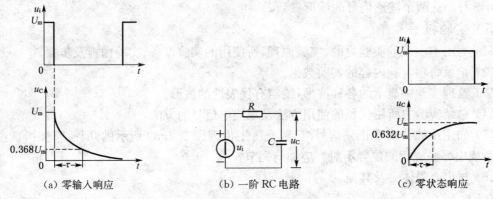

(a) 零输入响应　　　　　(b) 一阶 RC 电路　　　　　(c) 零状态响应

图 2.2.40　一阶 RC 电路的响应

（4）微分电路和积分电路是一阶 RC 电路中较典型的电路，对电路元件参数和输入信号的周期有着特定的要求。一个简单的 RC 串联电路，在方波序列脉冲的重复激励下，当满足 $\tau = RC \ll T/2$ 时（T 为方波脉冲的重复周期），且由 R 两端的电压作为响应输出，则该电路就是一个微分电路。因为此时电路的输出信号电压与输入信号电压的微分成正比。如图 2.2.41(a)所示。利用微分电路可以将方波转变成尖脉冲。

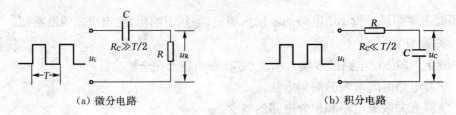

(a) 微分电路　　　　　　　　　(b) 积分电路

图 2.2.41　微分电路和积分电路

若将图 2.2.41(a) 中的 R 与 C 位置调换一下，如图 2.2.41(b) 所示，由 C 两端的电压作为响应输出，且当电路的参数满足 $\tau = RC \gg T/2$，则该 RC 电路称为积分电路。因为此时电路的输出信号电压与输入信号电压的积分成正比。利用积分电路可以将方波转变成三角波。

从输入输出波形来看，上述两个电路均起着波形变换的作用，请在实验过程仔细观察与记录。

3）实验设备

实验设备如表 2.2.48 所示。

表 2.2.48　一阶电路测试实验设备

序　号	名　　称	型号与规格	数　量	备　注
1	函数信号发生器		1	DG03
2	双踪示波器		1	自备
3	动态电路实验板		1	DG07

4）实验内容

实验线路板的元件如图 2.2.42 所示,请认清 R、C 元件的布局及其标称值、各开关的通断位置等。

(1) 从电路板上选 $R = 10\ \text{k}\Omega$,$C = 6\ 800\ \text{pF}$ 组成如图 2.2.40(b) 所示的 RC 充放电电路。u_i 为脉冲信号发生器输出的 $U_m = 3\ \text{V}$、$f = 1\ \text{kHz}$ 的方波电压信号,并通过两根同轴电缆线,将激励源 u_i 和响应 u_C 的信号分别连至示波器的两个输入口 Y_A 和 Y_B。这时可在示波器的屏幕上观察到激励与响应的变化规律。请测算出时间常数 τ,并用方格纸按 1:1 的比例描绘波形。

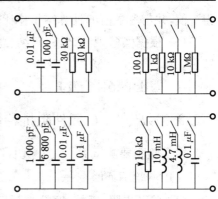

图 2.2.42　动态电路实验板

少量地改变电容值或电阻值,定性地观察对响应的影响,记录观察到的现象。

(2) 令 $R = 10\ \text{k}\Omega$,$C = 0.1\ \mu\text{F}$,观察并描绘响应的波形,继续增大 C 之值,定性地观察对响应的影响。

(3) 令 $C = 0.01\ \mu\text{F}$,$R = 100\ \Omega$,组成如图 2.2.41(a) 所示的微分电路。在同样的方波激励信号($U_m = 3\ \text{V}$,$f = 1\ \text{kHz}$) 作用下,观测并描绘激励与响应的波形。

增减 R 之值,定性地观察对响应的影响,并作记录。当 R 增至 $1\ \text{M}\Omega$ 时,输入输出波形有何本质上的区别?

5）实验注意事项

(1) 调节仪器各旋钮时,动作不要过快、过猛。实验前,需熟读双踪示波器的使用说明书。观察双踪图形时,要特别注意相应开关、旋钮的操作与调节。

(2) 信号源的接地端与示波器的接地端要连在一起(共地),以防外界干扰而影响测量的准确性。

(3) 示波器的辉度不应过亮,尤其是光点长期停留在荧光屏上不动时,应将辉度调暗,以延长示波管的使用寿命。

6）实验前预习思考题

(1) 了解本实验的目的、原理、内容及实验步骤。

(2) 什么样的电信号可作为一阶 RC 电路零输入响应、零状态响应和完全响应的激励源?

(3) 已知一阶 RC 电路 $R = 10\ \text{k}\Omega$,$C = 0.1\ \mu\text{F}$,试计算时间常数 τ,并根据 τ 值的物理意义,拟定测量 τ 的方案。

(4) 何谓积分电路和微分电路,它们必须具备什么条件? 它们在方波序列脉冲的激励下,其输出信号波形的变化规律如何? 这两种电路有何功用?

(5) 熟读仪器使用说明书,准备方格纸。

7）实验报告

（1）写出本实验的实验目的、实验原理、所使用的实验设备、实验内容及步骤。

（2）画出实验电路图。

（3）记录每项实验内容的实验数据。

（4）根据实验结果,在方格纸上绘出一阶 RC 电路充放电时 u_C 的变化曲线,由曲线测得 τ 值,并与参数值的计算结果作比较,分析误差原因。

（5）根据实验观测结果,归纳、总结积分电路和微分电路的形成条件,阐明波形变换的特征。

（6）写出心得体会及其他。

2.2.9　R、L、C 元件阻抗特性的测定

本实验主要测试 R、L、C 元件阻抗的幅频及相频特性曲线。

1）实验目的

（1）验证电阻、感抗、容抗与频率的关系,测定 $R \sim f$、$X_L \sim f$ 及 $X_C \sim f$ 特性曲线。

（2）加深理解 R、L、C 元件端电压与电流间的相位关系。

2）原理说明

（1）在正弦交变信号作用下,R、L、C 元件在电路中的抗流作用与信号的频率有关,它们的阻抗频率特性 $R \sim f$, $X_L \sim f$, $X_C \sim f$ 曲线如图 2.2.43 所示。

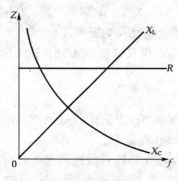

图 2.2.43　阻抗频率特性

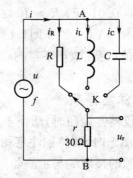

图 2.2.44　阻抗频率特性测试电路

（2）元件阻抗频率特性的测试电路如图 2.2.44 所示。

图中,r 是提供测量回路电流用的标准小电阻,由于 r 远小于被测元件的阻抗值,因此可以认为 A、B 之间的电压就是被测元件 R、L 或 C 两端的电压,流过被测元件的电流则可由 r 两端的电压除以 r 所得。

若用双踪示波器同时观察 r 与被测元件两端的电压,也就展现出被测元件两端的电压和流过该元件电流的波形,从而可在荧光屏上测出电压与电流的幅值及它们之间的相位差。

将元件 R、L、C 串联或并联,也可用同样的方法测得 $Z_串$ 与 $Z_并$ 的阻抗频率特性 $Z \sim f$,根据电压、电流的相位差可判断 $Z_串$ 或 $Z_并$ 是感性还是容性负载。

元件的阻抗角（即相位差 φ）随输入信号的频率变化而改变,将各个不同频率下的相位

差画在以频率 f 为横坐标、阻抗角 φ 为纵坐标的坐标纸上,并用光滑的曲线连接这些点,即得到阻抗角的频率特性曲线。

用双踪示波器测量阻抗角的方法如图 2.2.45 所示。从荧光屏上数得一个周期占 n 格,相位差占 m 格,则实际的相位差 φ(阻抗角)为:

$$\varphi = m \times \frac{360°}{n}$$

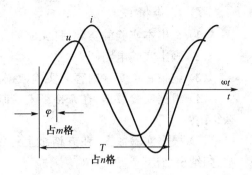

图 2.2.45　阻抗角的测试方法

3) 实验设备

实验设备如表 2.2.49 所示。

表 2.2.49　RLC 电路元件阻抗特性测试实验设备

序 号	名 称	型号与规格	数 量	备 注
1	低频信号发生器		1	DG03
2	交流毫伏表	$0 \sim 600\ \text{V}$	1	D83
3	双踪示波器		1	自备
4	频率计		1	DG03
5	实验线路元件	$R = 1\ \text{k}\Omega,\ C = 1\ \mu\text{F},\ L \approx 1\ \text{H}$	1	DG09
6	电阻	$30\ \Omega$	1	DG09

4) 实验内容

(1) 测量 R、L、C 元件的阻抗频率特性。通过电缆线将低频信号发生器输出的正弦信号接至如图 2.2.44 所示的电路,作为激励源 u,并用交流毫伏表测量,使激励电压的有效值为 $U = 3\ \text{V}$,并保持不变。

使信号源的输出频率从 200 Hz 逐渐增至 5 kHz(用频率计测量),并使开关 K 分别接通 R、L、C 元件,用交流毫伏表测量 U_r,自拟表格记录数据,并计算各频率点时的 I_R、I_L 和 I_C(即 U_r/r)以及 $R = U/I_R$、$X_L = U/I_L$ 及 $X_C = U/I_C$ 之值。

注意:在接通 C 测试时,信号源的频率应控制在 $200 \sim 2\,500$ Hz 之间。

(2) 用双踪示波器观察在不同频率下各元件阻抗角的变化情况,按图 2.2.45 记录 n 和 m,算出 φ,自拟表格记录数据。

(3) 测量 R、L、C 元件串联的阻抗角频率特性,自拟表格记录数据。

5) 实验注意事项

(1) 实验过程中,电压源不能短路。

(2) 交流毫伏表属于高阻抗电表,测量前必须先调零。

(3) 测 φ 时,示波器的"V/div"和"t/div"的微调旋钮应旋置"校准位置"。

6) 实验前预习思考题

(1) 了解本实验的目的、原理、内容及实验步骤。

(2) 测量 R、L、C 元件的阻抗角时,为什么要与它们串联一个小电阻? 可否用一个小电感或大电容代替? 为什么?

7）实验报告

（1）写出本实验的实验目的、实验原理、所使用的实验设备、实验内容及步骤。

（2）画出实验电路图。

（3）记录每项实验内容的实验数据。

（4）根据实验数据，在方格纸上绘制 R、L、C 元件的阻抗频率特性曲线，从中可得出什么结论？

（5）根据实验数据，在方格纸上绘制 R、L、C 元件串联的阻抗角频率特性曲线，并总结、归纳出结论。

（6）写出心得体会及其他。

2.2.10　用三表法测量电路等效参数

本实验主要用三表法测试正弦交流电路中元件的等效参数。

1）实验目的

（1）学会用交流电压表、交流电流表和功率表测量元件的交流等效参数的方法。

（2）学会功率表的接法和使用。

（3）通过实验加深对阻抗概念的理解，掌握用电压、电流、功率三个参数计算阻抗的方法。

（4）掌握自耦调压器的正确使用方法。

2）原理说明

（1）三表法

正弦交流信号激励下的元件值或阻抗值，可以用交流电压表、交流电流表及功率表这三个仪表分别测量出元件两端的电压 U、流过该元件的电流 I 和它所消耗的功率 P，然后通过计算得到所求的各值，这种方法称为三表法，它是测量 50 Hz 交流电路参数的基本方法。

计算的基本公式为：

$$|Z| = \frac{U}{I}$$

$$\cos\varphi = \frac{P}{UI}$$

$$R = \frac{P}{I^2} = |Z|\cos\varphi$$

$$X = |\cdot Z|\sin\varphi$$

或

$$X = X_L = 2\pi fL$$

$$X = X_C = \frac{1}{2\pi fC}$$

式中：$|Z|$ 为阻抗的模；$\cos\varphi$ 为电路的功率因数；R 为等效电阻；X 为等效电抗。

（2）阻抗性质的判别方法

可用在被测元件两端并联电容器或将被测元件与电容器串联的方法来判别。其原理如下：

① 在被测元件两端并联一只适当容量的试验电容器，若串接在电路中电流表的读数增大，则被测阻抗为容性，电流减小则为感性。

图 2.2.46(a)中,Z 为待测定的元件的阻抗,C' 为试验电容器的容量。图 2.2.46(b)是图 2.2.46(a)的等效电路,图中 G、B 分别为待测阻抗 Z 的电导和电纳,B' 为并联电容 C' 的电纳。

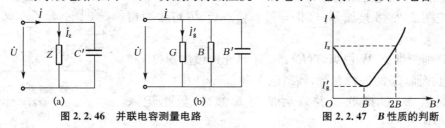

图 2.2.46　并联电容测量电路　　　　　　图 2.2.47　B 性质的判断

在端电压有效值不变的条件下,按下面两种情况进行分析:

a. 设 $B+B'=B''$,若 B' 增大,B'' 也增大,则电路中电流 I 将单调地上升,故可判断 B 为容性元件。

b. 设 $B+B'=B''$,若 B' 增大,而 B'' 先减小而后再增大,电流 I 也是先减小后上升,如图 2.2.47 所示,则可判断 B 为感性元件。

由以上分析可见,当 B 为容性元件时,对并联电容 C' 值无特殊要求;而当 B 为感性元件时,$B'<|2B|$ 才有判定为感性的意义。$B'>|2B|$ 时,电流单调上升,与 B 为容性时相同,并不能说明电路是感性的。因此 $B'<|2B|$ 是判断电路性质的可靠条件,由此得判定条件为 $C'<\left|\dfrac{2B}{\omega}\right|$。

② 与被测元件串联一个适当容量的试验电容器,若被测阻抗的端电压下降,则判为容性,端压上升则为感性,判定条件为 $\dfrac{1}{\omega C'}<|2X|$,式中:$X$ 为被测阻抗的电抗值;C' 为串联试验电容值,此关系式可自行证明。

判断待测元件的性质,除上述借助于试验电容 C' 测定法外,还可以利用该元件的电流 i 与电压 u 之间的相位关系来判断。若 i 超前于 u,为容性;i 滞后于 u,则为感性。

利用示波器观察阻抗元件的电流及端电压之间的相位关系,电流超前电压为容性,电流滞后电压为感性。

(3) 本实验所用的功率表为交流功率表,其电压接线端应与负载并联,电流接线端应与负载串联。

3) 实验设备

实验设备如表 2.2.50 所示。

表 2.2.50　交流电路元件等效电路参数测量实验设备

序　号	名　　称	型号与规格	数　量	备　注
1	交流电压表	0~500 V	1	D33
2	交流电流表	0~5 A	1	D32
3	功率表		1	D34
4	自耦调压器		1	DG01
5	镇流器(电感线圈)	与 40 W 日光灯配用	1	DG09
7	电容器	1 μF, 4.7 μF/500 V	1	DG09
8	白炽灯	15 W/220 V	3	DG08

4）实验内容

（1）测量交流电路的等效参数

① 按图 2.2.48 接线，并经指导教师检查后，方可接通市电电源。

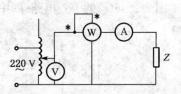

图 2.2.48　测量交流电路等效参数的实验电路

② 分别测量 15 W 白炽灯（R）、40 W 日光灯镇流器（L）和 4.7 μF 电容器（C）的等效参数，数据记入表 2.2.51 中。

③ 测量 L、C 串联与并联后的等效参数，数据记入表 2.2.51中。

表 2.2.51　交流电路元件等效电路参数测量实验数据

被测阻抗	测量值				计算值		电路等效参数		
	$U(V)$	$I(A)$	$P(W)$	$\cos\varphi$	$Z(\Omega)$	$\cos\varphi$	$R(\Omega)$	$L(mH)$	$C(\mu F)$
15 W 白炽灯（R）									
电感线圈（L）									
电容器（C）									
L 与 C 串联									
L 与 C 并联									

（2）验证用串、并联试验电容法判别负载性质的正确性

实验线路同图 2.2.48，但不必接功率表，按表 2.2.52 内容进行测量和记录。

表 2.2.52　交流电路元件性质测量实验数据

被测元件	串联 4.7 μF 电容器		并联 4.7 μF 电容器	
	串前端电压（V）	串后端电压（V）	并前电流（A）	并后电流（A）
R（3 只 15 W 白炽灯）				
C（4.7 μF）				
L（1 H）				

（3）三表法测定无源单口网络的交流参数

① 实验电路如图 2.2.49 所示。实验电源取自主控屏 50 Hz 三相交流电源中的一相。调节自耦调压器，使单相交流最大输出电压为 150 V。

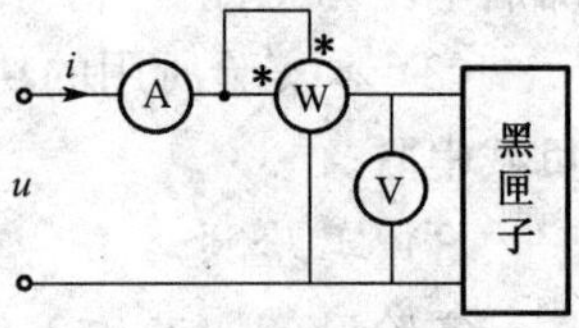

图 2.2.49　测量无源单口网络交流参数的实验电路 1

用本实验单元黑匣子上的 6 只开关，可变换出 8 种不同的电路：

a. K_1 合（开关投向上方），其他断。

b. K_2、K_4 合，其他断。

c. K_3、K_5 合，其他断。

d. K_2 合，其他断。

e. K_3、K_6 合，其他断。

f. K_2、K_3、K_6 合，其他断。

g. K_2、K_3、K_4、K_5 合，其他断。

h. 所有开关合。

测出以上 8 种电路的 U、I、P 及 $\cos\varphi$ 的值,并自拟表格记录。

② 按图 2.2.50 接线。将自耦调压器的输出电压调为 $\leqslant 30\ \mathrm{V}$。按照上步中黑匣子的 8 种开关组合,观察并自拟表格记录 u、i(即 r 上的电压)的相位关系。

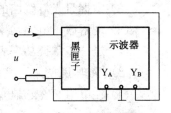

图 2.2.50 测量无源单口网络交流参数的实验电路 2

5) 实验注意事项

(1) 本实验直接用市电 220 V 供电,实验中要特别注意人身安全,不可用手直接触摸通电线路的裸露部分,以免触电,进实验室应穿绝缘鞋。

(2) 自耦调压器在接通电源前,应将其手柄置在零位上,调节时,使其输出电压从 0 开始逐渐升高。每次改接实验线路、换拨黑匣子上的开关及实验完毕,都必须先将其旋柄慢慢调回零位,再断电源。必须严格遵守这一安全操作规程。

(3) 实验前应详细阅读智能交流功率表的使用说明书,熟悉其使用方法。

6) 实验前预习思考题

(1) 了解本实验的目的、原理、内容及实验步骤。

(2) 交流电路等效参数的测量方法除本实验的三表法外,还有什么方法?

(3) 在 50 Hz 的交流电路中,测得一只铁芯线圈的 P、I 和 U,如何算得它的阻值及电感量?

(4) 用三表法测参数时,为什么在被测元件两端并接电容器可以判断元件的性质?试用相量图加以说明。

(5) 如何用串联电容器的方法来判别阻抗的性质?试用 I 随 X'_c(串联容抗) 的变化关系作定性分析,证明串联试验时,C' 满足 $\dfrac{1}{\omega C'} < |2X|$。

7) 实验报告

(1) 写出本实验的实验目的、实验原理、所使用的实验设备、实验内容及步骤。

(2) 画出实验电路图。

(3) 记录每项实验内容的实验数据。

(4) 根据实验数据,完成表 2.2.51 中各项计算任务。

(5) 根据实验内容(5)的观察测量结果,分别作出等效电路图,计算出等效电路参数并判定负载的性质。

(6) 完成预习思考题(2)、(4)的任务。

(7) 分析产生交流参数误差的原因及消除或减小误差的方法。

(8) 写出心得体会及其他。

2.2.11 正弦稳态交流电路相量的研究

本实验主要测试正弦交流电路电压、电流、功率,研究 RC 移相器及功率因数提高问题。

1) 实验目的

(1) 研究正弦稳态交流电路中电压、电流相量之间的关系。

(2) 掌握 RC 串联电路的相量轨迹及其作为移相器的应用。

（3）掌握日光灯线路的接线。

（4）理解改善电路功率因数的意义并掌握提高功率因数方法。

（5）进一步掌握功率表的使用方法。

2）原理说明

（1）在单相正弦交流电路中,用交流电流表测得各支路的电流值,用交流电压表测得回路各元件两端的电压值,它们之间的关系满足相量形式的基尔霍夫定律,即 $\sum \dot{I} = 0$ 和 $\sum \dot{U} = 0$。

（2）图 2.2.51 所示的 RC 串联电路,在正弦稳态信号 $\dot{U}$ 的激励下,$\dot{U}_R$ 与 $\dot{U}_C$ 保持有 90°的相位差,即当图中 R 值改变时,$\dot{U}_R$ 的相量轨迹是一个半圆。$\dot{U}$、$\dot{U}_C$ 与 $\dot{U}_R$ 三者形成一个电压三角形,如图 2.2.52 所示。R 值改变时,可改变 φ 的大小,从而达到移相的目的。

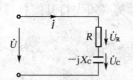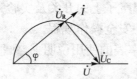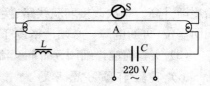

图 2.2.51　RC 串联电路　　图 2.2.52　RC 串联电路的电压三角形　　图 2.2.53　日光灯线路

（3）日光灯线路如图 2.2.53 所示,图中 A 是日光灯管,L 是镇流器电感,S 是启辉器,C 是补偿电容,用以改善电路的功率因数($\cos \varphi$)。有关日光灯的工作原理请参阅 3.3.6 内容。

镇流器是一个铁芯线圈,其电感 L 比较大,而线圈本身具有电阻 r。日光灯在稳态工作时,灯管 A 近似认为是一个阻性负载,镇流器和灯管串联后接在交流电路中。

在图 2.2.54 电路中,镇流器线圈的电阻的计算公式为 $r = \dfrac{P}{I^2} - \dfrac{U_A}{I}$。

3）实验设备

实验设备如表 2.2.53 所示。

表 2.2.53　正弦电路相量研究实验设备

序　号	名　　称	型号与规格	数　量	备　注
1	交流电压表	0～450 V	1	D33
2	交流电流表	0～5 A	1	D32
3	功率表		1	D34
4	自耦调压器		1	DG01
5	镇流器、启辉器	与 40 W 灯管配用	各 1	DG09
6	日光灯灯管	40 W	1	屏内
7	电容器	1 μF, 2.2 μF, 4.7 μF/500 V	各 1	DG09
8	白炽灯	220 V/15 W	1～3	DG08
9	电流插座		3	DG09

4）实验内容

（1）验证电压三角形关系

按图 2.2.51 接线。一个 220 V、15 W 白炽灯泡，其补偿电容器为 4.7 μF/450 V。经指导教师检查后，接通实验台电源，将自耦调压器输出（即 U）调至 220 V。测量 U_R、U_C 值记录在表 2.2.54 中，验证电压三角形关系。

表 2.2.54　正弦电路相量研究实验数据

测 量 值			计 算 值		
U(V)	U_R(V)	U_C(V)	U'（与 U_R, U_C 组成电压三角形） （$U' = \sqrt{U_R^2 + U_C^2}$）	$\Delta U = U' - U$(V)	$\dfrac{\Delta U}{U}$(%)

（2）日光灯线路接线与测量

按图 2.2.54 接线。经指导教师检查后接通实验台电源，调节自耦调压器的输出，使其输出电压缓慢增大，直到日光灯刚启辉点亮为止，记下三只表的指示值。然后将电压调至 220 V，测量 P、I、U、U_L、U_A 等值，记录在表 2.2.55 中，验证电压、电流相量关系。

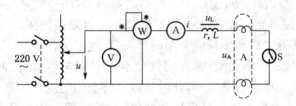

图 2.2.54　日光灯线路接线和测量

表 2.2.55　日光灯电路实验数据

被测项目	测 量 数 值					计算值	
	P(W)	$\cos\varphi$	I(A)	U(V)	U_L(V)	U_A(V)	r(Ω)	$\cos\varphi$
启辉值								
正常工作值								

（3）功率因数的提高

按图 2.2.55 连接电路，经指导老师检查后，接通实验台电源，将自耦调压器的输出调至 220 V，记录功率表、电压表读数。通过一只电流表和三个电流插座（或三只交流电流表）分别测得三条支路的电流，改变电容值，进行三次重复测量。数据记入表 2.2.56 中。

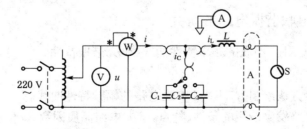

图 2.2.55　提高功率因数测试电路

表 2.2.56　提高功率因数研究实验数据

C(μF)	测量数值					计算值	
	P(W)	$\cos\varphi$	U(V)	I(A)	I_L(A)	I_C(A)	I'(A)	$\cos\varphi$
1								
2.2								
4.7								

5) 实验注意事项

(1) 本实验用交流市电 220 V,务必注意用电和人身安全。

(2) 功率表要正确接入电路。

(3) 日光灯用做负载时,镇流器必须与灯管相串联,以免损坏灯管。

(4) 线路接线正确、日光灯不能启辉时,应检查启辉器及其接触是否良好。

6) 实验前预习思考题

(1) 了解本实验的目的、原理、内容及实验步骤。

(2) 参阅第 3.3.6 节内容,了解日光灯的启辉原理。

(3) 在日常生活中,当日光灯上缺少启辉器时,人们常用一根导线将启辉器的两端短接一下,然后迅速断开,使日光灯点亮(DG09 实验挂箱上有短接按钮,可用它代替启辉器做一下试验)或用一只启辉器去点亮多只同类型的日光灯,这是为什么?

(4) 为了改善电路的功率因数,常在感性负载上并联电容器,此时增加了一条电流支路,试问电路的总电流是增大还是减小,此时感性元件上的电流和功率是否改变?

(5) 提高线路功率因数为什么只采用并联电容器法,而不用串联法?所并的电容器是否越大越好?

7) 实验报告

(1) 写出本实验的实验目的、实验原理、所使用的实验设备、实验内容及步骤。

(2) 画出实验电路图。

(3) 记录每项实验内容的实验数据。

(4) 完成数据表格中的计算。

(5) 根据实验数据,分别绘出电压、电流相量图,验证相量形式的基尔霍夫定律。

(6) 讨论改善电路功率因数的意义和方法。

(7) 进行误差原因分析。

(8) 写出心得体会及其他。

2.2.12　RLC 串联谐振电路的研究

本实验主要测试 RLC 串联的频率特性曲线、研究谐振特性。

1) 实验目的

(1) 学习用实验方法绘制 R、L、C 串联电路的幅频特性曲线。

(2) 加深理解电路发生谐振的条件、特点,掌握电路品质因数(Q 值)的物理意义及其测定方法。

2) 原理说明

(1) 在图 2.2.56 所示的 RLC 串联电路中,当正弦交流信号源的频率 f 改变时,电路中的感抗、容抗随之而变,电路中的电流也随 f 而变。取电阻器上的电压作为响应,当输入电压 U_i 的幅值维持不变时,在不同频率的信号激励下,测出 U_o 之值,然后以 f 为横坐标,以 U_o/U_i 为纵坐标(因 U_i 不变,故也可直接以 U_o 为纵坐标),绘出光滑的曲线,此即为幅频特性曲线,亦称谐振曲线,如图 2.2.57 所示。

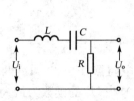

图 2.2.56　RLC 串联电路

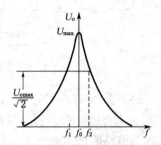

图 2.2.57　RLC 串联电路的幅频特性曲线

(2) 在 $f = f_0 = \dfrac{1}{2\pi\sqrt{LC}}$ 处,即幅频特性曲线尖峰所在的频率点称为谐振频率。此时 $X_L = X_C$,电路呈纯阻性,电路阻抗的模为最小。在输入电压 U_i 为定值时,电路中的电流达到最大值,且与输入电压 U_i 同相位。从理论上讲,此时 $U_i = U_R = U_o$,$U_L = U_C = QU_i$,式中 Q 称为电路的品质因数。

(3) 电路品质因数 Q 值的两种测量方法如下:

① 根据公式 $Q = \dfrac{U_L}{U_o} = \dfrac{U_C}{U_o}$ 测定,U_C 与 U_L 分别为谐振时电容器和电感线圈上的电压。

② 通过测量谐振曲线的通频带宽度 $\Delta f = f_2 - f_1$,再根据 $Q = \dfrac{f_0}{f_2 - f_1}$ 求出 Q 值。式中,f_0 为谐振频率,f_2 和 f_1 是失谐时亦即输出电压的幅度下降到最大值的 $1/\sqrt{2}(=0.707)$ 倍时的上、下频率点。Q 值越大,曲线越尖锐,通频带越窄,电路的选择性越好。在恒压源供电时,电路的品质因数、选择性与通频带只决定于电路本身的参数,而与信号源无关。

3) 实验设备

实验设备如表 2.2.57 所示。

表 2.2.57　串联电路谐振特性测试实验设备

序　号	名　　称	型号与规格	数　量	备　注
1	低频函数信号发生器		1	DG03
2	交流毫伏表	0～600 V	1	D83
3	双踪示波器		1	自备
4	频率计		1	DG03
5	谐振电路实验电路板	$R = 200\ \Omega$, $1\ \mathrm{k}\Omega$ $C = 0.01\ \mu\mathrm{F}$, $0.1\ \mu\mathrm{F}$, $L \approx 30\ \mathrm{mH}$		DG07

4）实验内容

（1）按图 2.2.58 组成监视、测量电路。先选用 C_1、R_1。用交流毫伏表测电压，用示波器监视信号源输出。令信号源输出电压 $U_i = 4\ V$（峰-峰值），并保持不变。

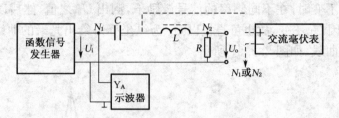

图 2.2.58　串联电路谐振特性测试电路

（2）找出电路的谐振频率 f_0，其方法是：将毫伏表接在电阻器（$R = 200\ \Omega$）两端，令信号源的频率由小逐渐变大（注意要维持信号源的输出幅度不变），当 U_o 的读数为最大时，读得频率计上的频率值即为电路的谐振频率 f_0，并测量 U_C 与 U_L 之值（注意及时更换毫伏表的量限）。

（3）在谐振点两侧，按频率递增或递减 500 Hz 或 1 kHz，依次各取八个测量点，逐点测出 U_o、U_L、U_C 之值，数据记入表格 2.2.58 中。

表 2.2.58　串联电路谐振特性测试实验数据 1

f(kHz)																	
U_o(V)																	
U_L(V)																	
U_C(V)																	

$U_i = 4\ V$（峰-峰值），$C = 0.01\ \mu F$，$R = 200\ \Omega$，$f_0 =$　　　，$f_2 - f_1 =$　　　，$Q =$

（4）将电阻改为 R_2，重复步骤（2）、（3）的测量过程，数据记入表 2.2.59 中。

表 2.2.59　串联电路谐振特性测试实验数据 2

f(kHz)																	
U_o(V)																	
U_L(V)																	
U_C(V)																	

$U_i = 4\ V$（峰-峰值），$C = 0.01\ \mu F$，$R = 1\ k\Omega$，$f_0 =$　　　，$f_2 - f_1 =$　　　，$Q =$

（5）选 C_2，重复步骤（2）～（4）（自制表格）。

5）实验注意事项

（1）测试频率点的选择应在靠近谐振频率附近多取几点。在变换频率测试前，应调整信号输出幅度（用示波器监视输出幅度），使其维持在 3 V。

（2）测量 U_C 和 U_L 数值前，应将毫伏表的量限改大，而且在测量 U_L 与 U_C 时毫伏表的"+"端应接 C 与 L 的公共点，其接地端应分别触及 L 和 C 的近地端 N_2 和 N_1。

（3）实验中，信号源的外壳应与毫伏表的外壳绝缘（不共地）。如能用浮地式交流毫伏表测量，则效果更佳。

6) 实验前预习思考题

(1) 了解本实验的目的、原理、内容及实验步骤。

(2) 根据实验线路板给出的元件参数值,估算电路的谐振频率。

(3) 改变电路的哪些参数可以使电路发生谐振,电路中 R 值是否影响谐振频率值?

(4) 如何判别电路是否发生谐振? 测试谐振点的方案有哪些?

(5) 电路发生串联谐振时,为什么输入电压不能太大,如果信号源给出 3 V 电压,电路谐振时,用交流毫伏表测 U_L 和 U_C,应该选择用多大的量程?

(6) 要提高 RLC 串联电路的品质因数,电路参数应如何改变?

(7) 本实验在谐振时,对应的 U_L 与 U_C 是否相等? 如有差异,原因何在?

7) 实验报告

(1) 写出本实验的实验目的、实验原理、所使用的实验设备、实验内容及步骤。

(2) 画出实验电路图。

(3) 记录每项实验内容的实验数据。

(4) 根据测量数据,绘出不同 Q 值时三条幅频特性曲线,即 $U_o = f(f)$,$U_L = f(f)$,$U_C = f(f)$。

(5) 计算出通频带与 Q 值,说明不同 R 值时对电路通频带与 Q 值的影响。

(6) 对两种不同的测 Q 值的方法进行比较,分析产生误差的原因。

(7) 谐振时,比较输出电压 U_o 与输入电压 U_i 是否相等? 试分析原因。

(8) 通过本次实验,总结、归纳串联谐振电路的特性。

(9) 写出心得体会及其他。

2.2.13　互感电路的测量

本实验主要测试互感电路同名端、互感系数以及耦合系数。

1) 实验目的

(1) 学会互感电路同名端、互感系数以及耦合系数的测定方法。

(2) 理解两个线圈相对位置的改变,以及用不同材料做线圈芯时对互感的影响。

2) 原理说明

(1) 判断互感线圈同名端的方法

① 直流法

如图 2.2.59 所示,当开关 K 闭合瞬间,若毫安表的指针正偏,则可断定 1、3 端为同名端;指针反偏,则 1、4 端为同名端。

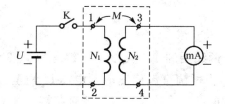
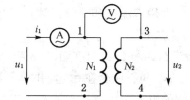

图 2.2.59　直流法判断互感线圈同名端的电路　　　图 2.2.60　交流法判断互感线圈同名端的电路

② 交流法

如图 2.2.60 所示,将两个绕组 N_1 和 N_2 的任意两端(如 2、4 端)联在一起,在其中的一个绕组(如 N_1)两端加一个低电压,另一绕组(如 N_2)开路,用交流电压表分别测出端电压 U_{13}、U_{12} 和 U_{34}。若 U_{13} 是两个绕组端压之差,则 1、3 端是同名端;若 U_{13} 是两绕组端电压之和,则 1、4 端是同名端。

(2)两线圈互感系数 M 的测定

在图 2.2.60 的 N_1 侧施加低压交流电压 U_1,测出 I_1 及 U_2。根据互感电势 $E_{2M} \approx u_{20} = \omega M I_1$,可算得互感系数为 $M = \dfrac{U_2}{\omega I_1}$。

(3)耦合系数 k 的测定

两个互感线圈耦合松紧的程度可用耦合系数 k 表示,$k = \dfrac{M}{\sqrt{L_1 L_2}}$。

如图 2.2.60,先在 N_1 侧加低压交流电压 U_1,测出 N_2 侧开路时的电流 I_1;然后再在 N_2 侧加电压 U_2,测出 N_1 侧开路时的电流 I_2,求出各自的自感 L_1 和 L_2,即可算得 k 值。

3)实验设备

实验设备如表 2.2.60 所示。

表 2.2.60　互感电路测量实验设备

序　号	名　　称	型号与规格	数　量	备　注
1	数字直流电压表	0～200 V	1	D31
2	数字直流电流表	0～200 mA	2	D31
3	交流电压表	0～500 V	1	D32
4	交流电流表	0～5 A	1	D32
5	空心互感线圈	N_1 为大线圈,N_2 为小线圈	1 对	DG08
6	自耦调压器		1	DG01
7	直流稳压电源	0～30 V	1	DG04
8	电阻器	30 Ω/8 W, 510 Ω/2 W	各1	DG09
9	发光二极管	红或绿	1	DG09
10	粗、细铁棒、铝棒		各1	
11	变压器	36 V/220 V	1	DG08

4)实验内容

(1)分别用直流法和交流法测定互感线圈的同名端。

① 直流法

实验线路如图 2.2.61 所示。先将 N_1 和 N_2 两线圈的 4 个接线端子编号为 1、2 和 3、4。将 N_1、N_2 同心地套在一起,并放入细铁棒。将可调直流稳压电源电压 U 调至 10 V。流过 N_1 侧的电流不可超过 1.4 A(选用 5 A 量程的数字电流表)。N_2 侧直接接入 2 mA 量程的毫安表。将铁棒迅速地拔出和插入,观察毫安表读数正、负的变化,来判定 N_1 和 N_2 两个线圈的同名端。

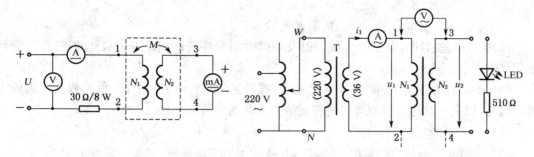

图 2.2.61 直流法测定互感线圈同名端的电路　　**图 2.2.62 交流法测定互感线圈同名端的电路**

② 交流法

本方法中,由于加在 N_1 上的电压仅 2 V 左右,直接用屏内调压器很难调节,因此采用图 2.2.62 的电路来扩展调压器的调节范围。图中 W、N 为主屏上的自耦调压器的输出端,T 为 DG08 挂箱中的升压铁芯变压器,此处作降压用。将 N_2 放入 N_1 中,并在两线圈中插入铁棒。A 为 2.5 A 以上量程的电流表,N_2 侧开路。

接通电源前,应首先检查自耦调压器是否调至零位,确认后方可接通交流电源,令自耦调压器输出一个很低的电压(约 12 V),使流过电流表的电流小于 1.4 A,然后用 0~30 V 量程的交流电压表测量 U_{13}、U_{12}、U_{34},判定同名端。

拆去 2、4 端联线,并将 2、3 端相接,重复上述步骤,判定同名端。

(2) 拆除 2、3 端连线,测 U_1、I_1、U_2,计算出 M。

(3) 将低压交流加在 N_2 侧,使流过 N_2 侧电流小于 1 A,N_1 侧开路,按步骤 2 测出 U_2、I_2、U_1。

(4) 用万用表的 $R\times1$ 挡分别测出 N_1 和 N_2 线圈的电阻值 R_1 和 R_2,计算 k 值。

(5) 观察互感现象。在图 2.2.62 的 N_2 侧接入发光二极管(LED)与 510 Ω 串联的支路。

① 将铁棒慢慢地从两线圈中拔出和插入,观察 LED 亮度的变化及各电表读数的变化,记录发生的现象。

② 将两线圈改为并排放置,并改变其间距,以及分别或同时插入铁棒,观察 LED 亮度的变化及仪表读数。

③ 改用铝棒替代铁棒,重复步骤①、②,观察 LED 的亮度变化,记录发生的现象。

5) 实验注意事项

(1) 在整个实验过程中,应注意流过线圈 N_1 的电流不得超过 1.4 A,流过线圈 N_2 的电流不得超过 1 A。

(2) 在测定同名端及其他测量数据的实验中,都应将小线圈 N_2 套在大线圈 N_1 中,并插入铁芯。

(3) 进行交流试验前,首先要检查自耦调压器,保证手柄置在零位。因实验时加在 N_1 上的电压只有 2~3 V 左右,因此调节时要特别仔细,随时观察电流表的读数,不得超过规定值。

6）实验前预习思考题

（1）了解本实验的目的、原理、内容及实验步骤。

（2）用直流法判断同名端时，可否以及如何根据 K 断开瞬间毫安表指针的正、反偏来判断同名端？

（3）本实验用直流法判断同名端是用插、拔铁芯时观察电流表的正、负读数变化来确定的，应如何确定？这与实验原理中所叙述的方法是否一致？

7）实验报告

（1）写出本实验的实验目的、实验原理、所使用的实验设备、实验内容及步骤。

（2）画出实验电路图。

（3）自拟测试数据表格，记录每项实验内容的实验数据。

（4）完成计算任务。

（5）总结对互感线圈同名端、互感系数的实验测试方法。

（6）解释实验中观察到的互感现象。

（7）写出心得体会及其他。

2.2.14　变压器的连接和测试

本实验主要测试变压器的参数、负载特性曲线、空载特性曲线，研究变压器的连接。

1）实验目的

（1）通过测量，计算变压器的各项参数。

（2）学会测绘变压器空载特性与外特性的方法。

（3）深入了解变压器的性能，学会灵活运用变压器。

2）原理说明

（1）变压器参数及其测试

图 2.2.63 为测试变压器参数的电路。由各仪表读得变压器原边（AX，低压侧）的 U_1、I_1、P_1 及副边（ax，高压侧）的 U_2、I_2，并用万用表 R×1 挡测出原、副绕组的电阻 R_1 和 R_2，即可算得变压器的以下各项参数值：

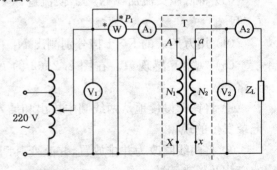

图 2.2.63　变压器参数测试电路

电压比 $K_u = \dfrac{U_1}{U_2}$　　　　　　电流比 $K_i = \dfrac{I_2}{I_1}$

原边阻抗 $Z_1 = \dfrac{U_1}{I_1}$　　　　　　副边阻抗 $Z_2 = \dfrac{U_2}{I_2}$

阻抗比 $= \dfrac{Z_1}{Z_2}$　　　　　　负载功率 $P_2 = U_2 I_2 \cos \varphi_2$

损耗功率 $P_0 = P_1 - P_2$

功率因数 $= \dfrac{P_1}{U_1 I_1}$　　　　　原边线圈铜耗 $P_{Cu1} = I_1^2 R_1$

副边铜耗 $P_{Cu2} = I_2^2 R_2$，　　　　铁耗 $P_{Fe} = P_0 - (P_{Cu1} + P_{Cu2})$

（2）变压器空载实验

铁芯变压器是一个非线性元件,铁芯中的磁感应强度 B 决定于外加电压的有效值 U。当副边开路(即空载)时,原边的励磁电流 I_{10} 与磁场强度 H 成正比。在变压器中,副边空载时,原边电压与电流的关系称为变压器的空载特性,这与铁芯的磁化曲线(B-H 曲线)是一致的。

空载实验通常是将高压侧开路,由低压侧通电进行测量,又因空载时功率因数很低,故测量功率时应采用低功率因数瓦特表。此外,因变压器空载时阻抗很大,故电压表应接在电流表外侧。

（3）变压器外特性测试

为了满足三组灯泡负载额定电压为 220 V 的要求,故以变压器的低压(36 V)绕组作为原边,220 V 的高压绕组作为副边,即当做一台升压变压器使用。

在保持原边电压 $U_1(=36$ V$)$ 不变时,逐次增加灯泡负载(每只灯为 15 W),测定 U_1、U_2、I_1 和 I_2,即可绘出变压器的外特性,即负载特性曲线 $U_2 = f(I_2)$。

（4）变压器的连接

一只变压器都有 1 个初级绕组和 1 个或多个次级绕组。如果一只变压器有多个次级绕组,那么,在某些情况下,通过改变变压器各绕组端子的联接方式,常可满足一些临时性的需求。

如图 2.2.64 所示的变压器,有两个 8.2 V、0.5 A 的次级绕组。如果想得到一组稍低于 8 V 的电压,用这只变压器(不能拆它)能实现吗？

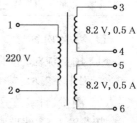

图 2.2.64 变压器的初、次级绕组

要降低(或升高)变压器次级绕组的输出电压,有以下三种方法：

① 降低(或升高)初级输入电压。这需要使用调压器,还受到额定电压的限制。

② 减少(或增加)次级绕组匝数。

③ 增加(或减少)初级绕组匝数。

后两种方法似乎都要拆变压器才能做到。但是,针对上述问题,不拆变压器也能实现：只要把 15 V 绕组串入初级绕组(注意同名端,应头尾相串),再接入 220 V 电源,则变压器的次级绕组的输出电压就会改变。

变压器初、次级绕组的每伏匝数基本上是相同的,设为 n,则该变压器原初级绕组的匝数为 $220n$ 匝,两个次级绕组的匝数分别为 $15n$ 和 $5n$ 匝。把一个次级绕组正串入初级绕组后,初级绕组就变成 $(220+15)n$。当变压器初级绕组的匝数改变时,由于变压器次级绕组的输出电压与初级绕组的匝数成反比,所以将 15 V 绕组串入初级绕组后,5 V 绕组的输出电压 (U_{o1}) 就变为：$U_{o1} = \dfrac{220n}{(220+8.2)n} \times 8.2 = 7.91$(V)。

同理,如果把 15 V 绕组反串入初级绕组,再接入 220 V 电源,则 5 V 绕组的输出电压 (U_{o2}) 就变为：$U_{o2} = \dfrac{220n}{(220-8.2)n} \times 8.2 = 8.52$(V)。

将此变压器的两个次级绕组头尾相串,就可以得到 $U_{o3} = 8.2+8.2 = 16.4$(V) 的次级输出电压。反之,如果将它的两个次级绕组反向串联,其输出电压就成为 $U_{o4} = 8.2-8.2 = 0$(V)。

还可以将两个或多个输出电压相同的次级绕组相并联(注意应同名端相并联),以获得较大的负载电流。本例中,如果将两个次级绕组同相并联,则其负载电流可增至 1 A。

3) 实验设备

实验设备如表 2.2.61 所示。

表 2.2.61 变压器连接及测试实验设备

序 号	名 称	型号与规格	数 量	备 注
1	交流电压表	0~450 V	2	D33
2	交流电流表	0~5 A	2	D32
3	单相功率表		1	D34
4	试验变压器	220 V/36 V 50 VA	1	屏内
5	试验变压器	220 V/15 V 0.3 A, 5 V 0.3 A	1	DG08
6	自耦调压器		1	DG01
7	白炽灯	220 V, 15 W	5	DG08

4) 实验内容

(1) 用交流法判别变压器绕组的同名端

参照图 2.2.62。

(2) 测量、计算变压器参数

按图 2.2.63 线路接线。其中 A、X 为变压器的低压绕组,a、x 为变压器的高压绕组。即电源经屏内调压器接至低压绕组,高压绕组 220 V 接 Z_L 即 15 W 灯组负载(3 只灯泡并联),经指导教师检查后方可进行实验。由各仪表读得变压器原边的 U_1、I_1、P_1 及副边的 U_2、I_2,并用万用表 R×1 挡测出原、副绕组的电阻 R_1 和 R_2,由原理中公式即可算得变压器的各项参数。

(3) 测试变压器外特性曲线

将调压器手柄置于输出电压为 0 的位置(逆时针旋到底),合上电源开关,并调节调压器,使其输出电压为 36 V。令负载开路及逐次增加负载(最多亮 5 个灯泡),分别记下 5 个仪表的读数,记入自拟的数据表格,绘制变压器外特性曲线。实验完毕后将调压器调回零位,断开电源。

当负载为 4 个及 5 个灯泡时,变压器已处于超载运行状态,很容易烧坏。因此,测试和记录应尽量快,总共不应超过 3 min。实验时,可先将 5 只灯泡并联安装好,断开控制每个灯泡的相应开关,通电且电压调至规定值后,再逐一打开各个灯的开关,并记录仪表读数。待开 5 灯的数据记录完毕后,立即用相应的开关断开各灯。

(4) 测试变压器空载特性

将高压侧(副边)开路,确认调压器处在零位后,合上电源,调节调压器输出电压,使 u_1 从 0 逐次上升到 1.2 倍的额定电压(1.2×36 V),分别记下各次测得的 u_1,u_{20} 和 i_{10} 数据,记入自拟的数据表格,用 u_1 和 i_{10} 绘制变压器的空载特性曲线。

(5) 变压器的连接

① 将变压器的 1、2 两端接交流 220 V,测量并记录两个次级绕组的输出电压。

② 将 1、3 两端连通，2、4 两端接交流 220 V，测量并记录 5、6 两端的电压。

③ 将 1、4 两端连通，2、3 两端接交流 220 V，测量并记录 5、6 两端的电压。

④ 将 4、5 两端连通，1、2 两端接交流 220 V，测量并记录 3、6 两端的电压。

⑤ 将 3、5 两端连通，1、2 两端接交流 220 V，测量并记录 4、6 两端的电压。

⑥ 将 3、5 两端连通，4、6 两端连通，1、2 两端接交流 220 V，测量并记录 3、4 两端的电压。

5) 实验注意事项

(1) 本实验是将变压器作为升压变压器使用，并通过调节调压器提供原边电压 u_1，故使用调压器时应首先调至零位，然后才可合上电源。此外，必须用电压表监视调压器的输出电压，防止被测变压器输出过高电压而损坏实验设备，且要注意安全，以防高压触电。

(2) 由负载实验转到空载实验时，要注意及时变更仪表量程。

(3) 由于实验中用到 220 V 交流电源，因此操作时应注意安全。做每个实验和测试之前，均应先将调压器的输出电压调为 0 V，在接好连线和仪表，经检查无误后，再慢慢将调压器的输出电压调到 220 V。测试、记录完毕后立即将调压器的输出电压调为 0 V。

(4) 遇异常情况，应立即断开电源，待处理好故障后，再继续实验。

(5) 图 2.2.64 中，变压器 2 个次级绕组所标注的输出电压是在额定负载下的输出电压。本实验中所测得的各个次级绕组的电压实际上是空载电压，比所标注的电压高。

(6) 实验内容(5)中⑥，必须确保 3、5 端(或 4、6 端)为同名端，否则会烧坏变压器。

(7) 在将一个变压器的各个绕组进行串、并联使用时，应注意以下几个问题：

① 2 个或多个次级绕组即使输出电压不同，均可正向或反向串联使用，但串联后的绕组允许流过的电流应小于等于其中最小的额定电流值。

② 两个或多个输出电压相同的绕组可同相并联使用，并联后的负载电流可增加到并联前各绕组的额定电流之和，但不允许反相并联使用。

③ 输出电压不相同的绕组绝对不允许并联使用，以免由于绕组内部产生环流而烧坏绕组。

④ 有多个抽头的绕组，一般只能取其中一组(任意两个端子)来与其他绕组串联或并联使用。并联使用时，该两端子间的电压应与被并绕组的电压相等。

⑤ 变压器的各绕组之间的串、并联都为临时性或应急性使用。长期性的应用仍应采用规范设计的变压器。

6) 实验前预习思考题

(1) 了解本实验的目的、原理、内容及实验步骤。

(2) 为什么本实验将低压绕组作为原边进行通电实验？此时，在实验过程中应注意什么问题？

(3) 为什么变压器的励磁参数一定是在空载实验加额定电压的情况下求出？

(4) 图 2.2.64 所示变压器的初级额定电流是多少(变压器效率以 85% 计)？

(5) U_{o2} 的计算公式是如何得出的？

(6) 将变压器的不同绕组串联使用时，要注意什么？

7) 实验报告

(1) 写出本实验的实验目的、实验原理、所使用的实验设备、实验内容及步骤。

（2）画出实验电路图。

（3）记录每项实验内容的实验数据。

（4）根据额定负载时测得的数据，计算变压器的各项参数。

（5）根据实验内容，自拟数据表格，绘出变压器的外特性和空载特性曲线。

（6）计算变压器的电压调整率 $\Delta U\% = \dfrac{U_{20} - U_{2N}}{U_{20}} \times 100\%$。

（7）总结变压器几种连接方法及其使用条件。

（8）写出心得体会及其他。

2.2.15　三相交流电路电压和电流的测量

本实验主要测量三相交流电路的电压和电流。

1）实验目的

（1）掌握三相负载作星形连接、三角形连接的方法。

（2）验证这两种接法下线电压、相电压及线电流、相电流之间的关系。

（3）充分理解三相四线供电系统中中线的作用。

2）原理说明

（1）三相负载可接成星形（又称 Y）或三角形（又称△）。

当三相对称负载作 Y 形连接时，线电压 U_L 是相电压 U_p 的 $\sqrt{3}$ 倍。线电流 I_L 等于相电流 I_p，即 $U_L = \sqrt{3} U_p$，$I_L = I_p$。

在这种情况下，流过中线的电流 $I_0 = 0$，所以可以省去中线。

当对称三相负载作 △ 连接时，有 $I_L = \sqrt{3} I_p$，$U_L = U_p$。

（2）不对称三相负载作 Y 连接时，必须采用三相四线制接法，即 Y_0 接法。而且中线必须牢固连接，以保证三相不对称负载的每相电压维持对称不变。

若中线断开，会导致三相负载电压不对称，致使负载轻的那一相的相电压过高，使负载遭受损坏；负载重的一相相电压又过低，使负载不能正常工作。尤其是对于三相照明负载，无条件地一律采用 Y_0 接法。

（3）当不对称负载作 △ 连接时，$I_L \neq \sqrt{3} I_p$，但只要电源的线电压 U_L 对称，加在三相负载上的电压仍是对称的，对各相负载工作没有影响。

3）实验设备

实验设备如表 2.2.62 所示。

表 2.2.62　三相电路电压电流测量实验设备

序　号	名　　称	型号与规格	数　量	备　注
1	交流电压表	0～500 V	1	D33
2	交流电流表	0～5 A	1	D32
3	万用表		1	自备
4	三相自耦调压器		1	DG01
5	三相灯组负载	220 V，15 W 白炽灯	9	DG08
6	电门插座		3	DG09

4) 实验内容

(1) 三相负载星形连接(三相四线制供电)

按图 2.2.65 线路组接实验电路,即三相灯组负载经三相自耦调压器接通三相对称电源。将三相调压器的旋柄置于输出为 0 V 的位置(即逆时针旋到底)。经指导教师检查合格后,方可开启实验台电源,然后调节调压器的输出,使输出的三相线电压为 220 V,按表 2.2.63 所列项目分别测量各种情况下三相负载的线电压、相电压、线电流、中线电流、电源与负载中点间的电压。将所测得的数据记入表 2.2.63 中,并观察各相灯组亮暗的变化程度,特别要注意观察中线的作用。

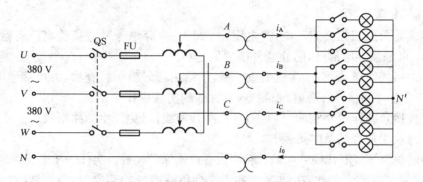

图 2.2.65 三相电路负载星形连接

表 2.2.63 三相电路负载 Y 连接测量数据

实验内容 (负载情况)	开灯盏数			线电流(A)			线电压(V)			相电压(V)			中线电流 I_0 (A)	中点电压 $U_{N'N}$ (V)
	A 相	B 相	C 相	I_A	I_B	I_C	U_{AB}	U_{BC}	U_{CA}	U_{A0}	U_{B0}	U_{C0}		
Y_0 连接平衡负载	3	3	3											×
Y_0 连接不平衡负载	1	2	3											×
Y_0 连接 B 相断开	1		3											×
Y 连接平衡负载	3	3	3										×	
Y 连接不平衡负载	1	2	3										×	
Y 连接 B 相断开	1		3										×	
Y 连接 B 相短路	1		3										×	

(2) 负载△连接(三相三线制供电)

按图 2.2.66 连接线路,经指导教师检查合格后接通三相电源,并调节调压器,使其输出线电压为 220 V,并按表 2.2.64 的内容进行测试。

表 2.2.64 三相电路负载△连接测量数据

负载情况	开灯盏数			线电压 = 相电压(V)			线电流(A)			相电流(A)		
	A-B 相	B-C 相	C-A 相	U_{AB}	U_{BC}	U_{CA}	I_A	I_B	I_C	I_{AB}	I_{BC}	I_{CA}
三相平衡	3	3	3									
三相不平衡	1	2	3									

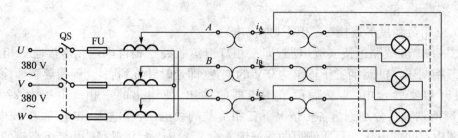

图 2.2.66　三相电路负载△连接

5）实验注意事项

（1）本实验采用三相交流市电，线电压为 220 V，应穿绝缘鞋进实验室。实验时要注意人身安全，不可触及导电部件，防止意外事故发生。

（2）每次接线完毕，同组学生应自查一遍，然后由指导教师检查后，方可接通电源，必须严格遵守先断电、再接线、后通电，先断电、后拆线的实验操作原则。

（3）Y 连接负载作短路实验时，必须首先断开中线，以免发生短路事故。

（4）注意仪表量程的及时更换。

（5）为避免烧坏灯泡，DG08 实验挂箱内设有过压保护装置。当任一相电压＞245～250 V时，即声光报警并跳闸。因此，在做 Y 连接不平衡负载或缺相实验时，所加线电压应以最高相电压＜240 V 为宜。

6）实验前预习思考题

（1）了解本实验的目的、原理、内容及实验步骤。

（2）复习三相交流电路有关内容，试分析三相 Y 连接不对称负载在无中线情况下，当某相负载开路或短路时会出现什么情况？如果接上中线，情况又如何？

（3）三相负载根据什么条件进行 Y 或△连接？

（4）本次实验中为什么要通过三相调压器将 380 V 的市电线电压降为 220 V 的线电压使用？

7）实验报告

（1）写出本实验的实验目的、实验原理、所使用的实验设备、实验内容及步骤。

（2）画出实验电路图。

（3）记录每项实验内容的实验数据。

（4）用实验测得的数据验证对称三相电路中的 $\sqrt{3}$ 关系。

（5）用实验数据和观察到的现象，总结三相四线供电系统中中线的作用。

（6）不对称△连接的负载能否正常工作？实验是否能证明这一点？

（7）根据不对称负载△连接时的相电流值作相量图，并求出线电流值，然后与实验测得的线电流作比较，并进行分析。

（8）进行误差原因分析。

（9）写出心得体会及其他。

2.2.16　三相功率的测量

本实验主要测量三相电路的有功功率及对称三相电路的无功功率。

1）实验目的

(1) 进一步熟练掌握功率表的接线和使用方法。

(2) 掌握用一瓦特表法、二瓦特表法测量三相电路有功功率与无功功率的方法。

2）原理说明

(1) 一瓦特表法

对于三相四线制供电的三相星形连接的负载（即 Y_0 接法），可用一只功率表测量各相的有功功率 P_A、P_B、P_C，则三相负载的总有功功率为 $\sum P = P_A + P_B + P_C$。这就是一瓦特表法，如图 2.2.67 所示。

若三相负载是对称的，则只需测量一相的功率，再乘以 3 即得三相总的有功功率。

(2) 二瓦特表法

三相三线制供电系统中，不论三相负载是否对称，也不论负载是 Y 连接还是△连接，都可用二瓦特表法测量三相负载的总有功功率。测量线路如图 2.2.68 所示。若负载为感性或容性，且当相位差 $\varphi > 60°$ 时，线路中的一只功率表指针将反偏（数字式功率表将出现负读数），这时应将功率表电流线圈的两个端子调换（不能调换电压线圈端子），其读数应记为负值。而三相总功率为 $\sum P = P_1 + P_2$（P_1、P_2 本身不含任何意义）。

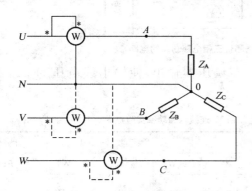

图 2.2.67　一瓦特法测试电路

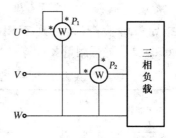

图 2.2.68　二瓦特法测试电路

除图 2.2.68 的 i_U、u_{UW} 与 i_V、u_{VW} 接法外，还有 i_V、u_{UV} 与 i_W、u_{UW} 以及 i_U、u_{UV} 与 i_W、u_{VW} 两种接法。

(3) 无功功率测量

对于三相三线制供电的三相对称负载，可用一瓦特表法测得三相负载的总无功功率 Q，测试原理线路如图 2.2.69 所示。图示功率表读数的 $\sqrt{3}$ 倍，即为对称三相电路总的无功功率。除了此图给出的一种连接法（i_U、u_{VW}）外，还有另外两种连接法，即接成（i_V、u_{UW}）或（i_W、u_{UV}）。

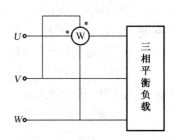

图 2.2.69　无功功率测试电路

3）实验设备

实验设备如表 2.2.65 所示。

表 2.2.65　三相电路功率测量实验设备

序　号	名　　称	型号与规格	数　量	备　注
1	交流电压表	0～500 V	2	D33
2	交流电流表	0～5 A	2	D32
3	单相功率表		2	D34
4	万用表		1	自备
5	三相自耦调压器		1	DG01
6	三相灯组负载	220 V, 15 W 白炽灯	9	DG08
7	三相电容器负载	1 μF、2.2 μF、4.7 μF/500 V	各 3	DG09

4）实验内容

（1）用一瓦特表法测定三相对称 Y_0 连接以及不对称 Y_0 连接负载的总功率 $\sum P$

实验按图 2.2.70 线路接线。线路中的电流表和电压表用以监视该相的电流和电压，不要超过功率表电压和电流的量程。

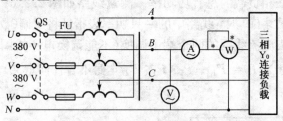

图 2.2.70　一瓦特表法测量三相电路功率的电路

经指导教师检查后，接通三相电源，调节调压器输出，使输出线电压为 220 V，按表 2.2.66 的要求进行测量及计算。

表 2.2.66　一瓦特表法测定三相 Y_0 连接电路功率实验数据

负载情况	开灯盏数			测量数据			计算值
	A 相	B 相	C 相	P_A(W)	P_B(W)	P_C(W)	$\sum P$(W)
Y_0 连接对称负载	3	3	3				
Y_0 连接不对称负载	1	2	3				

首先将 3 只表按图 2.2.70 接入 B 相进行测量，然后分别将 3 只表换接到 A 相和 C 相，再进行测量。

（2）用二瓦特表法测定三相负载的总功率

① 按图 2.2.71 接线，将三相灯组负载接成 Y 连接。经指导教师检查后，接通三相电源，调节调压器的输出线电压为 220 V，按表 2.2.67 的内容进行测量。

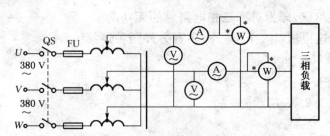

图 2.2.71　二瓦特表法测量三相电路功率的电路

② 将三相灯组负载改成△连接,重复步骤①的测量,数据记入表 2.2.67 中。

表 2.2.67　二瓦特表法测定三相电路功率实验数据

负载情况	开灯盏数			测量数据		计算值
	A 相	B 相	C 相	P_1(W)	P_2(W)	$\sum P$(W)
Y 连接平衡负载	3	3	3			
Y 连接不平衡负载	1	2	3			
△连接不平衡负载	1	2	3			
△连接平衡负载	3	3	3			

③ 将两只瓦特表依次按另外两种接法接入线路,重复步骤①、②的测量(表格自拟)。

(3) 用一瓦特表法测定三相对称 Y 连接负载的无功功率

按图 2.2.72 所示的电路接线。

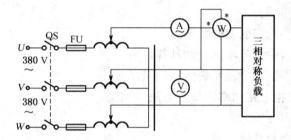

图 2.2.72　一瓦特表法测量三相对称电路无功功率的电路

① 每相负载由白炽灯和电容器并联而成,由开关控制其接入。检查接线无误后,接通三相电源,将调压器的输出线电压调到 220 V,读取 3 个表的读数,并计算无功功率 $\sum Q$,记入表 2.2.68。

② 分别按 i_V、u_{UW} 和 i_W、u_{UV} 接法,重复步骤 ① 的测量,并比较各自的 $\sum Q$ 值。

表 2.2.68　一瓦特表法测定三相对称电路无功功率实验数据

接　法	负载情况	测量值			计算值
		U(V)	I(A)	P(W)	$\sum Q = \sqrt{3} P$
i_U, u_{VW}	(1) 三相对称灯组(每相开 3 盏)				
	(2) 三相对称电容器(每相 4.7 μF)				
	(3) (1)、(2)的并联负载				
i_V, u_{UW}	(1) 三相对称灯组(每相开 3 盏)				
	(2) 三相对称电容器(每相 4.7 μF)				
	(3) (1)、(2)的并联负载				
i_W, u_{VU}	(1) 三相对称灯组(每相开 3 盏)				
	(2) 三相对称电容器(每相 4.7 μF)				
	(3) (1)、(2)的并联负载				

5）实验注意事项

（1）每次实验完毕，均需将三相调压器旋柄调回零位。每次改变接线，均需断开三相电源，以确保人身安全。

（2）注意仪表量程的及时更换。

（3）注意功率表的符号。

6）实验前预习思考题

（1）了解本实验的目的、原理、内容及实验步骤。

（2）复习二瓦特表法测量三相电路有功功率的原理。

（3）复习一瓦特表法测量三相对称负载无功功率的原理。

（4）测量功率时为什么在线路中通常都接有电流表和电压表？

7）实验报告

（1）写出本实验的实验目的、实验原理、所使用的实验设备、实验内容及步骤。

（2）画出实验电路图。

（3）记录每项实验内容的实验数据。

（4）完成数据表格中的各项测量和计算任务。

（5）比较一瓦特表法和二瓦特表法的测量结果。

（6）总结、分析三相电路功率测量的方法与结果。

（7）进行误差原因分析。

（8）写出心得体会及其他。

2.2.17 功率因数和相序的测量

本实验主要测量三相电路的功率因数及相序。

1）实验目的

（1）掌握三相交流电路相序的测量方法。

（2）熟悉功率因数表的使用方法，了解负载性质对功率因数的影响。

2）原理说明

图 2.2.73 为相序指示器电路，用以测定三相电源的相序 A、B、C（或 U、V、W）。它是由 1 个电容器和 2 个电灯连接成的 Y 不对称三相负载电路。如果电容器所接的是 A 相，则灯光较亮的是 B 相，较暗的是 C 相。相序是相对的，任何一相均可作为 A 相。但 A 相确定后，B 相和 C 相也就确定了。

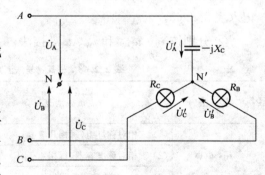

图 2.2.73 相序指示器电路

为了分析问题简单起见，设 $X_C = R_B = R_C = R$，$\dot{U}_A = U_p \angle 0°$，则

$$\dot{U}_{N'N} = \frac{U_p\left(\frac{1}{-jR}\right) + U_p\left(-\frac{1}{2} - j\frac{\sqrt{3}}{2}\right)\left(\frac{1}{R}\right) + U_p\left(-\frac{1}{2} + j\frac{\sqrt{3}}{2}\right)\left(\frac{1}{R}\right)}{-\frac{1}{jR} + \frac{1}{R} + \frac{1}{R}}$$

$$\dot{U}'_B = \dot{U}_B - \dot{U}_{N'N} = U_p\left(-\frac{1}{2}-j\frac{\sqrt{3}}{2}\right)-U_p(-0.2+j0.6)$$

$$= U_p(-0.3-j1.466) = 1.49\angle -101.6°U_p$$

$$\dot{U}'_C = \dot{U}_C - \dot{U}_{N'N} = U_p\left(-\frac{1}{2}+j\frac{\sqrt{3}}{2}\right)-U_p(-0.2+j0.6)$$

$$= U_p(-0.3+j0.266) = 0.4\angle -138.4°U_p$$

由于 $\dot{U}'_B > \dot{U}'_C$，故 B 相灯光较亮。

3）实验设备

实验设备如表 2.2.69 所示。

表 2.2.69　功率因数及相序测量实验设备

序　号	名　　称	型号与规格	数　量	备　注
1	单相功率表			D34
2	交流电压表	0～500 V		D33
3	交流电流表	0～5 A		D32
4	白炽灯组负载	15 W/220 V	3	DG08
5	电感线圈	40 W 镇流器	1	DG09
6	电容器	1 μF, 4.7 μF		DG09

4）实验内容

（1）相序的测定

① 用 220 V、15 W 白炽灯和 1 μF/500 V 电容器，按图 2.2.73 接线，经三相调压器接入线电压为 220 V 的三相交流电源，观察两只灯泡的亮、暗，判断三相交流电源的相序。

② 将电源线任意调换两相后再接入电路，观察两灯的明亮状态，判断三相交流电源的相序。

（2）电路功率 P 和功率因数 $\cos\varphi$ 的测定

按图 2.2.74 接线，按表 2.2.70 所述在 A、B 间接入不同器件，记录 $\cos\varphi$ 表及其他各表的读数，并分析负载性质。

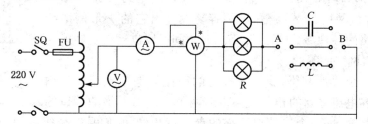

图 2.2.74　测量功率因数的电路

表 2.2.70　功率因数测量实验数据

A、B 间状态	U(V)	U_R(V)	U_L(V)	U_C(V)	I(V)	P(W)	$\cos\varphi$	负载性质
短接								
接入 C								
接入 L								
接入 L 和 C								

注：$C = 4.7$ μF/500 V，L 为 40 W 日光灯镇流器。

5）实验注意事项

（1）每次改接线路都必须先断开电源。

（2）注意仪表量程的及时更换。

6）实验前预习思考题

（1）了解本实验的目的、原理、内容及实验步骤。

（2）根据电路理论，分析图 2.2.73 检测相序的原理。

7）实验报告

（1）写出本实验的实验目的、实验原理、所使用的实验设备、实验内容及步骤。

（2）画出实验电路图。

（3）记录每项实验内容的实验数据。

（4）根据实验数据，分析三相电路相序关系。

（5）分析负载性质与 $\cos\varphi$ 的关系。

（6）根据 U、I、P 三表测定的数据，计算出 $\cos\varphi$，并与 $\cos\varphi$ 表的读数比较，分析误差原因。

（7）写出心得体会及其他。

2.2.18　二端口网络设计和参数测试

本实验主要设计二端口网络并对其参数进行测试。

1）实验目的

（1）加深理解二端口网络的基本理论。

（2）掌握直流二端口网络传输参数的测量技术。

（3）学会设计基本结构的二端口网络。

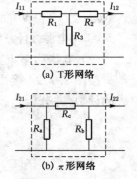

2）原理说明

（1）二端口网络的设计

最简单的二端口网络结构是 T 形网络和 π 形网络，如图 2.2.75 所示。若已知二端口网络的 Z 参数，很容易设计出它的 T 形网络结构；若已知二端口网络的 Y 参数，则很容易设计出它的 π 形网络结构。二端口网络的各种参数（Y、Z、T、H）之间可以进行相互转换。

图 2.2.75　二端口网络

（2）二端口网络的等效

对于任何一个线性网络，我们所关心的往往只是输入端口与输出端口的电压和电流之间的相互关系。若两个二端口网络的端口的电压电流关系相同，这两个二端口网络的参数就相同，它们是完全等效的，此即为"黑盒理论"的基本内容。可以通过实验测定方法求取一个极其复杂的二端口网络的参数，并可以用简单的等值二端口电路来替代原网络。

（3）双端口同时测量法

一个二端口网络两端口的电压和电流共四个变量之间的关系，可以用多种形式的参数方程来表示。若采用输出口的电压 U_2 和电流 I_2 作为自变量，以输入口的电压 U_1 和电流 I_1 作为应

图 2.2.76　无源二端口网络

变量，所得的方程称为二端口网络的传输方程，如图 2.2.76 所示的无源线性二端口网络的

传输方程为：

$$U_1 = AU_2 + BI_2$$

$$I_1 = CU_2 + DI_2 。$$

式中：A、B、C、D 为二端口网络的传输参数，其值完全决定于网络的拓扑结构及各支路元件的参数值。

这 4 个参数表征了该二端口网络的基本特性，它们的含义是：

$$A = \frac{U_{1O}}{U_{2O}} \quad (令\ I_2 = 0，即输出口开路时)$$

$$B = \frac{U_{1S}}{I_{2S}} \quad (令\ U_2 = 0，即输出口短路时)$$

$$C = \frac{I_{1O}}{U_{2O}} \quad (令\ I_2 = 0，即输出口开路时)$$

$$D = \frac{I_{1S}}{I_{2S}} \quad (令\ U_2 = 0，即输出口短路时)$$

由上可知，只要在网络的输入口加上电压，在两个端口同时测量其电压和电流，即可求出 A、B、C、D 这四个参数。

(4) 双端口分别测量法

若要测量一条远距离输电线构成的二端口网络，采用同时测量法就很不方便，这时比较合适的方法是双端口分别测量法。

先在输入口加电压，将输出口开路和短路，在输入口测量电压和电流，由传输方程可得：

$$R_{1O} = \frac{U_{1O}}{I_{1O}} = \frac{A}{C} \quad (令\ I_2 = 0，即输出口开路时)$$

$$R_{1S} = \frac{U_{1S}}{I_{1S}} = \frac{B}{D} \quad (令\ U_2 = 0，即输出口短路时)$$

然后在输出口加电压，将输入口开路和短路，测量输出口的电压和电流。此时可得：

$$R_{2O} = \frac{U_{2O}}{I_{2O}} = \frac{D}{C} \quad (令\ I_1 = 0，即输入口开路时)$$

$$R_{2S} = \frac{U_{2S}}{I_{2S}} = \frac{B}{A} \quad (令\ U_1 = 0，即输入口短路时)$$

式中：R_{1O}、R_{1S}、R_{2O}、R_{2S} 分别表示一个端口开路和短路时另一端口的等效输入电阻，这四个参数中只有三个是独立的(因 $AD - BC = 1$)。

至此，可求出四个传输参数：

$$A = \sqrt{\frac{R_{1O}}{R_{2O} - R_{2S}}}$$

$$B = R_{2S}A$$

$$C = \frac{A}{R_{1O}}$$

$$D = R_{2O}C$$

（5）二端口网络级联后的等效二端口网络的传输参数测量

二端口网络级联后的等效二端口网络的传输参数亦可采用前述方法之一求得。从理论推得两个二端口网络级联后的传输参数与每一个参加级联的二端口网络的传输参数之间有如下的关系：

$$A = A_1A_2 + B_1C_2$$
$$B = A_1B_2 + B_1D_2$$
$$C = C_1A_2 + D_1C_2$$
$$D = C_1B_2 + D_1D_2$$

3）实验设备

实验设备如表 2.2.71 所示。

表 2.2.71　二端口网络参数测试及设计实验设备

序　号	名　　　称	型号与规格	数　量	备　注
1	可调直流稳压电源	0～30 V	1	DG04
2	数字直流电压表	0～200 V	1	D31
3	数字直流毫安表	0～200 mA	1	D31
4	二端口网络实验电路板		1	DG05
5	无源元件			DG09

4）实验内容

（1）设计一个互易二端口网络

① 给定二端口网络的 Z 参数（$Z_{12} = Z_{21}$），设计出它的 T 形网络结构。

② 给定二端口网络的 Y 参数（$Y_{12} = Y_{21}$），设计出它的 π 形网络结构。

③ 给定二端口网络的 T 参数（$AD - BC = 1$），将它转换为 Y、Z 参数，设计出它的 T 形、π 形网络结构。

（2）测试所设计电路的 T 参数

电路如图 2.2.77 所示，将直流稳压电源的输出电压调到 10 V，作为二端口网络的输入。按同时测量法分别测定两个二端口网络的端口电压、电流，数据记入表 2.2.72 中，并计算传输参数 A_1、B_1、C_1、D_1 和 A_2、B_2、C_2、D_2，列出它们的传输方程。

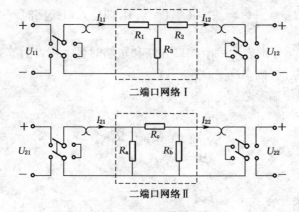

图 2.2.77　测试 T 参数的电路

表 2.2.72　二端口网络参数测试实验数据

		测　量　值			实际电路计算值	
二端口网络 I	输出端开路 $I_{12}=0$	U_{11O}(V)	U_{12O}(V)	I_{11O}(mA)	A_1	C_1
	输出端短路 $U_{12}=0$	U_{11S}(V)	I_{11S}(mA)	I_{12S}(mA)	B_1	D_1
		测　量　值			实际电路计算值	
二端口网络 II	输出端开路 $I_{22}=0$	U_{21O}(V)	U_{22O}(V)	I_{21O}(mA)	A_2	C_2
	输出端短路 $U_{22}=0$	U_{21S}(V)	I_{21S}(mA)	I_{22S}(mA)	B_2	D_2

（3）将如图 2.2.77 所示的两个二端口电路网络级联,即将网络 I 的输出接至网络 II 的输入。用两端口分别测量法测量级联后等效二端口网络的传输参数 A、B、C、D,数据记入表 2.2.73 中,并验证等效二端口网络传输参数与级联的两个二端口网络传输参数之间的关系。

表 2.2.73　二端口网络级联参数测试实验数据

输出端开路 $I_2=0$			输出端短路 $U_2=0$			计算传输参数
U_{1O}(V)	I_{1O}(mA)	R_{1O}(kΩ)	U_{1S}(V)	I_{1S}(mA)	R_{1S}(kΩ)	$A=$
						$B=$
输入端开路 $I_1=0$			输入端短路 $U_1=0$			$C=$
U_{2O}(V)	I_{2O}(mA)	R_{2O}(kΩ)	U_{2S}(V)	I_{2S}(mA)	R_{2S}(kΩ)	$D=$

5）实验注意事项

（1）用电流插头插座测量电流时,要注意判别电流表的极性及选取适合的量程(根据所给的电路参数,估算电流表量程)。

（2）计算传输参数时,I、U 均取其正值。

6）实验前预习思考题

（1）了解本实验的目的、原理、内容及实验步骤。

（2）试述双端口网络同时测量法与分别测量法的测量步骤、优缺点及其适用情况。

（3）本实验方法可否用于交流双端口网络的测定？可否用于含受控源的网络？

（4）了解 T 形结构二端口网络的 Z 参数计算公式,π 形结构二端口网络的 Y 参数计算公式,二端口网络的 T 参数、Y 参数、Z 参数之间转换公式。

（5）了解二端口网络级联 T 参数等效公式,计算设计的两个二端口网络级联时的 T 参数。

7）实验报告

（1）写出本实验的实验目的、实验原理、所使用的实验设备、实验内容及步骤。

（2）画出实验电路图。

（3）记录每项实验内容的实验数据。

（4）完成对数据表格的计算任务。

（5）列写参数方程。

（6）验证级联后等效双口网络的传输参数与级联的两个双端口网络传输参数之间的关系。

（7）总结、归纳双端口网络的测试技术。

（8）回答预习思考题(4)、(5)。

（9）写出心得体会及其他。

2.2.19　负阻抗变换器及其应用

本实验主要测试负阻抗变换器的伏安特性、阻抗变换相位特性、阻抗等效变换。

1）实验目的

（1）获得负阻抗器件的感性认识,学习测量有源器件的特性。

（2）了解负阻抗变换器的组成原理及其应用。

（3）掌握对含有负阻的电路分析研究方法。

（4）掌握负阻抗器件的各种测试方法。

（5）巩固和提高实验基本技能。

2）原理说明

（1）负阻抗变换器

负阻抗变换器是一个二端口网络,当在它的输出端接入任意一个无源阻抗元件后,在它的输入端就可以等效为一个负的阻抗元件。负电阻及其伏安特性曲线如图 2.2.78 所示。

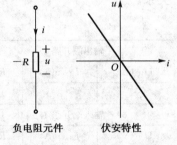

图 2.2.78　负电阻元件及其伏安特性

负阻抗是电路理论中的一个重要的基本概念,在工程实践中有广泛的应用。有些非线性元件（如隧道二极管）在某个电压或电流范围内具有负阻特性。除此之外,一般都由一个有源双口网络来形成一个等效的线性负阻抗,该网络由线性集成电路或晶体管等元器件组成。

分析含负阻抗元件的电路仍可沿用电路的一些基本定理和运算规则。

按有源网络输入电压电流与输出电压电流的关系,负阻抗变换器可分为电流倒置型（INIC）和电压倒置形（VNIC）两种,其示意图如图 2.2.79 所示。

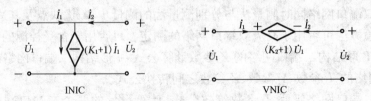

图 2.2.79　负阻抗变换器示意图

（2）负阻抗变换器的端口特性

在理想情况下,负阻抗变换器的电压、电流关系为：

INIC 型：$\dot{U}_2 = \dot{U}_1$，$\dot{I}_2 = K_1\dot{I}_1$（K_1 为电流增益）。

VNIC 型：$\dot{U}_2=-K_2\dot{U}_1$，$\dot{I}_2=-\dot{I}_1$（K_2 为电压增益）。

（3）电路组成

本实验用线性运算放大器组成，如图 2.2.80 所示的
INIC 电路，在一定的电压、电流范围内可获得良好的线性度。

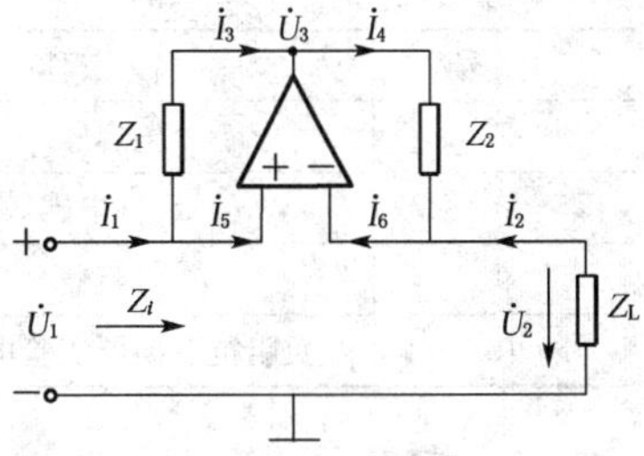

（4）负阻抗变换器逆变阻抗作用

负阻抗变换器能实现容性阻抗和感性阻抗的逆变。

根据运算放大器理论可知：$\dot{U}_1=\dot{U}_+=\dot{U}_-=\dot{U}_2$，又
$\dot{I}_5=\dot{I}_6=0$，$\dot{I}_1=\dot{I}_3$，$\dot{I}_2=-\dot{I}_4$，

图 2.2.80　负阻抗变换器电路

$$Z_i=\frac{\dot{U}_1}{\dot{I}_1},\quad \dot{I}_3=\frac{\dot{U}_1-\dot{U}_3}{Z_1},\quad I_4=\frac{\dot{U}_3-\dot{U}_2}{Z_2}=\frac{\dot{U}_3-\dot{U}_1}{Z_2}$$

$$\dot{I}_4Z_2=-\dot{I}_3Z_1,\quad -\dot{I}_2Z_2=-\dot{I}_1Z_1,\quad \frac{\dot{U}_2}{Z_L}Z_2=-\dot{I}_1Z_1$$

因此，

$$\frac{\dot{U}_2}{\dot{I}_1}=\frac{\dot{U}_1}{\dot{I}_1}=Z_i=-\frac{Z_1}{Z_2}Z_L=-KZ_L$$

式中：$K=\dfrac{Z_1}{Z_2}$。

当 $Z_1=R_1=R_2=Z_2=1\,\text{k}\Omega$ 时，$K=\dfrac{Z_1}{Z_2}=\dfrac{R_1}{R_2}=1$。

① 若 $Z_L=R_L$ 时，$Z_i=-KZ_L=-R_L$；

② 若 $Z_L=\dfrac{1}{j\omega C}$ 时，$Z_i=-KZ_L=-\dfrac{1}{j\omega C}=j\omega L\left(\text{令 }L=\dfrac{1}{\omega^2C}\right)$；

③ 若 $Z_L=j\omega L$ 时，$Z_i=-KZ_L=-j\omega L=\dfrac{1}{j\omega C}\left(\text{令 }C=\dfrac{1}{\omega^2L}\right)$。

②、③两项表明，负阻抗变换器可实现容性阻抗和感性阻抗的互换。

（5）负阻抗变换器元件 $-Z$ 和普通的无源 R、L、C 元件 Z 串、并联连接时，等值阻抗的
计算方法与无源元件的串、并联公式相同，即对于串联连接有：$Z_{串}=-Z+Z'$；对于并联连接
有：$Z_{并}=\dfrac{-ZZ'}{-Z+Z'}$。

3）实验设备

实验设备如表 2.2.74 所示。

表 2.2.74　负阻抗变换器测试实验设备

序　号	名　　称	型号与规格	数　量	备　注
1	直流稳压电源	0～30 V	1	DG04
2	低频信号发生器		1	DG03
3	直流数字电压表、毫安表	0～200 V，0～200 mA	各 1	D31
4	交流毫伏表	0～600 V	1	D83
5	双踪示波器		1	自备
6	可变电阻器箱	0～9 999.9 Ω	1	DG09

序　号	名　称	型号与规格	数　量	备　注
7	电容器	$0.1\,\mu F$	1	DG09
8	线性电感	100 mH	1	DG09
9	电阻器	$200\,\Omega$, $1\,k\Omega$		DG09
10	负阻抗变换器实验电路板			DG04 或 DG06

4）实验内容

（1）测量负电阻器伏安特性，计算电流增益 K 及等值负阻。实验线路见图 2.2.80。将实验挂箱上 INIC 实验板右下部的两个插孔短接。U_1 接直流可调稳压电源，Z_L 接 DG09 挂箱上的电阻箱。

① 取 $R_L = 300\,\Omega$（取自电阻器箱）。测量不同 U_1 时的 I_1 值。U_1 取 $0.1 \sim 2.5\,V$（非线性部分应多测几点，下同），数据记入表 2.2.75 中。

② 令 $R_L = 600\,\Omega$，重复上述测量（U_1 取 $0.1 \sim 4.0\,V$），数据记入表 2.2.75 中。

③ 计算等效负阻和电流增益。

④ 绘制负阻的伏安特性曲线 $U_1 = f(I_1)$。

表 2.2.75　负电阻伏安特性测试实验数据

$R_L = 300\,\Omega$	U_1 (V)						
	I_1 (mA)						
	R (kΩ)						
$R_L = 600\,\Omega$	U_1 (V)						
	I_1 (mA)						
	R (kΩ)						

（2）阻抗变换及相位观察。见图 2.2.81。图中 b、c 即为 DG04 或 DG06 挂箱上 INIC 线路板左下部的两个插孔。接线时，信号源的高端接 a，低（"地"）端接 b，双踪示波器的"地"端接 b，Y_A、Y_B 分别接 a、c。图中的 R_S 为电流取样电阻。因为电阻两端的电压波形与流过电阻的电流波形同相，所以用示波器观察 R_S 上的电压波形就反映了电流 i_1 的相位。

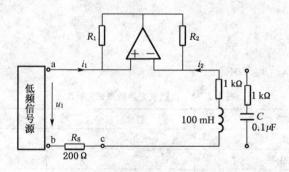

图 2.2.81　阻抗变换和相位观察用电路

① 调节低频信号使 $U_1 \leqslant 3\,V$，改变信号源频率 $f = 500 \sim 2\,000\,Hz$，用双踪示波器观察 u_1 与 i_1 的相位差，判断是否具有容抗特征。

② 用 0.1 μF 电容器代替 L, 重复步骤 1, 观察是否具有感抗特征。

（3）验证负阻抗变换器元件和普通的无源 R、L、C 元件 Z 串、并联连接时, 等值阻抗的计算方法与无源元件的串、并联公式相同。

5）实验注意事项

（1）整个实验过程中应使 $U_1 = 0 \sim 1 \text{V}$。

（2）注意防止运算放大器输出端短路。

（3）本实验内容的接线较多, 应仔细检查, 特别是信号源与示波器的低端不可接错。

6）实验前预习思考题

（1）了解本实验的目的、原理、内容及实验步骤。

（2）复习负阻抗变换器的端口特性及作用。

（3）负阻抗变换器发出功率还是吸收功率?

7）实验报告

（1）写出本实验的实验目的、实验原理、所使用的实验设备、实验内容及步骤。

（2）画出实验电路图。

（3）记录每项实验内容的实验数据。

（4）完成计算与绘制特性曲线。

（5）总结对 INIC 的认识。

（6）在用电压表、电流表测量负阻抗阻值和具有负内阻电压源的伏安特性时, 有哪些因素会引起测量误差?

（7）写出心得体会及其他。

2.2.20 回转器及其应用

本实验主要测试回转器的伏安特性曲线。

1）实验目的

（1）研究回转器的特性。

（2）学习回转器基本参数的测试方法。

（3）了解回转器的应用。

（4）加深对并联谐振电路特性的理解。

2）原理说明

（1）回转器是一种有源非互易的新型两端口网络元件, 电路符号及其等效电路如图 2.2.82(a)、(b)所示。

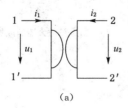
（a）

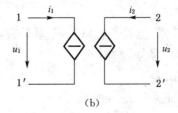
（b）

图 2.2.82　回转器电路

理想回转器的导纳方程如下：

$$\begin{vmatrix} i_1 \\ i_2 \end{vmatrix} = \begin{vmatrix} 0 & g \\ -g & 0 \end{vmatrix} \begin{vmatrix} u_1 \\ u_2 \end{vmatrix}$$

或写成：

$$i_1 = gu_2, \quad i_2 = -gu_1$$

也可写成电阻方程：

$$\begin{vmatrix} u_1 \\ u_2 \end{vmatrix} = \begin{vmatrix} 0 & -R \\ R & 0 \end{vmatrix} \begin{vmatrix} i_1 \\ i_2 \end{vmatrix}$$

或写成：

$$u_1 = -Ri_2, \quad u_2 = Ri_1$$

式中：g 和 R 分别为回转电导和回转电阻，统称为回转常数。

（2）回转器作为阻抗逆变器：若在 2—$2'$ 端接一电容负载 C，则从 1—$1'$ 端看进去就相当于一个电感，即回转器能把一个电容元件"回转"成一个电感元件；相反，也可以把一个电感元件"回转"成一个电容元件。

2—$2'$ 端接有 C 后，从 1—$1'$ 端看进去的导纳 Y_i 为：

$$Y_i = \frac{I_1}{U_1} = \frac{gU_2}{-\dfrac{I_2}{g}} = \frac{-g^2 U_2}{I_2}$$

由于

$$\frac{U_2}{I_2} = -Z_L = \frac{1}{j\omega C}$$

所以，

$$Y_i = \frac{g^2}{j\omega C} = \frac{1}{j\omega L}$$

式中：$L = \dfrac{C}{g^2}$ 为等效电感。

由于回转器有阻抗逆变作用，在集成电路中得到重要的应用。因为在集成电路制造中，制造电容元件比制造电感元件容易得多，所以可用一个带有电容负载的回转器来获得数值较大的电感。

（3）由运算放大器组成的回转器电路如图 2.2.83 所示。

（4）用回转器、电容器可以组成 RLC 并联谐振电路，如图 2.2.86 所示。

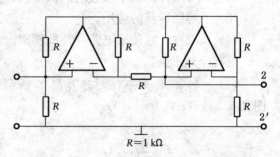

图 2.2.83　由运算放大器组成的回转器电路

　3）实验设备

实验设备如表 2.2.76 所示。

表 2.2.76　电回转器及其应用实验设备

序　号	名　　称	型号与规格	数　量	备　注
1	低频信号发生器		1	DG03
2	交流毫伏表	0~600 V	1	
3	双踪示波器		1	自备
4	可变电阻器箱	0~99 999.9 Ω	1	DG09
5	电容器	0.1 μF，1 μF	1	DG09
6	电阻器	1 kΩ	1	DG09
7	回转器实验电路板		1	DG04 或 DG06

4）实验内容

（1）测试回转器的外特性

实验线路如图 2.2.84 所示。R_S 跨接于 DG06 挂箱中 G 线路板左下部的两个插孔间。在图 2.2.84 的 2—2′端接纯电阻负载（电阻器箱），信号源频率固定在 1 kHz，信号源电压≤3 V。

用交流毫伏表测量不同负载电阻 R_L 时的 U_1、U_2 和 U_{RS}，并计算相应的电流 I_1、I_2 和回转常数 g，一并记入表 2.2.77 中。

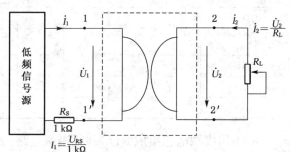

图 2.2.84　测试回转器端口特性的电路

表 2.2.77　测试回转器端口特性实验数据

R_L (kΩ)	测　量　值			计　　算　　值				
	U_1(V)	U_2(V)	U_{RS}(V)	I_1(mA)	I_2(V)	$g' = \dfrac{I_1}{U_2}$	$g'' = \dfrac{I_2}{U_1}$	$g = \dfrac{g' + g''}{2}$
0.5								
1								
1.5								
2								
3								
4								
5								

（2）用双踪示波器观察回转器输入电压与输入电流之间的相位关系。按图 2.2.85 接线。信号源的高端接 1 端，低（"地"）端接 M，示波器的"地"端接 M，Y_A、Y_B 分别接 1、1′端。

在 2-2′端接电容负载 $C = 0.1\ \mu F$，取信号电压 $U \leqslant 3\ V$，频率 $f = 1\ kHz$。观察 i_1 与 u_1 之间的相位关系，是否具有感抗特征。

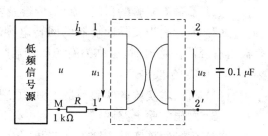

图 2.2.85　观察输入、输出之间相位关系的电路

（3）测量等效电感

线路同（2）（不接示波器）。取低频信号源输出电压 $U \leqslant 3\,\mathrm{V}$，并保持恒定。用交流毫伏表测量不同频率时的 U_1、U_2、U_R 值，并算出 $I_1 = \dfrac{U_\mathrm{R}}{1\,\mathrm{k\Omega}}$，$g = \dfrac{I_1}{U_2}$，$L' = \dfrac{U_1}{2\pi f I_1}$，$L = \dfrac{C}{g^2}$ 及误差 $\Delta L = L' - L$，一并记入表 2.2.78 中，分析 U、U_1、U_R 之间的相量关系。

表 2.2.78　等效电感的测量数据

参　　数	0.2 kHz	0.4 kHz	0.6 kHz	0.8 kHz	1.0 kHz	1.2 kHz	1.4 kHz	1.6 kHz	1.8 kHz	2.0 kHz
$U_2(\mathrm{V})$										
$U_1(\mathrm{V})$										
$U_\mathrm{R}(\mathrm{V})$										
$I_1(\mathrm{mA})$										
$g\left(\dfrac{1}{\Omega}\right)$										
$L'(\mathrm{H})$										
$L(\mathrm{H})$										
$\Delta L = L' - L(\mathrm{H})$										

（4）用模拟电感组成 RLC 并联谐振电路。用回转器作电感器，与电容器 $C = 1\,\mu\mathrm{F}$ 构成并联谐振电路，如图 2.2.86 所示。取 $U \leqslant 3\,\mathrm{V}$ 并保持恒定，在不同频率时用交流毫伏表测量 1—1′ 端的电压 U_1，并找出谐振频率。记录数据，表格自拟。

5）实验注意事项

（1）实验过程中要防止运算放大器输出对地短路。

（2）回转器的正常工作条件是 u 或 u_1、i_1 的波形必须是正弦波。为避免运算放大器进入饱和状态使波形失真，所以输入电压不宜过大（一般不超过 2 V）。

（3）实验过程中，示波器及交流毫伏表电源线应使用两线插头。

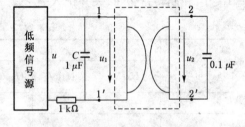

图 2.2.86　用回转器作为电感器构成 RLC 并联谐振电路

（4）用模拟电感做并联谐振实验时，注意随时用示波器监视回转器的端口电压，若出现非正弦波形时，应排除故障后再进行实验。

（5）注意正弦信号源和示波器公共地点的正确选取。

6）实验前预习思考题

（1）了解本实验的目的、原理、内容及实验步骤。

（2）为什么当实际回转器的回转电导不相等时，该回转器称为有源回转器？理想回转器由有源器件构成时，也称为有源回转器吗？

7）实验报告

（1）写出本实验的实验目的、实验原理、所使用的实验设备、实验内容及步骤。

（2）画出实验电路图。

（3）记录每项实验内容的实验数据。

（4）完成各项规定的实验计算、绘曲线等。

（5）回答预习思考题 2。

（6）从各实验结果中总结回转器的性质、特点和应用。

（7）写出心得体会及其他。

2.3 设计性实验

设计性实验的主要类型有：

（1）同一个任务采用不同的元器件和电路来实现，目的是通过比较不同的途径方法，分析优缺点，理解各个电路的性质内涵。

（2）给定电路和指标要求进行功能的变化或改进。

（3）规定设计题目和指标性能要求，自拟电路和元器件。

2.3.1 电路电位的研究

1）实验目的

（1）初步掌握实验电路的设计思想和分析方法，能正确选择实验设备和元器件，对自己设计的实验电路进行电位的研究。

（2）学习研究电路中电位的测量方法，进一步理解电路电位的概念。

2）设计原理

在测量电路中各点电位时，需要确定一个参考点，并规定此参考点电位为 0。电路中某一点的电位就等于该点与参考点之间的电压值。由于所选参考点不同，电路中各点的电位值将随参考点的不同而不同，所以电位是一个相对的物理量，即电位的大小和极性与所选参考点有关。

电压是指电路中任意两点之间的电位差值。它的大小和极性与参考点的选择是无关的。一旦电路结构及参数一定，电压的大小和极性即为定值。

本实验应通过对不同参考点时电路各点电位及电压的测量和计算，验证上述关系。

3）设计要求

设计一个含不超过 3 个电压源、不超过 6 个电阻器的直流电路，能实现电压和电位的测量。注意：要尽量选择标准阻值的电阻器；合理选择直流稳压源的大小，电路中电压不要超过电压表量程。

4）设计参考仪器及设备

（1）双路直流稳压电源 1 台；

（2）直流电压表 1 块；

（3）电阻器若干；

（4）导线若干。

5）设计报告的要求

（1）根据设计要求和实验室提供的器材，确定实验方案，画出实验电路，确定电压源和电阻器的参数值。计算出不同参考点时电路各点的电位及电压值。

（2）拟出实验步骤，测量不同参考点时电路各点的电位及电压，设计数据表格，记录实验数据。

（3）与电路各点电位及电压的理论值对比，进行误差分析。

（4）总结电压与电位的不同特点和不同测量方法。

2.3.2　线性有源二端网络等效参数的测定

1）实验目的

（1）加深对戴维宁定理和诺顿定理的理解。

（2）学习总结线性有源二端网络等效参数的测量方法。

（3）能自拟实验方案，正确选择实验设备，合理设计电路，提高分析和解决问题的能力。

2）设计原理

（1）任何一个线性含源网络，如果仅研究其中一条支路的电压和电流，则可将电路的其余部分看做是一个有源二端网络（或称为含源一端口网络），如图 2.3.1(a) 所示。

戴维南定理指出：任何一个线性有源网络，总可以用一个电压源与一个电阻器的串联来等效代替，此电压源的电动势 U_S 等于这个有源二端网络的开路电压 U_{OC}，其等效内阻 R_0 等于该网络中所有独立源均置零（理想电压源视为短接，理想电流源视为开路）时的等效电阻，如图 2.3.1(b) 所示。

诺顿定理指出：任何一个线性有源网络，总可以用一个电流源与一个电阻器的并联组合来等效代替，此电流源的电流 I_S 等于这个有源二端网络的短路电流 I_{SC}，其等效内阻 R_0 定义同戴维南定理，如图 2.3.1(c) 所示。

$U_{OC}(U_S)$ 和 R_0 或者 $I_{SC}(I_S)$ 和 R_0 称为有源二端网络的等效参数。

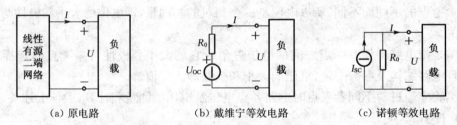

（a）原电路　　　　　　（b）戴维宁等效电路　　　　　（c）诺顿等效电路

图 2.3.1　线性有源二端网络等效原理

（2）有源二端网络等效参数的测量方法

① 开路电压、短路电流法测量 R_0

在有源二端网络输出端开路时，用电压表直接测量其输出端的开路电压 U_{SC}，然后再将其输出端短路，用电流表测量其短路电流 I_{SC}，则等效内阻为：

$$R_0 = \frac{U_{OC}}{R_0}$$

如果二端网络的内阻很小，若将其输出端口短路，则易损坏其内部元件，因此不宜用此法。

② 伏安法测量 R_0

用电压表、电流表测出有源二端网络的外特性曲线，如图 2.3.2 所示。根据外特性曲线求出斜率 $\tan\varphi$，则内阻为：

$$R_0 = \tan \varphi = \frac{\Delta U}{\Delta I} = \frac{U_{OC}}{I_{SC}}$$

也可以先测量开路电压 U_{OC}，再测量电流为额定值 I_N 时的输出端电压值 U_N，则内阻为：

$$R_0 = \frac{U_{OC} - U_N}{I_N}$$

③ 半电压法测量 R_0

如图 2.3.3 所示，当负载电压为被测网络开路电压的一半时，负载电阻（由电阻器箱的读数确定）即为被测有源二端网络的等效内阻值。

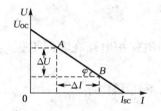
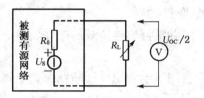

图 2.3.2　有源二端网络外特性曲线　　　图 2.3.3　半电压法测量 R_0 的电路

④ 零示法测量 U_{OC}

在测量具有高内阻有源二端网络的开路电压时，用电压表直接测量会造成较大的误差。为了消除电压表内阻的影响，往往采用零示测量法，如图 2.3.4 所示。

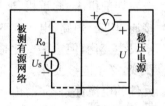

图 2.3.4　零示测量法测量 R_0 的电路

零示法测量原理是用一低内阻的稳压电源与被测有源二端网络进行比较，当稳压电源的输出电压与有源二端网络的开路电压相等时，电压表的读数将为 0。然后将电路断开，测量此时稳压电源的输出电压，即为被测有源二端网络的开路电压。

3) 设计要求

（1）根据实验室提供的器材确定实验方案，拟出每项实验任务中的具体线路，确定实验中所有电源的大小，测量网络的端口伏安特性曲线，要求含 $I = \frac{1}{2}I_{SC}$ 的数据点不少于 5 个测量点。

（2）设计两种可行的实验方法测量有源二端网络开路电压 U_{OC} 和等效电阻 R_0。

（3）根据测出的最佳 U_{OC} 和 R_0 值，组成有源二端网络的等效实验电路，测量其端口伏安特性，绘制曲线。

（4）设计时注意选择标准阻值的电阻器，选择电源的大小不要使电路中的电流超过电流表的量程和电阻允许通过值。

4) 设计参考仪器及设备

（1）直流稳压电源 1 台；

（2）直流恒流源 1 台；

（3）直流电流表 1 只；

（4）直流毫安表 1 只；

（5）单刀双掷开关 2 个；

(6) 电阻器箱;

(7) 可调变阻器 1 个。

5) 设计报告的要求

(1) 根据设计要求,画出设计的实验线路,拟出实验步骤,整理数据并分析误差。

(2) 在同一坐标平面上作出有源二端网络等效前后的外特性曲线,并加以比较。

(3) 如何理解等效概念。

(4) 设计总结。

2.3.3 感性负载断电保护电路的设计

1) 实验目的

(1) 了解并掌握感性负载的工作特性,了解其断电保护电路在实际工程应用中的作用与意义。

(2) 学会用所学知识设计断路保护电路,并调试、测量该电路。

2) 设计原理

(1) 现在普遍使用的电器大多为感性负载,例如各类感应电动机广泛地用来驱动各种金属切削机床、起重机、锻压机、铸造机械等。这类感性负载在生产过程中经常要发生电路接通、切断、短路、电压改变或参数改变等,也就是发生换路以满足各种需要,使电路中的能量发生变化,但这种变化是不能跃变的。根据换路定律,当换路时,电感元件中的电流不能跃变,必须连续变化。图 2.3.5 为简单的感性负载工作电路,当负载突然断电时,流过电感元件的电流保持不变,由于没有续流电路,迫使电流流过理论上电阻无穷大的空间,从而在电感元件两端产生很大的危险电压。

(2) 断电保护电路是消除感性负载由于断电产生危险电压的一个有效措施,如图 2.3.6 所示。根据实际工作需要,要求断电保护电路在负载正常工作时不作用,尽量不影响、不改变原电路的正常工作状态。一旦负载断电,保护电路立即提供一个感性负载的续流通路,保证电感元件两端不产生过高的危险电压,保护设备和人身安全。

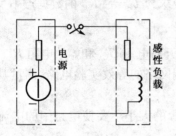

图 2.3.5　简单感性负载电路

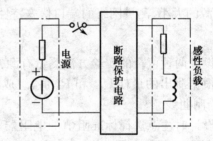

图 2.3.6　具有断电保护的感性负载

3) 设计要求

(1) 参考相关资料,设计具有实际意义的感性负载断电保护电路,说明相应的工作原理。

(2) 画出设计线路,确定元件参数,注意选择标称电阻。

(3) 在实验台上调试电路,验证设计电路的正确性。

4）设计参考仪器及设备

（1）交流电源；

（2）电阻器；

（3）感性负载；

（4）断路器；

（5）二极管。

5）设计报告的要求

（1）论述感性负载断电保护电路设计原理及工程意义。

（2）详细给出实验测试报告。

（3）总结设计、实验体会。

2.3.4　延迟开关的设计

1）实验目的

（1）培养综合设计能力以及理论联系实际的能力。

（2）培养独立设计实验电路的能力。

2）设计原理

（1）电路的暂态过程

图 2.3.7(b)所示的一阶 RC 电路的零输入响应和零状态响应分别按指数规律衰减和增长,其变化的快慢决定于电路的时间常数 τ。

时间常数 τ 的测定方法如下:用示波器测量零输入响应的波形如图 2.3.7(a)所示。根据一阶微分方程的求解得知:

$$u_C = U_m e^{-\frac{t}{RC}} = U_m e^{-\frac{t}{\tau}}$$

当 $t = \tau$ 时,$u_C(\tau) = 0.368U_m$。此时所对应的时间就等于 τ。亦可用零状态响应波形增加到 $0.632U_m$ 所对应的时间测得,如图 2.3.7(c)所示。

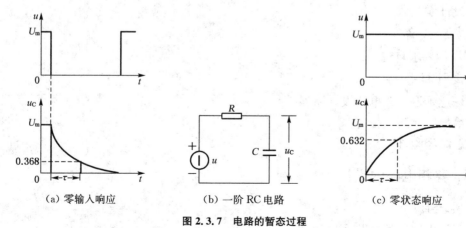

（a）零输入响应　　　　　　（b）一阶 RC 电路　　　　　　（c）零状态响应

图 2.3.7　电路的暂态过程

（2）微分电路和积分电路

微分电路和积分电路是一阶 RC 电路中较典型的电路,它对电路元件参数和输入信号的周期有着特定的要求。一个简单的 RC 串联电路,在方波序列脉冲的重复激励下,当满足 $\tau = RC \ll T/2$ 时(T 为方波脉冲的重复周期),且由 R 两端的电压作为响应输出,有

$$u_{\mathrm{o}}(t) = u_{\mathrm{R}} = Ri = RC \frac{\mathrm{d}u_{\mathrm{C}}}{\mathrm{d}t} \approx RC \frac{\mathrm{d}u_{\mathrm{o}}}{\mathrm{d}t}$$

因为此时电路的输出信号电压与输入信号电压的微分成正比,则该电路就是一个微分电路,如图 2.3.8(a)所示。利用微分电路可以将方波转变成尖脉冲。

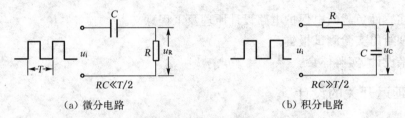

(a) 微分电路　　　　　　　　　　　　　(b) 积分电路

图 2.3.8　微分电路和积分电路

若将图 2.3.8(a)中的 R 与 C 位置调换一下,如图 2.3.8(b)所示,由 C 两端的电压作为响应输出,且当电路的参数满足 $\tau = RC \gg T/2$,有

$$u_{\mathrm{o}} = u_{\mathrm{C}} = \frac{1}{C}\int i_{\mathrm{C}} \mathrm{d}t = \frac{1}{RC}\int u_{\mathrm{R}} \mathrm{d}t \approx \frac{1}{RC}\int u_{\mathrm{S}} \mathrm{d}t$$

则该 RC 电路称为积分电路。因为此时电路的输出信号电压与输入信号电压的积分成正比。利用积分电路可以将方波转变成三角波。

3) 设计要求

(1) 设计一个延迟开关,要求开关延迟时间分别为 30 秒、1 分钟、3 分钟任意选择。

(2) 用所设计延迟开关,改装为即时开关,延迟点亮或熄灭显示灯。

(3) 拟出设计方案,画出设计电路,确定元件参数。

(4) 拟定实验步骤。

(5) 设计实验数据表格。

4) 实验设备

根据设计要求自选。

5) 设计报告的要求

(1) 综述延迟开关电路设计原理。

(2) 给出实验测试报告。

(3) 总结经验、体会。

2.3.5　移相电路的设计

1) 实验目的

(1) 了解电容器的超前、滞后特性。

(2) 熟悉运算放大器的基本应用。

(3) 学会利用运算放大器设计超前移相电路和滞后移相电路。

2）设计原理

移相电路是利用电容器对输入信号的超前和滞后作用进行工作的，常用于控制系统的校正网络。由于采用无源校正网络进行串联校正时，整个系统的开环增益要下降，因此需要运算放大器提高增益加以补偿。所以对相位校正网络的相频分析和幅频分析是很重要的。

（1）一阶超前网络

一阶超前网络如图 2.3.9 所示，该网络的传递函数为：

$$H(s) = \frac{U_2(s)}{U_1(s)} = \frac{1}{\alpha} \cdot \frac{1+\alpha Ts}{1+Ts}$$

式中：$s = j\omega$；$\alpha = \dfrac{R_1+R_2}{R_2} > 1$；$T = \dfrac{R_1 R_2}{R_1+R_2}C$。

最大超前角 φ_m 及最大超前角频率 ω_m 分别为：

$$\varphi_m = \arcsin\frac{\alpha-1}{\alpha+1}$$

$$\omega_m = \frac{1}{T\sqrt{\alpha}}$$

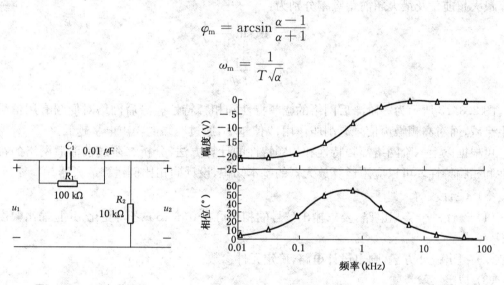

图 2.3.9　一阶超前网络

图 2.3.10　一阶超前网络的幅频特性和相频特性

图 2.3.10 所示为电路的幅频特性和相频特性。ω_m 位于 $\dfrac{1}{\alpha T}$ 与 $\dfrac{1}{T}$ 的几何中心，α 值越大，电路移相功能越强。α 值选取一般不超过 20。

（2）一阶滞后网络

一阶滞后网络如图 2.3.11 所示。该网络的传递函数为：

$$H(s) = \frac{1+bTs}{1+Ts}$$

式中：$b = \dfrac{R_2}{R_1+R_2} < 1$；$T = (R_1+R_2)C$。

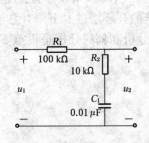

图 2.3.11　一阶滞后网络

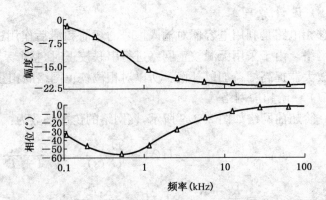

图 2.3.12　一阶滞后网络的幅频特性和相频特性

最大超前角及最大超前角频率分别为：

$$\varphi_m = \arcsin \frac{1-b}{1+b}$$

$$\omega_m = \frac{1}{T\sqrt{b}}$$

图 2.3.12 所示为一阶滞后网络的幅频特性和相频特性。滞后网络对低频有用信号不产生衰减，而对高频噪声信号有削弱作用，b 值越小，通过网络的噪声电平越低。

可根据以上一阶网络幅频特性和相频特性的计算方法，分析二阶超前滞后网络的幅频特性和相频特性。可以应用运算放大器的基本知识，设计同相比例运算放大器。

3）设计要求

（1）设计一个移相电路，要求输出信号的相位可在 0°～180°之间变化，并且输出幅度保持不变。

（2）拟出设计方案，画出设计电路，确定元件参数。

（3）拟定实验步骤。

（4）设计实验数据表格。

4）设计参考仪器及设备

（1）函数信号发生器；

（2）运算放大器 741 型；

（3）电阻器、电位器、电容器；

（4）双路直流稳压电源；

（5）双踪示波器。

5）设计报告要求

（1）阐述设计原理及设计过程。

（2）给出实验电路图及实验数据。

（3）总结移相电路设计思想。

2.3.6 功率因数的提高

1) 实验目的

(1) 通过实验设计,解决一个实际问题:感性负载功率因数的提高。

(2) 通过实验,深刻理解交流电路中电压、电流的相位关系,理解提高功率因数的意义及方法。

(3) 初步掌握实验设计的基本方法。

2) 设计原理

(1) 通常,用电设备中大多是感性负载,如工业用的感性电动机、感应电炉,以及照明用的日光灯等,当供电部门把电能经输电线送到用户时,这一电路可用图 2.3.13 所示的等效电路来表示。Z_1 为输电线阻抗,在工业频率下,输电线路不长时,可等效为电阻 R_1 和感抗 X_1 的串联,即 $Z_1 = R_1 + jX_1$。用户的感性负载可用 $Z_2 = R_2 + jX_2$ 表示。

当负载电压 U_2 保持不变,为了保证负载吸收一定的功率 P_2,则负载电流为:

$$I_1 = \frac{P_2}{U_2 \cos \varphi_2}$$

显然,因负载是感性的,其功率因数 $\cos \varphi_2$ 较低,线路电流 I_1 就要增大,从而线路损耗增加,需要采用较大容量的电源,电源设备没有得到充分的利用。因此,提高负载的功率因数,对于电力系统的运行十分必要。在实践中常用的方法是在感性负载两端并联电容器。

在感性负载两端并联电容器的相量图如图 2.3.14 所示,电容器吸收的容性无功电流 I_C 抵消了一部分感性无功分量,电路的总电流减小,即电路的功率因数被提高了。

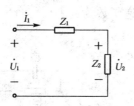
图 2.3.13 传输电能的等效电路

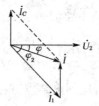
图 2.3.14 感性负载并联电容相量图

(2) 补偿容量的确定

$$I_C = I_1 \sin \varphi_2 - I \sin \varphi$$

$$I_1 = \frac{P}{U \cos \varphi_2}$$

$$I = \frac{P}{U \cos \varphi}$$

$$I_C = \frac{P}{U}(\tan \varphi_2 - \tan \varphi) = \omega C U$$

$$C = \frac{P}{\omega U^2}(\tan \varphi_2 - \tan \varphi)$$

3）设计要求

（1）以日光灯电路为感性负载，要求电路的功率因数由 0.5 左右提高到 0.9 左右，计算相应的元件参数，拟出实验步骤，设计具体实验线路和记录数据表格，选择适当的仪表测量电路端电压、灯管电压、整流器电压、电路各支路电流及电路总功率。

（2）实验中注意正确使用仪表，不要超过仪表量程，整流器不要短路。

4）设计参考仪器及设备

（1）交流电源；

（2）调压器；

（3）日光灯；

（4）整流器、启辉器；

（5）交流电压表、电流表、功率表；

（6）电容器。

5）设计报告的要求

（1）写出实验步骤、线路和表格，并整理实验数据。

（2）对实验结果出现的误差进行分析。

（3）总结设计思想及过程。

2.3.7　双 T 形选频网络的设计

1）实验目的

（1）研究掌握双 T 形选频网络的频率特性。

（2）设计无源及有源双 T 形选频网络电路，进一步研究该网络的滤波特性。

2）设计原理

双 T 形选频网络电路如图 2.3.15 所示。电压传递函数为：

$$H(s) = \frac{U_2(s)}{U_1(s)}$$

由结点电压分析法列出结点方程为：

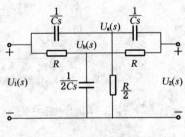

图 2.3.15　双 T 形选频网络

$$\begin{cases} \left(\dfrac{2}{R} + 2sC\right)U_a(s) - sCU_2(s) - sCU_1(s) = 0 \\ \left(\dfrac{2}{R} + 2sC\right)U_b(s) - \dfrac{1}{R}U_1(s) - \dfrac{1}{R}U_2(s) = 0 \\ -sCU_a(s) - \dfrac{1}{R}U_b(s) + \left(\dfrac{1}{R} + sC\right)U_2(s) = 0 \end{cases}$$

整理得：

$$H(s) = \frac{U_2(s)}{U_1(s)} = \frac{s^2 + \left(\dfrac{1}{RC}\right)^2}{s^2 + 4\dfrac{1}{RC}s + \left(\dfrac{1}{RC}\right)^2}$$

令 $s = j\omega$，得：

$$H(\mathrm{j}\omega) = \frac{1-\omega^2 R^2 C^2}{(1-\omega^2 R^2 C^2)+\mathrm{j}4\omega RC}$$

当 $\omega = \omega_0 = \dfrac{1}{RC}$ 时，$H(\mathrm{j}\omega) = 0$，称 ω_0 为双 T 形网络的谐振角频率。其幅频特性为：

$$|H(\mathrm{j}\omega)| = \frac{|1-\omega^2 R^2 C^2|}{\sqrt{(1-\omega^2 R^2 C^2)^2+(4\omega RC)^2}}$$

对应的频率特性曲线如图 2.3.16 所示。由图 2.3.16(a)可知，当 $\omega = \omega_0 = \dfrac{1}{RC}$ 时，$|H(\mathrm{j}\omega)| = 0$，而且两边的截止特性很好，由图 2.3.16(b)可知，当 $\omega = \omega_0 = \dfrac{1}{RC}$ 时，相频特性呈现 $\pm 90°$ 调转，因此，双 T 形网络对频率为 ω_0 的信号具有很好的滤波能力，可作为滤波器使用。

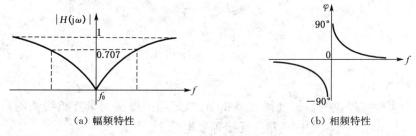

(a) 幅频特性   (b) 相频特性

图 2.3.16 双 T 形网络的频率特性

3）设计要求

(1) 设计一个无源双 T 形选频网络，要求该网络的中心频率 $f_0 = 50\,\mathrm{Hz}$。

(2) 设计一有源双 T 形选频网络，要求该网络的中心频率 $f_0 = 50\,\mathrm{Hz}$，即这种滤波器可用来滤除 $50\,\mathrm{Hz}$ 电源频率引起的交流噪声。

(3) 在各个频率点进行幅频特性曲线测量时，要使信号发生器提供的输入电压保持不变。

(4) 选择运算放大器时应考虑其应用的最大频率范围。

4）设计参考仪器及设备

(1) 信号发生器；

(2) 频率计；

(3) 双踪示波器；

(4) 交流毫伏表；

(5) 运算放大器；

(6) 双路直流稳压电源；

(7) 电阻器、电容器等(注意选标称值元件)。

5）设计报告要求

(1) 根据实验数据分别绘制无源与有源双 T 形选频网络的幅频特性曲线。

(2) 比较滤波特性。

(3) 比较理论截止频率与实验所测的截止频率，分析原因。

(4) 总结设计思想及过程。

2.3.8　用谐振法测量互感线圈参数

1) 实验目的

(1) 根据设计要求自行设计实验电路,选择实验设备,拟定实验步骤。

(2) 进一步理解掌握 RLC 串联电路谐振的条件和特点。

(3) 掌握互感线圈参数的测定方法。

2) 设计原理

根据 RLC 串联谐振电路的特点,利用电阻器、电容器和电感器构造 RLC 电路。当电路发生谐振时有:

$$f_0 = \frac{1}{2\pi \sqrt{LC}}$$

$$\omega_0 L = \frac{1}{\omega_0 C}$$

$$L = \frac{1}{\omega^2 C} = \frac{1}{(2\pi f)^2 C}$$

3) 设计要求

(1) 根据实验室提供的器材选择互感线圈,拟定用谐振法测量互感线圈的自感系数 L_1 和 L_2、互感系数 M、顺接等效电感 L_{n1}、反接等效电感 L_{n2} 方案。

(2) 根据制定的设计方案,设计出具体的实验线路。

(3) 合理选择仪器仪表,注意选择标称值元件,测量值不超过仪表量程,拟定实验步骤。

(4) 改变信号源频率时,要保持实验中输出信号的电压值不变。

4) 设计参考仪器及设备

(1) 函数信号发生器 1 台;

(2) 电阻器若干;

(3) 电容器 1 只;

(4) 双踪示波器 1 台;

(5) 交流毫伏表 1 块;

(6) 电感线圈 2 个。

5) 设计报告要求

(1) 写出拟定的实验步骤、实验线路和测量的数据表格。

(2) 处理实验数据,分析测量误差。

(3) 写出设计总结。

2.3.9　双口网络等效电路的测定

1) 实验目的

(1) 掌握实验电路的设计思路和方法,能正确选择实验设备、自拟实验方案。

(2) 学习掌握无源线性双端口网络传输参数的测量方法。

(3) 用传输参数做出 T 形和 π 形网络。

（4）进一步加深对等效电路的理解。

2）设计提示

（1）设计一个电阻性的双端口网络。

（2）测量该双端口网络的传输参数。

（3）双端口网络的外部特性可以用 3 个阻抗（导纳）元件组成的 T 形或 Ⅱ 形等效电路来代替。

T 形等效电路的 Z_1、Z_2、Z_3 与传输参数之间的关系为：

$$Z_1 = \frac{A-1}{C}, \quad Z_2 = \frac{1}{C}, \quad Z_3 = \frac{D-1}{C}$$

Ⅱ 形等效电路的 Y_1、Y_2、Y_3 与传输参数之间的关系为：

$$Y_1 = \frac{D-1}{B}, \quad Y_2 = \frac{1}{B}, \quad Y_3 = \frac{A-1}{B}$$

（4）由传输参数求出双端口 T 形等效电路的电阻值和 Ⅱ 形等效电路的电导值。用电阻器箱组成 T 形和 Ⅱ 形等效电路，在输出端接同一负载 R_L，改变 U_1、U_2 和 I_2。

3）设计要求

（1）根据实验室提供的条件拟定实验方案，确定每项实验任务中的具体线路和元件参数以及电源的大小。

（2）测量双端口网络的传输参数 A、B、C、D。

（3）求出双端口网络的 T 形或 Ⅱ 形等效电路。

（4）测量 T 形或 Ⅱ 形等效电路的传输参数，并记录数据。

4）设计参考仪器及设备

根据设计要求自选。

5）设计报告的要求

（1）画出设计的测试的电路。

（2）写出制定的实验方案、实验步骤。

（3）整理实验数据，计算双端口网络的传输参数 A、B、C、D 以及等效的 T 形和 π 形网络的电阻值。

（4）画出 U_2 和 I_2 的外特性，验证等效网络的有效性，并分析误差。

（5）比较原网络与等效网络的传输参数，并分析误差。

（6）总结设计过程及体会。

2.3.10 电阻在测量电路中的应用

1）实验目的

（1）能够根据器件的特点，设计应用电路，能正确选择实验设备自拟实验方案。

（2）学习不同电阻器件的特性，找到它们可以应用的场合。

（3）学习用电阻器件进行测量的原理及方法。

2) 设计提示

(1) 利用电阻的热敏特性,可以用它测量温度;利用电阻的压敏特性,可以用来测量压力;利用电阻的湿敏特性,可以用它测量湿度;利用电阻的光敏特性,可以测量光强度等。

(2) 根据电阻的不同特性,可以测出被测参数的变化对阻值的影响。一般来讲,阻值的变化比较微弱,需要用放大电路或比较电路将这些微弱的信号检测出来。常用的放大及比较电路有电桥、电位差计、运算放大器。

(3) 需要相应的仪器将测量值或转换值进行测量或显示。

3) 设计要求

(1) 选定合适的热敏电阻,设计一个水温表。要求设计出测量电路、转换电路、显示电路。画出电路图,连接电路,进行数据测量及分析。

(2) 选定合适的压敏电阻,设计一个海拔高度测量仪。要求设计出测量电路、转换电路、显示电路。画出电路图,连接电路,进行数据测量及分析。

(3) 选定合适的光敏电阻,设计一个光照强度测量表。要求设计出测量电路、转换电路、显示电路。画出电路图,连接电路,进行数据测量及分析。

4) 设计参考仪器及设备自选

5) 设计报告的要求

(1) 写出所用检测元件的型号、特性曲线或特性关系表。

(2) 画出设计的完整电路图。

(3) 说明电路的工作原理。

(4) 完成电路的连接。

(5) 测试电路测量结果,并与标准表的测量数据进行比较,分析误差。

(6) 总结设计过程及体会。

2.3.11 运算电路设计

1) 实验目的

(1) 进一步理解运算放大器的基本性质和特点。

(2) 熟悉用运算放大器构成的基本电路的方法。

(3) 学习正确使用示波器观察波形及读取数值的方法。

(4) 通过实验,了解调整电路参数的作用,进一步熟悉电路的特点和功能。

(5) 能正确选择实验设备,自拟实验方案设计要求的应用电路。

2) 设计提示

(1) 利用运算放大的线性区开环状态,设计电压比较器。

(2) 利用运算放大的线性区闭环状态,利用电阻反馈设计比例器、加法器、减法器。

(3) 利用运算放大的线性区闭环状态,利用电容设计积分器、微分器。

(4) 利用元件参数可调特性,调整电路的参数(如比例系数、加权系数等)。

(5) 选择适合仪器对输入输出值进行测量或显示。

3) 设计要求

(1) 用运算放大器及电阻设计一个比例系数可调的比例器,输入及输出可测。

(2) 用运算放大器及电阻设计一个加权系数可调的加法器,输入及输出可测。

(3) 用运算放大器及电阻设计一个加权系数可调的减法器,输入及输出可测。

(4) 用运算放大器及电阻、电容设计一个积分系数可调的积分器,输入及输出可测。

(5) 用运算放大器及电阻、电容设计一个微分系数可调的微分器,输入及输出可测。

(6) 用运算放大器设计一个电压比较器,比较点的电压可调,输入及输出可测。

4) 设计参考仪器及设备自选

5) 设计报告的要求

(1) 写出运算放大器的型号、功能。

(2) 画出设计的完整电路图。

(3) 说明电路的工作原理。

(4) 完成电路的连接。

(5) 测量电路输入输出结果,并与理论计算数据进行比较,分析误差。

(6) 总结设计过程及体会。

3 电路实训

实用性人才的培养必须推行以提高实践能力为教学目标的人才培养方案,使学生具有熟练的操作技能和解决实际技术问题的能力。在教学过程中要重视实践教学,采取"理论知识＋基础实验＋设计综合实验＋实训"的培养模式,加大对学生实践创新能力的培养力度,采用以培养实践能力和可持续发展能力为主的教学手段,促使电路实训的教学实现以就业为导向的教改与实践模式转化。实训课程教学对培养学生熟练掌握实践技能是重要环节,本章将讨论电路实训教学的主要内容。

3.1 概　述

3.1.1 电路实训的总体目标

1) 加深对电路器件的认识

通过电路实训加强对电路理论课讲授过的常用元器件的认识,包括对导线的认识。在工厂实际的生产和新品开发中,往往都要对基本元器件进行了解,对其性能进行测试,这里最重要的一环就是要能够根据相关的测量,分析元器件的功能参数,因此,安排一些这方面的练习,导线的种类认识、器件的认识及测试等。

2) 对电路制作的工艺有初步的认识

由元件组成电路,各种不同电路由相应工艺来实现。通过对导线的连接、元件的焊接、印制板的制作等工艺训练,使学生对电路制作工艺有初步的认识,为今后的电子设计及复杂电路制作打下一个坚实的基础。

3) 加深对理论知识的理解

通过对实训电路的原理分析,加深《电路分析》中电路理论知识的理解。凡是基本电路的应用,先通过电路原理分析,使学生了解掌握元器件基本的控制功能,然后进行其他应用拓展的练习。使学生从中找出发生什么变化,有哪些技巧,个性和共性分别在哪里,达到提高深化的目的。例如通过对万用表电路的分解,实现理论知识和实际效果的互相反馈。

4) 提高学生的分析问题能力

通过在实训中排查故障,提高学生综合分析问题的能力。实训中让学生自己搭接电路,对由于连线错误或由于元器件的使用不对及损坏引起的故障,坚持由学生自己来分析解决,必要时教师给予适当的提示。因这种故障是随机产生的,故表现出的现象千变万化,这就要求学生具备举一反三、由表及里的分析排除故障的能力。这样学生会积极地去思考,去探索和研究问题。自己一步步予以查找排除,很多学生得到了锻炼,很有成就感。也使学生逐步掌握了一些排除故障的实用技术。

3.1.2 电路实训的要求

实训内容学生必须提前预习,对实训内容,实训仪器的型号、使用方法、使用注意事项、实训步骤做到心中有数。因此教师在实训指导书中必须告知这些环节。保证实训任务的顺利完成。

1）明确任务

实训必须有明确的训练目的,尤其是学生必须明确该次实训要达到什么样的目的,通过什么手段达到,怎样才能达到。只有这样,学生才在实训中了解自己是否完成了实训任务,完成了预定目标。

2）了解设备

实训前学生必须明确所使用设备的型号,功能,操作方法,操作注意事项,操作步骤。只有这样,才能在实训中充分发挥设备的作用,保障学生个人安全与设备的安全,同时也养成学生良好的操作习惯,避免盲目操作,甚至是野蛮操作。

3）掌握步骤

实训过程中必须清楚每一步操作的作用,为什么要这样操作。对于一些大型的,精密的设备,其操作过程有严密的步骤与程序,每一步都有其相应的作用,操作不当可能酿成严重的后果,因此操作过程与步骤不是机械的记忆,而是要充分理解其作用。

4）注重总结

实训过程,必须有日志,实训结束必须有小结。每次实训后除有实训报告外,教师与学生都要有相应的实训日志和小结。教师主要是总结本次实训的得失,学生是否达到了预定的目标,掌握了相应的技能,实训的设计是否完善等。而学生主要总结自己掌握了那些技能,那些没有掌握,对本次实训有哪些心得体会,尤其是要总结哪些技能没有掌握,是什么原因,这对今后是非常有益的。

3.1.3 电路实训的考核

1）实训出勤考核

加强学生课堂管理,凡是无故缺课,不计该次项目的成绩。出勤的检查在课前、实训过程中或者结束前,不拘形式。

2）实训过程考核

实行课堂现场实际操作过程及结果全部考核的课堂成绩评定方法。在操作项目中,考核操作的过程是否态度认真、操作过程是否按规程实施、结果是否符合要求。要求学生在实训结果达到要求后由教师现场考察验证,凡是每个学生单独完成的项目(例如焊接电路等)都独立评定成绩到个人。另外实习是多人一个小组进行操作时,同一组内水平可能有差别,能够区分出的,可以予以不同的水平评定。防止部分学生实训不积极参与、应付了事。

3）实训报告考核

实训报告中要写实训和目的、意义、内容、过程、总结等。重点考核对实训过程的描述及实训总结中都出现了什么问题、如何解决问题、实训收获等。这两部分每个人的情况都是不同的,如果写的相同则是抄袭。对实训报告抄袭的处罚是实训成绩为不及格。

4) 实训答辩考核

在实训内容完成后要组织答辩考核,答辩考核是每个学生单独进行答辩,答辩的内容包括实训中的所有环节,主要回答理论与实践相结合的一些问题。通过答辩,加强理论与实践的结合,提高学生分析问题及解决问题的能力。

5) 总成绩评定

根据上述四项考核结果,每项按一定的比例可以评定电路实训的总成绩。

3.2　电路实训的知识准备

3.2.1　供电及安全用电

电路所需电能是由其他非电能源经过转换产生的,如水力,火力、风力、核能、太阳能等,目前世界上建造得最多的是火力发电厂和水力发电厂,近几年核电站也发展很快。从发电厂到用户有完善的电力系统为我们服务。

1) 电力系统的组成

电力是现代工业主要动力,电力系统是由电压不等的电力线路将一些发电厂和电力用户联系起来的一个发电、输电、变电、配电和用电的整体。电力系统示意图如图3.2.1所示:

图 3.2.1　电力系统示意图

(1) 发电厂

发电厂种类很多,有火力发电厂、水力发电厂、原子能发电厂、风力发电厂等。各类发电厂中的发电机几乎都是三相同步发电机。

(2) 电力网

由变电所和各种不同的电压等级的线路组成。其任务是将电能输送、变换和分配到电能用户。电力网分为输电网和配电网。为加强供电的可靠性、稳定性,通常电力网形成环网。使用升压和降压变压器的原因是,电厂距离用户几十千米以上,为降低输出线上的电能损耗,必须提高电压,即所谓高压远距离输电。

(3) 电力用户

电力用户也称电力负荷,或称电力负载,根据其重要程度可分为一级负荷、二级负荷和三级负荷。

2) 常见低压供电方式

国际电工委员会(IEC)标准规定,低压供电系统按照其形式不同,可分为 TT 供电系统、TN 供电系统和 IT 供电系统。

（1）TT 供电系统：该系统电源中性点直接接地，并且引出中性线（N），称作三相四线制系统，此系统的用电设备的外壳可导电金属部分通过设备本身的保护接地线（PE）与大地直接连接，称为保护接地系统。TT 系统漏电时存在触电危险。

（2）TN 供电系统：该系统电源中性点直接接地，也引出中性线（N），因此也称为三相四线制系统。而电气设备的外露可导电金属部分与公共的保护线（PE）或保护中性线（PEN）相连接，称为保护接零系统。在 TN 供电系统中，一旦设备出现金属外壳部分带电，接零保护系统能将漏电电流上升为短路电流，其电流值比较大，形成单相对地短路故障，迫使线路熔断器熔断或使低压断路器迅速动作，使故障线路断电。

380 V/220 V 低压供电系统即 TN 系统。是将配电变压器低压侧中性点直接接地，引出 PEN 线进行单相，三相负荷混合供电。此供电方式除个别容量较大的三相负荷采用专用配电变压器单独供电外，其他很多领域都采用此供电方式，如工厂的照明用电，城镇小区用电以及广大农村生活用电等等。

（3）IT 供电系统：在供电距离不是很长时，供电的可靠性非常高，安全性也较好，一般用于不允许停电的对供电可靠性较高的场所，或者是严格要求连续供电的单位和场所，如矿山、钢铁冶炼、医院等处。运行 IT 供电系统，由于电源中性点不接地，所以在发生单相接地故障时，所有的三相用电设备都可以暂时运行。IT 供电系统的另一个优点是其所有的用电设备的外露可导电金属部分，都是经各自独立的 PE 保护线直接接地，与其他设备无电磁联系。因此，IT 供电系统也适用于进行数据处理和精密检测装置的供电。

　3）安全用电

（1）触电的危险

触电总是威胁着触电者的生命安全，其危险程度和下列因素有关：

① 通过人体的电压；

② 通过人体的电流；

③ 电流作用时间的长短；

④ 频率的高低；

⑤ 电流通过人体的途径；

⑥ 触电者的体质状况；

⑦ 人体的电阻。

一般设定的安全电压有 36 V 和 12 V 两种。一般情况下可采用 36 V 的安全电压，在非常潮湿的场所或容易大面积触电的场所，如坑道内、锅炉内作业，应采用 12 V 的安全电压。

（2）触电方式

① 直接触电及其防护：直接触电又可分为单相触电和两相触电。两相触电非常危险，单相触电在电源中性点接地的情况下也是很危险的。其防护方法主要是对带电导体加绝缘、变电所的带电设备加隔离栅栏或防护罩等设施。

② 间接触电及其防护：间接触电主要有跨步电压触电和接触电压触电。虽然危险程度不如直接触电的情况，但也应尽量避免。防护的方法是将设备正常时不带电的外露可导电部分接地，并装设接地保护等。

（3）接地与接零

电气设备的保护接地和保护接零是为了防止人体接触绝缘损坏的电气设备所引起的触

电事故而采取的有效措施。

① 保护接地:电气设备的金属外壳或构架与土壤之间作良好的电气连接称为接地。可分为工作接地和保护接地两种。

工作接地是为了保证电器设备在正常及事故情况下可靠工作而进行的接地,如三相四线制电源中性点的接地。

保护接地是为了防止电器设备正常运行时,不带电的金属外壳或框架因漏电使人体接触时发生触电事故而进行的接地。适用于中性点不接地的低压电网。

② 保护接零:在中性点接地的电网中,由于单相对地电流较大,保护接地就不能完全避免人体触电的危险,而要采用保护接零。将电气设备的金属外壳或构架与电网的零线相连接的保护方式叫保护接零。

(4)触电的急救措施

① 迅速切断电源,救护者不能直接用手接触触电者的身体。

② 就地用干燥的木棒,竹竿等绝缘物品拉开触电者身上的电源。

③ 救护者也可站在干燥的木板上或是穿上不带钉子的鞋,用一只手去触电者的干燥衣角。

④ 若在高处触电,要防止脱离电源后从高处掉下造成摔伤. 在这种情况下,如脱离电源停止了呼吸,可先在高处进行口对口的人工呼吸. 一边准备绳索,将触电者迅速放到地面上进心抢救。

3.2.2　实训工具认识

在电工实训中常用的实训工具有以下几种。

1) 螺丝刀

螺丝刀如图 3.2.2 所示,又称起子、改锥,它是电工操作中最常用的工具。

(1)用途

螺丝刀是一种用来拧转螺丝钉以迫使其就位的工具,通常有一个薄楔形头,可插入螺丝钉头的槽缝或凹口内。

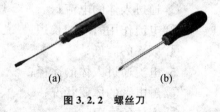

(a)　　　　　　　(b)

图 3.2.2　螺丝刀

(2)螺丝刀头型分类

螺丝刀按不同的头型可以分为一字、十字、米字、星型(电脑)、方头、六角头、Y 型头部等等,其中一字和十字是我们生活中最常用的。图 3.2.2(a)为一字螺丝刀,图 3.2.2(b)为十字螺丝刀。

(3)使用注意事项

① 电工不可使用金属杆直通柄顶的螺丝刀,否则使用时容易造成触电事故。

② 使用螺丝刀紧固或拆卸带电的螺钉时,手不得触及螺丝刀金属杆,以免发生触电事故。

2) 电工钢丝钳

电工钢丝钳如图 3.2.3 所示,别名花腮钳、克丝钳、老虎钳。由钳头和钳柄两部分组成,钳头有钳口、齿口、刀口、侧口,钳柄套有绝缘管(耐压 500 V),可用于适当的带电作业。

图 3.2.3　钢丝钳

（1）用途

用于弯绞或钳夹导线线头、固紧或起松螺母；刀口用来剪切导线或剖切软导线绝缘层；铡口用来铡切电线线芯和钢丝、铅丝等较硬金属。

（2）使用注意事项

① 在使用电工钢丝钳之前，必须检查绝缘柄的绝缘是否完好，绝缘如果损坏，进行带电作业时非常危险，会发生触电事故；在使用钢丝钳过程中切勿将绝缘手柄碰伤、损伤或烧伤，并且要注意防潮。

② 带电工作时注意钳头金属部分与带电体的安全距离。带电操作时，手与钢丝钳的金属部分保持 2 cm 以上的距离。

③ 用电工钢丝钳剪切带电导线时，切勿用刀口同时剪切火线和零线，以免发生短路故障。

④ 根据不同用途，选用不同规格的钢丝钳。

⑤ 使用钳子要量力而行，不可以超负荷的使用。切忌不可在切不断的情况下扭动钳子，容易崩牙与损坏，无论钢丝还是铁丝或者铜线，只要钳子能留下咬痕，然后用钳子前口的齿夹紧钢丝，轻轻的上抬或者下压钢丝，就可以掰断钢丝。

3）尖嘴钳

电工尖嘴钳如图 3.2.4 所示，别名：修口钳、尖头钳、尖咀钳。它的柄部套有绝缘管，耐压一般为 500 V。

图 3.2.4　尖嘴钳

主要用来剪切线径较细的单股与多股线，以及给单股导线接头弯圈、剥塑料绝缘层等，能在较狭小的工作空间操作，不带刀口者只能夹捏工作，带刀口者能剪切细小零件。

4）斜口钳

斜口钳如图 3.2.5 所示，别名断线钳，斜口钳有圆弧形的钳头和上翘的刀口，适宜于剪断金属丝。钳柄有铁柄、管柄和绝缘柄，耐压一般为 1 000 V。

图 3.2.5　斜口钳

5）剥线钳

电工剥线钳如图 3.2.6 所示。由钳头和手柄两部分组成。钳头部分由压线口和切口构

成;分有直径 0.5~3 mm 的多个切口,以适宜于不同规格的芯线。手柄是绝缘的,其耐压为
500 V。

图 3.2.6　剥线钳

（1）用途

剥线钳用来剥除电线头部的表面绝缘层。

（2）剥线钳的使用方法

① 根据缆线的粗细型号,选择相应的剥线刀口。

② 将准备好的电缆放在剥线工具的刀刃中间,选择好要剥线的长度。

③ 握住剥线工具手柄,将电缆夹住,缓缓用力使电缆外表皮慢慢剥落。

④ 松开工具手柄,取出电缆线,这时电缆金属整齐露出外面,其余绝缘塑料完好无损。

注意使用时,电线必须放在大于其芯线直径的切口上切剥,否则要切伤芯线。

6）电工刀

电工刀如图 3.2.7 所示。

图 3.2.7　电工刀

（1）用途

电工刀是电工常用的一种切削工具,常用来削电线线头、切割绝缘带。电工刀的刀片汇集有多项功能,使用时只需一把电工刀便可完成连接导线的各项操作。

（2）使用注意事项

① 使用时刀口应向外,剖削导线绝缘层时,应使刀面与导线面成较小的锐角,以免割伤导线。

② 不用时,把刀片收缩到刀把内。

③ 电工刀的柄部无绝缘保护时,使用时应注意防止触电。

7）验电笔

验电笔如图 3.2.8 所示。

（1）用途

验电笔是电工常用的一种辅助安全用具,分为高压验电器,低压验电器。低压验电笔用于检查 500 V 以下导体或各种用电设备的外壳是否带电及带电的性质,它由氖管、电阻、弹簧和笔身等组成。

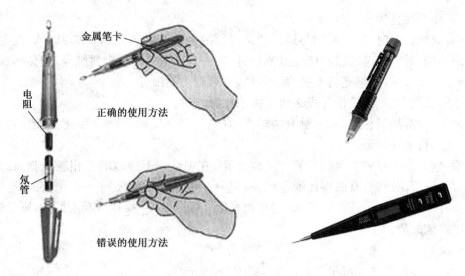

图 3.2.8　验电笔

（2）使用方法

以手指触及笔尾的金属体，使氖管小窗朝向自己，便于观察。要防止笔尖金属体触及皮肤，以避免触电。使用时，应逐渐靠近被测物体，直至氖管发亮；只有氖管不亮时，才可与被测物体直接接触。

当使用电笔测试带电体时，电流经带电体、电笔、人体到大地形成通电回路，只要带电体与大地之间的电位差超过 60 V 时，电笔中的氖管就发光，其测量电压为 60～550 V。

使用低压验电笔之前，必须在已确认的带电体上验测；在未确认验电笔正常之前，不得使用。

① 判断交流电与直流电

口诀：电笔判断交直流，交流明亮直流暗，交流氖管通身亮，直流氖管亮一端。

说明：测交流电时氖管两端同时发亮，测直流电时氖管里只有一端极发亮。

② 判断直流电正负极

口诀：电笔判断正负极，观察氖管要心细，前端明亮是负极，后端明亮为正极。

说明：氖管的前端指验电笔笔尖一端，氖管后端指手握的一端，前端明亮为负极，反之为正极。测试时要注意：电源电压为 110 V 及以上；若人与大地绝缘，一只手摸电源任一极，另一只手持测电笔，电笔金属头触及被测电源另一极，氖管前端极发亮，所测触的电源是负极；若是氖管的后端极发亮，所测触的电源是正极。

③ 判断电源有无接地，正负接地的区别

口诀：变电所直流系统，电笔触及不发亮；若亮靠近笔尖端，正极有接地故障；若亮靠近手指端，接地故障在负极。

说明：发电厂和变电所的直流系统，是对地绝缘的，人站在地上，用验电笔去触及正极或负极，氖管是不应当发亮的，如果发亮，则说明直流系统有接地现象；如果发亮在靠近笔尖的一端，则是正极接地；如果发亮在靠近手指的一端，则是负极接地。

④ 判断同相与异相

口诀：判断两线相同异，两手各持一支笔，两脚与地相绝缘，两笔各触一要线，用眼观看一支笔,不亮同相亮为异。

　　说明:此项测试时,切记两脚与地必须绝缘。因为我国大部分是 380/220 V 供电,且变压器普遍采用中性点直接接地,所以做测试时,人体与大地之间一定要绝缘,避免构成回路,以免误判断;测试时,两笔亮与不亮显示一样,故只看一支则可。

　　⑤ 判断 380/220 V 三相三线路相线接地故障

　　口诀:星形接法三相线,电笔触及两根亮,剩余一根亮度弱,该相导线已接地;若是几乎不见亮,金属接地的故障。

　　说明:电力变压器的二次侧一般都接成 Y 形,在中性点不接地的三相三线制系统中,用验电笔触及三根端线时,有两根比通常稍亮,而另一根上的亮度要弱一些,则表示这根亮度弱的相线有接地现象,但还不太严重;如果两根很亮,而剩余一根几乎看不见亮,则是这根端线有金属接地故障。

　　8) 扳手

　　各种扳手如图 3.2.9 所示。

图 3.2.9　扳手

　　(1) 用途

　　扳手是一种常用的安装与拆卸工具,拧转螺栓、螺钉、螺母和其他螺纹紧持螺栓或螺母的开口或套孔固件的手工工具。扳手通常在柄部的一端或两端制有夹柄部施加外力柄部施加外力,就能拧转螺栓或螺母持螺栓或螺母的开口或套孔。

　　(2) 使用方法

　　使用时沿螺纹旋转方向在柄部施加外力,就能拧转螺栓或螺母。

　　9) 电烙铁

　　电烙铁如图 3.2.10 所示。

　　(1) 用途

　　是电子制作和电器维修的必备工具,主要用途是焊接元件及导线。

图 3.2.10　电烙铁

　　(2) 分类

　　按机械结构可分为内热式电烙铁和外热式电烙铁,按功能可分为无吸锡电烙铁和吸锡式电烙铁,按用途不同分为大功率电烙铁和小功率电烙铁。

　　(3) 使用注意事项

　　① 选用合适的焊锡,应选用焊接电子元件用的低熔点焊锡丝。

　　② 用 25% 的松香溶解在 75% 的酒精(重量比)中作为助焊剂。

　　③ 电烙铁使用前要上锡,具体方法是:将电烙铁烧热,待刚刚能熔化焊锡时,涂上助焊剂,再用焊锡均匀地涂在烙铁头上,使烙铁头均匀的挂上一层锡。

　　④ 焊接时把焊盘和元件的引脚用细砂纸打磨干净,涂上助焊剂。用烙铁头蘸取适量焊锡,接触焊点,待焊点上的焊锡全部熔化并浸没元件引线头后,电烙铁头沿着元器件的引脚

轻轻往上一提离开焊点。

⑤焊接时间不宜过长,否则容易烫坏元件,必要时可用镊子夹住管脚帮助散热。

⑥焊点应呈正弦波峰形状,表面应光亮圆滑,无锡刺,锡量适中。

⑦焊接完成后,要用酒精把线路板上残余的助焊剂清洗干净,以防炭化后的助焊剂影响电路正常工作。

⑧集成电路应最后焊接,电烙铁要可靠接地,或断电后利用余热焊接。或者使用集成电路专用插座,焊好插座后再把集成电路插上去。

⑨电烙铁应放在烙铁架上。

10)吸锡器

吸锡器如图3.2.11所示。

图3.2.11　吸锡器

(1)用途

吸锡器是一种修理电器用的工具,维修拆卸零件需要使用吸锡器,用来收集拆卸焊盘电子元件时融化的焊锡。

(2)分类

吸锡器有手动、电动两种,简单的吸锡器是手动式的。

11)游标卡尺

游标卡尺如图3.2.12所示。游标卡尺又称为游标尺子或直游标尺子,由主尺子和附在主尺子上能滑动的游标两部分构成。主尺子一般以毫米为单位。根据分格的不同,游标卡尺可分为十分度游标卡尺、二十分度游标卡尺、五十分度格游标卡尺等。

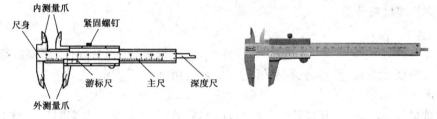

图3.2.12　游标卡尺

(1)用途

游标卡尺是一种测量长度、内外径、深度的量具。

(2)使用注意事项

①记取零误差。查看游标和主尺身的零刻度线是否对齐。如果对齐就可以进行测量;如没有对齐则要记取零误差:游标的零刻度线在尺身零刻度线右侧的叫正零误差,在尺身零刻度线左侧的叫负零误差。

②测量时,右手拿住尺身,大拇指移动游标,左手拿待测外径(或内径)的物体,使待测

物位于外测量爪之间,当与量爪紧紧相贴时,即可读数。

③ 读数原则。读数时首先以游标零刻度线为准在尺身上读取毫米整数,然后看游标上第几条刻度线与尺身的刻度线对齐,读毫米小数部分,读数结果为:L＝整数部分＋小数部分－零误差

12) 外径千分尺

外径千分尺常简称为千分尺,又叫螺旋测微器,如图 3.2.13 所示。

（1）用途

它是比游标卡尺更精密的长度测量仪器。用它测长度可以准确到 0.01 mm,测量范围为几个厘米。

（2）使用注意事项

① 据要求选择适当量程的千分尺。

② 把千分尺安装于千分尺座上固定好,然后校对零线。

图 3.2.13　千分尺

③ 将被测件放到两工作面之间,调微分筒,使工作面快接触到被测件后,调测力装置,直到听见"咔、咔、咔"声时停止。

3.3　电路实训项目

3.3.1　导线认识及连接

导线又称为电线电缆,是电能和电磁信号的传输载体,通常由导电的芯线和绝缘体的外皮组成。绝缘外皮除了绝缘外还可以增加机械强度、保护不受外界腐蚀等。

电线和电缆没有严格的界限。通常将芯数少、产品直径小、结构简单的产品称为电线,没有绝缘的称为裸电线,其他的称为电缆。导体截面积较大的(大于 6 mm²)称为大电线,较小的(小于或等于 6 mm²)称为小电线,绝缘电线又称为布电线。

1) 导线的分类及型号命名

（1）按芯线材料分类

① 铜线

铜线导电性好,电阻率低,导热性好,强度大,抗拉性好,镀锡易焊接,镀银易导电、镀镍易耐热。但铜线比重大、价格高、容易氧化。命名时用字母 T 表示,通常省略。

② 铝线

铝线重量轻、成本低,但故障率高、抗拉性较差、易断、易发热。命名时用字母 L 表示。

（2）按外皮材料分类

① 塑料

a. 聚氯乙烯

聚氯乙烯电缆的耐温等级一般为 70 ℃,在燃烧时会释放出有毒的 HCl 烟雾,防火有低毒性要求时不能使用聚氯乙烯电缆。命名时用字母 V 表示。

b. 聚乙烯

聚乙烯绝缘电缆耐温可达 90 ℃。同等导体截面积的电缆,交联聚乙烯绝缘电缆的载流

量要大于聚氯乙烯电缆。命名时用字母 Y 表示。

② 橡胶

橡胶在常温下具有较高的弹性,高伸长率,具有非常好的机械强度,电绝缘性能良好,耐碱性较好,耐寒性较好。但耐热性不好,长期使用温度不超过 70 ℃,易老化。命名时用字母 X 表示。

(3) 按每根导线的股数分类

① 单股线

通常 6 mm² 及以下的绝缘电线是单股线,但也可以是多股线,我们又把 6 mm² 及以下单股线称为硬线。硬线命名时用字母 B 表示。

② 多股线

通常 6 mm² 以上的绝缘电线都是多股线。软线命名时用字母 R 表示。

(4) 按绝缘电线固定在一起的相互绝缘的导线根数分类

① 单芯线

② 多芯线

多芯线可把多根单芯线固定在一个绝缘护套内。同一护套内的多芯线可多到 24 芯。命名时平行的多芯线用字母 B 表示,绞型的多芯线用字母 S 表示。

(5) 按导线用途分类

① 裸线

裸线是没有绝缘层和护套的导电线缆(单股或多股线),一般作为电线电缆的线芯。

裸线分裸铜线、裸铝线、铜绞线、铝绞线、钢芯铝绞线(铜包钢、铝包钢)、电力机车用接触线等。

② 绕组线

绕组线是有绝缘层的导线,用于电机、电器和电工仪表绕组,通过电流产生磁场或切割磁力线产生感应电流,实现电能和磁能的相互转换,也叫电磁线。

绕组线按绝缘材料、结构、用途和耐热等级可分为漆包线、绕包线、特种绕组线、无机绕组线等。

③ 电力电缆

电力电缆也叫绝缘电线电缆,用于电力系统中电能输送线及配电线。

电力电缆按绝缘材料分为油浸纸绝缘电力电缆、塑料绝缘电力电缆、橡皮绝缘电力电缆、气体绝缘电力电缆及低温电缆、超导电缆等新型电缆。

④ 通讯电缆和通信光缆

通讯电缆和通信光缆应用电信系统中作为电信电缆、高频电缆。

通讯电缆按用途分为市内通信电缆、长途通信电缆、电信设备用电缆、射频电缆、海底电缆等。

⑤ 电气装备用电线电缆

电气装备用电线电缆主要涉及供电、配电和用电所需要的各种通用或专用电线电缆,以及控制、信号、仪表和测温等弱电系统中所使用的电线电缆。

电气装备用电缆按绝缘材料、结构、用途和耐热等级分为通用型配电线路连接线、电子计算机及电工仪表设备装置用电线电缆、舰船车辆及航空工业用电线电缆、野外探测及采掘工业用电线电缆信号电缆、控制电缆等类型。

（6）按导线颜色分类

GB50258—96 规定：交流三相电路的 U 相用黄色表示，V 相用绿色表示，W 相用红色表示，零线或中性线用淡蓝色表示，安全用电的接地线用黄绿双色表示；直流电路的正极接地线用淡蓝色表示；整个装置及设备的内部布线一般用黑色，半导体电路则用白色表示。

（7）电气装备用电线电缆的命名

电气装备用电线电缆制品型号的表示方法由四部分组成，如图 3.3.1 所示。

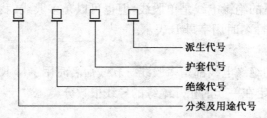

图 3.3.1　电气装备电缆的表示方法

例：AVRB 的意义如图 3.3.2 所示。

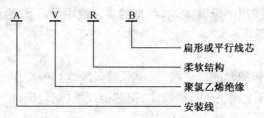

图 3.3.2　AVRB 的意义

电气装备用电线电缆产品型号中各部分的代号及其含义如表 3.3.1 所示。

表 3.3.1　电气装备用电线电缆产品型号中各部分的代号及其含义

符 号	意 义	符 号	意 义	符 号	意 义	符 号	意 义
A	安装线缆	B	布电线缆	F	航空用线	Y	电器用线
N	农用线	HR	电话软线	HP	电话配线	SB	无线电装置用线
V	聚氯乙烯	Y	聚乙烯	X	橡胶	VZ	阻燃聚氯乙烯
ST	天然丝	SE	双丝包	H	橡套	N	尼龙
SK	尼龙丝	ZR	具有阻燃	P	屏蔽	R	软
S	双绞	B	平行	T	特种	W	耐气候耐油

常用电线种类如表 3.3.2 所示。

表 3.3.2　常用电线种类

型 号	名 称	结构及用途
RV	铜芯聚氯乙烯绝缘单芯软线	由多根导体绞合后外面再包一层聚氯乙烯绝缘塑料。最高使用温度 65 ℃，最低使用温度 −15 ℃，工作电压交流 250 V，直流 500 V。主要用于用作仪器和设备的内部接线
BV	铜芯聚氯乙烯绝缘电线	导体为单根铜丝。长期允许温度 65 ℃，最低温度 −15 ℃，工作电压交流 500 V，直流 1 000 V，固定敷设于室内、外，可明敷也可暗敷，主要用于机械设备内部布线、家庭装修布线
BX	铜芯橡皮绝缘线	最高使用温度 65 ℃，敷于室内

型 号	名 称	结构及用途
BVV	铜芯聚氯乙烯绝缘聚氯乙烯护套电线	铜芯(硬)布电线。常常简称护套线,单芯的是圆的,双芯的就是扁的。常常用于明装电线
RVV RVVP AVVR	铜芯聚氯乙烯绝缘聚氯乙烯护套软线	里面采用的线为多股细铜丝组成的软线,允许长期工作温度 105 ℃,工作电压交流 500 V,直流 1 000 V,用于潮湿,机械防护要求高,经常移动和弯曲的场合。内部截面小于 0.75 mm² 的名称为 AVVR,大于等于 0.75 mm² 的名称为 RVVP
BVR	铜芯聚氯乙烯绝缘软线	铜芯(软)布电线。常常简称软线。由于电线比较柔软,常常用于电力拖动中和电机的连接以及电线常有轻微移动的场合

常用电缆种类及型号如表 3.3.3 所示。

表 3.3.3 常用电缆种类及型号

型 号	名 称		用 途
YHQ	橡套电缆	软型橡套电缆	交流 250 V 以下移动式用电装置,能受较小机械力
YZH		中型橡套电缆	交流 500 V 以下移动式用电装置,能受相当的机械外力
YHC		重型橡套电缆	交流 250 V 以下移动式用电装置,能受较大机械力
VV29	电力电缆	铜芯聚氯乙烯绝缘	敷设于地下,能承受机械外力作用,但不能承受大的拉力
VLV29		铝芯聚氯乙烯护套铠装电缆	
KVV	控制电缆	铜芯聚氯乙烯绝缘	敷设于室内,沟内或支架上

常用的 10 kV 架空绝缘导线的型号、名称、规格如表 3.3.4 所示。

表 3.3.4 常用的 10 kV 架空绝缘导线

型 号	名 称	规 格(mm²)
JKTRYJ	软铜芯交联聚乙烯绝缘架空导线	35～70
JKLYJ	铝芯交联聚乙烯绝缘架空导线	35～70
JKTRYJ	软铜芯聚乙烯绝缘架空导线	35～70
JKLYJ	铝芯聚乙烯绝缘架空导线	35～300
JKYJ/Q	铝芯轻型交联聚乙烯薄绝缘架空导线	15～300
JKLY/Q	铝芯轻型聚乙烯薄绝缘架空导线	35～300

2）导线线规

（1）常用导线线规的表示

线规指导线的粗细标准。有线号和线径两种表示方法。线号制按导线的粗细排列成一定号码,线号越大其线径越小,英国、美国等采用线号制。线径制用导线直径的毫米表示线规,中国采用线径制。

常用线规对照如表 3.3.5 所示。

表 3.3.5　常用线规对照表

线规号码	SWG(英国标准线规)		BWG(伯明翰线规)		AWG(美国线规)	
	英寸(in)	毫米(mm)	英寸(in)	毫米(mm)	英寸(in)	毫米(mm)
5/0	0.432	10.973	0.500	12.700	0.516 3	13.119
2/0	0.348	8.839	.0380	9.652	0.364 8	9.266
0	.0324	8.230	0.340	8.636	0.324 9	8.252
5	0.212	5.385	0.220	5.588	0.181 9	4.621
10	0.128	3.251	0.134	3.404	0.101 9	2.558
15	0.072	2.829	0.072	1.829	0.057 1	1.450
20	0.036	0.914	0.035	0.889	0.032 0	0.812
25	0.020 0	0.559	0.020	0.508	0.017 90	0.455
30	0.012 4	0.315	0.012	0.305	0.010 03	0.255
35	0.008 4	0.213	0.005	0.127	0.005 61	0.143
40	0.004 8	0.122			0.003 14	0.080
45	0.002 8	0.071			0.001 76	0.048
50	0.001 0	0.025			0.000 99	0.025

(2) 常用导线线规的测量

① 导线测量的意义:导线的规格主要用导线的线径来量度。导线线径是选用导线的主要依据之一。

② 导线测量的工具:钢尺、游标卡尺、千分尺等。

a. 钢尺的精度为 1 mm。读数时一般可估读到 0.1 mm。

b. 游标卡尺是中等精度的测量工具,它可以测量工件的内径、外径、长度和深度等数值,也可以直接用来测量导线的线径。游标卡尺的精确度分为 0.1 mm、0.05 mm 和 0.02 mm 3 种。

c. 千分尺又叫螺旋测微器。它是测量精度较高的一种精密量具,用它可以直接测量导线的线径。其测量精度是 0.01 mm。

③ 测量导线的基本方法:单股粗导线用"直接测法",单股细导线用"多匝并测平均法",多股绞线用"拆分测量法"。

④ 测量导线的基本步骤:选择合适测量工具,确定测量方法,剖削导线,测量,读数。

⑤ 测量注意事项:工具选择合理,方法选择正确,剖削不伤线芯,测量读数正确。

(3) 导线的截面积计算:可用几何公式计算

① 对于单股直接测量的导线,其截面积 $S=0.785D^2$(D 为导线的直径)。

② 对于多匝并绕测量的导线,其截面积 $S=0.785nd^2$(n 为绞线的股数,d 为单股绞线的直径)。

例如 2.5 mm² 的单股线,其导线的直径 d 国标规定为 1.78 mm,计算其截面 $S = \pi*(d/2)^2 = \pi*(1.78/2)^2 = 2.49$ mm²,虽然截面小于 2.5 mm²,但符合 GB5023.2—85 的规定。

(4) 常用导线的安全载流量如表 3.3.6 所示。

表 3.3.6 500 V 单芯橡皮、塑料导线在常温下的安全载流量

线芯截面积 (mm²)	橡皮绝缘导线安全载流量(A)		塑料绝缘导线安全载流量(A)	
	铜 芯	铝 芯	铜 芯	铝 芯
0.75	18	—	16	—
1.0	21	—	19	—
1.5	27	19	24	18
2.5	33	27	32	25
4	45	35	42	32
6	58	45	55	42
10	85	65	75	59
16	110	85	105	80

3) 导线的剖削

剖削导线基本步骤:选择合适的剥削工具,确定剥削的长度,剥削过程规范,清理剥削现场。

剖削工具:剥线钳、钢丝钳、电工刀、砂纸。

剖削的注意事项:工具选择合理,方法选择正确,剖削注意安全、不伤线芯,测量读数正确。

(1) 剥线钳是用于剥除较小直径导线、电缆的绝缘层的专用工具,它的手柄是绝缘的,绝缘性能为 500 V。剥线钳适用于直径 3 mm(或 6 mm²)以下的塑料或橡胶绝缘电线的线绝缘层的剖削。

使用剥线钳时绝缘导线应放在略大于其芯线直径的切口上切割,以防止切伤芯线,同时剥削的线头不宜过长。基本操作方法为:左手握线,右手握钳,将线头按粗细放入剥线钳与之相适应的切口中,右手用力压钳柄,导线的绝缘层便被剥去。

(2) 钢丝钳一般是用来剖剥塑料绝缘层的工具。

① 截面积不大于 4 mm² 的塑料硬线绝缘层的剖削,一般用钢丝钳进行。方法和步骤如图 3.3.3 所示:

a. 用钳口弯绞导线。

b. 用齿口坚固螺母。

c. 用刀口剪切导线。

d. 用侧口切导线。

| (a) | (b) | (c) | (d) |

图 3.3.3 钢丝钳剖削塑料硬线绝缘层

② 对于塑料软线绝缘层的剖削,可以用钢丝钳,方法和步骤如下:

a. 根据所需线头长度用钢丝钳刀口切割绝缘层,注意用力适度,不可损伤芯线。

b. 左手抓牢电线,右手握住钢丝钳头钳头用力向外拉动,即可剖下塑料绝缘层,如图 3.3.4所示。

　　c. 剖削完成后,应检查线芯是否完整无损,如损伤较大,应重新剖削。

图 3.3.4　钢丝钳剖削
软线绝缘层

　　(3) 电工刀是用来剖削较粗导线或较厚绝缘层的工具。

　　① 芯线截面大于 4 mm² 的塑料硬线,用电工刀来剖削绝缘层,操作过程如图 3.3.5 所示。

　　a. 握刀姿势:左手握导线,右手拿刀。

　　b. 根据所需线头长度用电工刀以约 45°角倾斜切入塑料绝缘层,注意用力适度,避免损伤芯线。

　　c. 使刀面与芯线保持 25°角左右,用力向线端推削,在此过程中应避免电工刀切入芯线。

　　d. 将塑料绝缘层向后翻起,用电工刀齐根切去。

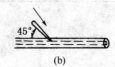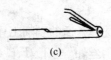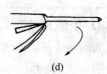

　　(a)　　　　　　　　(b)　　　　　　　　(c)　　　　　　　　(d)

图 3.3.5　电工刀剖削硬塑料绝缘层

　　② 塑料护套线绝缘层的剖削必须用电工刀来完成,剖削方法和步骤如图 3.3.6 所示:

　　a. 首先按所需长度用电工刀刀尖沿芯线中间缝隙划开护套层。

　　b. 然后向后翻起护套层,用电工刀齐根切去。

　　c. 在距离护套层 5~10 mm 处,用电工刀以 45°角倾斜切入绝缘层,其他剖削方法与塑料硬线绝缘层的剖削方法相同。

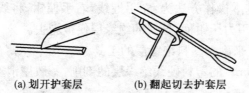

　　(a) 划开护套层　　　　　　(b) 翻起切去护套层

图 3.3.6　电工刀剖削塑料护套绝缘层

　　③ 橡皮线绝缘层的剖削一般用电工刀,方法和步骤如图 3.3.7 所示:

　　a. 先把橡皮线编织保护层用电工刀划开,其方法与剖削护套线的护套层方法类同。

　　b. 然后用剖削塑料线绝缘层相同的方法剖去橡皮层。

　　c. 最后剥离棉纱层至根部,并用电工刀切去。

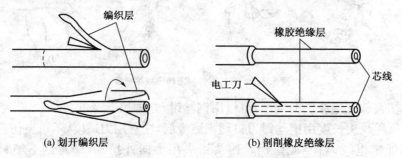

　　(a) 划开编织层　　　　　　(b) 剖削橡皮绝缘层

图 3.3.7　电工刀剖削橡皮线绝缘层

④ 花线绝缘层的剖削方法和步骤如图 3.3.8 所示：

a. 首先根据所需剖削长度,用电工刀在导线外表织物保护层割切一圈,并将其剥离。

b. 距织物保护层 10 mm 处,用钢丝钳刀口切割橡皮绝缘层。注意不能损伤芯线,拉下橡皮绝缘层。

c. 最后将露出的棉纱层松散开,用电工刀割断。

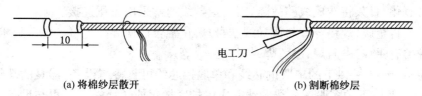

(a) 将棉纱层散开   (b) 割断棉纱层

图 3.3.8 电工刀剖削花线层

⑤ 铅包线绝缘层的剖削方法和步骤如图 3.3.9 所示：

a. 先用电工刀围绕铅包层切割一圈。

b. 接着用双手来回扳动切口处,使铅层沿切口处折断,把铅包层拉出来。

c. 铅包线内部绝缘层的剖削方法与塑料硬线绝缘层的剖削方法相同。

(a) 按所需长度剖削   (b) 折断并拉出铅包层   (c) 剖削内部绝缘层

图 3.3.9 电工刀剖削铅包线绝缘层

⑥ 漆包线绝缘层的去除

漆包线绝缘层是喷涂在芯线上的绝缘漆层。由于线径的不同,去除绝缘层的方法也不一样。直径在 1 mm 以上的,可用细砂纸或细纱布擦去;直径在 0.6 mm 以上的,可用薄刀片刮去;直径在 0.1 mm 及以下的也可用细砂纸或细纱布擦除,但易于折断,需要小心操作。有时为了保留漆包线的芯线直径准确以便于测量,也可用微火烤焦其线头绝缘层,再轻轻刮去。

4) 导线的连接

在进行电气线路、设备的安装过程中,如果当导线不够长或要分接支路时,就需要进行导线与导线间的连接。

(1) 导线连接要求：

① 接触紧密,接头电阻尽可能小,稳定性好,与同长度、同截面导线的电阻比值不应大于 1。

② 接头的机械强度不应小于导线机械强度的 80%。

③ 接头处应耐腐蚀。

④ 连接处的绝缘强度必须良好,其性能应与原导线的绝缘强度一样。

(2) 导线连接基本步骤：剖削、连接、绝缘。

(3) 连接方法：根据连接的导线的芯线的金属材料、股数及连接形式不同,其连接的方法也不同。常用的连接方法有绞合连接、紧压连接、焊接等。

绞合连接是指将需连接导线的芯线直接紧密绞合在一起。铜导线常用绞合连接。

紧压连接是指用铜或铝套管套在被连接的芯线上,再用压接钳或压接模具压紧套管使芯线保持连接。铜导线(一般是较粗的铜导线)和铝导线都可以采用紧压连接,铜导线的连接应采用铜套管,铝导线的连接应采用铝套管。紧压连接前应先清除导线芯线表面和压接套管内壁上的氧化层和粘污物,以确保接触良好。铝导线虽然也可采用绞合连接,但铝芯线的表面极易氧化,日久将造成线路故障,因此铝导线通常采用紧压连接。

焊接是指将金属(焊锡等焊料或导线本身)熔化融合而使导线连接。电工技术中导线连接的焊接种类有锡焊、电阻焊、电弧焊、气焊、钎焊等。

截面为 10 mm² 及以下的单股铜芯线和单股铝芯线可直接与设备、器具的端子连接;截面为 2.5 mm² 及以下的多股铜芯线的线芯应先拧紧搪锡或压接端子后再与设备、器具的端子连接;多股铝芯线和截面大于 2.5 mm² 的多股铜芯线的终端,除设备自带插接式端子外,应焊接或压接端子后再与设备、器具的端子连接。

① 单股小面积铜线的直线连接

a. 首先把两线头的芯线做 X 形相交,互相紧密缠绕 2~3 圈,如图 3.3.10(a)所示。

b. 接着把两线头扳直,如图 3.3.10(b)所示。

c. 然后将每个线头围绕芯线紧密缠绕 6 圈,并用钢丝钳把余下的芯线切去,最后钳平芯线的末端,如图 3.3.10(c)所示。

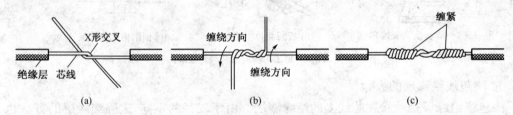

图 3.3.10　单股小面积铜导线的直接连接

② 单股大面积铜线的直接连接

a. 先在两导线的芯线重叠处填入一根相同直径的芯线,再用一根截面约 1.5 mm² 的裸铜线在其上紧密缠绕,如图 3.3.11(a)所示。

b. 缠绕长度为导线直径的 10 倍左右,将被连接导线的芯线线头分别折回,如图 3.3.11(b)所示。

c. 将两端的缠绕裸铜线继续缠绕 5~6 圈后剪去多余线头即可,如图 3.3.11(c)所示。

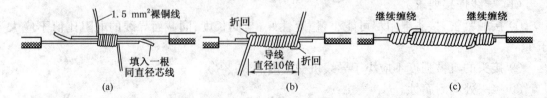

图 3.3.11　单股大面积铜导线的直接连接

③ 不同截面单股铜导线连接

a. 将细导线的芯线在粗导线的芯线上紧密缠绕 5~6 圈,如图 3.3.12(a)所示。

b. 将粗导线芯线的线头折回紧压在缠绕层上,如图 3.3.12(b)所示。

c. 用细导线芯线在其上继续缠绕 3～4 圈后剪去多余线头即可,如图 3.3.12(c)所示。

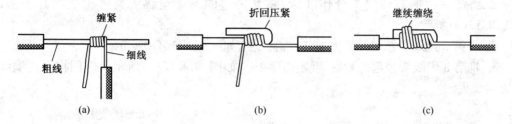

图 3.3.12 不同截面单股铜导线的直接连接

④ 单股铜线的 T 字分支连接

a. 如果导线直径较大,将支路芯线的线头紧密缠绕在干路芯线上 5～8 圈后剪去多余线头即可,如图 3.3.13(a)所示。

b. 如果导线直径较小,可先将支路芯线的线头在干路芯线上打一个环绕结,再紧密缠绕 5～8 圈后剪去多余线头即可,如图 3.3.13(b)所示。

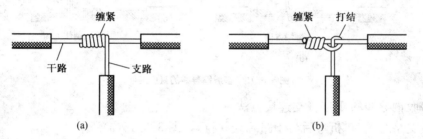

图 3.3.13 单股铜线的 T 字形连接

④ 单股铜线的十字分支连接

a. 将上下支路芯线的线头紧密缠绕在干路芯线上 5～8 圈后剪去多余线头即可。可以将上下支路芯线的线头向一个方向缠绕,如图 3.3.14(a)所示。

b. 也可以向左右两个方向缠绕,如图 3.3.14(b)所示。

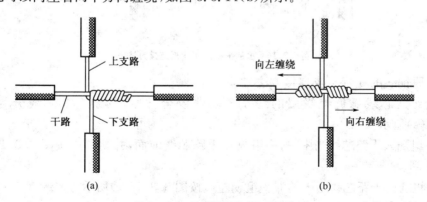

图 3.3.14 单股铜线的十字形连接

⑤ 多股铜导线的直接连接

a. 首先将剥去绝缘层的多股芯线拉直,将其靠近绝缘层的约 1/3 芯线绞合拧紧,而将其余 2/3 芯线成伞状散开,另一根需连接的导线芯线也如此处理,如图 3.3.15(a)所示。

　　b. 将两伞状芯线相对着互相插入后捏平芯线,如图 3.3.15(b)所示。

　　c. 将每一边的芯线线头分作 3 组,将某一边的第 1 组线头紧密缠绕在芯线上,如图 3.3.15(c)所示。

　　d. 将第 2 组线头翘起并紧密缠绕在芯线上,如图 3.3.15(d)所示。

　　e. 将第 3 组线头翘起并紧密缠绕在芯线上,如图 3.3.15(e)所示。以同样方法缠绕另一边的线头。

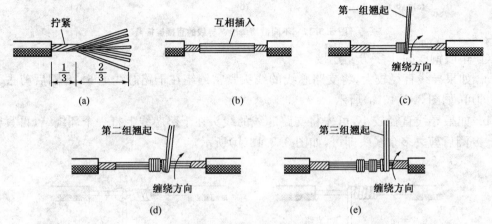

图 3.3.15　多股铜导线的直接连接

　　⑥ 多股铜导线的 T 字分支连接方法一

　　a. 将支路芯线 90°折弯后与干路芯线并行,如图 3.3.16(a)所示。

　　b. 将线头折回并紧密缠绕在芯线上即可,如图 3.3.16(b)所示。

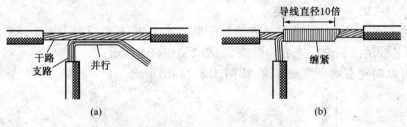

图 3.3.16　多股铜线的 T 字形连接方法一

　　⑦ 单股铜线的 T 字分支连接方法二

　　a. 将支路芯线靠近绝缘层的约 1/8 芯线绞合拧紧,其余 7/8 芯线分为两组,如图 3.3.17(a)所示。

　　b. 一组插入干路芯线当中,另一组放在干路芯线前面,并朝右边按图 3.3.16(b)方向缠绕 4~5 圈。

　　c. 再将插入干路芯线当中的那一组朝左边按图 3.3.16(c)所示方向缠绕 4~5 圈。

　　d. 连接好的导线如图 3.3.17(d)所示。

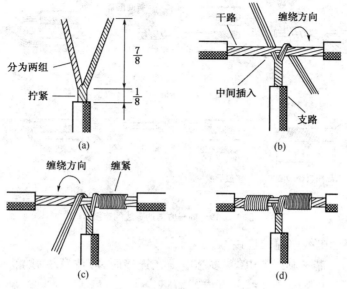

图 3.3.17　多股铜线的 T 字形连接方法二

⑧ 单股铜导线与多股铜导线的连接

a. 将多股导线的芯线绞合拧紧成单股状，如图 3.3.18(a)所示。

b. 将其紧密缠绕在单股导线的芯线上 5～8 圈，最后将单股芯线线头折回并压紧在缠绕部位即可，如图 3.3.18(b)所示。

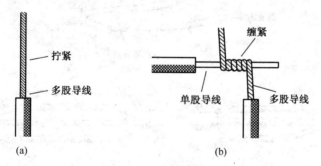

图 3.3.18　单股铜导线与多股铜线的连接

⑨ 同一方向的导线的连接

a. 对于单股导线，可将一根导线的芯线紧密缠绕在其他导线的芯线上，再将其他芯线的线头折回压紧即可，如图 3.3.19(a)、(b)所示。

b. 对于多股导线，可将两根导线的芯线互相交叉，然后绞合拧紧即可，如图 3.3.19(c)、(d)所示。

c. 对于单股导线与多股导线的连接，可将多股导线的芯线紧密缠绕在单股导线的芯线上，再将单股芯线的线头折回压紧即可，如图 3.3.19(e)、(f)所示。

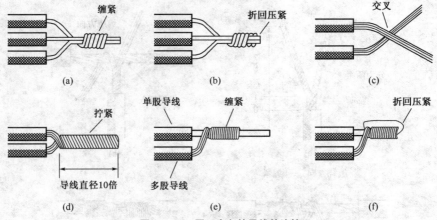

图 3.3.19　同一方向的导线的连接

⑩ 双芯或多芯电线电缆的连接

双芯护套线、三芯护套线或电缆、多芯电缆在连接时,应注意尽可能将各芯线的连接点互相错开位置,可以更好地防止线间漏电或短路。

a. 双芯护套线的连接情况如图 3.3.20(a)所示。

b. 三芯护套线的连接情况如图 3.3.20(b)所示。

c. 四芯电力电缆的连接情况如图 3.3.20(c)所示。

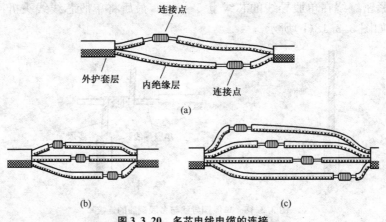

图 3.3.20　多芯电线电缆的连接

⑪ 铜导线或铝导线的紧压连接

压接套管截面有圆形和椭圆形两种。圆截面套管内可以穿入一根导线,椭圆截面套管内可以并排穿入两根导线。

a. 圆截面套管使用时,将需要连接的两根导线的芯线分别从左右两端插入套管相等长度,以保持两根芯线的线头的连接点位于套管内的中间。然后用压接钳或压接模具压紧套管,一般情况下只要在每端压一个坑即可满足接触电阻的要求。在对机械强度有要求的场合,可在每端压两个坑,如图 3.3.21 所示。对于较粗的导线或机械强度要求较高的场合,

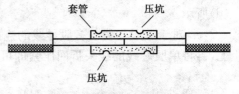

图 3.3.21　圆截面套管铜导线或
铝导线的紧压连接

3 电路实训 · 209 ·

可适当增加压坑的数目。

b. 椭圆截面套管使用时,将需要连接的两根导线的芯线分别从左右两端相对插入并穿出套管少许,如图3.3.22(a)所示,然后压紧套管即可,如图3.3.22(b)所示。当用于同一方向导线的压接时如图3.3.22(c)所示,用于导线的T字分支压接时如图3.3.22(d)所示,用于导线的十字分支压接时如图3.3.22(e)所示。

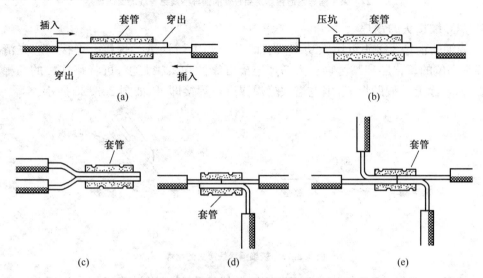

图3.3.22 椭圆截面套管铜导线或铝导线的紧压连接

⑫ 铜导线与铝导线之间的紧压连接

当需要将铜导线与铝导线进行连接时,必须采取防止电化腐蚀的措施。因为铜和铝的标准电极电位不一样,如果将铜导线与铝导线直接铰接或压接,在其接触面将发生电化腐蚀,引起接触电阻增大而过热,造成线路故障。常用的防止电化腐蚀的连接方法有两种。

a. 采用铜铝连接套管。铜铝连接套管的一端是铜质,另一端是铝质,如图3.3.23(a)所示。使用时将铜导线的芯线插入套管的铜端,将铝导线的芯线插入套管的铝端,然后压紧套管,如图3.3.23(b)所示。

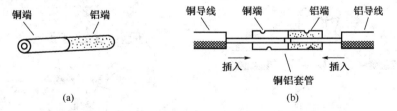

图3.3.23 采用铜铝连接套管的铜导线及铝导线的紧压连接

b. 将铜导线镀锡后采用铝套管连接。由于锡与铝的标准电极电位相差较小,在铜与铝之间夹垫一层锡也可以防止电化腐蚀。具体做法是先在铜导线的芯线上镀上一层锡,再将镀锡铜芯线插入铝套管的一端,铝导线的芯线插入该套管的另一端,最后压紧套管即可,如图3.3.24所示。

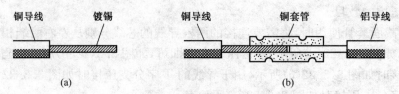

图 3.3.24　采用铜导线镀锡后用铝套管的铜导线及铝导线的紧压连接

⑬ 铜导线接头的锡焊

a. 较细的铜导线接头可用大功率(例如 150 W)电烙铁进行焊接。焊接前应先清除铜芯线接头部位的氧化层和黏污物。为增加连接可靠性和机械强度,可将待连接的两根芯线先行绞合,再涂上无酸助焊剂,用电烙铁蘸焊锡进行焊接即可,如图 3.3.25 所示。

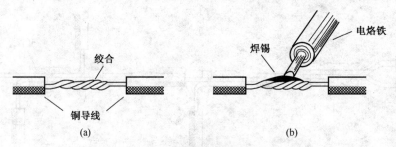

图 3.3.25　较细铜导线接头的锡焊

b. 较粗(一般指截面 16 mm² 以上)的铜导线接头可用浇焊法连接。浇焊前应先清除铜芯线接头部位的氧化层和黏污物,涂上无酸助焊剂,并将线头绞合。将焊锡放在化锡锅内加热熔化,当熔化的焊锡表面呈磷黄色说明锡液已达符合要求的高温,即可进行浇焊。浇焊时将导线接头置于化锡锅上方,用耐高温勺子盛上锡液从导线接头上面浇下,如图 3.3.26 所示。刚开始浇焊时因导线接头温度较低,锡液在接头部位不会很好渗入,应反复浇焊,直至完全焊牢为止。浇焊的接头表面也应光洁平滑。

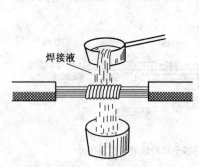

图 3.3.26　较粗铜导线接头的锡焊

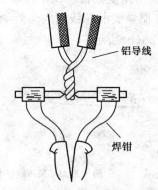

图 3.3.27　铝导线接头的电阻焊

⑭ 铝导线接头的焊接

铝导线接头的焊接一般采用电阻焊或气焊。

a. 电阻焊是指用低电压大电流通过铝导线的连接处,利用其接触电阻产生的高温高热将导线的铝芯线熔接在一起。电阻焊应使用特殊的降压变压器(1 kV·A、初级 220 V、次级6~12 V),配以专用焊钳和碳棒电极,如图 3.3.27 所示。

b. 气焊是指利用气焊枪的高温火焰,将铝芯线的连接点加热,使待连接的铝芯线相互熔融连接。气焊前应将待连接的铝芯线绞合,或用铝丝或铁丝绑扎固定,如图 3.3.28 所示。

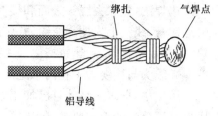

图 3.3.28　铝导线接头的气焊

⑮ 线头与接线桩的连接

a. 线头与针孔接线桩的连接

端子板、某些熔断器、电工仪表等的接线部位多是利用针孔附有压接螺钉压住线头完成连接的。线路容量小,可用一只螺钉压接;若线路容量较大,或接头要求较高时,应用两只螺钉压接。

单股芯线与接线桩连接时,最好按要求的长度将线头折成双股并排插入针孔,使压接螺钉顶紧双股芯线的中间。如果线头较粗,双股插不进针孔,也可直接用单股,但芯线在插入针孔前,应稍微朝着针孔上方弯曲,以防压紧螺钉稍松时线头脱出。

在针孔接线桩上连接多股芯线时,先用钢丝钳将多股芯线进一步绞紧,以保证压接螺钉顶压时不致松散。注意针孔和线头的大小应尽可能配合。如果针孔过大可选一根直径大小相宜的铝导线作绑扎线,在已绞紧的线头上紧密缠绕一层,使线头大小与针孔合适后再进行压接。如线头过大,插不进针孔时,可将线头散开,适量减去中间几股,通常 7 股可剪去 1～2 股,19 股可剪去 1～7 股,然后将线头绞紧,进行压接。

无论是单股或多股芯线的线头,在插入针孔时,注意插到底,不得使绝缘层进行针孔,针孔外的裸线头的长度不得超过 3 mm。

b. 线头与平压式接线桩的连接

平压式接线桩是利用半圆头、圆柱头或六角头螺钉加垫圈将线头压紧,完成电连接。对载流量小的单股芯线,先将线头弯成接线圈,再用螺钉压接。对于横截面不超过10 mm²、股数为 7 股及以下的多股芯线,应按离绝缘层根部的 3 mm 处向外侧折角、按略大于螺钉直径弯曲圆弧、剪去芯线余端、修正圆圈的步骤制作压接圈。对于载流量较大,横截面积超过 10 mm²、股数多于 7 股的导线端头,应安装接线耳。

连接这类线头的工艺要求是:压接圈和接线耳的弯曲方向应与螺钉拧紧方向一致,连接前应清除压接圈、接线耳和垫圈上的氧化层及污物,再将压接圈或接线耳在垫圈下面,用适当的力矩将螺钉拧紧,以保证良好的电接触。压接时注意不得将导线绝缘层压入垫圈内。

c. 线头与瓦形接线桩的连接

瓦形接线桩的垫圈为瓦形。压接时为了不致使线头从瓦形接线桩内滑出,压接前应先将去除氧化层和污物的线头弯曲成 U 形,再卡入瓦形接线桩压接。如果在接线桩上有两个线头连接,应将弯成 U 形的两个线头相重合,再卡入接线桩瓦形垫圈下方压紧。

⑯ 导线的封端

为保证导线线头与电气设备的电接触和其机械性能,除 10 mm² 以下的单股铜芯线、2.5 mm² 及以下的多股铜芯线和单股铝芯线能直接与电器设备连接外,大于上述规格的多股或单股芯,通常都应在线头上焊接或压接接线端子,这种工艺过程叫做导线的封端。在工艺上,铜导线和铝导线的封端是不同的。

a. 铜导线的封端

铜导线封端方法常用锡焊法或压接法。

锡焊法:先除去线头表面和接线端子孔内表面的氧化层和污物,分别在焊接面上涂上无酸焊锡膏,线头上先搪一层锡,并将适量焊锡放入接线端子的线孔内,用喷灯对接线端子加热,待焊锡熔化时,趁热将搪锡线头插入端子孔内,继续加热,直到焊锡完成渗透到芯线缝中并灌满线头与接线端子孔内壁之间的间隙,方可停止加热。

压接法:把表面清洁且已加工好的线头直接插入内表面已清洁的接线端子线孔,然后按压接管压接法的工艺要求,用压接钳对线头和接线端子进行压接。

b. 铝导线的封端

由于铝导线表面极易氧化,用锡焊法比较困难,通常都用压接法封端。压接前除了清除线头表面及接线端子线孔内表面的氧化层及污物外,还应分别在两者接触面涂以中性凡士林,再将线头插入线孔,用压接钳产压接。

5) 导线绝缘层的恢复

当发现导线绝缘层破损或完成导线连接后,一定要恢复导线的绝缘。要求恢复后的绝缘强度不应低于原有绝缘层。所用材料通常是黄蜡带、涤纶薄膜带和黑胶带,黄蜡带和黑胶带一般选用宽度为 20 mm 的。

(1) 直线连接接头的绝缘恢复

① 将黄蜡带从导线左侧完整的绝缘层上开始包缠,包缠两根带宽后再进入无绝缘层的接头部分,如图 3.3.29(a)所示。

② 包缠时,应将黄蜡带与导线保持约 55°的倾斜角,每圈叠压带宽的 1/2 左右,如图 3.3.29(b)所示。

③ 包缠一层黄蜡带后,把黑胶布接在黄蜡带的尾端,按另一斜叠方向再包缠一层黑胶布,每圈仍要压叠带宽的 1/2,如图 3.3.29(c)、(d)所示。

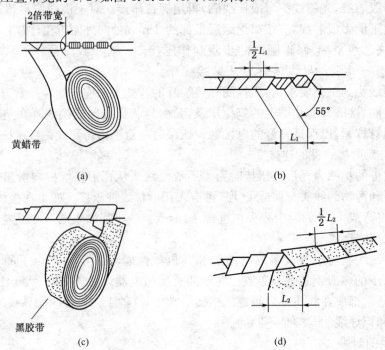

图 3.3.29　直线连接接头的绝缘恢复

（2）T字形连接接头的绝缘恢复

① 将黄蜡带从接头左端开始包缠,每圈叠压带宽的1/2左右,如图3.3.30(a)所示。

② 缠绕至支线时,用左手拇指顶住左侧直角处的带面,使它紧贴于转角处芯线,而且要使处于接头顶部的带面尽量向右侧斜压,如图3.3.30(b)所示。

③ 当围绕到右侧转角处时,用手指顶住右侧直角处带面,将带面在干线顶部向左侧斜压,使其与被压在下边的带面呈X状交叉,然后把带再回绕到左侧转角处,如图3.3.30(c)所示。

④ 使黄蜡带从接头交叉处开始在支线上向下包缠,并使黄蜡带向右侧倾斜,如图3.3.30(d)所示。

⑤ 在支线上绕至绝缘层上约两个带宽时,黄蜡带折回向上包缠,并使黄蜡带向左侧倾斜,绕至接头交叉处,使黄蜡带围绕过干线顶部,然后开始在干线右侧芯线上进行包缠。如图3.3.30(e)所示。

⑥ 包缠至干线右端的完好绝缘层后,再接上黑胶带,按上述方法包缠一层即可,如图3.3.30(f)所示。

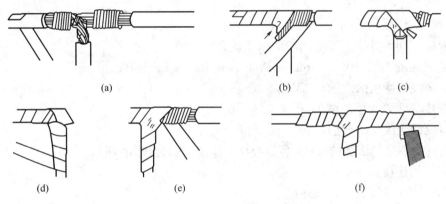

图3.3.30 T字形连接接头的绝缘恢复

注意事项:

① 在为工作电压为380 V的导线恢复绝缘时,必须先包缠1~2层黄蜡带,然后再包缠一层黑胶带。

② 在为工作电压为220 V的导线恢复绝缘时,应先包缠一层黄蜡带,然后再包缠一层黑胶带,也可只包缠两层黑胶带。

③ 包缠绝缘带时,不能过疏,更不能露出芯线,以免造成触电或短路事故。

④ 绝缘带平时不可放在温度很高的地方,也不可浸染油类。

6）导线认识及连接实训

（1）实训目的

① 了解导线的命名规则及认识常用导线。

② 熟练掌握导线的线规及测量方法。

③ 熟练掌握常用导线绝缘层剖削的方法。

④ 熟练掌握常用导线接头制作的方法。

⑤ 熟练掌握导线绝缘层恢复的方法。

⑥ 熟悉电工实训室安全操作规程、熟练常用电工工具使用方法。

（2）实训仪器和设备

钢丝钳	1 把	游标卡尺	1 把
电工刀	1 把	千分尺	1 套
剥线钳	1 把	活络扳手	1 个
尖嘴钳	1 把	黄蜡带	1 卷
万用表	1 只	黑胶带	1 卷

实训器材：BV 2.5 mm²、BV 6 mm²、BV 4 mm²、BV 16 mm²、BLV 2.5 mm²、BLX 2.5 mm²、RXS 1.0 mm²。

（3）实训内容

① 导线的认识：区分 BV 2.5 mm²、BV 6 mm²、BV 4 mm²、BV 16 mm²、BLV 2.5 mm²、BLX 2.5 mm²、RXS 1.0 mm²，并说明各型号的意义。

② 导线线径的测量：用游标卡尺或千分尺测量上述各导线的线径并记录，与型号作对比。

③ 导线绝缘层的剖削：

a. 根据不同的导线选用适当的剖削工具。

b. 绝缘层的剖削：BV 2.5 mm²、BV 6 mm²、BV 4 mm²、BV 16 mm²。

c. 护套线绝缘层的剖削：BLV 2.5 mm²

d. 橡皮导线绝缘层的剖削：BLX 2.5 mm²

e. 双绞线绝缘层的剖削：RXS 1.0 mm²

f. 检查剖削过绝缘层的导线，看是否存在断丝、线芯受损的现象。

④ 导线的连接：

a. 单股芯线导线进行直线连接。

b. 单股芯线导线进行 T 字形连接。

c. 硬线与软线的连接。

d. 导线线头与平压式接线桩的连接。

e. 在铜芯导线接头上进行电烙铁锡焊、浇焊处理。

f. 在铝芯导线接头上进行压接管压接法连接、螺钉压接法、平压法连接。

g. 单控电路的连接：开关接火线，负载接于零线上。

h. 双控电路的连接：如图 3.3.31 所示，控制要求是两个开关控制一个白炽灯的亮，即当 K_1 让灯亮时，K_2 可让其熄灭，反之亦然。

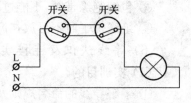

图 3.3.31　双控电路的连接

为了降低安装难度，也为了便于区别，电路用几种不同颜色的单芯硬导线来敷设；灯座中金属螺口的接线柱必须接电源的零线；新式螺口平灯座的安装，先接线还是先螺丝固定没有一定的要求，而老式螺口平灯座必须先接线后固定。

⑤ 导线的绝缘层的恢复

a. 单股导线直线连接的绝缘层恢复。

b. 多芯导线直线连接的绝缘层恢复。

c. 单股导线 T 字形连接绝缘层恢复。

d. 多芯导线 T 字形连接绝缘层恢复。

e. 完成绝缘恢复后,将其浸入水中约 30 min,然后检查是否渗水。

(4)实训报告

① 写明实训的目的、分组情况、小组学生分工。组长负责现场的 6S 管理工作及实训过程的记录。

② 写出常用导线的分类、常用导线的组成、常用导线的作用、常用导线的颜色。

③ 写出常用导线线规的表示方法、测量导线线规的基本方法、测量导线的基本步骤、测量注意事项、计算导线的截面积。

④ 写出剖削导线绝缘层的基本方法、基本步骤、剖削工具的选择、剖削注意事项。

⑤ 写出导线的连接基本方法、基本步骤、连接注意事项。

⑥ 写出导线的绝缘的恢复基本方法、基本步骤、恢复绝缘注意事项。

⑦ 写出实训总结(包括实训中遇到的问题及解决办法、实训收获体会等)。

⑧ 回答思考题:

a. 什么是现场的 6S 管理工作?

b. 电工刀、剖线钳剥削导线各有哪些优缺点?

c. 家庭中常用的电线的线径是多少?

(5)实训中的常见错误

① 用非电工专用工具剖削导线。

② 芯线受损伤不注意及时纠正,导致在布线后,连接导线桩时出现断裂、导线长度不够。

③ 用橡皮膏代替绝缘胶布:用劣质或超过使用期的胶布。

④ 绝缘胶带压接不够二分之一,芯线外露。

⑤ 连接不可靠,一拉就断开。

3.3.2 常用电工电子元件的识别及测试

1)电阻识别及测试

(1)常用电阻、电位器识别及测试见第 1.3.2 及第 1.3.3。

(2)排阻识别及测试

排阻是由若干个参数完全相同的电阻组成。通孔式排阻的一个引脚连到一起,作为公共引脚,其余引脚正常引出。一般来说,最左边的那个是公共引脚,在排阻上一般用一个色点标出来。排阻通常用大写英文字母"RN"表示,排阻如图 3.3.32 所示。

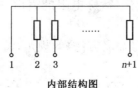
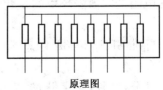

实物图　　　　　　　　内部结构图　　　　　　　　原理图

图 3.3.32　通孔式排阻

（3）贴片电阻

贴片电阻也称片式电阻器，是将金属粉和玻璃铀粉混合，采用丝网印刷法印在基板上制成的电阻器，在外观上是非常单一的，方形、黑色，体积小，如图3.3.33所示。

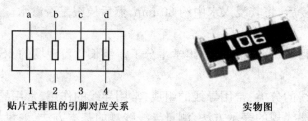

贴片式排阻的引脚对应关系　　　　　实物图

图3.3.33　贴片式排阻

贴片式电阻器的型号命名由六部分组成：

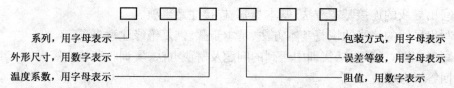

系列，用字母表示　　　　　　　　　　　　　包装方式，用字母表示

外形尺寸，用数字表示　　　　　　　　　　　误差等级，用字母表示

温度系数，用字母表示　　　　　　　　　　　阻值，用数字表示

阻值识别规则：第1、第2位表示元件值有效数字，第3位表示有效数字后应乘10的位数。

元件值读取的例子：图3.3.33中电阻的丝印为106，读取其元件值：

$$第1、第2位 10 × 第3位^6 = 10 × 10^6 = 10 \text{ M}\Omega$$

在贴片元件的尺寸上为了让所有厂家生产的元件之间有更多的通用性，国际上各大厂家进行了尺寸要求的规范工作，形成了相应的尺寸系列。其中在不同国家采用不同的单位基准主要有公制和英制，对应关系如表3.3.7所示。

表3.3.7　贴片元件的尺寸系列

单位（英制）	0201	0402	0603	0805	1008	1206	1210
单位（公制）	0.6×0.3	1.0×0.5	1.6×0.8	2.0×1.25	2.5×2.0	3.2×1.6	3.2×2.5

注：① 此处的0201表示0.02×0.01(in)，其他相同。

　　② 在材料中还有其他尺寸规格例如：0202、0303、0504、1808、1812、2211、2220等等，但是在实际使用中使用范围并不广泛所以不做介绍。

　　③ 对于实际应用中各种对尺寸的称呼有所不同，一般情况下使用为多英制单位称呼，例如一般我们在工作中会说用的是0603的电阻，也有时使用公制单位例如说用1608的电阻，此时使用的就是公制单位。

（4）特殊电阻的识别及测试

① 特殊电阻的命名

特殊电阻的阻值随环境的变化而变化，特殊电阻的表面一般不标注阻值大小，只标注型号。

根据标准SJ1152—82《敏感元件型号命名方法》的规定，特殊电阻的产品型号由下列四部分组成：

第一部分：主称，用字母M表示敏感电阻器的意义。

第二部分：类别，用字母表示，符号及意义如表3.3.8所示。

第三部分：用途或特征，用数字表示意义如表 3.3.9 所示，用字母符号表示意义如表 3.3.10 所示。

第四部分：序号，用数字表示区别电阻的外形和性能参数。

表 3.3.8 特殊电阻类别符号及意义

符 号	意 义
F	负温度系统热敏电阻器（NTC）
Z	正温度系统热敏电阻器（PTC）
G	光敏电阻器
Y	压敏电阻器
S	湿敏电阻器
Q	气敏电阻器
L	力敏元件
C	磁敏元件

表 3.3.9 用途或特征部分用数字表示意义

名 称	0	1	2	3	4	5	6	7	8	9
NTC	特殊	普通	稳压	微波测量	旁热式	测温	控温		线性型	
PTC		普通	限流		延迟	测温	控温	消磁		恒温
光敏电阻	特殊	紫外光	紫外光	紫外光	可见光	可见光	可见光	红外光	红外光	红外光
力敏电阻		硅应变片	硅应变梁	硅杯						

热敏电阻器分类中的"普通"是指没有特殊的技术和结构要求者。

表 3.3.10 用途或特征部分用字母表示意义

名 称	W	G	P	N	K	L	H	E	B	C	Y
压敏电阻	稳压	高压保护	高频	高能	高可靠性	防雷	灭弧	消躁	补偿	消磁	
温敏电阻						控湿				测温	
气敏电阻						可燃性					烟敏
磁敏电阻	电位器								电阻器		

② 特殊电阻的符号

特殊电阻的电路符号及图形符号如表 3.3.11 所示。

表 3.3.11 特殊电阻符号及实物图

名称	电路符号	图形符号	实物图
热敏电阻	RT 或 R	PTC (a) 正温度系数热敏电阻 NTC (b) 负温度系数热敏电阻	
压敏电阻	RV 或 R		
光敏电阻	RL 或 R		

名称	电路符号	图形符号	实物图
气敏电阻	RQ 或 R	A-B：检测极 F-f：灯丝(加热极)	
湿敏电阻	RS 或 R		
磁敏电阻	RC　R		
力敏电阻	RL　R		
保险电阻	RF　R		

③ NTC 热敏电阻检测

a. 测量标称电阻值 Rt

用万用表测量 NTC 热敏电阻时按 NTC 热敏电阻的标称阻值选择合适的电阻挡可直接测出 R_t 的实际值。测试时注意以下几点：

ⓐ 标称阻值 R_t 是生产厂家在环境温度为 25 ℃时所测得的，所以用万用表测量 R_t 时，环境温度应接近 25 ℃时进行。

ⓑ 测量功率不得超过规定值，以免电流热效应引起测量误差。例如，MF12—1 型 NTC 热敏电阻，其额定功率为 1 W，测量功率 $P_1 = 0.2$ mW。假定标称电阻值 R_t 为 1 kΩ，则测试电阻使用 $R \times 1$ k 挡比较合适。

ⓒ 测试时不要用于捏住热敏电阻体，以防止人体温度对测试产生影响。

b. 估测温度系数 αt

温度系数是指元件在温度变化时元件值随温度变化的特性。

先在室温 t_1 下测得电阻值 R_{t1}，再用电烙铁作热源靠近热敏电阻，测出电阻值 R_{t2}，同时用温度计测出此时热敏电阻表面的平均温度 t_2。将所测得的结果输入下式：

$\alpha t \approx (R_{t2} - R_{t1}) / [R_{t1}(t_2 - t_1)]$，NTC 热敏电阻的 $\alpha t < 0$。

注意事项：

ⓐ 给热敏电阻加热时，宜用 20 W 左右的小功率电烙铁，且烙铁头不要直接去接触热敏电阻或靠的太近，以防损坏热敏电阻。

ⓑ 若测得的 $\alpha t > 0$，则表明该热敏电阻不是 NTC 而是 PTC。

2）电容识别及测试

(1) 电容器分类、固定电容、电解电容、可变电容器识别及检测见第 1.3.4。

（2）贴片电容识别

贴片电容种类及特点见表 3.3.12。

表 3.3.12 贴片电容分类

名 称	特 点	实物图
瓷片贴片电容	外型单一，表面没有丝印，没有极性。有多种颜色主要有褐色、灰色、淡紫色等。基本单位是 pF	
贴片钽电容	材质钽介质，主要有黑色、黄色等。钽电容表面有一条白色丝印用来表示钽电容的正极，并且在丝印上标明有电容值和工作电压，基本单位是 μF	
贴片电解电容	材质电解质，外观上可见铝制外壳。电解电容表面有一条黑色丝印用来表示电解电容的负极，并且在丝印上标明有电容值和工作电压，基本单位是 μF	
贴片纸电容	普通型，材质纸质。表面部分厂家的元件有丝印，外形主要有椭圆和方形两种，外观上椭圆形一般呈银白有金属光泽、方形呈褐色，从侧面能看到纸介质分层情况。没有极性，尺寸有各种大小，体积一般较大，基本单位是 μF	

3）电感识别及测试

（1）电感分类、型号命名、标志识别及性能检测见 1.3.5。

（2）贴片电感

贴片电感又称为功率电感、大电流电感，具有小型化，高品质，高能量储存和低电阻之特性。主要应用在电脑显示板卡、笔记本电脑、脉冲记忆程序设计、DC-DC 转换器、射频（RF）和无线通讯技术设备、雷达检波器、汽车电子、音频设备、无线遥控系统以及低压供电模块等。

贴片电感器种类及特点见表 3.3.13。

表 3.3.13 贴片电感分类

名 称	特 点	实物图
绕线型	电感量范围广（mH～H），电感量精度高，损耗小（即 Q 大），容许电流大、制作工艺简单、成本低等，不足是在进一步小型化方面受到限制 TDK 的 NL 系列电感为绕线型，0.01～100 μH，精度 5%，高 Q 值，可以满足一般需求 NLC 型适用于电源电路，额定电流可达 300 mA；NLV 型为高 Q 值，环保（再造塑料），可与 NL 互换；NLFC 有磁屏，适用于电源线	
叠层型	具有良好的磁屏蔽性、烧结密度高、机械强度好；尺寸小，有利于电路的小型化；磁路封闭，有利于元器件的高密度安装；一体化结构，可靠性高；耐热性、可焊性好；形状规整，适合于自动化表面安装生产。不足之处是成本高、电感量较小、Q 值低 TDK 的 MLK 型电感，尺寸小，可焊性好，有磁屏，采用高密度设计，单片式结构，可靠性高；MLG 型的感值小，采用高频陶瓷，适用于高频电路；MLK 型工作频率 12 GHz，高 Q，低感值（1～22 nH）	
薄膜片式	具有在微波频段保持高 Q、高精度、高稳定性和小体积的特性。其内电极集中于同一层面，磁场分布集中，能确保贴后的器件参数变化不大，在 100 MHz 以上呈现良好的频率特性	
编织型	特点是在 1 MHz 下的单位体积电感量比其他片式电感器大、体积小、容易安装在基片上。用作功率处理的微型磁性元件	

4）变压器识别及检测

（1）中周变压器识别及检测

① 将万用表拨至 $R\times1$ 挡，按照中周变压器的各绕组引脚排列规律，逐一检查各绕组的通断情况，进而判断其是否正常。

② 检测绝缘性能将万用表置于 $R\times10$ k 挡，做如下几种状态测试：

a. 初级绕组与次级绕组之间的电阻值。阻值为无穷大时正常；

b. 初级绕组与外壳之间的电阻值。阻值为零：有短路性故障；

c. 次级绕组与外壳之间的电阻值。阻值小于无穷大，但大于零：有漏电性故障。

（2）电源变压器识别及检测

① 通过观察变压器的外貌来检查其是否有明显异常现象

如线圈引线是否断裂、脱焊，绝缘材料是否有烧焦痕迹，铁芯紧固螺杆是否有松动，硅钢片有无锈蚀，绕组线圈是否有外露等。

② 绝缘性测试

用万用表 $R\times10$ k 挡分别测量铁芯与初级、初级与各次级、铁芯与各次级、静电屏蔽层与权次级、次级各绕组间的电阻值，万用表指针均应指在无穷大位置不动。否则，说明变压器绝缘性能不良。

③ 线圈通断的检测

将万用表置于 $R\times1$ 挡，测试中，若某个绕组的电阻值为无穷大，则说明此绕组有断路性故障。

④ 判别初、次级线圈

电源变压器初级引脚和次级引脚一般都是分别从两侧引出的，并且初级绕组多标有220 V 字样，次级绕组则标出额定电压值，如 15 V、24 V、35 V 等。再根据这些标记进行识别。

⑤ 空载电流的检测

a. 直接测量法

将次级所有绕组全部开路，把万用表置于交流电流挡 500 mA，串入初级绕组。当初级绕组的插头插入 220 V 交流市电时，万用表所指示的便是空载电流值。此值不应大于变压器满载电流的 10%～20%。一般常见电子设备电源变压器的正常空载电流应在 100 mA 左右。如果超出太多，则说明变压器有短路性故障。

b. 间接测量法

在变压器的初级绕组中串联一个 10/5 W 的电阻，次级仍全部空载。把万用表拨至交流电压挡。加电后，用两表笔测出电阻 R 两端的电压降 U，然后用欧姆定律算出空载电流 $I_空$，即 $I_空=U/R$。F 空载电压的检测。将电源变压器的初级接 220 V 市电，用万用表交流电压接依次测出各绕组的空载电压值（U_{21}、U_{22}、U_{23}、U_{24}）应符合要求值，允许误差范围一般为：高压绕组≤±10%，低压绕组≤±5%，带中心抽头的两组对称绕组的电压差应≤±2%。G 一般小功率电源变压器允许温升为 40～50 ℃，如果所用绝缘材料质量较好，允许温升还可提高。

⑥ 检测判别各绕组的同名端

在使用电源变压器时，有时为了得到所需的次级电压，可将两个或多个次级绕组串联起来使用。采用串联法使用电源变压器时,参加串联的各绕组的同名端必须正确连接,不能搞错。否则,变压器不能正常工作。电源变压器短路性故障的综合检测判别。电源变压器发生短路性故障后的主要症状是发热严重和次级绕组输出电压失常。通常,线圈内部匝间短路点越多,短路电流就越大,而变压器发热就越严重。检测判断电源变压器是否有短路性故障的简单方法是测量空载电流(测试方法前面已经介绍)。存在短路故障的变压器,其空载电流值将远大于满载电流的 10%。当短路严重时,变压器在空载加电后几十秒钟之内便会迅速发热,用手触摸铁芯会有烫手的感觉。此时不用测量空载电流便可断定变压器有短路点存在。

5)二极管识别及测试

半导体二极管简称二极管,几乎在所有的电子电路中,都要用到半导体二极管,它在许多的电路中起着重要的作用,它是诞生最早的半导体器件之一,其应用也非常广泛。其构成本质为 PN 结,主要特性为单向导电性。

(1)国产二极管的型号的命名

国产二极管的型号命名由五部分组成(部分类型没有第五部分),各部分表示意义如表 3.3.14 所示。例如:"2CP60"表示为硅 N 型普通二极管,产品序号为"60";"2AP9"表示为锗 N 型普通二极管,产品序号为"9";"2CW55"表示为硅 N 型稳压二极管,产品序号为"55"。

表 3.3.14 国产二极管型号命名规定

第一部分	第二部分 (材料与极性)	第三部分 (管子类型)	第四部分 (产品序号)	第五部分 (规格)
2 表示 "二极管"	A—锗 N 型	P—普通管		
	B—锗 P 型	W—稳压管		
	C—硅 N 型	Z—整流管		
	D—硅 P 型	N—阻尼管		
		U—光电管		
		K—开关管		

(2)常用二极管的种类、特点、用途、符号如表 3.3.15 所示。

表 3.3.15 常用二极管分类

依据	分类	特点	用途	电路符号	实物图
材料	硅二极管	正向压降基本保持为 0.7 V	在电路中作为限幅元件,可以把信号幅度限制在一定范围内		
	锗二极管	正向压降基本保持为 0.3 V			
用途	整流二极管	用二极管单向导电性从输入交流中得到输出的直流是整流,通常输出电流大于 100 mA。	把方向交替变化的交流电变换成单一方向的脉动直流电		
	开关二极管	用二极管单向导电性在正向电压作用下相当于一只接通的开关,在反向电压作用下相当于断开的开关。	肖特基型二极管是理想的开关二极管,可以组成各种逻辑电路		

(续表 3. 3. 15)

依据	分类	特点	用途	电路符号	实物图
用途	限幅二极管	利用二极管正向导通后，它的正向压降基本保持不变的特性。大多数二极管能作为限幅使用，也可以把若干个整流二极管串联形成一个整体	把信号幅度限制在一定范围内		
	续流二极管	利用二极管单向导电性	在感性负载中起续流作用		
	检波二极管	从输入信号中取出调制信号，输出电流小于 100 mA。锗材料点接触型、工作频率可达 400 MHz，正向压降小，结电容小，检波效率高，频率特性好	在收音机中起检波作用		
	变容二极管	通过施加反向电压，使其 PN 结的静电容量发生变化。通常采用硅的扩散型二极管，但也可采用合金扩散型、外延结合型、双重扩散型等特殊制作的二极管，这些二极管结电容随反向电压变化，取代可变电容	采用硅的扩散型二极管，常用于电视机高频头的频道转换和调谐电路。其他形式的变容二极管用作调谐回路、振荡电路、锁相环路	或	
	稳压二极管	利用二极管反向击穿特性曲线急骤变化的特性，工作在反向击穿状态。二极管工作时的端电压称为齐纳电压。硅材料制作，一般为 2CW 型；将两个互补二极管反向串接以减少温度系数则为 2DW 型	作为控制电压和标准电压使用。齐纳电压从 3 V 左右到 150 V 划分成许多等级。在功率方面，也有从 200 mW 至 100 W 以上的产品		
	发光二极管	用磷化镓、磷砷化镓材料制成，正向驱动发光。工作电压低、工作电流小、体积小、发光均匀、寿命长	可发红、黄、绿、蓝、白等单色光，作为指示或显示使用		
	调制二极管	通常指的是环形调制专用的二极管，是正向特性一致性好的四个二极管的组合件	调制用途		

依据	分类	特点	用途	电路符号	实物图
用途	混频二极管	多采用肖特基型和点接触型二极管	使用二极管混频方式时,在 500~10 000 Hz 的频率范围内		
	放大二极管	依靠隧道二极管和体效应二极管的负阻性器件放大,以及用变容二极管的参量放大	放大用二极管通常用隧道二极管、体效应二极管和变容二极管		
	倍频二极管	依靠变容二极管的频率倍增和依靠阶跃(即急变)二极管的频率倍增	从导通到关闭时的反向恢复时间短,能产生很多高频谐波		
	PIN型二极管	在 P 区和 N 区之间夹一层本征半导体(或低浓度杂质的半导体),当其工作频率超过 100 MHz 时,二极管失去整流作用而变成阻抗元件,且其阻抗值随偏置电压而改变	作为可变阻抗元件使用。被应用于高频开关(即微波开关)、移相、调制、限幅等电路中		
	雪崩二极管	在外加电压作用下可以产生高频振荡	应用于微波领域的振荡电路中		
	江崎二极管	是以隧道效应电流为主要电流分量的晶体二极管	应用于低噪声高频放大器及高频振荡器、高速开关电路中		
	阻尼二极管	具有较高的反向工作电压和峰值电流,正向压降小,高频高压整流二极管	用在电视机行扫描电路中,作阻尼和升压整流用		
	瞬变抑压二极管	TVP管,分双极型和单极型两种	对电路进行快速过压保护,按峰值功率(500~5 000 W)和电压(8.2~200 V)分类		
	双基极二极管	两个基极,一个发射极的三端负阻器件,又称为单结晶体管	用于张弛振荡电路中,定时电压读出电路,它具有频率易调、温度稳定性好等优点		

（续表 3. 3. 15）

依据	分类	特点	用途	电路符号	实物图
管芯结构	点接触型二极管	用一根很细的金属丝压在光洁的半导体晶片表面，通以脉冲电流，使触丝一端与晶片牢固地烧结在一起，形成 PN 结。其 PN 结的静电容量小，只允许通过较小的电流（几十毫安）	适用于高频小信号的检波、整流、调制、混频和限幅等，如收音机的检波		
	键型二极管	在锗或硅的单晶片上熔接金或银的细丝，正向特性特别优良	用作开关，或检波和电源整流（小于 50 mA）		
	合金型二极管	在 N 型锗或硅的单晶片上，通过合金铟、铝等金属的方法制作 PN 结。正向电压降小，PN 结反向静电容量大	适于大电流整流，不适于高频检波和高频整流		
	扩散型二极管	在高温的 P 型杂质气体中，加热 N 型锗或硅的单晶片，使单晶片表面的一部变成 P 型，PN 结正向电压降小	适用于大电流整流，允许通过较大的电流（几安～几十安）		
	台面型二极管	PN 结的制作方法与扩散型相同，但只保留 PN 结及其必要的部分，把不必要的部分用药品腐蚀掉	主要用于小电流开关		
	平面型二极管	利用硅片表面氧化膜的屏蔽作用，在 N 型硅单晶片上选择性地扩散一部分 P 型杂质而形成的 PN 结，具有稳定性好和寿命长的特点	多用于小电流开关、脉冲及高频电路中，很少用于大电流整流		
	合金扩散型二极管	把容易的合金材料掺配杂质，杂质与合金一起过扩散，在已经形成的 PN 结中获得杂质的恰当的浓度分布	适用于制造高灵敏度的变容二极管		
	外延型二极管	用外延面长的过程制造 PN 结，能随意地控制杂质的不同浓度的分布	适用于制造高灵敏度的变容二极管		
	肖特基二极管	在金属（例如铅）和半导体（N 型硅片）的接触面上，用已形成的肖特基来阻挡反向电压。其耐压程度只有 40 V 左右，开关速度快：反向恢复时间短	适用于制作高频快速开关二极管（工作频率可达 100 GHz）和低压大电流整流二极管，MIS 肖特基二极管可制作太阳能电池、发光二极管		

（3）二极管主要技术参数

不同类型二极管所对应的主要技术参数是有所不同的。

① 整流、检波、开关二极管：

这三类二极管均有两个相同的主要技术参数，即最大整流电流 I_F 和最大反向工作电压 U_R。最大整流电流是二极管长期运行时所允许通过的最大正向电流值，若在规定散热条件下，二极管的正向平均电流超过此值，就会因 PN 结结温过高而被烧坏；最大反向工作电压是指二极管在工作时允许外加的最大反向电压,若超过此值,二极管则有被反向击穿损坏的可能。

② 稳压二极管:稳压二极管的主要技术参数包括:稳定电压 U_Z、最大工作电流 I_{ZM}、最大耗散功率 P_{ZM}、动态电阻 r_z 以及稳定电流 I_Z 等。

③ 发光二极管:其主要技术参数有:最大正向电流 I_{FM}、正向工作电压 U_F、反向耐压 U_R 以及发光强度 I_V。

(4) 二极管的检测

① 普通二极管(包括检波二极管、整流二极管、阻尼二极管、开关二极管、续流二极管)的检测

a. 用指针式万用表欧姆挡检测普通二极管的正反向电阻值、好坏、极性

ⓐ 测量原理:指针式万用表测的是二极管正反向电阻的值。二极管具有单向导电性,性能良好的二极管,其正向电阻小,反向电阻大,这两个数值相差越大越好。二极管为非线性元件,阻值不是一个固定的数值。通常,锗材料二极管的正向电阻值为数百至数千欧,反向电阻值为一百千欧以上。硅材料二极管的正向电阻值为数十至数千欧,反向电阻值为数兆欧。

ⓑ 测量方法:选用万用表的"欧姆"挡(一般用 $R\times100$ 或 $R\times1$ k 挡,而不用 $R\times1$ 或 $R\times10$ k 挡)。万用表的内电源的正极与万用表的"一"插孔连通,内电源的负极与万用表的"+"插孔连通。用万用表的 $R\times1$ 挡的电流太大,容易烧坏二极管,$R\times10$ k 挡的内电源电压太大,易击穿二极管。

如图 3.3.34 所示,将两表笔分别接在二极管的两个电极上,记下测量的阻值;然后将表笔对换再测量一次,记下第二次阻值。若两次阻值相差很大,说明该二极管性能良好;并根据测量电阻小的那次的表笔接法(称之为正向连接),判断出与黑表笔连接的是二极管的正极,与红表笔连接的是二极管的负极。

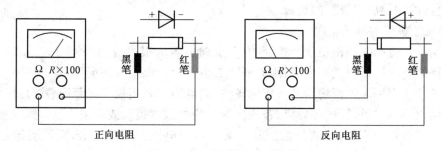

图 3.3.34 万用表测二极管极性

若测得二极管的正、反向电阻值均接近 0 或阻值较小,则说明该二极管内部已击穿短路或漏电损坏。若测得二极管的正、反向电阻值均为无穷大,则说明该二极管已开路损坏。若两次测量的阻值相差不大,说明二极管性能欠佳。在这些情况下,二极管就不能使用了。

由于二极管的伏安特性是非线性的,用万用表的不同电阻挡测量二极管的电阻时,会得出不同的电阻值;实际使用时,流过二极管的电流会较大,因而二极管呈现的电阻值会更小些。

ⓒ 一般情况高频管的正向电阻较低,低频管的正向电阻较高。

b. 反向击穿电压的检测

二极管反向击穿电压(耐压值)可以用晶体管直流参数测试表测量。

测量方法：将测试表的"NPN/PNP"选择键设置为 NPN 状态，再将被测二极管的正极接测试表的"c"插孔内，负极插入测试表的"e"插孔，然后按下"V（BR）"键，测试表即可指示出二极管的反向击穿电压值。也可用兆欧表和万用表来测量二极管的反向击穿电压、测量时被测二极管的负极与兆欧表的正极相接，将二极管的正极与兆欧表的负极相连，同时用万用表（置于合适的直流电压挡）监测二极管两端的电压。摇动兆欧表手柄（应由慢逐渐加快），待二极管两端电压稳定而不再上升时，此电压值即是二极管的反向击穿电压。

c. 用数字万用表测量二极管正反压降

ⓐ 测量原理：用数字万用表测量二极管时，实测的是二极管的正向电压值，二极管有锗管和硅管之分。正向压降 0.1～0.3 V 为锗管，0.5～0.8 V 为硅管。

ⓑ 测量方法：将红表笔插入"V·Ω"插孔，黑表笔插入"com"插孔，红表笔极性为"＋"，黑表笔极性为"－"；将功能量程开关置于二极管测量挡，红表笔接被测二极管正极，黑表笔接被测二极管负极；从显示屏上读出二极管的近似正向压降值，正向压降 0.1～0.3 V 为锗二极管，0.5～0.8 V 为硅二极管；红表笔接二极管阴极，黑表笔接二极管阳极，万用表显示的是反向压降，高位应该显示为"1"或很大的数值。

② 稳压二极管的极性、好坏、稳压值的检测

稳压二极管是一种工作在反向击穿区、具有稳定电压作用的二极管。

a. 稳压二极管极性的判断

从外形上看，金属封装稳压二极管管体的正极一端为平面形，负极一端为半圆面形。塑封稳压二极管管体上印有彩色标记的一端为负极，另一端为正极。

对标志不清楚的稳压二极管，可以用指针万用表判别其极性，测量的方法与普通二极管相同，即用万用表 $R×1$ k 挡，将两表笔分别接稳压二极管的两个电极，测出一个结果后，再对调两表笔进行测量。在两次测量结果中，阻值较小那一次，黑表笔接的是稳压二极管的正极，红表笔接的是稳压二极管的负极。

b. 稳压二极管好坏的检测

若用指针式万用表测得稳压二极管的正、反向电阻均很小或均为无穷大或者用数字式万用表测得的电压均很小或很大时，则说明该二极管已击穿或开路损坏。

若用指针式万用表测得稳压二极管的正、反向电阻或者用数字式万用表测压降时，若两次的数值均很小，则二极管内部短路；若两次测得的数值均很大或高位为"1"，则二极管内部开路。稳压二极管稳压时，若测量稳压二极管的稳定电压值忽高忽低，则说明该二极管不稳定。

测量注意事项：当测量在线二极管时，测量前必须断开电源，并将相关的电容放电。

c. 稳压值的测量

用 0～30 V 连续可调直流电源，对于 13 V 以下的稳压二极管，可将稳压电源的输出电压调至 15 V，将电源正极串接 1 只 1.5 k 限流电阻后与被测稳压二极管的负极相连接，电源负极与稳压二极管的正极相接，再用万用表测量稳压二极管两端的电压值，所测的读数即为稳压二极管的稳压值。若稳压二极管的稳压值高于 15 V，则应将稳压电源调至 20 V 以上，如图 3.3.35 所示。

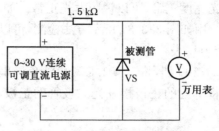

图 3.3.35　稳压二极管稳压值测量

　　d. 稳压二极管与普通二极管的区别

　　使用万用表的 $R×1$ k 挡测量二极管时,测得其反向电阻是很大的,此时,将万用表转换到 $R×10$ k 挡,如果出现万用表指针向右偏转较大角度,即反向电阻值减小很多的情况,则该二极管为稳压二极管;如果反向电阻基本不变,说明该二极管是普通二极管。

　　测量原理:万用表 $R×1$ k 挡的内电池电压较小,通常不会使普通二极管和稳压二极管击穿,所以测出的反向电阻都很大。当万用表转换到 $R×10$ k 挡时,万用表内电池电压变得很大,使稳压二极管出现反向击穿现象,所以其反向电阻下降很多,由于普通二极管的反向击穿电压比稳压二极管高得多,因而普通二极管不击穿,其反向电阻仍然很大。

　　③ 发光二极管正、负极及其性能判断

　　a. 发光二极管正、负极判断

　　通常发光二极管的引脚中,较长的引脚为正极,较短的引脚为负极。另一种方法是,将发光二极管置于灯光照射处,可观察到两引脚在管体内的形状,如图 3.3.36 所示,观察 2 个金属片的大小,通常金属片大的一端为负极,金属片小的一端为正极。

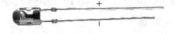

图 3.3.36　发光二极管实物图

　　b. 发光二极管的性能检测

　　ⓐ 用万用表 $R×10$ k 挡,测量发光二极管的正、反向电阻值

　　正常时,正向电阻值(黑表笔接正极时)约为 $10～20$ kΩ,反向电阻值为 250 kΩ～∞(无穷大)。较高灵敏度的发光二极管,在测量正向电阻值时,管内会发微光。若用万用表 $R×1$ k 挡测量发光二极管的正、反向电阻值,则会发现其正、反向电阻值均接近∞(无穷大),这是因为发光二极管的正向压降大于 1.6 V(高于万用表 $R×1$ k 挡内电池的电压值 1.5 V)的缘故。

　　ⓑ 用万用表的 $R×10$ k 挡对 1 只 220 μF/25 V 电解电容器充电

　　用万用表的 $R×10$ k 挡对 1 只 220 μF/25 V 电解电容器充电,黑表笔接电容器正极,红表笔接电容器负极,再将充电后的电容器正极接发光二极管正极、电容器负极接发光二极管负极,若发光二极管有很亮的闪光,则说明该发光二极管完好。

　　ⓒ 外接电源测量

　　用 3 V 稳压源或两节串联的干电池及万用表(指针式或数字式皆可)可以较准确测量发光二极管的光、电特性。为此可按图 3.3.37 所示连接电路即可。如果测得

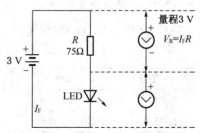

图 3.3.37　发光二极管性能测量

V_F 在 1.4~3 V 之间,且发光亮度正常,可以说明发光正常。如果测得 $V_F=0$ 或 $V_F\approx3$ V,且不发光,说明发光管已坏。用如图 3.3.37 所示方法检测,可以测出该 LED 的伏安特性。

ⓓ 1 节 1.5 V 电池串接万用表

万用表置于 $R\times10$ 或 $R\times100$ 挡,将 1 节 1.5 V 电池负极串接在万用表的黑表笔,等于与表内的 1.5 V 电池串联,将电池的正极接发光二极管的正极,红表笔接发光二极管的负极,正常的发光二极管应发光。

6) 三极管识别及测试

半导体三极管也称为晶体三极管,它是电子电路中最重要的器件。它最主要的功能是电流放大和开关作用。三极管具有三个电极、两个 PN 结。

(1) 三极管分类

① 按材质分三极管种类有:硅管、锗管。

② 按结构分三极管的种类有:NPN、PNP。

③ 按三极管消耗功率不同有小功率管、中功率管、大功率管等。

④ 按功能分有开关管、功率管、达林顿管、光敏管等。

低频率小功率三极管一般是指特征频率在 3 MHz 以下,功率小于 1 W 的三极管,一般作为小信号放大用。

高频率小功率三极管是指一般特征频率大于 3 MHz,功率小于 1 W 的三极管,主要用于高频振荡、放大电路中。

低频率大功率三极管是指特征频率小于 3 MHz,功率大于 1 W 的三极管,主要用于通信等设备中作为调整管。

高频大功率三极管是指特征频率大于 3 MHz,功率大于 1 W 的三极管,主要用于通信等设备中作为功率驱动、放大。

开关三极管是利用控制饱和区和截止区相互转换工作的。开关三极管的开关过程需要一定的响应时间,开关响应的长短表示三极管开关特征的好坏。

差分对管是把两只性能一致的三极管封装在一起的半导体器件。它能以最简单的方式构成性能优良的差分放大器。

复合三极管是分别选用各种极性的三极管进行复合连接。在组成复合连接三极管时,不管选用什么样的三极管,这些三极管按照一定的方式连接后可以看成一个高频的三极管。组合复合三极管时,应注意第一只管子的发射极电流方向必须与第二只管子的基极电流方向相同,复合三极管的极性取决于第一只管子。复合三极管的最大特性时电流放大倍数很高、所以多用于较大功率输出的电路中。

(2) 三极管型号命名

① 国产三极管的型号命名方法如表 3.3.16 所示。

表 3.3.16　国产三极管的型号命名规则

第一部分	第二部分	第三部分	第四部分	第五部分
电极数目	材料和极性	类别	序号	规格
用数字表示	用汉语拼音表示	用汉语拼音表示	用数字表示	用拼音表示

第一部分		第二部分		第三部分		第四部分	第五部分
符号	意义	符号	意义	符号	意义		
3	三极管	A	PNP 型 锗材料	P	普通管		
				V	微波管		
		B	NPN 型 锗材料	W	稳压管		
				C	参量管		
		C	PNP 型 硅材料	Z	整流管		
				L	整流堆		
		D	NPN 型 硅材料	S	隧道管		
				N	阻尼管		
		E	化合物 材料	U	光电管		
				K	开关管		
				X	低频小功率管 ($f<3$ MHz,$P<1$ W)		
				G	高频小功率管 ($f>3$ MHz,$P<1$ W)		
				D	低频大功率管 ($f<3$ MHz,$P>1$ W)		
				A	高频大功率管 ($f>3$ MHz,$P>1$ W)		
				T	半导体晶闸管 (可控整流器)		
				Y	体效应器件		
				B	雪崩管		
				J	阶跃恢复管		

例如:3DG18 表示 NPN 型硅材料高频三极管。

场效应管 CS、半导体特殊器件 BT、复合管 FH、PIN 型管 PIN、激光器件 JG 的型号命名只有第三、四、五部分。

② 日本半导体分立器件型号命名方法如表 3.3.17 所示。

表 3.3.17　日本半导体分立器件型号命名规则

第一部分		第二部分	第三部分		第四部分	第五部分
器件类型		JEIA 注册标志	材料和极性		JEIA 序号	改进型标志
用数字表示		用字母表示	用字母表示		用数字表示	用字母表示
0	光电管		A	PNP 型高频管		
1	二极管		B	PNP 型低频管		
2	三极管		C	NPN 型高频管		
		S JEIA 注册登记 的半导体分立 器件	D	NPN 型低频管		
			F	P 控制极可控硅		
			G	N 控制极可控硅		
			H	N 基极单结晶体管		
			J	P 沟道场效应管		
			K	N 沟道场效应管		
			M	双向可控硅		

注：第一部分光电管也叫光敏管,指二极管三极管及其器件的组合管。第一部分若是 3 指具有四个有效电极或具有三个 pn 结的其他器件,以此类推。第二部分的 JEIA 指日本电子工业协会。第四部分用数字表示在日本电子工业协会 JEIA 登记的顺序号。两位以上的整数从"11"开始,不同公司的性能相同的器件可以使用同一顺序号;数字越大,越是近期产品。第五部分用字母表示同一型号的改进型产品标志。A、B、C、D、E、F 表示这一器件是原型号产品的改进产品。

③ 美国半导体分立器件型号命名方法如表 3.3.18 所示。

表 3.3.18   美国半导体分立器件型号命名规则

第一部分				第二部分	第三部分	第四部分	第五部分
用途类型			pn 结数目		EIA 标志	登记序号	器件分挡
用符号表示			用数字表示		字母 N	用数字表示	用符号表示
JAN	军级	1	二极管		已在美国电子工业协会 EIA 注册登记	在美国电子工业协会登记的顺序号	A、B、C、D、…同一型号器件的不同挡别
JANTX	特军级	2	三极管				
JANTXV	超特军级	3	3 个 pn 结器件				
JANS	宇航级	n	n 个 pn 结器件				
无	非军用品						

如:JAN2N3251A 表示 PNP 硅高频小功率开关三极管,JAN—军级、2—三极管、N—EIA 注册标志、3251—EIA 登记顺序号、A—2N3251A 挡。

④ 国际电子联合会半导体器件型号命名方法

德国、法国、意大利、荷兰、比利时等欧洲国家以及匈牙利、罗马尼亚、南斯拉夫、波兰等东欧国家,大都采用国际电子联合会半导体分立器件型号命名方法。这种命名方法由四个基本部分组成,各部分的符号及意义如表 3.3.19 所示。

表 3.3.19   国际电子联合会半导体器件命名规则

第一部分		第二部分		第三部分	第四部分
材料		类型		登记号	器件分挡
用字母表示		用字母表示		用数字或字母加数字表示	用字母表示
A	锗	A	检波二极管	三位数字—代表通用半导体器件的登记序号	
B	硅	C	低频小功率三极管		
C	砷化镓	D	低频大功率三极管		
D	锑化铟	F	高频小功率三极管	一个字母加二位数字—表示专用半导体器件的登记序号	
E	复合材料及光电池	G	复合器件及其他器件		A、B、C、D、E—表示同一型号的器件按某一参数进行分挡的标志
		L	高频大功率三极管		
		P	光敏器件		
		Q	发光器件		
		R	小功率晶闸管		
		T	大功率晶闸管		
		S	小功率开关管		
		U	功率开关管		

(3) 三极管识别

① 常用晶体三极管的电路图识别

晶体三极管在电路中常用"Q"加数字表示,如:Q17 表示编号为 17 的三极管。

② 常用晶体三极管器件识别

不同型号的三极管它们的引脚排布不全一样。电子元件厂家一般都提供元件参数表。

常用三极管器件如图 3.3.38 所示。

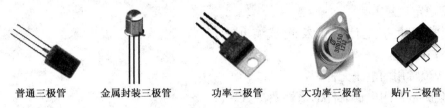

普通三极管　　金属封装三极管　　功率三极管　　大功率三极管　　贴片三极管

图 3.3.38　常用三极管器件实物图

（4）晶体三极管的测试

① 测试晶体三极管引脚极性和类型

a. 用指针式万用表测量

利用 PN 结的单向导电性可以判断三极管的类型（NPN、PNP）及基极 B，利用三极管的电流放大作用可以判断集电极 C 和发射极 E，具体测试及判断方法如下。

将万用表打到 R×1 k 欧姆档，用万用表的一支表笔接触三极管的一个管脚，用另外的那支表笔去测试三极管其余的两个管脚，直到测试出如下结果：

ⓐ 万用表黑表笔接三极管一个管脚，红表笔与三极管另外两个管脚分别相接时，电阻的阻值均为 10 kΩ 左右，则三极管为 NPN 型，且与黑表笔相接的管脚为三极管的基极 B。

将万用表的黑、红表笔分别接三极管的另外二个管脚（任意），此时万用表的指针不动，这时用食指蘸点水并用食指按下基极、黑表笔及其连接的三极管管脚，但不要将三极管的两管脚直接相连，万用表的指针摆动，读出电阻值并记录下来。再将三极管的两管脚调换位置，用同样方法再次测量两管脚之间的电阻值并记录下来。测得电阻值小（即指针摆动角度大）的那次的黑表笔连接的就是三极管的集电极 C。

ⓑ 万用表红表笔接三极管一个管脚，黑表笔与三极管另外两个管脚分别相接时，电阻的阻值均为 10 kΩ 左右，则三极管为 PNP 型，且与红表笔相接的管脚为三极管的基极 B。

将万用表的黑、红表笔分别接三极管的另外二个管脚（任意），此时万用表的指针不动，这时用食指蘸点水并用食指按下基极、红表笔及其连接的三极管管脚，万用表的指针摆动，记录电阻值。再将三极管的两管脚调换位置，用同样方法再次测量两管脚之间的电阻值并记录。测得电阻值小（即指针摆动角度大）的那次的红表笔连接的是三极管的集电极 C。

b. 利用数字万用表测量

将数字万用表打到测量 hFE 挡，根据三极管的类型将三个脚插入 e、b、c 三个孔中，若屏幕显示大于一百以上，则说明管子插入正确，若显示只有几十则说明管子引脚插错了孔。

② 利用数字万用表 hFE 挡检测方法倍数 β

将量程开关拨至 hFE 挡，根据三极管的类型将三极管的 e、b、c 的三个脚插入 e、b、c 三个孔中，屏幕显示大于 100 以上的数字，该值为放大倍数 β，若显示"000"，则说明三极管已坏。

③ 判别三极管的好坏

a. 检查三极管的两个 PN 结。

测试时用万用表测二极管的挡位分别测试三极管发射结、集电结的正、反偏是否正常，正常的三极管是好的，否则三极管已损坏。如果在测量中找不到公共 b 极、该三极管也为坏管子。

b. 检查三极管的穿透电流。

三极管 c、e 之间的反向电阻叫测穿透电流。用万用表红表笔接 PNP 三极管的集电极

c,黑表笔接发射极 e,看表的指示数值,这个阻值一般应大于几千欧,越大越好,越小说明这只三极管稳定性越差。

7) 常用电子元件认识及测试实训

(1) 实训目的

① 认识常用的电子元件。

② 会测量常用电子元件的极性及参数。

③ 会判断常用电子元件的好坏。

(2) 实训仪器和设备、器材

指针式万用表	1块	数字万用表	1块
直流稳压电源	1台	系列电阻器件	
系列电容器件		系列电感器件	
系列二极管器件		系列三极管器件	

(3) 实训内容

① 常用电子元件认识:通过看外观,能区分出不同器件

a. 电阻类:电阻、电位器、排阻、贴片电阻;

b. 电容类:固定电容、电解电容、可变电容器、贴片电容;

c. 电感类:线绕式电感器、中周变压器、电源变压器、贴片电感;

d. 二极管类:整流二极管、检波二极管、稳压二极管、发光二极管;

e. 三极管类:普通三极管、金属封装三极管、功率三极管、贴片三极管。

② 常用电子元件参数测试

a. 电阻类阻值测定;

b. 二极管类器件极性测定、正反向电阻电流测量;

c. 三极管类器件极性确定。

③ 电子元件性能测试

热敏电阻温度特性测试。

(4) 实训报告

① 写明实训的目的、实训过程的记录。

② 写出常用电子元件的种类。

③ 写出实训内容。

④ 写出实训总结(包括实训中遇到的问题及解决办法、实训收获体会等)。

⑤ 回答思考题:

a. 贴片元件与普通元件区别是什么?

b. 使用指针万用表测试的项目是否都可以用数字万用表完成?

c. 除了用万用表测试元件还可以用什么手段进行测试?

(5) 实训中的常见错误

万用表的档位(被测量选择及量程)错误。

3.3.3　焊接认识及训练

焊接是使金属连接的一种方法。它利用加热手段,在两种金属的接触面,通过焊接材料

的原子或分子的扩散作用,使两种金属间形成一种永久的牢固结合。利用焊接的方法连接而形成的接点叫焊点。

焊接技术是电子技术人员最基本的技能之一。焊接质量的好坏,将直接影响到电子仪器的稳定性和可靠性。虚焊、脱焊等会造成电路不通,焊点的毛刺会造成电路短路,使之不能正常工作,甚至损坏元器件。因此,我们在焊接的过程中,要注意每一个焊点的质量。

1) 常用焊接工具

(1) 电烙铁

电烙铁是焊接的主要工具,它的主要部分是烙铁头和烙铁芯。烙铁头是用导热良好的紫铜制成;烙铁芯主要是由电阻丝和绝缘物组成。按加热的方式可分为直热式、感应式,按功能分为单用式、两用式、调温式、恒温式,按功率分为 20 W、30 W、45 W、100 W、200 W 等。

最常用的是单一焊接使用的内热式小功率的电烙铁,适合焊接要求不高的场合,如焊接导线、连接线等。当焊接焊盘较小的可选用尖嘴式烙铁头,当焊接多脚贴片 IC 时可以选用刀型烙铁头,当焊接元器件高低变化较大的电路时,可以使用弯型电烙铁头。恒温电烙铁有一个恒温控制装置,使得焊接温度稳定,用来焊接较精细的 PCB 板。

新购电烙铁要加半压(即在 220 V 电源线路中串入 1 只 1N4004 二极管)老化 24 h。经过老化后的电烙铁,电热丝不易烧断,寿命可大大延长。然后将老化的电烙铁用锉刀轻轻锉去烙铁头上的氧化层使其露出紫铜光泽后再加全压 220 V。待温度足够时先蘸松香后用烙铁头刃面接触焊锡丝,使烙铁头上均匀地镀上一层锡,使烙铁头斜面镀上一层锡后就可以使用了。这样做,可以便于焊接和防止烙铁头表面氧化。

旧的烙铁头如严重氧化而发黑,可用钢挫挫去表层氧化物,使其露出金属光泽后,重新镀锡才能使用。

电烙铁要用 220 V 交流电源,使用时要特别注意安全。应认真做到以下几点:

① 电烙铁插头最好使用三极插头。要使外壳妥善接地。

② 使用前,应认真检查电源插头、电源线有无损坏,并检查烙铁头是否松动。

③ 电烙铁使用中,不能用力敲击,要防止跌落。烙铁头上焊锡过多时,可用布擦掉,不可乱甩,以防烫伤他人。

④ 焊接过程中,烙铁不能到处乱放。不焊时,应放在烙铁架上。注意电源线不可搭在烙铁头上,以防烫坏绝缘层而发生事故。

⑤ 使用结束后及时切断电源,拔下电源插头。冷却后,再将电烙铁收回工具箱。

⑥ 为减少焊剂加热时挥发出的化学物质对人的危害,减少有害气体的吸入量,烙铁到鼻子的距离应该不少于 20 cm,通常以 30 cm 为宜。

(2) 焊料和焊剂

焊接是依靠焊剂的化学作用,通过烙铁加热,熔化焊料,将被焊接金属良好的熔合在一起。因此焊料和焊剂是焊接中的主要材料。

焊料是熔合两种或两种以上的金属,使之成为一个整体的易熔金属或合金的材料。

锡铅焊料中锡占 62.7%,铅占 37.3%。这种配比的焊锡熔点和凝固点都是 183 ℃,可以由液态直接冷却为固态,不经过半液态,焊点可迅速凝固,缩短焊接时间,减少虚焊。这种共晶焊锡具有低熔点,熔点与凝固点一致,流动性好,表面张力小,润湿性好,机械强度高,焊点能承受较大的拉力和剪力,导电性能好的特点。

焊锡的主要成分是锡和铅,熔点较低。实验室焊接电子元件,常用的焊锡丝内芯往往贮有松香,这种焊锡丝熔点较低,而且内含松香助焊剂,使用极为方便,但使用时要注意选择粗细适中、熔点较低、外观有一定光泽的焊锡丝。

焊剂也叫助焊剂,是一种焊接辅助材料,它的作用是在焊接过程中除去金属表面的氧化物,防止氧化,减小表面张力,使焊点美观,使金属与焊锡之间得以熔合,又可保护烙铁头。

常用的助焊剂有松香、松香水(将松香溶于酒精中)、焊膏、氯化锌助焊剂、氯化铵助焊剂等。中性的固体松香没有腐蚀性,同时具有良好绝缘性能,还可以使焊点在冷却凝固后变得圆滑光亮,是一种物美价廉的首选助焊剂。焊接较大元件或导线时,也可采用焊锡膏。但由于其中含有氯化锌和其他化学药品,具有一定的腐蚀性,一般只用于焊接铁锌等金属材料,不宜用于焊接电子元件引脚线、铜箔和导线接头,焊接后应及时清除残留物。但这里要注意的是,市售的松香夹心焊锡丝由于含松香量少,还不能起到满意的助焊作用,尚需另备松香助焊剂,才能保证可靠焊接。也可自配松香酒精溶液作助焊剂,以清除顽固的油渍和氧化层。方法是取适量的固体松香将其碾成粉末以 1∶3 的质量比溶解在无水酒精内,并用带盖的磨砂玻璃瓶盛装盖紧,以待使用。

(3) 辅助工具

① 钳子:剪线钳,平口钳,尖嘴钳。

② 改锥:无感改锥,试点笔改锥,自动螺钉旋具。

③ 小工具:镊子,小刀,锥子,集成电路起拔器。

④ 吸锡器:吸锡器实际是一个小型手动空气泵,压下吸锡器的压杆,就排出了吸锡器腔内的空气;释放吸锡器压杆的锁钮,弹簧推动压杆迅速回到原位,在吸锡器腔内形成空气的负压力,就能够把熔融的焊料吸走。

⑤ 热风枪:热风枪又称贴片电子元器件拆焊台。它专门用于表面贴片安装电子元器件(特别是多引脚的 SMD 集成电路)的焊接和拆卸。

⑥ 针头:用来拆卸集成电路、变压器和中周等器件,主要有 12 号、16 号、18 号等针头。

2) 焊接的步骤及方法

焊接的步骤:表面处理—归类元器件—插件—焊接—剪脚—检查—修整。

(1) 电烙铁及被焊物的表面处理

电烙铁要清理干净。无论是元器件引脚、印刷电路板上的铜箔,还是导线铜丝,在常温下它们的表面都被氧化,甚至还有生锈或油污。每次焊接前,都要首先用小刀将被焊物的表面层轻轻刮除或用细砂纸砂磨至光亮,这个过程可简称为"刮"。然后再将上好锡的电烙铁通电加热沾上松香和焊锡对被焊物的表面搪上一层很薄的锡层,若是多股金属丝的导线,打光后应先拧在一起,然后再镀锡,这个过程可简称为"搪"。

(2) 元件归类及引脚的弯制成形

将元器件按电阻、电容、二极管、三极管,稳压模块,插排线、插座、导线、紧固件等分类。所有元器件引脚均不得从根部弯曲,一般应留 1.5 mm 以上。要尽量将有字符的元器件面置于容易观察的位置。手工加工的元器件整形,弯引脚可以借助镊子或小螺丝刀对引脚整形,如图 3.3.39 所示。

图 3.3.39　元件引脚的弯制

（3）器件的插装

器件插装要求做到整齐、美观、稳固，同时应方便焊接和有利于元器件焊接时的散热。插装时不要用手直接碰元器件引脚和印制板上铜箔。二极管、电容器、电阻器等元器件根据电路板位置可以是卧式也可以是立式安装在电路板上，如图3.3.40所示。

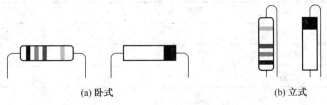

(a) 卧式　　(b) 立式

图 3.3.40　元件的卧式及立式安装

元器件在 PCB 板插装的顺序是先低后高，先小后大，先轻后重，先易后难，先一般元器件后特殊元器件，且上道工序安装后不能影响下道工序的安装。

元器件插装后，其标志应向着易于认读的方向，并尽可能从左到右的顺序读出。

有极性的元器件极性应严格按照图纸上的要求安装，不能错装。

元器件在 PCB 板上的插装应分布均匀，排列整齐美观，不允许斜排、立体交叉和重叠排列，不允许一边高、一边低，也不允许引脚一边长、一边短。

（4）元件的焊接

将上好锡的电烙铁通电加热，等到烙铁头的温度足够高时，再用烙铁头蘸上适量松香（或松香酒精液）和焊锡。将烙铁头的搪锡面紧贴焊点，注意根据焊点大小调整烙铁头斜面与被焊面的夹角。一般采用五步焊接法。

① 准备焊接：电烙铁要充分预热，左手拿焊锡丝，右手握烙铁。要求烙铁头保持干净，无焊渣等氧化物，并在表面镀有一层焊锡。如图3.3.41(a)所示。

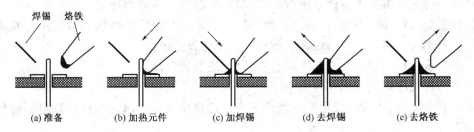

(a) 准备　(b) 加热元件　(c) 加焊锡　(d) 去焊锡　(e) 去烙铁

图 3.3.41　元件焊接五步法

手工焊接握电烙铁的方法有反握、正握及握笔式三种，如图3.3.42(a)、(b)、(c)所示。反握法适于大功率烙铁的操作，正握法适于中等功率烙铁的操作，握笔式适合在操作台上进行印制板的焊接。

焊锡丝的拿法有两种，如图3.3.42(d)、(e)所示。

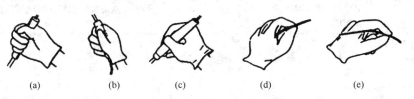

(a)　(b)　(c)　(d)　(e)

图 3.3.42　电烙铁及焊锡的握法

② 加热焊件：将烙铁头靠在两焊件的连接处，加热整个焊件全体，时间大约 1～2 s。要注意烙铁头同时接触焊盘和元件的引线。对于在印制板上焊接元器件来说，要注意使烙铁头同时接触两个被焊接物，如图 3.3.41(b)所示。部分原件的特殊焊接要求如表 3.3.20 所示。

表 3.3.20　部分原件的特殊焊接要求

器　件	项　目	
	SMD 器件	DIP 器件
焊接时烙铁头温度	320 ℃±10 ℃	330 ℃±5 ℃
焊接时间	每个焊点 1～3 s	2～3 s
拆除时烙铁头温度	310～350 ℃	330 ℃±5 ℃
备注	根据 CHIP 件尺寸不同请使用不同的烙铁嘴	当焊接大功率(TO-220、TO-247、TO-264 等封装)或焊点与大铜箔相连，上述温度无法焊接时，烙铁温度可升高至 360 ℃，当焊接敏感怕热零件(LED、CCD、传感器等)温度控制在 260 至 300 ℃

③ 送入焊丝：元件表面加热到一定温度时，焊锡丝从烙铁对面接触焊件。注意不要把焊锡丝送到烙铁头上，如图 3.3.41(c)所示。

④ 移开焊丝：当焊丝熔化一定量后，立即向左上 45°方向移开焊丝，如图 3.3.41(d)所示。

⑤ 移开烙铁：焊锡浸润焊盘和焊件的施焊部位以后，向右上 45°方向移开烙铁，如图 3.3.41(e)所示。

整个过程需要 4～5 s。用镊子转动引线，确认不松动后用剪线钳剪去多余的引线。

(5) 检查焊点

采用目测检验焊点外观，符合下列要求的焊点，才能判定为合格焊点。

① 焊点表面光滑、明亮，无针孔。

② 焊料应润湿所有焊接表面，形成良好的焊锡轮廓线，润湿角一般应小于 30°。

③ 焊料应充分覆盖所有连接部位，但应略显导线或引线外形轮廓。

④ 焊点和连接部位不应有划痕、尖角、针孔、砂眼、焊剂残渣、焊料飞溅物及其他异物。

⑤ 焊料不应呈滴状、尖峰状，相邻导电体间不应发生桥接。

⑥ 焊料或焊料与连接件之间不应存在裂缝、断裂或分离。

⑦ 不应存在冷焊或过热连接。

⑧ 印制电路板、导线绝缘层和元器件不应过热焦化发黑。印制电路板基材不应分层起泡，印制导线和焊盘不应分离起翘。

焊接中常见缺陷及外观特点、危害、原因分析如表 3.3.21 所示。

表 3.3.21　焊接中常见缺陷

焊点缺陷	外观特点	危害	原因分析
虚焊	焊锡与元器件引脚和铜箔之间有明显黑色界限，焊锡向界限凹陷	设备时好时坏，工作不稳定	(1)元器件引脚未清洁好、未镀好锡或锡氧化 (2)印制板未清洁好，喷涂的助焊剂质量不好
焊料过多	焊点表面向外凸出	浪费焊料，可能包藏缺陷	焊丝撤离过迟

焊点缺陷	外观特点	危害	原因分析
焊料过少	焊点面积小于焊盘的80%，焊料未形成平滑的过渡面	机械强度不足	(1) 焊锡流动性差或焊锡撤离过早 (2) 助焊剂不足 (3) 焊接时间太短
过热	焊点发白，表面较粗糙，无金属光泽	焊盘强度降低，容易剥落	烙铁功率过大，加热时间过长
冷焊	表面呈豆腐渣状颗粒，可能有裂纹	强度低，导电性能不好	焊料未凝固前焊件抖动
拉尖	焊点出现尖端	外观不佳，容易造成桥连短路	(1) 助焊剂过少而加热时间过长 (2) 烙铁撤离角度不当
桥连	相邻导线连接	电气短路	(1) 焊锡过多 (2) 烙铁撤离角度不当
铜箔翘起	铜箔从印制板上剥离	印制 PCB 板已被损坏	焊接时间太长，温度过高

3) 焊接过程中的注意事项

(1) 保持烙铁头的清洁

焊接时，烙铁头长期处于高温状态，又接触助焊剂等弱酸性物质，其表面很容易氧化腐蚀并沾上一层黑色杂质。这些杂质形成隔热层，妨碍了烙铁头与焊件之间的热传导。因此，要注意用一块湿布或湿的木质纤维海绵随时擦拭烙铁头。

(2) 合适的焊接温度与加热时间

加热时间对焊件和焊点的影响很大，如果加热时间不足，会使焊料不能充分浸润焊件，形成松香夹渣而虚焊。过量的加热，有可能造成元器件损坏、焊点的外观变差(出锡尖，焊点表面发白，出现粗糙颗粒，无光泽)、助焊剂失去作用、焊点内形成、夹渣缺陷、印制板上焊盘剥落等。因此，在适当的加热时间里，准确掌握加热火候是优质焊接的关键。

(3) 靠增加接触面积来加快传热

加热时，应该让焊件上需要焊锡浸润的各部分均匀受热，而不是仅仅加热焊件的一部分，更不要采用烙铁对焊件增加压力的办法，以免造成损坏或不易觉察的隐患。要根据焊件的形状选用不同的烙铁头，或者自己修整烙铁头，让烙铁头与焊件形成面的接触而不是点或线的接触，能大大提高传热效率。

(4) 加热要靠焊锡桥

在非流水线作业中，焊接的焊点形状是多种多样的，不大可能不断更换烙铁头。要提高加热的效率，需要有进行热量传递的焊锡桥。所谓焊锡桥，就是靠烙铁头上保留少量焊锡，作为加热时烙铁头与焊件之间传热的桥梁。由于金属熔液的导热效率远远高于空气,使焊件很快就被加热到焊接温度。注意,作为焊锡桥的锡量不可保留过多,因为长时间存留在烙铁头上的焊料处于过热状态,它已经降低了质量,还可能造成焊点之间误连短路。

(5)撤离烙铁注意事项

烙铁的撤离要及时,而且撤离时的角度和方向与焊点的形成有关。

(6)在焊锡凝固之前不能动

在焊锡凝固之前切勿使焊件移动或受到振动,特别是用镊子夹住焊件时,一定要等焊锡凝固后再移走镊子,否则极易造成焊点结构疏松或虚焊。

(7)焊锡用量要适中

手工焊接常使用的管状焊锡丝,内部已经装有由松香和活化剂制成的助焊剂。焊锡丝的直径有 0.5 mm、0.8 mm、1.0 mm、5.0 mm 等多种规格,要根据焊点的大小选用。一般,应使焊锡丝的直径略小于焊盘的直径。

过量的焊锡不但无必要地消耗了焊锡,而且还增加焊接时间,降低工作速度,容易造成不易觉察的短路故障。焊锡过少也不能形成牢固地结合,同样是不利的。特别是焊接印制板引出导线时,焊锡用量不足,极容易造成导线脱落。

(8)焊剂用量要适中

过量使用松香焊剂,焊接以后需要擦除多余的焊剂,并且延长了加热时间,降低了工作效率。当加热时间不足时,又容易形成"夹渣"的缺陷。焊接开关、接插件的时候,过量的焊剂容易流到触点上,会造成接触不良。合适的焊剂量,应该是松香水仅能浸湿将要形成焊点的部位,不会透过印制板上的通孔流走。对使用松香芯焊丝的焊接来说,基本上不需要再涂助焊剂。目前,印制板生产厂在电路板出厂前大多进行过松香水喷涂处理,无需再加助焊剂。

虚焊主要是由待焊金属表面的氧化物和污垢造成的,它使焊点成为有接触电阻的连接状态,导致电路工作不正常,出现连接时好时坏的不稳定现象,噪声增加而没有规律性,给电路的调试、使用和维护带来重大隐患。此外,也有一部分虚焊点在电路开始工作的一段较长时间内,保持接触尚好,因此不容易发现。但在温度、湿度和振动等环境条件的作用下,接触表面逐步被氧化,接触慢慢地变得不完全起来。虚焊点的接触电阻会引起局部发热,局部温度升高又促使不完全接触的焊点情况进一步恶化,最终甚至使焊点脱落,电路完全不能正常工作。这一过程有时可长达一、两年。当焊点受潮使水汽渗入间隙后,水分子溶解金属氧化物和污垢形成电解液,虚焊点两侧的铜和铅锡焊料相当于原电池的两个电极,铅锡焊料失去电子被氧化,铜材获得电子被还原。在这样的原电池结构中,虚焊点内发生金属损耗性腐蚀,局部温度升高加剧了化学反应,机械振动让其中的间隙不断扩大,直到恶性循环使虚焊点最终形成断路。

造成虚焊的主要原因是:焊锡质量差;助焊剂的还原性不良或用量不够;被焊接处表面未预先清洁好,镀锡不牢;烙铁头的温度过高或过低,表面有氧化层;焊接时间掌握不好,太长或太短;焊接中焊锡尚未凝固时,焊接元件松动。

4)焊接的质量标准

(1)足够的机械强度即焊接处要连接牢固。

(2)可靠的电气连接即导电性能好,整齐清洁。

(3)光洁整齐的外观。

① 焊点大小均匀适中,形状为近似圆锥而且表面微微凹陷。

② 焊件的连接面呈半弓形凹面,焊件与焊料交界处平滑,接触脚尽可能小。

③ 表面有光泽且平滑、不带毛刺。

④ 无裂纹,无针孔。

5) 拆焊

如果元件焊接质量不合格,必须将其拆下重焊,这就是拆焊。

(1) 拆焊工具:电烙铁、吸锡器、镊子等。

(2) 拆焊步骤:加热焊点、吸焊点锡、移去电烙铁和吸锡器、用镊子拆去元器件。

(3) 拆卸方法:

① 引脚较少的元器件拆法:一手拿着电烙铁加热待拆元器件引脚焊点,一手用镊子夹着元器件,待焊点焊锡熔化时,用夹子将元器件轻轻往外拉。

② 多焊点的元器件拆法:用吸锡器逐个将引脚焊锡吸干净后,用夹子取出元器件。

③ 集成电路器件 IC 的拆卸法:用热风枪拆焊,温度控制在 350 ℃,风量控制在 3～4 格,对着引脚垂直、均匀的来回吹热风,同时用镊子的尖端靠在集成电路的一个角上,待所有引脚焊锡熔化时,用镊子尖轻轻将 IC 挑起。

6) 焊接认识及练习实训

(1) 实训目的

① 了解焊接所需的工具并学会使用。

② 熟练掌握焊接的五步法。

③ 熟练掌握导线的焊接方法。

④ 熟练掌握常用元件的焊接方法。

⑤ 熟练掌握印制板的焊接方法。

(2) 实训仪器和设备、器材

镊子	1 把	松香	
螺丝刀	2 把(一字、十字)	焊锡膏	1 盒
平口钳	1 把	印制板	1 盒
剪线钳	1 把	练习板	1 块
剥线钳	1 把	单股导线、多股导线	各 1 卷
万用表	1 只	电阻、电位器	若干
电烙铁	1 把	发光二极管	5 支
吸锡器	1 把	电池盒	1 个
热风枪	1 把	鳄鱼夹	2 只
起拨器	1 把	DIP 器件	5 支
焊锡丝	1 卷	SMD 器件	3 支

(3) 实训内容

① 电烙铁及焊锡认识

a. 检测电烙铁质量

外观检查:检查电烙铁的电源插头、电源线、烙铁是否良好。

　　用万用表检查电烙铁绝缘是否良好：万用表的两个表笔分别接电烙铁的电源插头及烙铁，如图 3.3.43(a)所示。

　　用万用表检查电烙铁电热丝是否良好：万用表的两个表笔分别接电烙铁的电源插头的两个极，如图 3.3.43(b)所示，25 W 的电热丝电阻值约为 2.4 kΩ。

(a) 绝缘检测　　　　　　　　　　　　　　(b) 电热丝检测

图 3.3.43　电烙铁质量检查

　　b. 观察电烙铁温度

　　电烙铁通电后蘸上松香，随时间变化观察温度变化。

　　c. 焊锡认识

　　用电烙铁熔化一小块焊锡，观察液态焊锡形态。

　　在液态焊锡上熔化少量松香，观察变化。

　　观察焊锡熔化－凝固特性。

　　② 常用导线的焊接：单股导线、多股导线

　　a. 剥绝缘层：用剥线钳时要注意对单股线不应伤及导线，多股线不断线。对多股线剥除绝缘层时注意将线芯拧成螺旋状，一般采用边拽边拧的方式。

　　b. 预焊：导线的预焊又称为挂锡，导线挂锡时要边上锡边旋转，旋转方向与拧合方向一致，多股导线挂锡要注意"烛心效应"，即焊锡浸入绝缘层内，造成软线变硬，容易导致接头故障。

　　c. 用五步焊接法将导线焊接为六方体。

　　d. 检查焊点及连接强度，将不合格焊点重新焊接。

　　③ 导线和接线端子的焊接

　　a. 剥绝缘层、清理端子：对导线剥绝缘层，对端子清理干净。

　　b. 预焊：导线挂锡。

　　c. 用五步焊接法焊接导线和接线端子。有绕焊、钩焊、搭焊三种方法。

　　绕焊是把经过上锡的导线端头在接线端子上缠一圈，用钳子拉紧缠牢后进行焊接，绝缘层不要接触端子，导线一定要留 1～3 mm 为宜，如图 3.3.44(a)所示。

　　钩焊是将导线端子弯成钩形，钩在接线端子上并用钳子夹紧后施焊，如图 3.3.44(b)所示。

　　搭焊把经过镀锡的导线搭到接线端子上施焊，如图 3.3.44(c)所示。

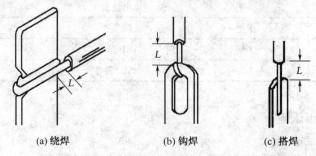

(a) 绕焊　　　　　　(b) 钩焊　　　　　　(c) 搭焊

图 3.3.44　焊接导线和接线端子的三种方法示意图

d. 检查焊点及连接强度,将不合格焊点重新焊接。

④ 分立元件的焊接:练习焊接电池盒、电位器、电阻等元件

a. 焊前处理:将印刷电路板铜箔用细砂纸打光后,均匀地在铜箔面涂一层松香酒精溶液。若是已焊接过的印刷电路板,应将各焊孔扎通(可用电烙铁熔化焊点焊锡后,趁热用针将焊孔扎通)。将 4 根软导线两端塑料外皮各剥去 1 cm 左右。用小刀刮亮后,将多股芯线拧在一起后镀锡。将电池盒正负极引脚焊片用小刀刮亮后镀锡。将两只愕鱼夹焊线处刮亮后镀锡。将 5 只 100 Ω 固定电阻器、2 只 470 Ω 电位器、5 只发光二极管引脚逐个用小刀刮亮后,分别镀锡。

b. 用五步焊接法焊接:

焊接电池盒:取红色导线 1 根,一端焊在红把鳄鱼夹上,另一端焊在电池盒正极焊片上。取黑色导线 1 根,一端焊在黑把鳄鱼夹上,另一端焊在电池盒负极焊片上。

焊接电路板:将电阻从正面插入(不带铜箔面)印刷电路板小孔。电阻引脚留 3～5 mm。在电路板反面(有铜箔一面),将电阻引脚焊在铜箔上,控制好焊接时间为 2～3 s。5 只 100 Ω 固定电阻器、2 只 470 Ω 电位器、5 只发光二极管焊接在印刷电路板上。若准备重复练习,可不剪断引脚。

c. 检查焊接质量

将不合格的焊点重新焊接。

⑤ 集成器件的焊接:练习焊接 DIP、SMD 两种封装元件

a. 焊前处理:将印刷电路板铜箔用细砂纸打光,在铜箔面涂一层松香酒精溶液。将 DIP、SMD 器件引脚用小刀刮亮后镀锡。

b. 焊接:

DIP 器件焊接:将元件插装在线路板上,检查集成电路的型号、引脚位置是否符合要求。先焊集成电路边沿的 2 只引脚,以使其定位,然后再从左到右或从上至下进行逐个焊接。焊接时,烙铁一次蘸取锡量为焊接 2～3 只引脚的量,烙铁头先接触印制电路的铜箔,待焊锡进入集成电路引脚底部时,烙铁头再接触引脚,接触时间以不超过 3 s 为宜,而且要使焊锡均匀包住引脚。

SMD 器件焊接:FPC 靠外型定位于印刷专用托板上,一般采用小型半自动印刷机印刷锡膏,也可以采用手动印刷锡膏。然后采用手工贴装,位置精度高一些的个别元件也可采用手动贴片机贴装。最后采用再流焊工艺焊接,特殊情况也可用点焊。

c. 检查焊接质量

检查是否有漏焊、碰焊、虚焊之处,并清理焊点处的焊料。将不合格的焊点重新焊接。

⑥ 电路的焊接:给定电路图及电路板、器件

a. 焊前处理:

将印刷电路板铜箔用细砂纸打光,在铜箔面涂一层松香酒精溶液。按照电路图的器件清单检查元器件型号、规格及数量是否符合要求。将器件引脚用小刀刮亮后镀锡。

b. 焊接:

按照电路图,元器件的装焊顺序依次是电阻、电容、二极管、集成电路,其他元器件是先小后大。注意器件的极性不要焊反。

c. 检查焊接质量及电路功能。

（4）实训报告

① 写明实训的目的、实训过程的记录。

② 写出常用焊接、拆焊工具。

③ 写出焊接方法、焊接注意事项。

④ 写出实训内容。

⑤ 写出实训总结（包括实训中遇到的问题及解决办法、实训收获体会等）。

⑥ 回答思考题：

a. 电烙铁有什么功能？

b. 各种焊料有什么用途？

c. 塑料、树脂器件如何进行焊接？

（5）实训中的常见错误

① 焊剂与底板面接触不良；底板与焊料的角度不当。

② 预热温度太高或者太低。

③ 组件插脚方向以及排列不良。

④ 电路板及器件引脚处理不当。

⑤ 焊点有短路、虚焊等现象。

3.3.4　印制板制作

1）印制板

（1）印制板功能及结构

通常把在敷有强导体的基板上，按设计制成的提供元器件之间电气连接的导电图形称为印制线路，把印制线路的成品板称为印制线路板，或称为印制板，简称为 PCB 板（英文 Printed Circuit Board 的缩写）。

印制板的主要优点是减少了布线的差错，体积小，重量轻，自动化生产。

基板是增强材料浸以高分子合成树脂组成的绝缘层压板。增强材料一般有纸质和布质两种，它们决定了基板的抗弯强度。合成树脂常用的有酚醛树脂、环氧树脂、聚四氟乙烯等，它们有补强绝缘作用。

强导电体通常用铜箔，单面或双面覆以铜箔，称为覆铜板。

铜箔必须有较高的导电率及良好的焊接性，表面不得有划痕、砂眼和皱褶，金属纯度不低于 99.8%。铜箔厚度的标称系列为 18 μm、25 μm、35 μm、70 μm 和 105 μm。我们一般使用 35 μm 厚度的铜箔。

粘合剂将铜箔牢固地覆在基板上。敷铜板的抗剥强度主要取决于粘合剂的性能。

覆铜板对印制电路板主要起互连导通、绝缘和支撑的作用，对电路中信号的传输速度、能量损失和特性阻抗等有很大的影响，因此，印制电路板的性能、品质、制造中的加工性、制造水平、制造成本以及长期的可靠性及稳定性在很大程度上取决于覆铜板。

（2）覆铜板分类

① 按覆铜板的绝缘材料分为有机树脂类覆铜板、金属基覆铜板、陶瓷基覆铜板。

a. 有机树脂材质有酚醛树脂、环氧树脂、聚四氟乙烯等，当前流行的电路板材料有：

FR-4 玻纤材基材含浸耐燃环氧树脂铜箔基板，厚度是 0.062 in(1.6 mm)。具有优良的介电性能,抗化学性和耐热性。适合应用于高性能电子绝缘要求的产品。

GETEK:一种油脂类的高温树脂,吸水性较低,是一种高档树脂。如果是高档的产品可用 GETEK。

PTFE:聚四氟乙烯,适合高频 PCB 覆铜板作基板材料,该基材在很宽的频率范围内具有很小的且稳定的介电常数和很小的介质损耗因素,但这种材料刚性很差,而且金属化孔与孔壁的结合力很差,制作成的多层线路板的可靠性不高,耐辐射性也差。

b. 金属基覆铜板主要是铝。

随着电子产品向轻、薄、小、高密度、多功能化发展,印制板上元件组装密度和集成度越来越高,功率消耗越来越大,对 PCB 基板的散热性要求越来越迫切,如果基板的散热性不好,就会导致印制电路板上元器件过热,从而使整机可靠性下降。在此背景下诞生了高散热金属 PCB 基板。金属 PCB 基板中应用最广的属铝基覆铜板,20 世纪 80 年代中后期,随着铝基覆铜板在汽车、摩托车电子产品中的广泛使用及用量的扩大,推动了我国金属 PCB 基板研究及制造技术的发展及其在电子、电信、电力等诸多领域的广泛应用。

c. 陶瓷基覆铜板

陶瓷覆铜板(Direct Bonding Copper,DBC)是指在惰性气体中铜箔和陶瓷基片通过高温熔炼和扩散过程,将铜箔下直接键合到氧化铝(AL_2Q_3)或氮化铝(ALN)陶瓷基片表面(单面或双面)上而形成的一种电气复合材料。

陶瓷覆铜超薄复合基板具有优良电绝缘性能,高导热特性,优异的软钎焊性和高的附着强度,并可刻蚀出各种图形,具有很大的载流能力。和硅接近的热膨胀系数可以使焊接在上面的半导体芯片避免承受温度变化带来的应力冲击,从而大幅度延长半导体产品寿命。

DBC 基板已成为大功率电力电子电路结构技术和互连技术的基础材料,也是本世纪封装技术发展方向"chip-on-board"技术的基础。在功率电子行业中依托该材料发展出了模块封装芯片互联技术,带动功率电子产品朝着高功率密度、多功能集合、高性能低成本的方向发展。

② 按覆铜板的厚度分为厚板、薄板。

厚板是板厚范围在 0.8~3.2 mm(含 Cu),薄板是板厚范围小于 0.78 mm(不含 Cu)。敷铜厚度一般用未经切割的电路板上敷铜的质量来表示,通常有 0.5 oz(盎司)、1.0 oz、1.5 oz。长度单位 1 oz 代表 PCB 的铜箔厚度约为 36 μm。

③ 按结构分为单面板、双面板、多层板。

如果只有一面覆有铜箔,就叫单面敷铜板,如果两面都有铜箔,就叫双面敷铜板。

2) 印制板制作方法

铜箔是覆盖在整个基板上的,在制造过程中部分铜箔被蚀刻处理掉,留下来的部分就是网状的细小线路,这些线路被称作导线或称布线,并用来提供 PCB 上电子元器件的电路连接。PCB 单面板的正反面分别被称为器件面与焊接面,板上有大小不一的孔,电子元器件是穿过钻孔被焊接在 PCB 板上。工业用的 PCB 板上的绿色或棕色是阻焊漆的颜色。这层是绝缘的防护层,可以保护铜线,也可以防止零件被焊到不正确的地方。

在制作 PCB 板之前,需要有完整的印制版图。常用绘制 PCB 板软件有 OrCAD、Protel、Mentor、PADS 等,这些软件都能够从布线图中直接生成 Gerber(RS274X)文件、钻孔图(Excellon Drill 文件),可通过 Gerber 编辑器或浏览器去编辑或浏览。

在实验室中常用的制作 PCB 板的方法有热转印法。

　　(1) 热转印法

　　适合制作单面板,制作过程及使用设备如下:

　　① 打印印制版图

　　用激光打印机将画好的印制版图打印在热转印纸上,注意在打印前后,不要用手或其他东西碰热转印纸上的印制版图。

　　② 裁剪覆铜板

　　用裁板机将覆铜板裁成电路板的大小,不要过大,以节约材料。电路板裁板机如图 3.3.45 所示。

　　③ 预处理覆铜板

　　用细砂纸把覆铜板表面的氧化层打磨掉,以保证在转印电路板时,热转印纸上的碳粉能牢固的印在覆铜板上,打磨好的标准是板面光亮,没有明显污渍。

　　④ 转印电路板

　　将热转印纸上的印制版图剪下,四边留些空白,面朝下覆盖在敷铜板上。对齐后把覆铜板放入热转印机,放入时一定要保证转印纸没有错位。热转印机事先预热,温度设定在 130～180 ℃,经过 1～2 次转印,电路图就能很牢固的转印在覆铜板上。由于温度很高,操作时注意安全!

　　热转印机如图 3.3.46 所示。

图 3.3.45　电路板裁板机　　　　　　　　图 3.3.46　热转印机

　　⑤ 揭去热转印纸

　　敷铜板冷却后揭去热转印纸。检查一下电路板是否转印完整,若有少数没有转印好的地方可以用黑色油性笔修补。

　　⑥ 腐蚀线路板

　　腐蚀箱如图 3.3.47 所示,在腐蚀箱中放中适量的三氯化铁,然后加入适量热水,配制成三氯化铁体腐蚀液。将揭去热转印纸的敷铜板放入腐蚀液中,等线路板上暴露的铜膜完全被腐蚀掉时,将线路板从腐蚀液中取出清洗干净,这样一块线路板就腐蚀好了。

　　⑦ 线路板钻孔

　　线路板上要插入电子元件,要用钻孔机对线路板钻孔。钻孔

图 3.3.47　腐蚀箱

机如图 3.3.48 所示。依据电子元件管脚的粗细选择不同的钻针,在使用钻机钻孔时,线路板一定要按稳,钻机速度不能开的过慢。

(a) 手动电钻   (b) 视频电钻

图 3.3.48 钻孔机

⑧ 线路板预处理

钻孔完后,用细砂纸把覆在线路板上的墨粉打磨掉,用清水把线路板清洗干净。水干后,用松香水涂在有线路的一面,为加快松香凝固,我们用热风机加热线路板,只需 2～3 min 松香就能凝固。

(2) 丝网印刷腐蚀法

工业界常用的制板方法,这种方法制作电路板的过程如下:

① 打印印制版图

用激光打印机将画好的印版图打印在模版上。

② 裁剪覆铜板

③ 预处理覆铜板

④ 丝网印刷电路板

将敷铜板直接放在带有模版的丝网下面,在刮墨刀的挤压下丝网印刷油墨穿过丝网中间的网孔,丝网上的模版把一部分丝网小孔封住使得颜料不能穿过丝网,而只有图像部分能穿过,因此在敷铜板上只有图像部位有印迹。丝网印刷实际上是利用油墨渗透过印版进行印刷的,刮墨刀有手动和自动两种。

⑤ 揭去丝网

⑥ 腐蚀线路板

⑦ 线路板钻孔

⑧ 线路板预处理

制作双面板时,在丝网印刷电路板的步骤之前,先进行钻孔,然后进行金属化过孔,后面的钻孔步骤就不需要了。

(3) 照相腐蚀法

可以制作单面板,也可以制作双面板,制作单面板的过程如下:

① 打印印制版图

用激光打印机将画好的印版图打印在耐热的胶片上。

② 裁剪覆铜板

③ 预处理覆铜板

④ 曝光电路板

先用光聚合型感光干膜盖在基板上,上面再盖一层线路胶片让其曝光。曝光时没有线路的地方呈黑色不透光,线路部分则是透明的。光线通过胶片照射到感光干膜上,凡是胶片上透明通光的地方干膜颜色变深并硬化，紧紧包裹住基板表面的铜箔，把线路图印在基板上。

感光干膜含一种对特定光谱敏感而发生化学反应的成分，分两种干膜，光聚合型和光分解型。光聚合型干膜在特定光谱的光照射下会硬化，从水溶性物质变成水不溶性，而光分解型则正好相反。

⑤ 显影

使用碳酸钠溶液洗去未硬化干膜，让不需要干膜保护的铜箔露出来。

⑥ 腐蚀线路板

使用蚀铜液对基板进行蚀刻，没有干膜保护的铜就被腐蚀掉了，硬化干膜下的线路图就在基板上呈现出来。曝光、显影、腐蚀整个过程称作"影像转移"。

⑦ 线路板钻孔

⑧ 线路板预处理

制作双面板时，在曝光电路板的步骤之前，先进行钻孔，然后进行金属化过孔，后面的钻孔步骤就不需要了。

（4）雕刻法

雕刻法是用 PCB 雕刻机进行电子线路加工制作的方法。PCB 雕刻机相当于一个三维的绘图仪，它的刀头不仅可以随意在 $X-Y$ 平面来回运动，而且可以上下运动。刀头是一种装有铣头或钻头的高速马达。铣头是用来在敷铜板上刻画电路连线（布线），将铣头压在敷铜板上，由计算机控制来回运动，当它移动时，将铜皮移去而成为隔离岛，当两边的铜皮被移去后，一条电路连线就形成了，铣头移动的方向是由电子的布线文件决定。

将铣床的铣头换上钻头，就可以对板子进行钻孔了，钻头可以移动到指定的位置上，孔的大小和位置是由相关的电子文件决定的。

经常使用的布线文件是 Gerber，钻孔文件是 Excellon。专用的铣床控制软件将这些文件转化成指令去控制铣床的移动，以确定哪些部位需要留下铜皮以及哪些部位需要钻孔。制板的全过程由计算机控制，所以制作出的板子很精确。

此法适于快速制作小批量的单面或双面的电路板。

制作单面板时，直接将设计好的电子线路图输入到雕刻机中进行铣钻加工即可。制作双面板时，先用雕刻机进行钻孔，再进行金属化过孔，再用雕刻机进行铣过程加工。

（5）金属化过孔

金属化过孔是指顶层和底层之间的孔壁上用化学反应将一层薄铜镀在孔的内壁上，使得印制电路板的顶层与底层相互连接，又称孔金属化、沉铜、孔化、镀通孔，英文名称 Plated Through Hole，缩写为 PTH。

印制电路板金属化过孔步骤是制作双面板及多层板必须的工艺，是印制电路板制造技术的关键之一。

金属化过孔的工艺分为碱性除油、粗化、预浸、活化、加速、沉铜等步骤。

① 碱性除油

a. 作用与目的：

除去版面油污，指印，氧化物，孔内粉尘；对孔壁基材进行极性调整（使孔壁由负电荷调整为正电荷）便于后工序中胶体钯的吸附。

b. 碱性除油过程：

在沉铜槽中添加除油剂（按 100 m² 添加除油剂 0.6 L 为最佳）、加温（80 ℃）、板面除油、清洗。板面经除油水洗后，若没有油污，氧化斑存在，即为除油效果良好。

c. 碱性除油过程及注意事项：

ⓐ 槽液的温度应在 60~80 ℃ 范围内，槽液浓度应维持在 4%~6%，除油时间应控制在 6 min 左右；

ⓑ 根据生产板面积累加来及时补充药品，添加频率应根据槽子体积的大小和生产的方便来调整；随着生产的不断进行，槽液也会不断发生老化，达到一定产量后，槽液需要更换；

ⓒ 除油槽要加装过滤系统，它不仅可以有效过滤槽液中的粉尘杂质，同时也可有效搅拌槽液，增强槽液对孔壁的清洗调整效果。滤芯一般使用 5~10 μm 的 PP 滤芯，每小时过滤 4~6 次；

ⓓ 板件从除油槽取出时，应注意滴液，尽量减少槽液带出损失，已造成不必要的浪费和增加后清洗的困难度；

除油后水洗要充分，建议采用热水洗后，加 1~2 遍自来水洗。

d. 碱性除油优缺点：

碱性除油与酸性除油相比，优点是沉铜背光效果好差，孔壁结合力强，板面除油干净，不容易产生脱皮起泡现象。碱性体系除油与酸性除油相比缺点是操作温度较高，对除油后清洗要求较严。

② 粗化，又称为微蚀

a. 作用与目的：

除去版面的氧化物，粗化板面，保证后续沉铜层与基材底铜之间良好的结合力。

新生成的铜面具有很强的活性，可以很好吸附胶体钯。

b. 粗化剂：

ⓐ 硫酸双氧水体系优点是溶铜量大（可达 5 0g/L），水洗性好，污水处理较容易，成本较低，可回收，缺点是板面粗化不均匀，槽液稳定性差，易分解，空气污染较重。

ⓑ 过硫酸盐包括过硫酸钠和过硫酸铵，过硫酸铵较过硫酸钠贵，水洗性稍差，污水处理较难，与硫酸双氧水体系相比，过硫酸盐的优点是槽液稳定性较好，板面粗化均匀，缺点是溶铜量较小（25 g/L），硫酸铜易结晶析出，水洗性稍差，成本较高。

ⓒ 杜邦新型微蚀剂单过硫酸氢钾，槽液稳定性好，板面粗化均匀，粗化速率稳定，不受铜含量的影响，操作简单，适宜于细线条，小间距，高频板等。

c. 粗化生产注意事项：

ⓐ 微蚀槽生产主要是注意时间控制，一般时间在 1~2 min 左右，时间过短，粗化效果不良，板面发花或粗化深度不够，沉铜电镀后，铜层结合力不足，易产生起泡脱皮现象；粗化过度，孔口铜基材很容易被蚀掉，形成孔口露基材，造成不必要的报废；

ⓑ 另外槽液的温度特别是夏天，一定要注意，温度太高，粗化太快或温度太低，粗化太慢或不足都会产生上述质量缺陷；

ⓒ 微蚀槽使用过硫酸盐体系时，铜含量一般控制在 25 g/L 以下，铜含量太高，会影响粗化效果和微蚀速率；另外过硫酸盐的含量应控制在 80~120 g/L；

ⓓ 微蚀槽在开缸时，应留约 1/4 的旧槽液，以保证槽液中有适量的铜离子，避免新开缸槽液

粗化速率太快,过硫酸盐补充应按 50 m²/3～6 kg 来及时补充;另外微蚀槽负载不宜过大,亦即开缸时应尽量开大些,防止槽液因负载过大而造成槽液温度升高过快,影响板面粗化效果;

ⓔ 板面经微蚀处理后,颜色应为均匀粉红色;否则说明除油不足或除油后水洗不良或粗化不良(可能是时间不足,微蚀剂浓度太低,槽液铜含量太高等原因造成),应及时检查反馈并处理;

ⓕ 板件从水洗槽进入微蚀槽应注意滴水,尽量减少滴水带入,造成槽液稀释和温度变化过大,同时板件从微蚀槽取出时,也应注意滴液时间充分。

③ 预浸

a. 预浸目的与作用:

保护钯槽免受前处理槽液的污染,延长钯槽的使用寿命,主要成分除氯化钯外与钯槽成分一致,可有效润湿孔壁,便于后续活化液及时进入孔内活化使之进行足够有效的活化。

b. 预浸液比重一般维持在 18 波美度左右,这样钯槽就可维持在正常的比重 20 波美度以上。

c. 预浸液维护主要是槽液的比重和盐酸含量;槽液的比重主要取决于亚锡离子和氯离子的含量,盐酸主要是防止亚锡离子的水解和清洗板面氧化物;预浸槽槽液比重一般控制在 18 波美度左右,至少在 16 波美度以上;活化槽主要是监测槽液的活化强度,一般活化强度控制在 30% 左右,至少在 20% 以上,时间在 7 min 左右。

d. 预浸槽槽液一般也按每升工作液生产 20 m² 产量更换,有时也用铜含量作为参考控制项目,一般铜含量控制在 1 g/L 以下;开缸时多采用预浸液原液开缸,补充时采用预浸盐;预浸盐的补充 100 L 工作槽添加多按每 50 m² 添加预浸盐 2 kg 左右。

e. 板件从水洗槽取出进入预浸槽前,应注意减少滴水带入,以免稀释预浸液,降低槽液酸度,造成亚锡水解,槽液变混浊,同时也会污染活化槽;板件经预浸槽后直接进入活化槽,活化后应注意滴液,减少带出损失。

④ 活化

a. 活化的目的与作用:

经碱性除油极性调整后,带正电的孔壁可有效吸附足够带有负电荷的胶体钯颗粒,以保证后续沉铜的均匀性,连续性和致密性;因此除油与活化对后续沉铜的质量起着十分重要的作用。

b. 生产中应特别注意活化的效果,主要是保证足够的时间、浓度(或强度)。

c. 活化液中的氯化钯以胶体形式存在,这种带负电的胶体颗粒决定了钯槽维护的一些要点:保证足够数量的亚锡离子和氯离子以防止胶体钯解胶,以及维持足够的比重,一般在 18 波美度以上、足量的酸度(适量的盐酸)防止亚锡生成沉淀,温度不宜太高,否则胶体钯会发生沉淀,室温或 35 ℃ 以下。

d. 钯槽使用寿命较长,维护良好时,可使用 3～5 年,槽液 100 L 一般按 50 m² 补加约 200～300 mL 胶体钯。

e. 钯缸应加装过滤系统,注意过滤系统预槽液接触处均应无金属存在,否则槽液会腐蚀金属,继而污染钯缸,造成钯缸报废和生产板的质量问题。

f. 活化槽的比重只是作为参考项目,一般不需监测,只要预浸槽维护正常,钯水正常添加,钯槽比重即可维持 20 波美度以上;温度较低时,特别是冬天,活化槽应注意温度控制,温度应保持在 25 ℃ 左右。

g. 活化后水洗要充分,减少板面污染;板面水洗后,颜色应均匀,无明显孔口流液痕迹。

⑤ 解胶(加速)

a. 作用与目的:可有效除去胶体钯颗粒外面包围的亚锡离子,使胶体颗粒中的钯核暴露出来,以直接有效催化启动化学沉铜反应。

b. 原理:因为锡是两性元素,它的盐既溶于酸又溶于碱,因此酸碱都可做解胶剂,但是碱对水质较为敏感,易产生沉淀或悬浮物,极易造成沉铜孔破;盐酸和硫酸是强酸,不仅不利与作多层板,因为强酸会攻击内层黑氧化层,而且容易造成解胶过度,将胶体钯颗粒从孔壁板面上解离下来;一般多使用氟硼酸做主要的解胶剂,因其酸性较弱,一般不造成解胶过度,且实验证明使用氟硼酸做解胶剂时,沉铜层的结合力和背光效果,致密性都有明显提高。

c. 解胶液主要是控制槽液浓度,一般控制在 10% 左右,时间控制在 5 min 左右,冬天应注意温度控制。

d. 解胶液的更换一般也按上述除油和预浸的更换规则更换,除此之外,解胶液的铜含量也作为一个参考监测项目,铜含量一般控制在 0.7 g/L 以下。

e. 板件从水洗进入解胶槽或从解胶槽取出时应注意滴水充分,保证槽液和生产的稳定性;板面水洗后,颜色应均匀,无明显孔口流液痕迹。

⑥ 沉铜

a. 作用与目的:通过钯核的活化诱发化学沉铜自催化反应,新生成的化学铜和反应副产物氢气都可以作为反应催化剂催化反应,使沉铜反应持续不断进行。通过该步骤处理后即可在板面或孔壁上沉积一层化学铜。

b. 原理:利用甲醛在碱性条件下的还原性来还原被络合的可溶性铜盐。沉铜槽主要是添加 AB 药水,A 药水主要补充铜和甲醛,B 药水主要补充氢氧化钠,AB 液应该均衡添加,以防槽液比例失调。

c. 沉铜槽应保持连续的空气搅拌,目的是氧化槽液中的亚铜离子和槽液中的铜粉,使之转化为可溶性的二价铜。建议加装过滤系统,使用 10 μm 的 PP 滤芯,每周应及时更换滤芯。

d. 沉铜槽药水一般是溢流或定期舀出部分废液,及时补充新液即可;沉铜的添加一般按 6~10 m² AB 液各加 1 L 左右。

e. 应定期清洗沉铜槽内的析铜,否则会造成不必要的浪费和槽液的稳定性变差,清洗时可用废旧微蚀液浸泡干净后,彻底水洗干净后方可备用,以防微蚀剂污染沉铜槽;清洗时,应将槽液倒入一干净的备用槽内,并保持轻微空气搅拌;不生产时,槽液只要保持轻微空气搅拌即可;生产时空气搅拌液不宜太大,否则甲醛会挥发,槽液稳定性差,同时车间环境也会变差,无论从生产稳定,还是从车间环境安全来讲,大家都应该注意控制。

f. 沉铜液在长期停置不生产时,应该做报废处理;同时,沉铜液 100 L 的槽体积在生产 3 000 m² 左右应重新开缸配槽。

g. 沉铜后板件应水洗干净,然后放入 2% 的稀硫酸液浸泡;主要是除去板面上铜钝化膜,以免影响化学铜与电镀铜之间的结合力。

3) 印制板制作实训

(1) 实训目的

① 了解印制板的制作方法及工艺。

② 了解印制板制作的材料及设备。

③ 熟练掌握热转印法制作电路板方法。

（2）实训仪器和设备、器材

热转印机	1台	覆铜板	1块
腐蚀箱	1台	三氯化铁	1瓶
裁板机	1台	砂纸	1张
钻孔机	1台	松香	1盒
雕刻机	1台	酒精	1瓶

（3）实训内容

① 了解印制板制作方法。

② 了解制作印制板的工艺。

③ 了解印制板制作设备。

④ 用热转印法制作电路板。

（4）实训报告

① 写明实训的目的、实训过程的记录。

② 写出常用的印制板制作方法及工艺。

③ 写出常用的印制板制作方法中所用的材料及设备。

④ 写出热转印法制作电路板的过程。

⑤ 写出实训总结（包括实训中遇到的问题及解决办法、实训收获体会等）。

⑥ 回答思考题：

a. 制作电路板还有什么方法？

b. 为防止电路板氧化可采取什么措施？

c. 为提高电路板的可靠性可采取什么措施？

3.3.5　MF47 型万用表组装

MF-47 型万用表是一种多量限仪表，如图 3.3.49 所示，具有 26 个基本量限和 7 个附加量限，具有二极管限幅的动圈保护电路装置。仪表采用玻璃表罩清晰耐抹，塑料外壳带提把，方便携带又可做撑架，该表使用范围广，它可测量多种电量，虽然准确度不高，但使用简单，携带方便，特别适用于检查线路和修理电器设备。

1）MF47 型万用表的结构

图 3.3.49　MF-47 型万用表外观

MF—47 型万用表的面板上半部分是标度盘和表头，表头的正下方是调整指针零点的装置。面板下半部分的右上方是零电阻调节旋钮，左下方是表笔"＋"、"－"的插孔，中间是转换开关，转换开关共有 26 个挡位，各挡位表示的测量种类和量限如下：

直流电流（DCmA）：50 μA—500 μA—5 mA—50 mA—500 mA—10 A；

直流电压（DCV）：0.25 V—0.5 V—2.5 V—10 V—50 V—250 V—500 V—1 000 V—2 500 V；

交流电压（ACV）：10 V—50 V—250 V—500 V—1 000 V—2 500 V；

直流电阻 R：×1—×10—×100—×1 k—×10 k；

直流电容 C：0.01 μF—10 μF—100 μF—1 000 μF—10 000 μF—100 000 μF；

电池电力 BATT：R_L=7 Ω　1.2 V—1.5 V—2 V—3 V—3.6 V；R_L=190 Ω　9 V；

晶体管 hFE：0—1 000；

音频电平 dB：—10 dB—+22 dB；

标准电阻箱 R：box：0.025—22.5 MΩ。

整个表的结构主要由指示部分（表头）、测量电路、转换装置等三个部分组成。

指示部分由磁电式直流微安表组成，表头刻度盘上刻有多种量程的刻度。表头是关键部件，它的性能好坏决定了万用表的主要性能指标，如灵敏度、准确度等。

测量电路的主要作用是把被测的电量转换成适合于表头指示用的电量，例如：将被测的大电流通过分流电阻变成所需的微弱电流；将被测的高电压通过分压电阻变换成表头所需的低电压；将被测的交流电压通过整流器变换为表头所需的直流电压等。因此，测量电路通常是由分压电阻、分流电阻、整流器等元件组成。

万用表由于需要作多种测量，因此必须由转换装置把仪表的电路转换为所选定的测量种类与量程。该表转换装置是由转换开关、接线柱、旋钮、插孔等部件组成。万用表在测量电阻时，需要一个直流电源来供给表头，使其指针偏转，该表是用一节 1.5 V 和一节 9 V 电池分别作为电阻挡低量程和高量程的电源。

万用表的各种测量种类及量程的选择是靠转换装置来实现的，其主要部件是转换开关。转换开关的好坏直接影响万用表的使用效果，好的转换开关应转动灵活、手感好、旋转定位准确、触点接触可靠等，这也是选购万用表时应重点检查的一个项目。

2）MF-47 型万用表的工作原理

MF-47 型万用表总的电路图如图 3.3.50 所示，该电路的主要功能可供测量直流电流、交直流电压、直流电阻，还可用来测量晶体管直流放大系数。

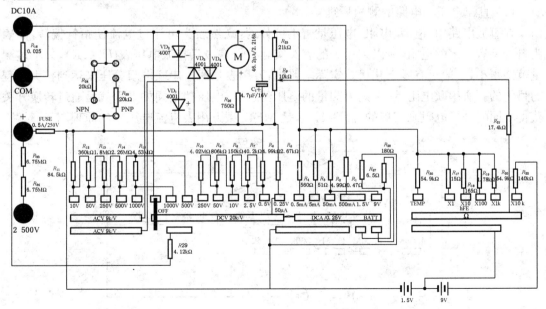

图 3.3.50　MF-47 型万用表电路图

图 3.3.51 中和表头相并联的两个二极管为保护表头所装,平时不起作用。图中电容主要起阻尼作用,也起一定的保护作用,如将其增大,则指针转动会变慢。

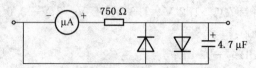

图 3.3.51　MF-47 型万用表表头保护电路

（1）直流电流挡电路的测量原理

由于表头最大只能流过 46.2 μA 的直流电流,为了能测量较大的电流,一般采用并联电阻分流法,使多余的电流从并联的电阻中流过,而通过表头的电流保持在 46.2 μA 以内。并联的电阻越小,可测量的电流就越大。其多量程的测量,是通过转换开关及不同的插孔来改变分流电阻的大小而实现的,图 3.3.52 是 MF47 型万用表直流电流挡的原理图。

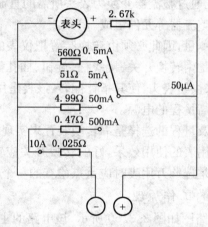

图 3.3.52　MF47 型万用表直流电流挡的原理图

（2）直流电压挡电路的测量原理

在直流电路中,电流、电阻、电压是密不可分的,既然表头可流过电流使指针偏转,而表头自身又有一定的电阻,所以万用表的表头实际上也是一只直流电压表($U=IR$),只不过测量范围很小,一般只有零点几伏。实际电路中,万用表是通过串联电阻分压来达到扩大量程的目的的。所串联电阻越大,则可测量的电压就越高,电压挡不同的量程就是通过转换开关获得不同的分压电阻来实现的,图 3.3.53 是 MF47 型万用表直流电压挡的原理图。

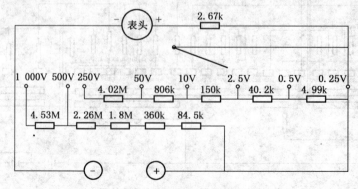

图 3.3.53　MF47 型万用表直流电压挡的原理图

（3）交流电压挡电路的测量原理

由于表头只能流过直流电,因此测量交流时还需要一个整流电路。万用表中一般采用二极管半波整流的形式将交流变为直流。在图 3.3.54 MF47 型万用表交流电压挡的原理图中,当被测交流电处于正半周时,电流经分压电阻(如 50 V 时的 84.5 k＋360 k)及整流二极管 VD₁ 流经等效表头,表针偏转;而在被测交流电的负半周,电流直接从二极管 VD₂ 流过分压电阻,而不经过表头。量程为 2 500 V 时,再串联两个 6.75 M 电阻分压。

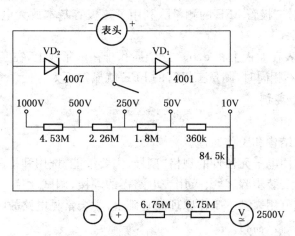

图 3.3.54　MF47 型万用表交流电压挡的原理图

（4）电阻挡电路的测量原理

万用表电阻的测量是依据欧姆定律进行的。利用通过被测电阻的电流及其两端的电压来反映被测电阻的大小,使电路中的电流大小取决于被测电阻的大小即流经表头的电流由被测电阻所决定,此电流反映在表盘上,通过欧姆标度尺即为被测电阻的阻值。由图 3.3.55 中可知,当用 $R×1$、$R×10$、$R×100$ 和 $R×1$ k 三个量程时万用表的等效表头实际上是取 15 Ω、165 Ω、1.78 kΩ 和 54.9 kΩ 三个电阻两端的电压为测量对象的。以 $R×10$ 量程为例,当被测电阻阻值较大时,电路中电流较小,则 165 Ω 电阻两端的电压也较低,通过 17.4 kΩ 电阻流过等效表头的电流也不大,指针偏转角度小;反之,当被测电阻较小时,电路

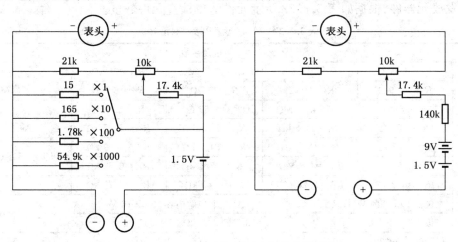

图 3.3.55　MF47 型万用表电阻挡的原理图

中电流较大,如调零时的短接,此时 1.5 V 电压全部加在 165 Ω 电阻上,再通过 17.4 kΩ 电阻也加在了等效表头两端,使表头中电流最大,指针停在了欧姆标度尺的零位。很明显,调节 10 kΩ 电位器可改变流经表头的电流大小,此 10 kΩ 电位器就是欧姆挡的调零电阻。当用 $R \times 10$ k 挡时流过被测电阻的电流也全部流经等效表头,只不过 $R \times 10$ k 挡用的是 9 V 电源。

(5) hFE 的测量

MF47 型万用表对三极管 hFE 的测量除利用了三极管基本放大电路外,基本原理同电阻的测量相同。

由于 MF47 万用表在面板上将 e、b、c 三个插孔排在一条线上,在实际使用中,当三极管的引脚排列顺序与之不相同时,测量三极管的 hFE 就显得不太方便。

3) 万用表组装实训

(1) 实训目的

① 了解万用表的结构和工作原理。

② 进一步熟悉常用电子元器件的规格、型号、主要性能、选用和检测方法。

③ 掌握万用表的安装步骤、学会万用表电路板的焊接、调试、组装与使用。

④ 在掌握指针式万用表基本工作原理的基础上,学会常见电路故障的排查。

(2) 实训仪器和设备、器材

MF47 型万用表的套件	1 套	220 V、30 W 电烙铁	1 把
镊子	1 个	起子	1 套
剪刀	1 个	尖嘴钳	1 个
标准数字万用表	1 只	松香、砂纸等	

(3) 实训内容

安装一块具有直流电流、交直流电压、直流电阻、晶体管静态直流放大系数检测等功能的模拟式万用表。

① 学生查找资料,教师讲解,学生掌握万用表结构及原理。

② 发放元器件,根据如表 3.3.22 所示元件清单检查元件数量。

表 3.3.22　MF47 型万用表材料清单

器件类型	数量及参数				
电阻	$R_1 = 0.47$ Ω	$R_8 = 150$ kΩ	$R_{15} = 4.53$ MΩ	$R_{23} = 21$ kΩ	$R_{16} = 0.025$ Ω (分流器)
	$R_2 = 4.99$ Ω	$R_9 = 806$ Ω	$R_{17} = 15$ Ω	$R_{27} = 6.5$ Ω	
	$R_3 = 51$ Ω	$R_{10} = 4.02$ MΩ	$R_{18} = 165$ Ω	$R_{28} = 180$ Ω	$R_{24} = R_{25} = 20$ kΩ (5%)
	$R_4 = 560$ Ω	$R_{11} = 84.5$ kΩ	$R_{19} = 1.78$ kΩ	$R_{29} = 4.12$ kΩ	
	$R_5 = 2.67$ kΩ	$R_{12} = 360$ kΩ	$R_{20} = 54.9$ kΩ	$R_{30} = 54.9$ kΩ	$R_{26} = 750$ Ω(5%)
	$R_6 = 4.99$ kΩ	$R_{13} = 1.8$ MΩ	$R_{21} = 17.4$ kΩ	$R_{33} = 6.75$ kΩ	
	$R_7 = 40.2$ kΩ	$R_{14} = 2.26$ MΩ	$R_{22} = 140$ kΩ	$R_{34} = 6.75$ kΩ	
元器件	电位器 10 K 5% WH161		1 只	电解电容 10 uF 16 V	1 只
	二极管 IN4001		3 只	二极管 IN4007	1 只
	保险丝管 5×20 250 V/0.5 A		1 只	保险丝插座	2 只

器件类型	数量及参数						
塑料件	面板	1只	大旋扭	1只	小旋扭	1只	表箱	1只
	电池盖板	1只	晶体管插座	1只	提把	1只	电刷架	1只
标准件	螺钉 M4＊12			1只	螺钉 M3＊8 自攻			4只
零配件	输入插座 φ4	4只	压簧		2只	钢珠 φ4		2只
	电刷片(3 点)	1只	电池夹正极		1只	电池夹负极		3只
	晶体管插片	6只	挡位板铭牌		1只	科华标志		1只
	MF47 线路板	1块	连接线		5根			
其他材料	使用说明书	1份	成品表头 46.2 μA		1只	表棒(黑红)		1付

③ 检查元器件质量

a. 用数字万用表测量表头的阻值是否为 2.216 k 左右。

b. 用万用表电阻挡分别检查固定电阻的阻值是否与色环标称值相符。

c. 用万用表电阻挡分别检查调零电阻的总阻值与分阻值。

根据电位器标称阻值的大小，将万用表置于适当的"Ω"挡位，两表笔短接，然后转动调零旋钮校准 Ω 挡"0"位。万用表两表笔(不分正、负)分别与电位器的两定臂相接，表针应指在相应的阻值刻度上。如表针不动、指示不稳定或指示值与电位器标称值相差很大，则说明该电位器已损坏。万用表一表笔与电位器动臂相接，另一表笔与定臂 A 相接，来回旋转电位器旋柄，万用表表针应随之平稳地来回移动，如表针不动或移动不平稳，则该电位器动臂接触不良，然后再将接定臂 A 的表笔改接至定臂 B，重复以上检测步骤。

d. 用万用表判别二极管的电极和质量。

直接从外观观察：有银色环标记的为负极。

或将万用表置于 $R×100$ 挡或 $R×1$ k 挡，两表笔分别接二极管的两个电极，测出一个结果后，对调两表笔，再测出一个结果。两次测量的结果中，有一次测量出的阻值较大(为反向电阻)，一次测量出的阻值较小(为正向电阻)。在阻值较小的一次测量中，黑表笔接的是二极管的正极，红表笔接的是二极管的负极。

e. 用万用表判别电容的好坏。

将万用表红表笔接负极，黑表笔接正极，在刚接触的瞬间，万用表指针即向右偏转较大偏度(对于同一电阻挡，容量越大，摆幅越大)，接着逐渐向左回转，直到停在某一位置。此时的阻值便是电解电容的正向漏电阻，此值略大于反向漏电阻。实际使用经验表明，电解电容的漏电阻一般应在几百千欧以上，否则，将不能正常工作。在测试中，若正向、反向均无充电的现象，即表针不动，则说明容量消失或内部断路；如果所测阻值很小或为零，说明电容漏电大或已击穿损坏，不能再使用。

④ 安装面板、后盖等部件

a. 将铭牌贴在面板上，装好电池夹(先焊好电池导线)；

b. 将弹簧、抹好黄油的钢珠放入小旋钮中心两孔内，将大旋钮插入中心孔中，与小旋钮卡牢。

c. 将开关旋钮的箭头指向 OFF 挡，将 3 点电刷装在正上方的槽内，2 点电刷装入左侧槽内。

d. 装入表头,用 4 颗 M3 * 8 螺钉固定(不要拧得过紧)

⑤ 安装、焊接元器件

a. 安装电路板四方支撑件:4 个输入插管、晶体管插座,电阻调零电位器。

b. 安装电阻器。根据安装图的位置,将电阻器分别插在电路板相应的孔内,并将电阻引脚向两旁折好,再核对一下电阻阻值是否准确无误后,用点焊法将电阻逐一焊牢,最后用斜口钳剪掉多余的引脚。

c. 分别安装 4 只二极管和电容器。

d. 焊接 4 根电源线。

e. 安装保险管插座(装在电路板的焊接面,为今后更换保险管提供方便)。

f. 安装紧固件:

g. 将焊接好的电路板卡入面板中(装时不要用力过猛,以免将卡子折断)。

⑥ 调试

将装配完成的万用电表仔细检查一遍,确保无错装的情况下,用数字万用表进行调试测试。

a. 将万用表旋至最小电流挡 0.25 V/50 μA 处,用数字万用表测量其＋－插座两端电阻值,就在(4.9~5.1) kΩ 之间,如不符合要求,应调整电位器上方 750 Ω 电阻阻值,直至达到要求为止。

b. 利用直流电流和直流电压挡作为标准电阻箱测量。500 mA 相当于 0.5 Ω,2.5 V 相当于 50 kΩ 电阻。测量欧姆挡的中心阻值:把标准表作为电阻箱,对装配表进行校验。

c. 装入 1.5 V 和 9 V 电池,对电阻挡逐一调零。

⑦ 验收

a. 用一块标准万用表分别测量一个单级放大器的直流电流、直流电压、电阻等值,再用交流电压挡测量市电电压值,并做记载。学会迅速准确地读出电流、电压和电阻值。

b. 用已安装好的万用表按上述步骤分别检查直流电流挡、直流电压挡、电阻挡、交流电压挡的好坏,将测量值与标准表测量的值进行比较。

注意:进行以上项目检查时各个量程的选择要与标准表的量程一致。

⑧ 组装万用表中可能出现的故障及其原因

万用表 50 μA 挡即等效表头是其电路的核心,其余各量程只不过是通过转换开关并或串电阻等组成。如果等效表头部分出故障,则影响所有量程,而其余部分出故障只是影响个别量程。所以对 MF47 型万用表的检修,首先应确定是所有量程指示不对还是个别量程指示不对,从而确定故障范围。

a. 短路故障:可能由于焊点过大,焊点带毛刺,导线头露出太长或焊接时烫破导线绝缘层,装配元器件时导线过长或安排不紧凑,装入表盒后,互相挤碰而造成短路。

b. 断路故障:焊点不牢固、虚焊、脱焊、漏焊、元件损坏、转换开关接触不良等。

c. 电流挡测量误差大,可能分流电阻值不准确或互相接错。不需打开后盖,只需将另一正常万用表拨至 $R \times 100$ 电阻挡并调零,被测万用表拨至 5 mA 挡,将两表的表笔交叉对接,即黑接红、红接黑,此时正常万用表的读数应是 100 Ω;同样,正常表拨至 $R \times 10$ 挡,被测表拨至 50 mA 挡,正常表读数应是 10 Ω,如此可快速检测 560 Ω、51 Ω、4.99 Ω、0.47 Ω 电阻是否正常。

d. 电压挡测量误差大,可能分压电阻值不准确或互相接错。直流电压各挡均无指示,此现象说明表头中无电流流过,如电阻挡正常,应检查直流电压挡独立的电路,如电阻挡也不正常,则应先检查 100 μA 挡是否正常,若不正常则应检查相应电路。

e. 测量交流高电压挡时,电表指针指示偏小,可能整流二极管损坏或分压电阻不准确。

f. 电阻挡不能调零

一般有两种情况,一是指针达不到零位,这主要是电池老化,需要换新,或串联电阻阻值变大,转换开关接触不良等。另一种是指针超过零位并明显向右猛偏,此时直流电压挡测量读数偏大 1.2 倍,如 1.5 V 变为 1.8 V 等,这一般是电阻与 10 kΩ 调零电位器中间某电阻烧断、线路虚焊或电位器接触不良等造成的,应重点检查 51 Ω、4.99 Ω 和 0.47 Ω 这 3 个电阻。如果是由于用电流挡测高电压大电流造成烧表后引起这种现象,更应重点检查上述 3 个电阻。例:某 MF47 型万用表电阻挡不能调零,且在表笔短接时指针超过零位;用直流 2.5 V 量程测 1.5 V 电池读数稍偏大,最后查为 51 Ω 电阻变值为 1 kΩ。

g. 万用表读数不准,各量程和其他表测量相比均偏大或偏小

此故障在等效表头部分,如偏差不大,可通过调节 1 000 Ω 校准电阻来改变。业余条件下可通过测量不同的电池电压来调节,具体方法是:和一读数准确的万用表测同一电池,如万用表内 9 V、1.5 V 电池,调节 1 000 Ω 校准电阻,使其两表读数一致。如偏差较大调 1 000 Ω 校准电阻达不到所需精度,这除了表头故障外,就应重点检查和表头并联的那几个电阻或电位器的阻值是否准确,接触是否良好,有无虚焊等。注意:一般情况下,不要贸然去调 1 000 Ω 校准电阻,应先查找其他原因,以免调节不当。

(4) 实训报告

① 写明实训的目的、任务和意义。

② 万用表工作原理和功能介绍(万用表电路原理总图和部分测量功能分解原理图,测直流电流 50 mA、测直流电压 50 V、测交流电压 250 V、测电阻×10 kΩ、测电阻×100 Ω)。

③ 主要实习材料、工具和元器件清单。

④ 焊接组装的主要步骤及其注意事项。

⑤ 万用表质量检测与故障分析和排查。

⑥ 写出实训总结(包括实训中遇到的问题及解决办法、实训收获体会等)。

⑦ 参考文献。

3.3.6　日光灯安装

日光灯有 LED 日光灯和传统型荧光灯两种类型。

1) LED 日光灯结构、原理及安装

(1) LED 日光灯结构

① LED 日光灯由多颗小功率 LED、透光性高的 PC 外罩、散热铝件及电源组成,如图 3.3.56 所示。

② LED 日光灯采用的光源有草帽头和贴片灯珠两种型号。其中常用的贴片灯珠有 3 528、5 050、1 W 大功率等。

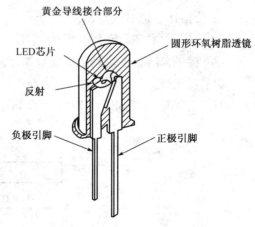

图 3.3.56　LED 日光灯结构图

③ LED日光灯电源采用恒流源工作方式,在温度和电压等环境因素变化时,其工作电流不变。工作电流设计成 16～18 mA 是比较理想的,N 路并联的总电流＝17＊N。工作电压 3.0～3.6 V,M 个灯珠串联的总电压＝3.125＊M。

(2) LED日光灯原理

PN 结的端电压构成一定势垒,当加正向偏置电压时势垒下降,P 区和 N 区的多数载流子向对方扩散。由于电子迁移率比空穴迁移率大得多,所以会出现大量电子向 P 区扩散,构成对 P 区少数载流子的注入。这些电子与价带上的空穴复合,复合时得到的能量以光能的形式释放出去。

(3) LED日光灯安装

LED日光灯分电源内置和外置两种,电源内置的 LED 日光灯安装时,将原有的日光灯取下换上 LED 日光灯,让 220 V 交流电直接加到 LED 日光灯两端即可。电源外置的 LED 日光灯配有专用灯架,更换原来的就可以使用了。

(4) LED日光灯特点

①高效节能:一千小时仅耗几度电。比普通照明灯具节能 60％～80％。

② 超长寿命:半导体芯片发光,无灯丝、无玻璃泡、不怕震动、不易破碎,使用寿命 3×10^4 h 以上(普通的白炽灯使用仅有 1 000 h)。无需镇流器,无需启辉器,频繁开关不会导致任何损坏。

③ 健康:光线健康光线中不含紫外线和红外线,不产生辐射(普通灯光线中含有紫外线和红外线),没有蚊虫,没有交流噪音。

④ 保护视力:由恒流源驱动,无频闪现象。

⑤ 安全系数高:所需电压、电流较小、发热较小,不会产生安全隐患。可以经受 4 kV 高电压散热量低可以工作在低温－30 ℃,高温 55 ℃。

⑥ 绿色环保:不含汞和铅等有害元素,不会对环境产生污染。

⑦ 响应时间快:LED 一般可在几十毫微秒(ns)内响应,是一种高速器件。

⑧ 适用性好:可以通过流过电流的变化控制亮度,也可通过不同波长 LED 的配置实现色彩的变化与调节,发光色彩纯正,能通过红绿蓝三基色混色成七彩或者白光,可以做成任何形状,色彩绚丽。

⑨ 价格比普通日光灯高。

⑩ 适用于商场超市、医院室内、学校教室、地下停车场照明,长期使用省电明显。

2)荧光日光灯结构、原理及安装

(1) 日光灯结构

日光灯实际电路如图 3.3.57 所示,日光灯电路由灯管、镇流器和启辉器三个部分组成。

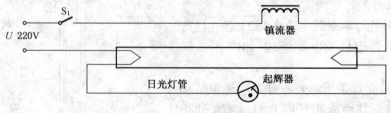

图 3.3.57　日光灯电路图

灯管是一个在真空情况下充有一定数量的氩气和少量水银的玻璃管,管的内壁涂有荧光材料,两个电极用钨丝绕成,上面涂有一层加热后能发射电子的氧化物。灯管内充有稀薄的惰性气体和水银蒸汽,氩气既可帮助灯管点燃,又可延长灯管寿命。

镇流器又叫限流器、扼流圈,是一个具有铁芯的线圈。其作用有两个:一是在日光灯启动时它产生一个很高的感应电压,使灯管点燃,二是灯管工作时限制通过灯管的电流不致过大而烧毁灯丝。

启辉器又叫启辉器、热继电器。日光灯启动器有辉光式和热开关式两种。最常用的是辉光式。结构如图 3.3.58 所示。外面是一个铝壳(或塑料壳),里面有一个氖灯和一个纸质电容器,氖灯是一个充有氖气的小玻璃泡,里边有一个 U 形双金属片和一个静触片。双金属片是由两种膨胀系数不同的金属组成,受热后,由于两种金属的膨胀不同而弯曲程度减小,与静触片相碰,冷却后恢复原形与静触片分开。与氖灯并联的小电容的作用是减小日光灯启动时对无线电接收机的干扰。

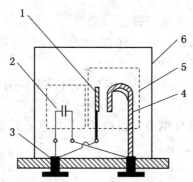

1—固定触头;2—电容器;3—插头;4—U型金属片;5—辉光管;6—圆柱形状外壳

图 3.3.58　辉光式启辉器结构图

(2) 日光灯原理

当接通电源时,电源电压全部加在启辉器的辉光管两端,使辉光管的倒 U 型金属片与固定触点放电,其产生的热量使 U 型金属片伸直,两极接触并使回路接通,灯丝因有电流通过而发热,氧化物发射电子。辉光管的两个电极接通后电极间的电压为零,辉光管停止放电,温度降低使 U 型金属片恢复原状,两电极脱开,切断回路中的电流。根据电磁感应定律,切断电流瞬间在镇流器的两端产生一个比电源电压高很多的感应电压。该电压与电源电压同时加在灯管的两端,管内的惰性气体在高压下电离而产生弧光放电,管内的温度骤然升高,在高温下水银蒸气游离并猛烈地碰撞惰性气体分子而放电,放电时辐射出不可见的紫外线,激发灯管内壁的荧光粉发出可见光。(灯管正常发光时,灯管两端的电压较低,40 W 的灯管约 110 V,此电压不会使启辉器再次放电。)

(3) 日光灯安装

① 检验各零部件的质量。

a. 正确判断日光灯灯丝通断。第一种方法是用万用表直接检测,第二种方法用测电笔间接检测的方法。具体方法是:安上灯管,拿走启辉器,检查电路无误后接通电源,用测电笔检测启辉器座内近相线端的铜皮,氖泡亮则灯丝通,氖泡不亮则灯丝断。然后调换一下灯管两端,检测另一端灯管的灯丝。第三种判断灯丝通断的方法是用手直接摇晃灯管,灯丝断单边时,单边灯丝有时会碰击管壁发出声音来,摇晃灯管的断丝端,仿佛有"弹簧"的感觉;若灯丝齐根断裂,颠倒灯管,能感觉出灯管内有异物。

b. 正确判断日光灯镇流器通断。用万用表检测镇流器冷态直流电阻,见表 3.3.23。

表 3.3.23　日光镇流器冷态电阻值

镇流器规格(W)	6～8	15～20	30～40
冷态直流电阻(Ω)	80～100	28～32	24～28

c. 测量启辉器通断。

d. 检查日光灯插座弹簧灯座一套两只,分别为固定型和弹簧型;

e. 检查日光灯插座内接线柱螺纹和螺钉,有否烂牙、滑牙以及残缺不齐。

② 连接导线。

a. 测量灯管和灯插座的总长,标出两插座支架固定点间的距离;拆下螺钉,作好穿线准备。

b. 软导线的剥制和连接:准备三种色彩的单根多股软导线(RV1×6/0.15):红色作相线标志,连接镇流器;黑色或深色作零线标志;黄色导线作启辉器两端的引线。可以使用两芯软导线,但不要使用双芯硬护套线。

c. 灯架内导线留有 20 cm 左右余量;软导线与镇流器引出线的连接接触良好,轻易拉不开,绝缘胶布包缠规范。灯具引出线长度足够(参考值 1.5 m 左右),绞合引出,"相线"端作记号。灯管至零线输出的这根电源零线最长,不必急于剪断,在实际施工过程中,估计它的总长,可减少一个不必要的接头。

③ 固定灯座,即将灯座全部固定在支架上。灯座支架面面相对,垂直安装;用木螺丝紧固后,钻出穿线孔;支架间距适中,与灯管长度配套,余量约 3～5 mm。将灯管灯脚先插入弹簧灯座一端,压紧后方能压入另一端无弹簧的固定灯座中。

④ 固定镇流器:镇流器居中安置在灯架内;紧贴木板,用木螺丝紧固。

⑤ 固定启辉器座:启辉器座可以固定在灯架内或灯架外两侧,便于维修和安装启辉器。

⑥ 按照图 3.3.55 连接电路,以木质灯架、弹簧灯座的 40 W 日光灯为例,标有 220 V 的两端接在插头上。

(4) 日光灯特点

普通日光灯工作特性:灯管开端点燃时需求一个高电压,正常发光时只允许经过不大的电流,这时灯管两端的电压低于电源电压。

与白炽灯相比较,具有光效高,光线柔和,光色宜人,寿命长等优点。

3) 日光灯安装实训

(1) 实训目的

① 了解正弦交流电路的组成特点,加深理解正弦交流电路的基本概念,明确交流电路与直流电路的区别。

② 了解日光灯的构造和工作原理,练习安装日光灯电路和排除简单的故障。

③ 学会正弦交流电路器件的使用及参数的测量。

(2) 实训仪器和设备、器材

万用表	1只	单刀双位开关	2只
降压隔离变压器	2只	荧光日光灯	1套
2 W 10 Ω 电阻	1个	电源内置的 LED 日光灯	1套
剥线钳	1把	十字螺丝刀	1把
尖嘴钳	1个	一字螺丝刀	1把
双通道示波器	1台	米尺	1把

(3) 实训内容

① 安装电源内置的 LED 日光灯

将原有的日光灯取下换上 LED 日光灯,让 220 V 交流电直接加到 LED 日光灯两端。

② 安装荧光日光灯

a. 检验各零部件的质量。

检查日光灯灯丝通断、检查日光灯镇流器通断、测量启辉器通断、检查日光灯插座、检查日光灯插座内接线柱螺纹和螺钉。

b. 接线。

c. 固定灯座。

d. 固定镇流器。

e. 固定启辉器座。

f. 按照图 3.3.55 连接电路,将 40 W 日光灯标有 220V 的两端接在插头上。

经教师检查后,将插头插入照明电路的插座,看灯管是否发光

g. 研究启动器的作用

ⓐ 接通电源,转动启动器使日光灯启动发光。然后将启动器取下,这时日光灯是否仍然发光? 这说明启动器只在什么时候才起作用,什么时候失去作用?

ⓑ 将日光灯熄灭,在没有启动器的情况下,重新接通电源。这时日光灯是否发光?

ⓒ 用一节绝缘导线将启动器座上的两接线柱碰触,略等一会儿取走。这样做以后,能否使日光灯发光? 碰一下的作用相当于启动器中双金属片的什么动作?

h. 研究镇流器的作用

ⓐ 把 60~100 W 的白炽灯泡与镇流器并联,接通电源后灯管发光,再将镇流器的一端断开,日光灯是否仍然发光? 这时白炽灯泡两端有没有电压? 它在电路里起什么作用?

ⓑ 断开电源,再次接通电源后,日光灯管能不能发光,把镇流器重新接上,灯管能不能发光? 镇流器这时起什么作用?

i. 日光灯电路的研究

按图 3.3.59 连接线路,认真检查电路,正确无误后方可通电。接通电源,开关 S_2 断开,S_1 闭合,再次使日光灯正常发光。图中,T_1、T_2 为隔离变压器,便于次级接入示波器观测波形。电阻 R 为取样电阻,便于通过对其两端电压取样来测量电路中的电流。电容 C 用于改变实验电路的参数。

ⓐ 观测交流电压波形

用示波器测量隔离变压器 T_1 次级的电压波形,在示波器上读出其幅度和两个波峰之间的时间及波峰与波谷之间的幅度。

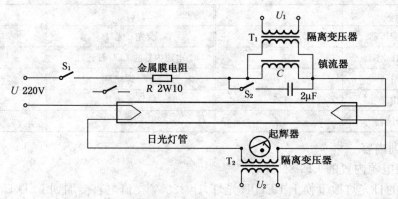

图 3.3.59　研究日光灯电路图

ⓑ 测量环路电压

首先用万用表分别测量市电 U、镇流器及日光灯管两端(启辉器两端)的交流电压 U_1、U_2。将结果填入表 3.3.24 中。注意 U、U_1、U_2 在数值上的关系。

然后用万用表测量电阻 R 两端的电压,并由此计算出流过回路的电流 I,填入表 3.3.24 中。

ⓒ 观测电压 U_1 与 U_2 的相位关系

首先用示波器的两个通道同时观测隔离变压器 T_1、T_2 次级电压的波形。读出两列正弦波波峰之间的时间间隔 Δt 及它们的周期 T,从振动学的有关知识我们可以得到两列正弦波的相位差为 $\Delta\varphi=2\pi(\Delta t/T)$,将其填入表 3.3.24 中。

然后将开关 S_2 闭合,重复步骤ⓐ、ⓑ、ⓒ。观测接入并联电容 C 对电路参数的影响。

表 3.3.24　日光灯电路测试数据

	测量数据			计算数据			
	U	U_1	U_2	$S(IU)$	$S_1(I_1U_1)$	$S_2(I_2U_2)$	$\Delta\varphi$
接入电容							
不接入电容							

(4) 实训报告

① 写明实训的目的、实训过程的记录。

② 写出实训内容及步骤。

③ 画电路图。

④ 记录实验数据。

⑤ 写出实训总结(包括实训中遇到的问题及解决办法、实训收获体会等)。

⑥ 回答思考题:

a. 根据实验内容,总结一下启动器有什么功能?

b. 根据实验内容,总结一下镇流器的作用?

c. 日光灯研究电路中镇流器接入并联电容 C 对电路参数什么影响?

4 计算机辅助分析与设计

4.1 Multisim9 软件

4.1.1 概 述

随着计算机的飞速发展,以计算机辅助设计(CAD——Computer Aided Design)为基础的电子设计自动化(EDA)技术已成为电子学领域的重要学科。EDA 工具使电子电路和电子系统的设计产生了革命性的变化,它摒弃了靠硬件调试来达到设计目标的繁琐过程,实现了硬件设计软件化。

EDA 技术自 20 世纪 70 年代开始发展,其标志是美国加利福尼亚大学柏克莱(Berkeley)分校开发的集成电路增强仿真程序(SPICE——Simulation Program with Integrated Circuit Emphasis),于 1972 年研制成功,并于 1975 年推出实用化版本。当时仅适用于模拟电路的分析,而且只能用程序的方式输入。此后,在扩充电路分析功能、改进和完善算法、增加元器件模型库、改进用户界面等方面做了很多实用化的工作,使之成为享有盛誉的电子电路计算机辅助设计工具。20 世纪 80 年代,电子电路的分析与设计方法发生了重大变革,一大批各具特色的优秀 EDA 软件的出现,改变了以定量估算和电路实验为基础的电路设计方法。电子工作平台(EWB——Electronics Workbench)软件就是其中之一。

1) EWB 与 Multisim

EWB 是一种在电子技术界广泛应用的优秀计算机仿真设计软件,被誉为"计算机中的电子实验室"。

EWB 的设计实验工作区好像一块"面包板",在上面可建立各种电路进行仿真实验。电子工作台的器件库提供 13 000 多种常用元器件库,用户设计和实验时可任意调用。EWB 的特点是:系统高度集成,界面直观,操作方便,主要表现在元器件的选取、电路的输入、虚拟仪表的使用以及各种分析,都可以在屏幕窗口直接操作,与实物一样直观。EWB 的电路分析手段完备,共有 14 种不同的分析,包括对电路基本参数的分析、电路特性的分析、电路结果误差的分析,还可以进行参数扫描、温度扫描、极点/零点等其他参量的分析。同时还具有数字、模拟及模拟/数字混合电路的仿真能力,有 12 类数千种元器件,提供了 7 种常用的虚拟测量仪表。还有一个图形分析窗口,可用于检测、调整及存储曲线和资料对照图表。

但随着电子技术的飞速发展,低版本的 EWB 仿真设计功能已远远不能满足新的电子电路的仿真与设计要求。EWB 软件也在进行不断升级,国内常见的升级版本有 EWB4.0、EWB5.0。发展到 5.x 版本以后,加拿大 IIT 公司对 EWB 进行了较大变动,软件名称也变为 Multisim V6;2001 年升级为 Multisim 2001,允许用户自定义元器件的属性,可以把一个子电路当做一个元件使用。2003 年,IIT 公司又对 Multisim 2001 进行了较大的改进,升级为 Multisim 7,增加了 3 维(3D)元器件以及美国安捷伦(Agilent)公司的万用表、示波器、函数信号发生器等仿实物的虚拟仪表,使得虚拟的 EWB 更加接近实际的实验平台。

　　IIT 公司于 2004 年推出了 Multisim 8。Multisim 8 继承了 EWB 的诸多优点,并在功能和方法上有了较大改进,极大地扩充了元器件数据库,特别是大量新增了与现实元器件对应的元器件模型,增加了仿真电路的实用性。新增的元器件编辑器给用户提供了自行创建或修改所需元器件模型的工具,增加了射频电路仿真功能。为了扩充电路的测试功能,增加了瓦特计、失真仪、频谱分析仪、网络分析仪等测试仪表,而且所有仪表都允许多台同时调用。同时改进了元器件之间的连接方式,允许任意连线。

　　Multisim 8 并不是对 Multisim 7 进行简单的补充和扩展,而是从功能和性能方面全面升级。使 Multisim 8 具备了许多新的特点:

　　(1) 仿真速度提高 67%以上;

　　(2) 变量支持;

　　(3) 电气规则检查的范围设定;

　　(4) 具有跨越多页分图的分类高级搜寻功能;

　　(5) 新型虚拟 Tektronix 公司示波器;

　　(6) 测量探针的动态数值显示;

　　(7) 通过网页自动更新;

　　(8) 用户自定义仿真界面的设定;

　　(9) 打印或输出电子表格规则观测窗的内容;

　　(10) 增加了可编程逻辑控制器(PLC)规则的仿真分析。

　　2) Multisim 9 的特点

2005 年 12 月推出 Multisim 9 软件,标志着设计技术的一个根本转变。工程技术人员有了一个从采集到模拟,再到测试及运用的紧密集成、终端对终端的电子设计解决方案。

　　Multisim 9 包括 Ultiboard 9 和 Ultiroute 9,这些产品都是 Electronics Workbench 9 系列设计套件的组成部分,工程技术人员利用这一软件可有效地完成电子工程项目从最初的概念建模到最终的成品的全过程。

　　与以前该软件版本比较,Multisim 9 的特点如下:

　　(1) Multisim 是全功能电路仿真系统。包括:元器件编辑、选取、放置;电路图编辑绘制;电路工作状况测试、电路特性分析;电路图报表输出、打印;档案的转出/转入。

　　(2) Multisim 是一个完整的电子系统设计工具。该软件是交互式 SPICE 仿真和电路分析软件的最新版本,专用于原理图捕获、交互式仿真、电路板设计和集成测试,弥补了测试与设计功能之间的缺口。

　　(3) 具有强大的仿真分析功能。仿真分析是估算电路特性的一种数学方法,通过仿真分析,不必构造具体的物理电路,也不必使用实际的测试仪器,就可以基本确定电路的工作性能。Multisim 9 提供了多达 24 种分析功能,这是 Multisim 9 的特色之一。

　　(4) 具有多种常用的虚拟仪表。可以通过这些虚拟仪表观察电路的运行状态以及电路的仿真结果。它们的设置、使用和读数与实际的测量仪表类似,就像在实验室中使用仪表一样。

(5) 与 NI 公司相关虚拟仪器软件的完美结合,提高了模拟及测试性能。Multisim 9 集成了最新发布的 NI LabVIEW 8 图形化开发环境软件和 NI SignalExpress 交互测量软件功能。这一软件通过桥接普通设计及测试工具来帮助设计人员提高效率,缩短产品上市时间。要测试的数据可以由 LabVIEW 采集,作为虚拟电路测试时的数据来源,通过集成模拟数据库及仿真测试,设计人员可以减少失误,缩短设计时间,增加设计量,还可以迅速地将 Multisim 9 的模拟结果以原有的文档格式导入 LabVIEW 或者 SignalExpress 中,可以有效地比较仿真数据和模拟数据。

3) Multisim 9 的用户界面

(1) 用户界面的组成

单击"开始"→"所有程序"→"Electronics Workbench"→"Multisim 9",弹出如图 4.1.1 所示的 Multisim 9 用户界面。

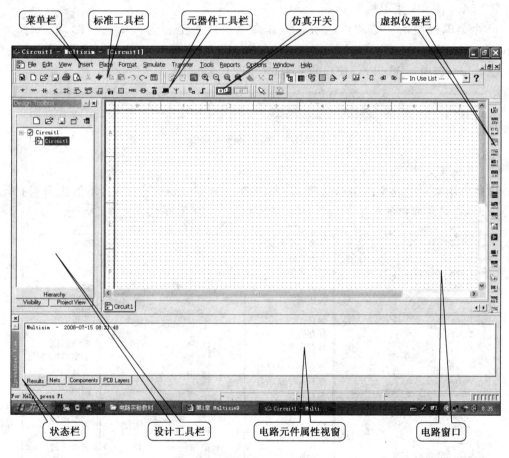

图 4.1.1 Multisim 9 用户界面

Multisim 9 用户界面由以下几个基本部分组成。

① 菜单栏(Menu Bar):该软件的所有功能均可在此找到。

② 标准工具栏(Standard Toolbar):该工具栏中的按钮是常用的功能按钮。

③ 虚拟仪器工具栏(Instruments Toolbar):Multisim 9 的所有虚拟仪器均可在该工具栏中找到。

④ 元器件工具栏(Component Toolbar)：该工具栏中的按钮是电路图中所需各类元器件选择按钮。

⑤ 电路窗口(Circuit Windows or Workspace)：该窗口是用来创建和编辑电路图、仿真分析、波形显示的地方。

⑥ 状态栏(Status Bar)：在电路窗口中电路标签的下方就是状态栏，主要用于显示当前的操作及鼠标指针所指条目的有关信息。

⑦ 设计工具栏(Design Toolbar)：利用该工具栏可以把有关电路设计的原理图、印制电路板(PCB)版图、相关文件、电路的各种统计报告进行分类管理，还可以观察分层电路的层次结构。

⑧ 电路元件属性视窗(Spreadsheet View)：该视窗是当前电路文件中所有元件属性的统计窗口，可通过该视窗改变部分或全部元件的某一属性。

(2) Multisim 9 菜单栏

11 个菜单栏包括了该软件的所有操作命令。从左至右为：File(文件)、Edit(编辑)、View(窗口)、Place(放置)、Simulate(仿真)、Transfer(文件输出)、Tools(工具)、Reports(报告)、Options(选项)、Window(窗口)和 Help(帮助)。如图 4.1.2 所示。

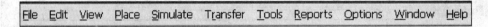

图 4.1.2　Multisim 9 菜单栏

① "File"(文件)菜单

该菜单用来对电路文件进行管理，其中，在"Print Options"选项内，不但包含对打印机的设定，还有对所要打印图形的内容和形式的设定。File 菜单如图 4.1.3 所示。

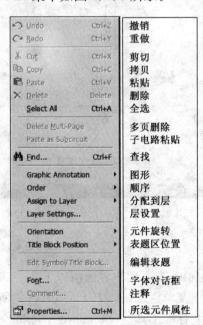

图 4.1.3　"File"菜单和"Edit"菜单

② "Edit"(编辑)菜单

该菜单是对文件内容进行增加、删除和修改等操作。其中，"Order"是指当前"Layer"(图层)的置前与置后，而此处是以 Layer 来表示，加载电路图中的图形、注释等不同类型内容的显示顺序；Title "Block"意为图纸的标题栏；通过"Font"操作，可以改变图形文件内所有可修改文字的字型；通过"Properties"操作，可以更改工作界面。"Edit"菜单如图 4.1.3 所示。

③ "View"(窗口)菜单

"View"菜单如图 4.1.4 所示。其中，"Toolbars"子菜单包括该软件的所有分类工具栏，可以通过菜单操作，在主界面上显示或隐藏任何一个工具栏。

④ "Place"(放置)菜单

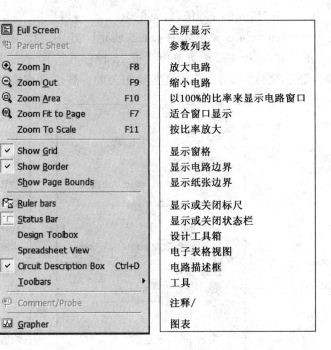

图 4.1.4 "View"菜单

"Place"菜单如图 4.1.5 所示。该菜单项用来在电路窗口中放置元件、节点、总线、文本或图形等。其中，"Graphics"子菜单就是图形注释工具栏的菜单形式。

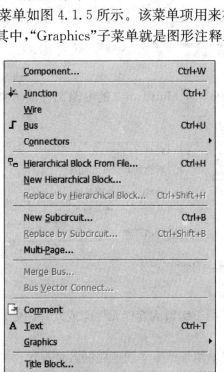
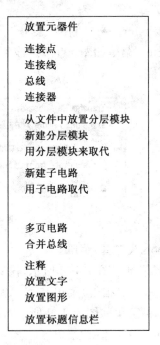

图 4.1.5 "Place"菜单

⑤ "Simulate"(仿真)菜单

"Simulate"菜单如图 4.1.6 所示。其中，"Instruments"子菜单就是仪器工具栏的菜单形式；"Analyses"子菜单包括了 18 种标准仿真方法，以及一种基于 XSpice 命令的用户自定义仿真方法。与电路仿真实验相关的一些仿真方法将在 4.2 节中介绍。

图 4.1.6　"Simulate"菜单

⑥ "Transfer"(文件输出)菜单

"Transfer"菜单如图 4.1.7。该菜单用于将 Multisim 9 的电路文件或仿真结果输出到其他应用软件。

图 4.1.7　"Transfer"菜单

⑦ "Tools"(工具)菜单

"Tools"菜单如图 4.1.8 所示，该菜单用于编辑或管理元件库或元件命令。

⑧ "Reports"(报告)菜单

"Reports"菜单如图 4.1.9 所示，该菜单用于产生当前电路的各种报告。

⑨ "Options"(选项)菜单

"Options"菜单如图 4.1.10 所示，该菜单用于定制软件界面和某些功能的设置。

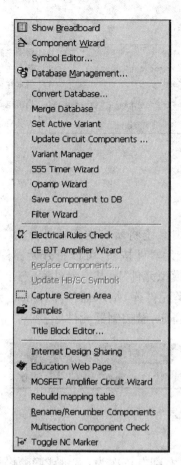

Show Breadboard	显示虚拟实验板
Component Wizard	元件编辑器
Symbol Editor...	符号编辑器
Database Management...	数据库管理
Convert Database...	改变数据库
Merge Database	合并数据库
Set Active Variant	激活变量
Update Circuit Components ...	更新电路元件
Variant Manager	变量管理器
555 Timer Wizard	555定时器编辑向导
Opamp Wizard	运算放大器编辑向导
Save Component to DB	保存元件到数据库中
Filter Wizard	滤波器编辑向导
Electrical Rules Check	电气规则检查
CE BJT Amplifier Wizard	晶体管放大器编辑向导
Replace Components...	替换元件ERC标记
Update HB/SC Symbols	更新线路符号
Capture Screen Area	捕获屏幕区域
Samples	打开样本中文件描述框编辑对话框
Title Block Editor...	标题块编辑
Internet Design Sharing	网络设计资源共享
Education Web Page	EWB教育网页
MOSFET Amplifier Circuit Wizard	场效应管放大电路向导
Rebuild mapping table	重建表格映射
Rename/Renumber Components	重命名/重编号元件
Multisection Component Check	组合元件检测
Toggle NC Marker	对未连接点标识或删除标识

图 4.1.8 "Tools"菜单

Bill of Materials	电路图使用器件清单
Component Detail Report	元器件详细参数报告
Netlist Report	电路图网络连接报告
Schematic Statistics	电路图统计信息报告
Spare Gates Report	电路图未使用门报告
Cross Reference Report	电路图中元件参数报告

图 4.1.9 "Reports"菜单

Sheet Properties...	工作表单属性
Selection Filter	选择滤波器
Global Restrictions...	全局限制Multisim 9某些功能
Circuit Restrictions...	全局设置电路功能
Preferences...	全局设置操作环境
Set Reference Point	设置参数分析点
Customize...	用户命令交互设置
Simplified Version	简化用户界面
Rich Edit Options...	充实编辑方法

图 4.1.10 "Options"菜单

⑩ "Window"(窗口)菜单

"Window"菜单如图 4.1.11 所示,该菜单用于控制 Multisim 9 窗口的显示,并列出所有被打开的文件。

⑪ "Help"(帮助)菜单

"Help"菜单如图 4.1.12 所示,该菜单为用户提供在线技术帮助和指导。

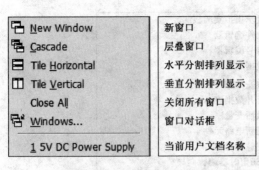

图 4.1.11　"Window"菜单

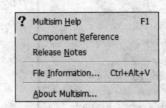

图 4.1.12　"Help"菜单

（3）Multisim 9 元器件工具栏

Multisim 9 元器件工具栏如图 4.1.13 所示。系统将所有的元器件分为 13 类,加上分层模块和总线共同组成元器件工具栏,单击每个元器件按钮,可以打开元器件库的相应类别,并选中该分类库。从左到右依次为:电源库,模拟元件库,基本元件库,三极管库,二极管库,TTL 集成电路库,COMS 集成电路库,机电类元件库,指示器件库,MISC 元件库,数字元件库,混合元件库,射频器件库,先进的外围设备库,微控制器元件库。

图 4.1.13　Multisim 9 元器件工具栏

（4）Multisim 9 系统工具栏

Multisim 9 系统工具栏如图 4.1.14 所示,从左到右依次为:显示或隐藏设计项目栏,电路属性栏,电路元件属性栏,新建元件对话框,打开样本设计,导出数据到 unltiboard,帮助,从 Unltiboard 导入数据,电气规则检查,使用元件列表。

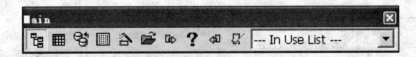

图 4.1.14　Multisim 9 系统工具栏

（5）Multisim 9 虚拟仪器工具栏

Multisim 9 虚拟仪器工具栏如图 4.1.15 所示。提供了 20 个常用仪器仪表,依次为:数字万用表（Multimeter）、函数信号发生器（Function Generator）、瓦特表（Wattmeter）、双通道示波器（Oscilloscope）、四通道示波器（4 Channel Oscilloscope）、波特图仪（Bode Plotter）、频率计（Frequency Counter）、字信号发生器（Word Generator）、逻辑分析仪（Logic Analyzer）、逻辑转换器（Logic Converter）、失真度分析仪（Distortion Analyzer）、Agilent 万用表（Agilent Multimeter）、LabVIEW 仪器（LabVIEW Instrument ）、IV 分析仪（IV-Analyzer）、测量探针（Measurement Probe）、频谱分析仪（Spectrum Analyzer）、网络分析仪（Network Analyzer）、Agilent 函数信号发生器（Agilent Function Generator）、泰克示波器（Tektronix Oscilloscope）、Agilent 示波器（Agilent Oscilloscope）。

图 4.1.15　Multisim 9 虚拟仪器工具栏

4.1.2　Multisim 9 电路创建

1) 开始创建电路文件

运行 Multisim 9 之后,就会自动打开名为"Circuit 1"的电路图,在这个电路图的绘图区中,没有任何元件及连线,此时,绘图区只是类似于做实验的一块面包板,电路图根据自己需要创建,如图 4.1.16 所示。

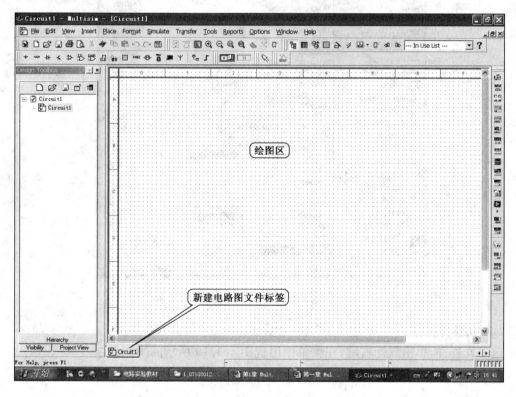

图 4.1.16　创建电路图文件

2) 放置元器件

如图 4.1.17 所示,Multisim 9 提供了三个层次的元件数据库,具体包括主元件库(Master Database)、合作元件库(Corporate Database)和用户元件库(User Database)。主元件库是系统已经建立的,后两类元件数据库是用户自己或者合作人创建的,新安装的 Multisim 9 中这两个数据库是空的,该软件默认的元件库是主数据库。

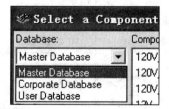

图 4.1.17　元件数据库

放置元件的方法一般包括:鼠标移至工具栏,点击右键,点击"Component",元件工具栏出现在视窗中,用元件工具栏放置元件;通过单击 Place→Component 菜单项放置元件;在绘图区右击,利用弹出菜单 Place Component 放置元件或利用快捷键 Ctrl+W。

(1) 选取元器件

例如选一电阻元件,鼠标点击基本元件,弹出如图 4.1.18 所示"Select a Component"窗口,在 Family 列表中选择"RESISTOR",在 Filter 下拉列表中选择电阻单位和精度等级,双击选中电阻或单击"OK"按钮,在电路窗口中出现一个电阻符号,将鼠标指针移至适当位置后,单击,即可将选中的电阻元件放置于此,右击可取消本次操作。

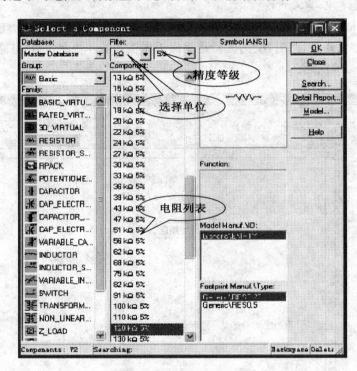

图 4.1.18　选取电阻菜单

(2) 元器件操作

选中元器件,单击鼠标右键,在菜单中出现图 4.1.19 所示的操作命令。

Cut	Ctrl+X	Cut:剪切
Copy	Ctrl+C	Copy:复制
Flip Horizontal	Alt+X	Flip Horizontal:选中元器件的水平翻转
Flip Vertical	Alt+Y	Flip Vertical:选中元器件的垂直翻转
90 Clockwise	Ctrl+R	90 Clockwise:选中元器件的顺时针旋转90°
90 CounterCW	Shift+Ctrl+R	90 CounterCW:选中元器件的逆时针旋转90°
Color...		Color:设置器件颜色
Font...		Font:字体
Edit Symbol		Edit Symbol:设置器件参数
Help	F1	Help:帮助信息

图 4.1.19　元件操作菜单

（3）元器件特性参数设置

双击该元器件，在弹出的元器件特性对话框中，可以设置或编辑元器件的各种特性参数。元器件不同，每个选项下将对应不同的参数。例如，电阻选项如图 4.1.20 所示。

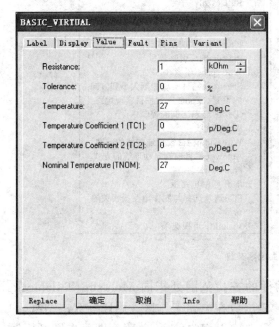

图 4.1.20　虚拟基本元件参数对话框

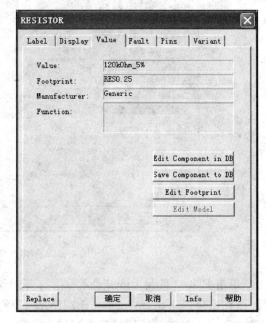

图 4.1.21　电阻元件参数属性

需要说明的是，在选中基本元件库后，选"Basic_Virtual"所选中的元件是虚拟元件，元件参数可以改变，参数对话框如图 4.1.20 所示。如果选"RESISTOR"，所选中的电阻元件与实际器件相对应，若双击该元件，出现如图 4.1.21 所示属性框，窗口呈灰色，只是显示，不能修改。电感器、电容器等元件同理。

3）导线操作

主要包括导线的连接、弯曲导线的调整、导线颜色的改变及连接点的使用。

（1）连接：鼠标指向一元件的端点，出现小圆点后，按下左键并拖拽导线到另一个元件的端点，出现小圆点后松开鼠标左键。

（2）删除：可右击连线，在弹出菜单中，单击"Delete"菜单项或按〈Delete〉键。

（3）导线颜色：可右击连线，在弹出菜单中，单击"Wire Color"菜单项，可选择需要的颜色。

（4）修改连线：选中目标连线后，将鼠标指针移至目标连线上，鼠标指针变为上下移动或左右移动标志，这时移动鼠标可改变连接导线；在所需操作拐点上右击，此时目标拐点变为选中状态 T 字形，将鼠标指针移至拐点上，单击，通过拖动拐点可改变拐点的位置。

4）电路图界面定制

选择菜单"Options"栏下的"Sheet Properties"命令，出现如图 4.1.22 所示的对话框，每个选项下又有各自不同的对话内容，用于设置与电路显示方式相关的选项。

5）为电路增加文本

Multisim 9 允许增加标题栏(Title Block)和文本来注释电路。

（1）增加标题栏

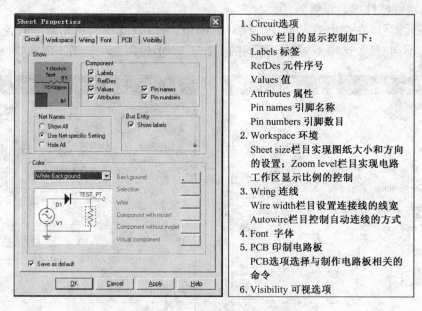

1. Circuit选项
   Show 栏目的显示控制如下：
   Labels 标签
   RefDes 元件序号
   Values 值
   Attributes 属性
   Pin names 引脚名称
   Pin numbers 引脚数目
2. Workspace 环境
   Sheet size栏目实现图纸大小和方向的设置；Zoom level栏目实现电路工作区显示比例的控制
3. Wring 连线
   Wire width栏目设置连接线的线宽
   Autowire栏目控制自动连线的方式
4. Font 字体
5. PCB 印制电路板
   PCB选项选择与制作电路板相关的命令
6. Visibility 可视选项

图 4.1.22　"电路界面设定参数"对话框

单击 Place/Title Block 命令，在打开对话框的查找范围处指向 Multisim/Titleblocks 目录，在该目录下选择一个 *.tb7 图纸标题栏文件，放在电路工作区。用鼠标双击图纸，弹出如图 4.1.23 所示的标题栏对话框，在此对话框中输入相关信息，关闭后即可在图纸标题栏显示所填信息。

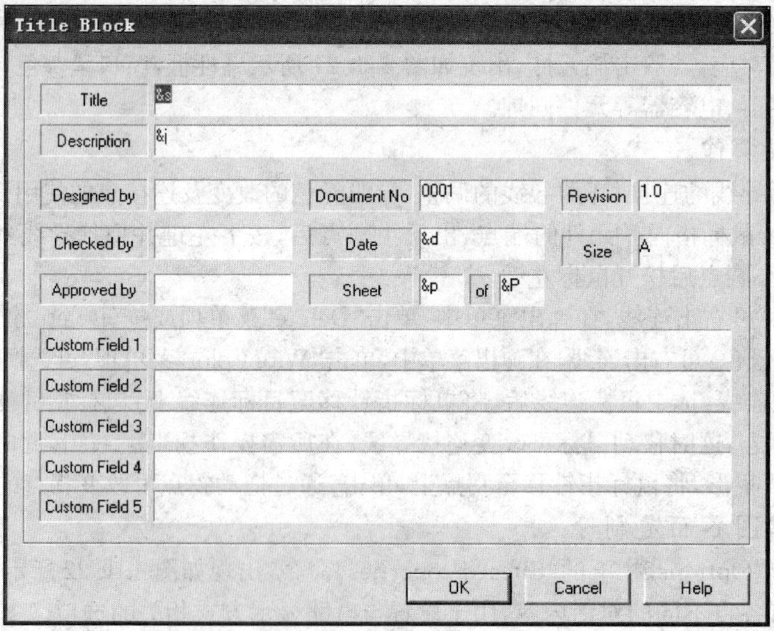

图 4.1.23　"标题栏属性修改"对话框

（2）电路工作区输入文字

单击 Place/Text 命令或使用 Ctrl＋T 快捷操作,然后用鼠标单击需要输入文字的位置,输入需要的文字。用鼠标指向文字块,单击鼠标右键,在弹出的菜单中选择 Color 命令,选择需要的颜色。双击文字块,可以随时修改输入的文字。

4.1.3 虚拟仪器仪表

1) 数字万用表(Multimeter)

Multisim 9 提供的万用表外观和操作与实际的万用表相似,可以测电流 A、电压 V、电阻 Ω 和分贝(dB),测直流或交流信号,通过鼠标点击面板上的相应按钮来设置,量程可以自动切换,不需要设置。内阻和内部电流预置接近理想值,但是可以通过设置来进行改变。万用表有正极和负极两个引线端。其图标、面板、参数设置对话框如图 4.1.24 所示。

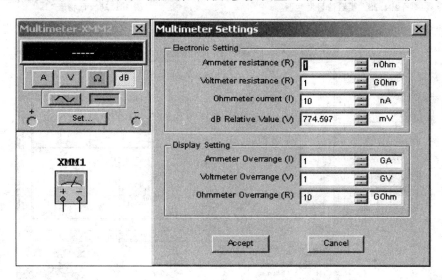

图 4.1.24 数字万用表

2) 函数信号发生器(Function Generator)

Multisim 9 提供的函数发生器可以产生正弦波、三角波和矩形波,信号频率可在 1 Hz 到 999 MHz 范围内调整。信号的幅值以及占空比等参数也可以根据需要进行调节。信号发生器有 3 个引线端口:负极、正极和公共端。其图标、面板如图 4.1.25 所示。

3) 瓦特表(Wattmeter)

Multisim 9 提供的瓦特表用来测量电路的交流或者直流功率,瓦特表有 4 个引线端口:电压正极和负极、电流正极和负极。还可以测量功率因数,即通过计算电压与电流相位差的余弦而得到。其图标、面板如图 4.1.26 所示。

4) 双通道示波器(Oscilloscope)

Multisim 9 提供的双通道示波器与实际的示波器外观和基本操作基本相同,该示波器可以观察 1 路或 2 路信号波形的形状,分析被测周期信号的幅值和频率,时间基准可在秒至纳秒范围内调节。示波器图标有 4 个连接点:A 通道输入、B 通道输入、外触发端 T 和接地端 G。其图标、面板如图 4.1.27 所示。

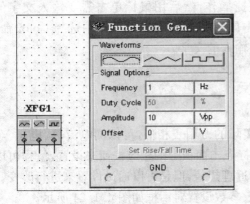

图 4.1.25 函数信号发生器

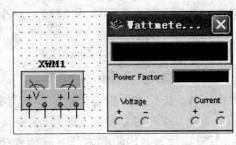

图 4.1.26 瓦特表

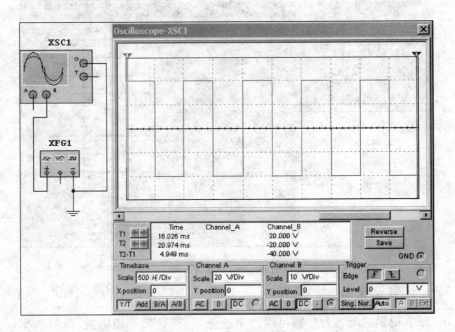

图 4.1.27 双通道示波器

示波器的控制面板分为四个部分：

(1) Time base(时间基准)

Scale(量程)：设置显示波形时的 X 轴时间基准。

X position(X 轴位置)：设置 X 轴的起始位置。

显示方式设置有 4 种：Y/T 方式是指 X 轴显示时间，Y 轴显示电压值；Add 方式是指 X 轴显示时间，Y 轴显示 A 通道和 B 通道电压之和；A/B 或 B/A 方式是指 X 轴和 Y 轴都显示电压值。

(2) Channel A(通道 A)

Scale(量程)：通道 A 的 Y 轴电压刻度设置。

Y position(Y 轴位置)：设置 Y 轴的起始点位置，起始点为 0 表明 Y 轴和 X 轴重合，起始点为正值表明 Y 轴原点位置向上移，否则向下移。

触发耦合方式:AC(交流耦合)、0(0 耦合)或 DC(直流耦合),交流耦合只显示交流分量,直流耦合显示直流和交流之和,0 耦合在 Y 轴设置的原点处显示一条直线。

(3) Channel B(通道 B)

通道 B 的 Y 轴量程、起始点、耦合方式等项内容的设置与通道 A 相同。

(4) Tigger(触发)

触发方式主要用来设置 X 轴的触发信号、触发电平及边沿等。Edge(边沿):设置被测信号开始的边沿,设置先显示上升沿或下降沿。Level(电平):设置触发信号的电平,使触发信号在某一电平时启动扫描。触发信号选择:Auto(自动)、通道 A 和通道 B 表明用相应的通道信号作为触发信号;Ext 为外触发;Sing 为单脉冲触发;Nor 为一般脉冲触发。

5) 四通道示波器(4 Channel Oscilloscope)

四通道示波器的图标、面板如图 4.1.28 所示,与双通道示波器的使用方法和参数调整方式完全一样,只是多了一个通道控制器旋钮"🔘",当旋钮拨到某个通道位置,才能对该通道的 Y 轴进行调整。

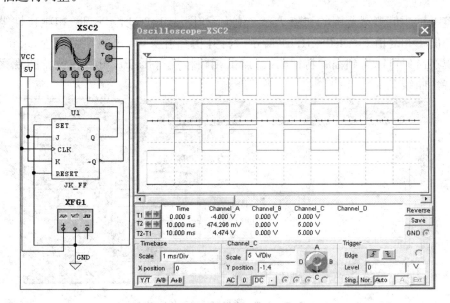

图 4.1.28 四通道示波器

6) 波特图仪(Bode Plotter)

利用波特图仪可以方便地测量和显示电路的频率响应。波特图仪适合于分析滤波电路或电路的频率特性,特别易于观察截止频率。需要连接两路信号,一路是电路输入信号,另一路是电路输出信号,需要在电路的输入端接交流信号。

波特图仪控制面板分为 Magnitude(幅值)或 Phase(相位)的选择、Horizontal(横轴)设置、Vertical(纵轴)设置、显示方式的其他控制信号,面板中的 F 是指终值,I 是指初值。在波特图仪的面板上,可以直接设置横轴和纵轴的坐标及其参数。

例如:构造一阶 RC 滤波电路,如图 4.1.29 所示,输入端加入正弦波信号源,电路输出端与示波器相连,目的是为了观察不同频率的输入信号经过 RC 滤波电路后输出信号的变化情况。

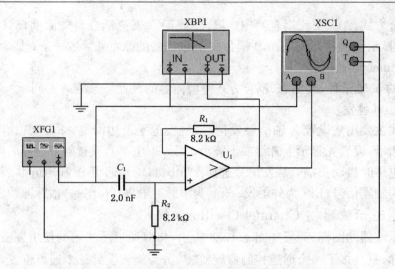

图 4.1.29　用波特图仪测量一阶 RC 低通滤波电路的频率特性

　　调整纵轴幅值测试范围的初值 I 和终值 F，如图 4.1.30 所示；调整相频特性纵轴相位范围的初值 I 和终值 F，如图 4.1.31 所示。打开仿真开关，点击幅频特性（Magnitude），在波特图观察窗口可以看到幅频特性曲线；点击相频特性（phase），可以在波特图观察窗口显示相频特性曲线。

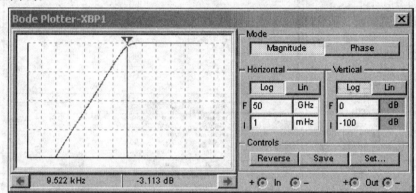

图 4.1.30　一阶 RC 低通滤波器的幅频特性

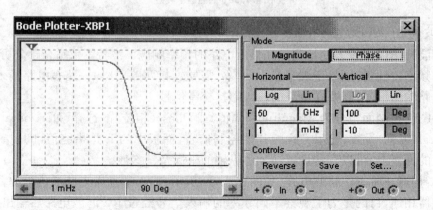

图 4.1.31　一阶 RC 低通滤波器的相频特性

7）频率计（Frequency couter）

频率计主要用来测量信号的频率、周期、相位，脉冲信号的上升沿和下降沿。频率计的图标、面板以及使用如图 4.1.32 所示。使用过程中应注意根据输入信号的幅值调整频率计的 Sensitivity（灵敏度）和 Trigger Level（触发电平）。

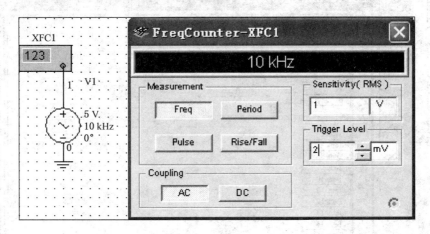

图 4.1.32　用频率计测量信号频率

8）数字信号发生器（Word Generator）

数字信号发生器是一种通用的数字激励源编辑器，可以多种方式产生 32 位的字符串，在数字电路的测试中应用非常灵活。如图 4.1.33 所示，左侧是控制面板，右侧是数字信号发生器的字符窗口。控制面板分为 Controls（控制方式）、Display（显示方式）、Trigger（触发）、Frequency（频率）等几个部分。

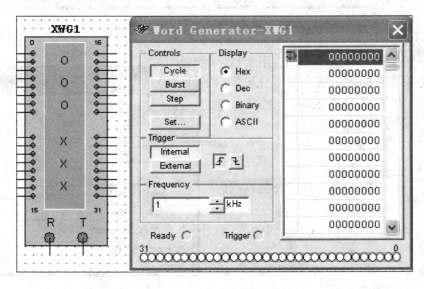

图 4.1.33　数字信号发生器

9）逻辑分析仪（Logic Analyzer）

逻辑分析仪的图标、面板如图 4.1.34 所示。面板分上下两个部分，上半部分是显示窗

口,下半部分是逻辑分析仪的控制窗口。控制信号有:Stop(停止)、Reset(复位)、Reverse
(反相显示)、Clock(时钟)设置和 Trigger(触发)设置。

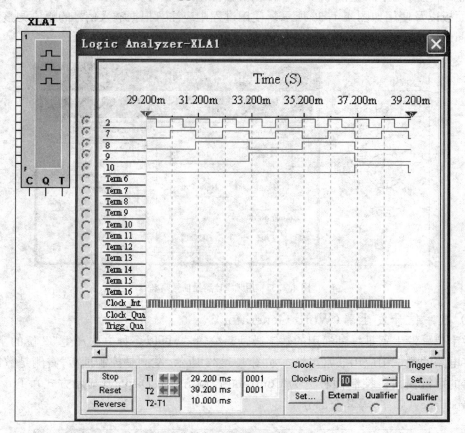

图 4.1.34　逻辑分析仪

　　逻辑分析仪提供了 16 路通道,用于数字
信号的高速采集和时序分析。逻辑分析仪的
连接端口有:16 路信号输入端、外接时钟端
C、时钟限制 Q 以及触发限制 T。

　　单击 Set 按钮,弹出"Clock setup"(时钟
设置)对话框,如图 4.1.35 所示。

　　Clock Source(时钟源):选择外触发或内
触发;

　　Clock rate(时钟频率):1 Hz～100 MHz
范围内选择;

　　Sampling Setting(取样点设置):Pre-
trigger samples(触发前取样点)、Post-trigger
samples(触发后取样点)和 Threshold voltage
(开启电压)设置。

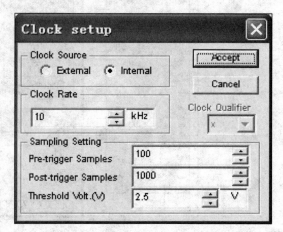

图 4.1.35　"时钟脉冲设置"对话框

　　点击"Trigger"下的"Set"(设置)按钮时,出现"Trigger Setting"(触发设置)对话框,如

图 4.1.36 所示。

Trigger Clock Edge(触发边沿)：Positive（上升沿）、Negative(下降沿)、Both(双向触发)。

Trigger patterns(触发模式)：由 A、B、C 定义触发模式,在 Trigger Combination(触发组合)下有 21 种触发组合可以选择。

10) 逻辑转换器(Logic Converter)

逻辑转换器的图标及面板如图 4.1.37 所示。实际中没有这种仪器,逻辑转换器可以在逻辑电路、真值表和逻辑表达式之间进行转换。有 8 路信号输入端和 1 路信号输出端。

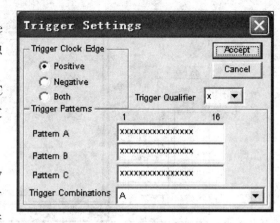

图 4.1.36 "时钟触发设置"对话框

6 种转换功能依次是：逻辑电路转换为真值表、真值表转换为逻辑表达式、真值表转换为最简逻辑表达式、逻辑表达式转换为真值表、逻辑表达式转换为逻辑电路、逻辑表达式转换为与非门电路。

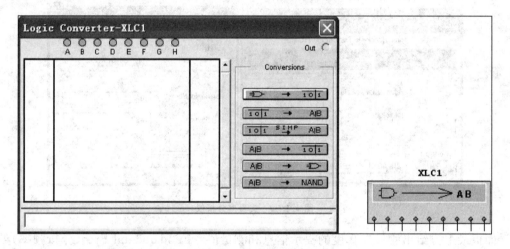

图 4.1.37 逻辑转换器

11) IV 分析仪(IV Analyzer)

IV 分析仪的图标、面板如图 4.1.38 所示。IV 分析仪可以用来分析晶体管的伏安特性曲线,如二极管、NPN 管、PNP 管、NMOS 管、PMOS 管等器件。IV 分析仪相当于实验室的晶体管图示仪,需要将晶体管与连接电路完全断开,才能进行 IV 分析仪的连接和测试。IV 分析仪有 3 个连接点,实现与晶体管的连接。IV 分析仪面板左侧是伏安特性曲线显示窗口,右侧是功能选择。

12) 失真度分析仪(Distortion Analyzer)

失真度分析仪的图标、面板及设置对话框如图 4.1.39 所示。用来测量电路的信号失真度,频率范围为 20 Hz～100 kHz。

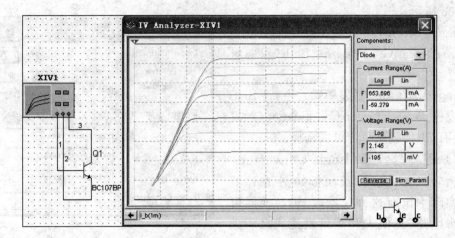

图 4.1.38　IV 分析仪

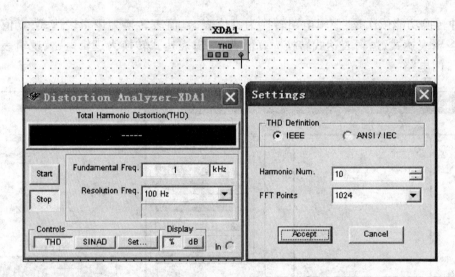

图 4.1.39　失真度分析仪

面板最上方给出测量失真度的提示信息和测量值。Fundamental Freq(分析频率)处可以设置分析频率值;选择分析 THD(总谐波失真)或 SINAD(信噪比),单击"Set"按钮,打开设置窗口,由于 THD 的定义有所不同,可以设置 THD 的分析选项。

13) 频谱分析仪(Spectrum Analyzer)

频谱分析仪的图标、面板如图 4.1.40 所示。频谱分析仪是一种测试高频电路频域的测量仪器,主要用来分析电路的幅频特性,能够测量信号的功率和所含的频率成分,其频域分析范围的上限为 4 GHz。

Span Control 用来控制频率范围,选择 Set Span 的频率范围由 Frequency 区域决定;选择 Zero Span 的频率范围由 Frequency 区域设定的中心频率决定;选择 Full Span 的频率范围为 1 kHz~4 GHz。

Frequency 用来设定频率:Span 设定频率范围、Start 设定起始频率、Center 设定中心频率、End 设定终止频率。

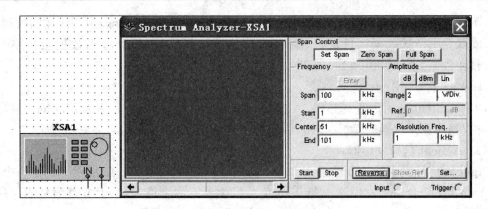

图 4.1.40 频谱分析仪

Amplitude 用来设定幅值单位,有 3 种选择:dB、dBm、Lin。dB＝10log 10 V；dBm＝20log 10(V/0.775)；Lin 为线性表示。

Resolution Freq 用来设定频率分辨的最小谱线间隔,简称频率分辨率。

14) 网络分析仪(Network Analyzer)

网络分析仪的图标、面板如图 4.1.41 所示。网络分析仪主要用来测量双端口网络的特性,如衰减器、放大器、混频器、功率分配器等。Multisim 提供的网络分析仪可以测量电路的 S 参数、并计算出 H、Y、Z 参数。

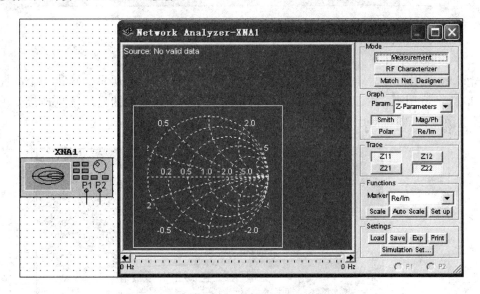

图 4.1.41 网络分析仪

Mode 提供下列分析模式:Measurement(测量模式);RF Characterizer(射频特性分析);Match Net Designer(电路设计模式)。Graph 用来选择要分析的参数及模式,可选择的参数有 S 参数、H 参数、Y 参数、Z 参数等。模式选择有:Smith(史密斯模式)、Mag/Ph(增益/相位频率响应,波特图)、Polar(极化图)、Re/Im(实部/虚部)。Trace 用来选择需要显示的参数。

Marker 用来提供数据显示窗口的三种显示模式:Re/Im 为直角坐标模式;Mag/Ph

(Degs)为极坐标模式；dB Mag/Ph(Deg)为分贝极坐标模式。Settings 用来提供数据管理，Load 读取专用格式数据文件；Save 存储专用格式数据文件；Exp 输出数据至文本文件；Print 打印数据。Simulation Set 按钮用来设置不同分析模式下的参数。

15）仿真 Agilent 公司仪器

仿真 Agilent 公司仪器有三种：Agilent 信号发生器、Agilent 万用表、Agilent 示波器。这 3 种仪器与真实仪器的面板、按钮、旋钮操作方式完全相同，使用起来更加真实。

（1）Agilent 信号发生器

Agilent 信号发生器的型号是 33120A，其图标和面板如图 4.1.42 所示。这是一个高性能的 15 MHz 综合信号发生器。Agilent 信号发生器有两个连接端，上方是信号输出端，下方是接地端。单击最左侧的电源按钮，即可按照要求输出信号。

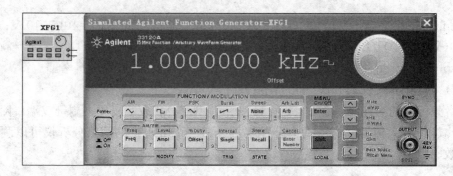

图 4.1.42　Agilent 信号发生器

（2）Agilent 万用表

Agilent 万用表的型号是 34401A，其图标和面板如图 4.1.43 所示。这是一个高性能的 6 位半的数字万用表。Agilent 万用表有五个连接端，应注意面板的提示信息连接。单击最左侧的电源按钮，即可使用万用表，实现对各种电类参数的测量。

图 4.1.43　Agilent 万用表

（3）Agilent 示波器

Agilent 示波器的型号是 54622D，其图标和面板如图 4.1.44 所示。这是一个 2 个模拟通道、16 个逻辑通道、100 MHz 宽带示波器。Agilent 示波器下方的 18 个连接端是信号输入端，右侧是外接触发信号端、接地端。单击电源按钮，即可使用示波器，实现各种波形的测量。

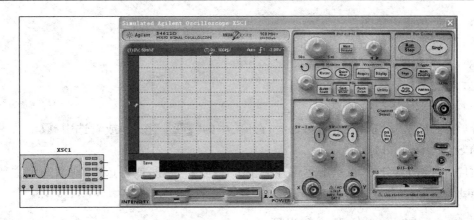

图 4.1.44 Agilent 示波器

4.2 Multisim 9 仿真分析

4.2.1 Multisim 9 仿真特点

1) 多种仿真引擎

Multisim 9 提供了多种电路仿真引擎,包括 XSpice、甚高速集成电路硬件描述语言(VHDL)、Verilog 以及这三种方式相结合的仿真引擎。对于设计制作 PCB 的电路,比较适合使用 XSpice 仿真引擎;对于使用可编程逻辑器件(PLD)构造的数字电路,比较适合使用行为级描述语言进行输入和仿真分析,一般使用 VHDL 和 Verilog 仿真;对于复杂的数字器件,如 LSI 或 VLSI,属于门级描述语言,一般也使用 VHDL 和 Verilog 仿真。

2) 交互式仿真

Multisim 9 独特的性能之一就是能对电路进行交互式仿真。可以通过改变电路中的元器件的参数(如电源的大小、电阻器的阻值等),或者改变仿真仪器的参数,实时观察电路性能的变化和仿真结果。

3) 支持网络表仿真

Multisim 9 可以不在电路图中进行仿真,只需在 Multisim 9 中输入电路的网络表,用户通过从命令行输入命令,即可对电路进行仿真。通过选择 Simulate/XSpice Command Line Interface 命令,可以打开仿真命令输入对话框,用户可以直接在该窗口中输入各种仿真命令。

4) 电路一致性检查

当用户开始对电路进行仿真分析时,Multisim 9 首先对电路进行一致性检查,以便发现电路的连接是否符合设计规范,如是否开路、短路、接地等,同时把检查结果中出错信息写入错误日志中。需要特别说明:Multisim 9 进行电路一致性检查时,仅对可能导致仿真错误的问题进行检查,并不对电路的功能、性能等进行检查。

4.2.2 Multisim 9 仿真分析过程

利用 Multisim 9 对电路进行仿真分析时,一般要经过以下过程:

(1) 设计仿真电路图；

(2) 设置分析参数；

(3) 设置输出变量的处理方式；

(4) 设置分析标题；

(5) 自定义分析选项。

开始/终止仿真分析，可单击仿真运行开关中的"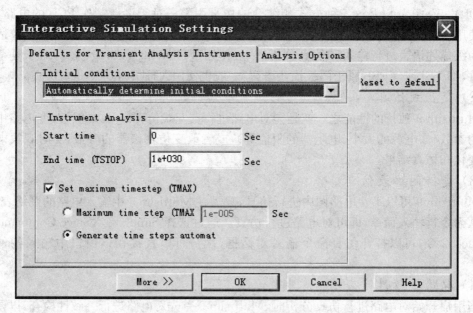⬚"按钮，或者选中/取消选中主菜单上的 Simulate/Run 命令。

暂停/继续仿真分析，可单击运行开关中的" ⬚ "按钮，或者选中/取消选中主菜单上的 Simulate/Pause 命令。

4.2.3　Multisim 9 仿真参数设置

使用 Multisim 9 进行仿真分析时，要对各类仿真参数进行设置，包括：仿真基本参数（仿真计算的步长、时间、初始条件等）设置；仿真分析参数（分析条件、分析范围、输出结点等）设置；仿真输出显示参数（数据格式、显示栅格、读数标尺等）设置。

1) 仿真基本参数的设置

仿真基本参数的设置是通过选择 Simulate/Interactive simulation settings 命令，打开交互式设置对话框，如图 4.2.1 所示，通过修改或重新设置其中的参数可完成仿真基本参数的设置。

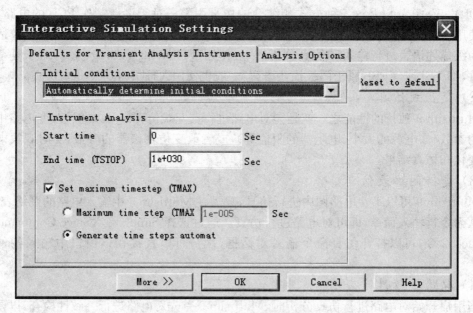

Interactive Simulation Settings

Defaults for Transient Analysis Instruments | Analysis Options

Initial conditions
Automatically determine initial conditions ▼

Reset to default

Instrument Analysis

Start time　　　　0　　　　　　　Sec

End time (TSTOP)　1e+030　　　　　Sec

☑ Set maximum timestep (TMAX)

　○ Maximum time step (TMAX) 1e-005　Sec

　● Generate time steps automat

More >>　　OK　　Cancel　　Help

图 4.2.1　仿真基本参数设置对话框

2) 仿真输出显示参数的设置

仿真输出显示参数的设置是通过选择"View/Grapher"命令，或者单击"⬚"按钮，打开 Grapher View 窗口，在该窗口中选择"Edit/Properties"命令，则弹出 Graph Properties（图形属性）对话框如图 4.2.2 所示，通过修改或重新设置其中的参数可完成输出显示参数的设置。

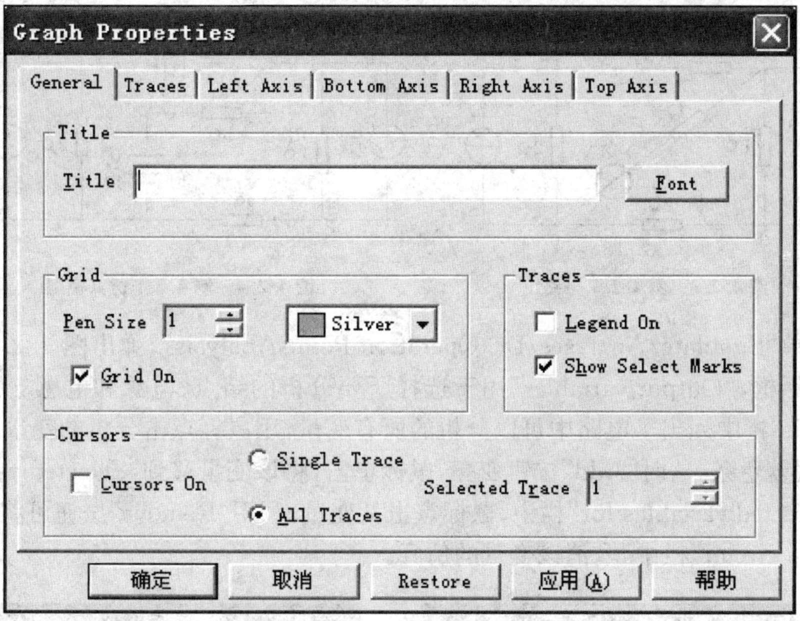

图 4.2.2　图形属性对话框

4.2.4　Multisim 9 仿真分析

Multisim 9 提供了多种仿真分析方法，主要包括：直流工作点分析（DC Operation Point Analysis）、交流分析（AC Analysis）、瞬态分析（Transient Analysis）、傅里叶分析（Fourier Analysis）、噪声分析（Noise Analysis）、失真分析（Distortion Analysis）、直流扫描分析（DC Sweep Analysis）、灵敏度分析（Sensitivity Analysis）、参数扫描分析（Parameter Sweep Analysis）、温度扫描分析（Temperature Sweep Analysis）、极点-零点分析（Pole-Zero Analysis）、传递函数分析（Transfer Function Analysis）、最坏情况分析（Worst Case Analysis）、蒙特卡罗分析（Monte Carlo Analysis）、批处理分析（Batched Analysis）和用户自定义分析（User Defined Analysis），共 16 种仿真分析方法，用户在对电路仿真分析时，可选用合适的仿真分析方法分析电路。

以下介绍电路分析中用到的分析方法。

1）直流电阻电路分析

（1）结点电压、支路电流仿真分析

对于直流电阻电路，要测量电路中某些结点的电压或支路电流，可采用直流工作点分析（DC Operation Point Analysis）。进行直流工作点分析时，交流电源停止作用（交流电压源短路，交流电流源开路），电容器视为开路，电感器视为短路，可以分析结点电压、支路电流、电压源支路电流。以下通过举例说明。

【例 4.2.1】　求图 4.2.3 所示电路的结点电压 U_1、U_2、U_3 和电流 I_1。

根据电路原理图，在 Multisim 9 工作区中创建仿真电路模型图如图 4.2.4 所示。

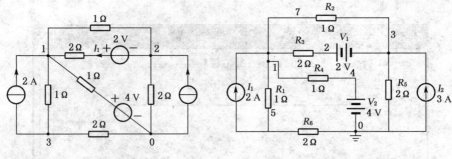

图 4.2.3　例 4.2.1 电路　　　　　　　　图 4.2.4　例 4.2.1 仿真模型

选择菜单"Simulate/Analyses/DC Operation Point Analysis"，弹出图 4.2.5 所示分析参数设置对话框，"Output variables"用于选择所要分析的结点、电源和电感支路。"Variables in circuit"栏中列出了电路中可以分析的所有变量，用鼠标点击分析的变量，如图 4.2.5 中所示，出现蓝色条，这时"Add"按钮变亮，鼠标单击，将该变量移到"Selected variables for"栏中；在"Selected variables for"栏中，鼠标点击某变量，利用"Remove"按钮可将该变量移回"Variables in circuit"栏中，取消该变量的仿真。

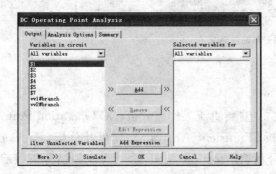

图 4.2.5　直流工作点分析参数设置对话框

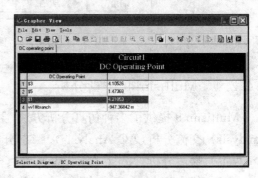

图 4.2.6　例 4.2.1 分析结果

分析的结点电压是结点相对于参考结点之间的电压，在变量列表框中以"$"开头，后面的数字表示结点编号。

分析电压源支路电流，在变量列表框中以"#branch"结尾。前面的编号中，第 1 个字母"v"表示电压源，后面的字符表示电压源标识，其参考方向是从电压源内部的正极到负极。例如，"vv1#branch"表示分析电压源 V_1 的支路电流。

分析电感支路电流，在变量列表框中以"#branch"结尾。前面的编号第 1 个字母"l"表示电感器，后面的字符表示电感器标识。其参考方向是：放置电感器时，电感器为水平放置，电流参考方向是从左至右。例如，"ll5#branch"表示分析电感器（电感为 L_5）的支路电流。

本例分析原理图 4.2.3 中的 1、2、3 结点电压，在图 4.2.4 仿真模型图中为结点 1、3、5。在变量列表框选择"$1"、"$3"、"$5"，分析电流 I_1，选择"vv1#branch"，注意，"vv1#branch"与 I_1 参考方向相反。

设置完毕后点击"Simulate"按钮，可得到分析结果，如图 4.2.6 所示。$U_1 = 4.21$ V，$U_3 = 4.11$ V，$U_5 = 1.47$ V，电压源电流为 0.95 A，因此，电路原理图 4.2.3 中的结点电压 $U_1 = 4.21$ V，$U_2 = 4.11$ V，$U_3 = 1.47$ V，电流 $I_1 = -0.95$ A。

（2）戴维宁定理仿真分析

对于含有受控源的线性有源二端网络，求解戴维宁等效电路模型有时会比较困难，但在 Multisim 9 中，求出电路端口的开路电压和短路电流，就可以轻松地得到该二端网络的戴维宁等效电路模型。

【例 4.2.2】 求图 4.2.7 所示电路的戴维宁等效电路。

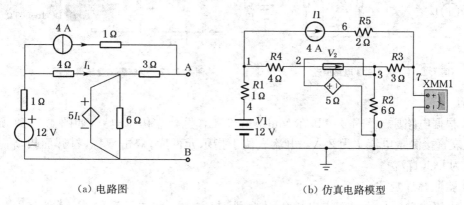

（a）电路图　　　　　　　　　　　　（b）仿真电路模型

图 4.2.7　例 4.2.2 电路

解：在 Multisim 9 工作区中建立仿真电路模型，如图 4.2.7(a)所示，在 A、B 间接数字万用表。要注意受控源控制量的参考方向和被控量的参考极性。

① 测量开路电压

如图 4.2.8 所示，数字万用表选择为直流（"—"）、电压挡（"V"），点击仿真开关，可测得开路电压 $U_{OC} = 16$ V。

② 测量短路电流

如图 4.2.9 所示，数字万用表选择为直流（"—"）、电流挡（"A"），可测得短路电流 $I_{SC} = 5.333$ A。

③ 根据戴维宁定理，电路的等效电阻为：$R_{eq} = 16/5.333 = 3(\Omega)$。

④ 画出戴维宁等效电路，如图 4.2.10 所示。

图 4.2.8　开路电压测量值

图 4.2.9　短路电流测量值

图 4.2.10　戴维宁等效电路

（3）叠加定理、齐次定理验证

【例 4.2.3】 测量图 4.2.11 所示电路中的电流 I，并验证叠加定理。

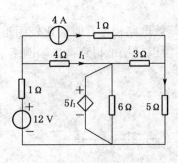

图 4.2.11　例 4.2.3 电路原理

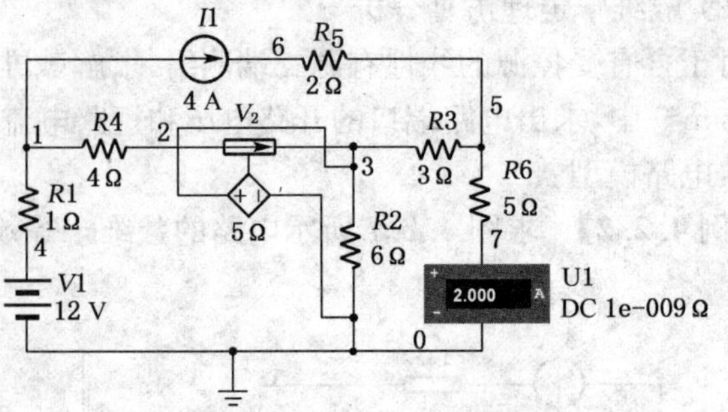

图 4.2.12　电流表测量结果

解:

① 根据电路原理图 4.2.11,在 Multisim 9 工作区建立仿真电路,如图 4.2.12 所示,利用电流表直接测量电流 I 为 2 A。电流表位于指示元件库,双击鼠标,打开面板,将其工作模式设为 DC(直流)。

② 验证叠加定理

a. 电流源单独作用。双击电压源,在属性对话框中,将电压源电压值置为 0,启动仿真按钮,电流表读数为 1.25 A,如图 4.2.13 所示。

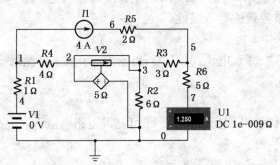

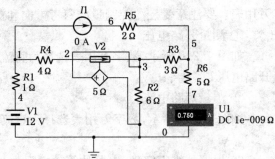

图 4.2.13　电流源单独作用的测量值

图 4.2.14　电压源单独作用的测量值

b. 电压源单独作用。双击电流源,在属性对话框中,将电流源电流值置为 0,启动仿真按钮,电流表读数为 0.75 A,如图 4.2.14 所示。

c. 两个电源同时作用。根据叠加定理, $I = 1.25 + 0.75 = 2(A)$,与①测量结果相同,这就验证了叠加定理。

③ 验证齐次定理

电压源、电流源(激励)都减为原来的一半,如图 4.2.15 所示,测得电流值(响应)也减为原来的一半,验证了齐次定理。

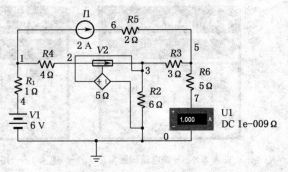

图 4.2.15　电压源、电流源都减为一半的测量值

2) 动态电路分析

对电路进行暂态分析时,要准确绘制动态电路响应的时域波形是非常困难的,对于高阶电路尤为突出。Multisim 所提供的暂态分析功能能够有效地解决这个问题,也可以通过示波器观察时域波形。

(1) 一阶电路

【例 4.2.4】　观察一阶 RC 电路的零输入响应,假定 $U_C(0_+) = 10$ V。

解:① 在 Multisim 工作区中建立仿真模型图,如图 4.2.16 所示。

② 设置动态元件初始状态

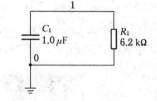

图 4.2.16　RC 零输入电路仿真电路

双击电容器上端连接线,弹出图 4.2.17 所示对话框,在"Analysis"中选择"Use IC for Transient Analysis",并在该项中设置初始电压为 10 V。

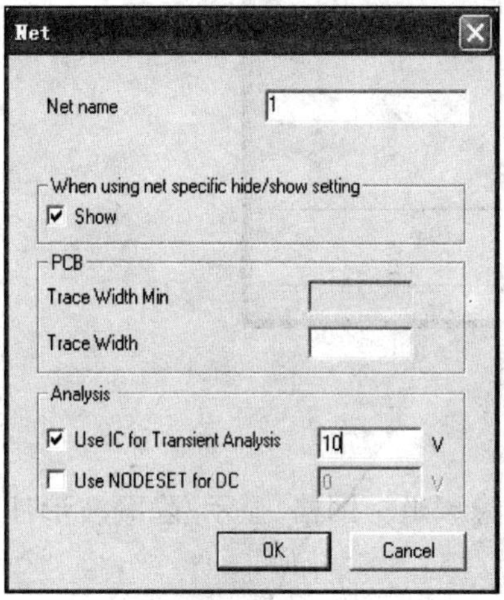

图 4.2.17　电容器初始值设置 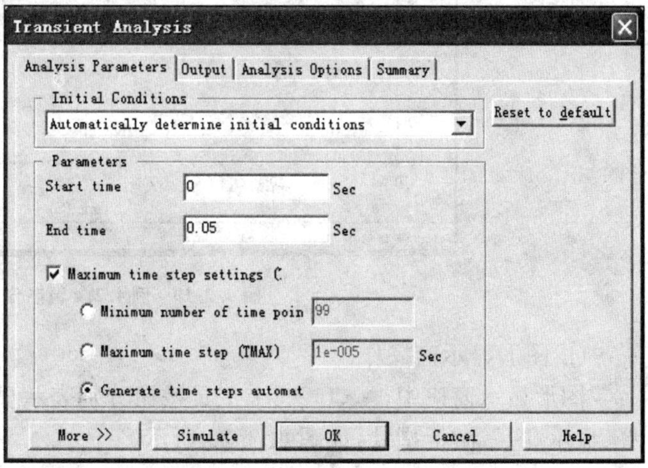　　　　　　图 4.2.18　Transient Analysis(暂态分析)对话框

③ 选择菜单"Simulate/Analyses/Transient Analysis",弹出图 4.2.18 所示暂态分析参数设置对话框。在"Output variables"页中选择分析变量,在本例中为结点 1 的电压。

在"Analysis Parameters"页中:

a. "Initial Conditions":用于设置初始条件,其中包括以下选项:

"Automatically determine initial conditions":由程序自动设置初始值。

"Set to zero":初始值设置为 0。

"User Defined":由用户自定义初始值。

"Calculate DC operating point":通过计算直流工作点得到初始值。

本例选择"Automatically determine initial conditions"。

b. "Parameters":用于设置分析的时间参数。

"Start time"(起始时间)通常设置为 0,"End time"(终止时间)要根据仿真电路的具体情况来确定。本电路是一个一阶 RC 电路,时间常数为 6.2 ms,将终止时间设置为 0.05 s 可以完整地观察暂态过程。

"Maximum time step settings"用于设置最大时间步长,将影响计算的精度,其中包括以下选项：

"Minimum number of time points"：设定单位时间内最少要取样的点数，由此确定步长。

"Maximum time step"：以时间间隔设定分析步长。

"Generate time step automatically"：由软件自动决定分析步长。通常作为默认选项。

c. 点击"Simulate"按钮，得到图 4.2.19 所示分析结果。

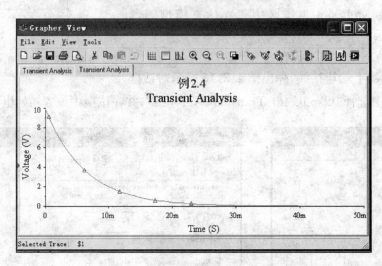

图 4.2.19 例 4.2.4 暂态分析结果

④ 图形显示窗操作

图形显示窗口中，⌗☐⌸三个工具按钮分别表示显示/隐藏坐标网格、显示/隐藏波形注释、显示/隐藏游标指针，如图 4.2.20 所示。

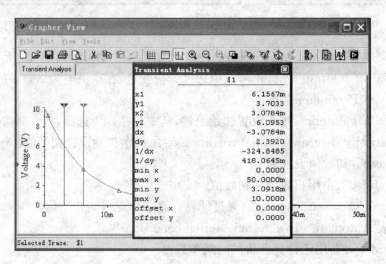

图 4.2.20 图形显示窗

Multisim 提供两个游标，通过游标可以测量曲线参数。拉动游标，在弹出界面中显示游标处的曲线时间刻度和纵坐标值，dx、dy 表示两游标处的时间和曲线值的增量。

如果分析多个变量,必将出现多条曲线,为了便于区别,以不同的颜色表示。点击"□"按钮,在弹出界面中,彩色直线段列表标明了不同的分析变量所对应的曲线的颜色。

点击"Tools"菜单栏,其中两个菜单"Export to Excel"和"Export to MathCAD"将图形显示窗中的曲线数据(取样点的横、纵坐标值)输出到 Excel 电子表格、MathCAD 和 Labview 中。

【例 4.2.5】 已知一阶 RL 电路,对比分析在电压源作用下 RL 串联电感电流的单位阶跃响应和单位冲激响应。

解:① RL 电路的单位阶跃响应

在 Mulltisim 工作区创建 RL 串联仿真电路图,如图 4.2.21 所示。脉冲电压源参数设置为:电压幅值为 1 V,频率 0.05 Hz,占空比为 100%。选择暂态分析,本例时间常数为 1 s,因此分析时间设定为 0~10 s,输出对象为电感电流,即把"lll♯ branch"加入到 Selected variables for 框中,仿真输出波形曲线如图 4.2.22 所示。$i_L(t)$ 参考方向为回路的顺时针方向。由波形可以看出,电感电流在 $t=0$ 时刻未发生跳变,此后随时间的增长,电感电流按指数规律增长,经过 $4\tau \sim 5\tau$ 后达到稳定状态。

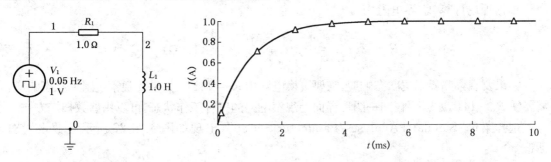

图 4.2.21　RL 电路单位阶跃
　　　　　响应仿真电路

图 4.2.22　RL 电路单位阶跃响应输出曲线

② RL 电路的单位冲激响应

仿真电路(见图 4.2.23)中信号源激励选用"Signal Voltag"中的"Exponential Voltag",即为单位冲激函数信号,暂态分析输出曲线如图 4.2.24 所示。由曲线看出,电感电流在 $t=0$ 时刻发生跳变,然后按指数规律衰减,经过 $4\tau \sim 5\tau$ 后达到稳定状态。

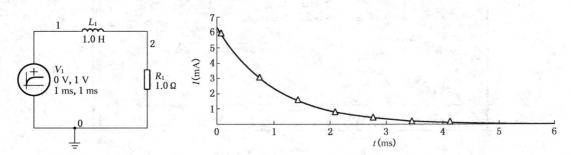

图 4.2.23　RL 电路单位冲激阶
　　　　　跃响应仿真电路

图 4.2.24　RL 电路单位冲激响应输出曲线

(2) 二阶电路

【例 4.2.6】 在 RLC 串联电路中,已知 $L=10\,\text{mH}$,$R=51\,\Omega$,$C=2\,\mu\text{F}$,信号源输出

频率为100 Hz、幅值为5 V的方波信号,分析电容电压波形,此时电路处于何种状态?当R为多少时,电路处于临界阻尼状态?

解:在 Multisim 工作区中输入电路仿真图如图 4.2.25 所示。采用暂态分析,得到结点 3(即电容器 C1)的电压和结点 1(即电源)电压波形如图 4.2.26 所示。在响应波形中有振荡现象,电路处于欠阻尼状态。

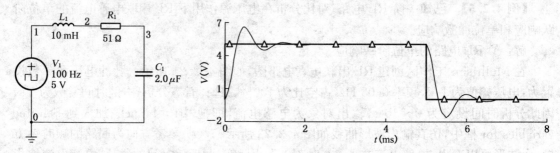

图 4.2.25　例 4.2.6 仿真电路　　　　　　　图 4.2.26　二阶电路欠阻尼振荡曲线

根据理论计算,临界电阻为:

$$R = 2\sqrt{\frac{L}{C}} = 2\sqrt{\frac{10 \times 10^{-3}}{2 \times 10^{-6}}} = 141(\Omega)$$

如果要观察临界阻尼状态响应,需要更换电路中 $R = 141\,\Omega$,如果要观察过阻尼状态响应,需要使 $R > 141\,\Omega$。若要在同一图形界面上观察电路的三种工作状态,可以用参数扫描方式。

选择菜单"Simulate/Analyses/Parameter Sweep",出现如图 4.2.27 所示参数设置对话框。

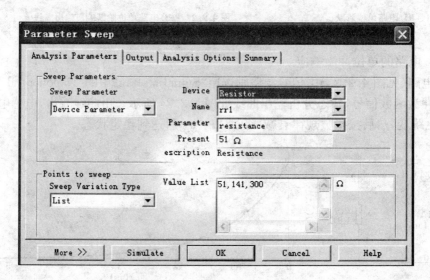

图 4.2.27　参数扫描设置对话框

"Analysis Parameters"页共有以下三个区:

① "Sweep Parameters"区:用于选择扫描的元件和参数。

此项中有扫描"Device Parameters"(元件参数)和"Mode Parameters"(模型参数)可选

择,本例选择"Device Parameters"。

"Device"项中选择扫描的元件种类,本例选择"Resistor"。

"Name"项中选择扫描的元件序号。

"Parameters"项中选择扫描元件参数。

② "Points to sweep"区:用于选择扫描方式。

"Sweep Variation Type"项中有"Decade"(十倍频)、"Linear"(线性)、"Octave"(八倍频)及"List"(列表)可选择,本例选择数值列表,阻值分别为 51 Ω、141 Ω、300 Ω。

③ 点击"More"按钮可选择分析类型。本例选择"Transient analysis",点击"Edit Analysis"按钮对该项进行设置,分析终止时间设置为 0.01 s。在"Output"输出变量列表中填加结点 3,点击"Simulate"按钮执行参数扫描分析,输出波形曲线如图 4.2.28 所示。三种颜色曲线分别显示了欠阻尼、临界阻尼和过阻尼状态下的电容电压波形。

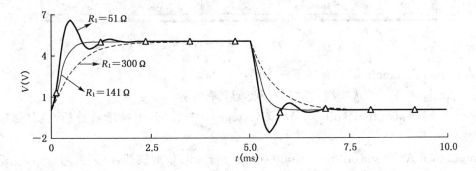

图 4.2.28 例 4.2.6 参数扫描结果

【例 4.2.7】 电路参数与例 4.2.6 相同,分析电路的极点与冲激响应的关系。

解:① 将仿真电路中的电源替换为冲激函数信号源"Exponential Voltag",采用参数扫描方式,得到不同 R_1 值的冲激响应曲线,如图 4.2.29 所示。

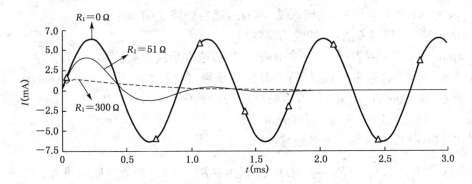

图 4.2.29 例 4.2.7 冲激响应参数扫描结果

② 以下利用极点-零点分析(Pole-Zero Analysis)方式分析电路不同 R_1 值对应的极点,以便分析二阶电路不同极点对应的冲激响应曲线。

选择"Simulate/Analyses/Pole-Zero Analysis",弹出如图 4.2.30 所示极点-零点分析对话框。

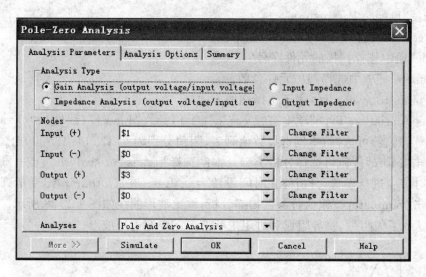

图 4.2.30　极点-零点分析对话框

"Analysis Parameters"页有以下三个区：

① "Analysis Type"选项组：选择分析类型共有四种。

Gain Analysis(output voltage/input voltage)单选按钮：电路增益分析，也就是输出电压除以输入电压。

Impedance Analysis(output voltage/input current)单选按钮：电路互阻分析，也就是输出电压除以输入电流。

Input Impedance 单选按钮：电路输入阻抗。

Output Impedance 单选按钮：电路输出阻抗。

② Nodes 选项组：选择作为输入、输出的正负端(结)点。

Input(＋)下拉列表框：正的输入端(结)点。

Input(－)下拉列表框：负的输入端(结)点，通常是接地端，即结点 0。

Output(＋)下拉列表框：正的输出端(结)点。

Output(－)下拉列表框：负的输出端(结)点，通常是接地端，即结点 0。

③ Analysis 下拉列表框：选择所要分析的项目，包括 Pole And Zero Analysis(同时求出极点和零点)、Pole Analysis(仅求出极点)及 Zero Analysis(仅求出零点)等三个选项。点击 Simulate 则得到如图 4.2.31 所示分析结果。

对比分析 RLC 串联电路中极点与冲激响应曲线，可以得出：

① 当 $0 < R < 2\sqrt{\dfrac{L}{C}}$ ($R_1 = 51\,\Omega$) 时，极点在左半平面，冲激响应曲线为衰减的振荡正弦振荡。

② 当 $R = 0$ 时，极点的实部为 0，极点位于虚轴上，冲激响应曲线为等幅振荡。

③ 当 $R > 2\sqrt{\dfrac{L}{C}}$ ($R_1 = 300\,\Omega$) 时，极点位于负实轴上，冲激响应曲线为衰减指数。

	Pole Zero Analysis	Real	Imaginary
1	pole(1)	-28.22876 k	0.00000
2	pole(2)	-1.77124 k	0.00000

(a) $R_1 = 300\,\Omega$ 时的极点

	Pole Zero Analysis	Real	Imaginary
1	pole(1)	-2.55000 k	6.59526 k
2	pole(2)	-2.55000 k	-6.59526 k

(b) $R_1 = 51\,\Omega$ 时的极点

	Pole Zero Analysis	Real	Imaginary
1	pole(1)	0.00000	7.07107 k
2	pole(2)	0.00000	-7.07107 k

(c) $R_1 = 0\,\Omega$ 时的极点

图 4.2.31　例 4.2.7 极点-零点分析结果

说明：仿真模型的冲激函数有一定的上升时间，与理想的冲激函数响应有些误差。

3）交流电路分析

交流电路分析主要是分析电路的幅频特性和相频特性，分析方法有两种，一种是仿真分析中提供的交流分析（AC Analysis）；另一种是利用 Multisim 9 提供的虚拟仪器中的波特图仪（Bode Plotter）测量得到。

交流分析是分析电路的小信号频率响应。分析时程序先对电路进行直流工作点分析，以便建立电路中非线性元件的交流小信号模型，并把直流电源置为 0，交流信号源、电容器及电感器等用其交流模型，如果电路中含有数字元件，将认为是一个接地的大电阻。交流分析是以正弦波替换，而其信号频率也将在设定的范围内被替换。交流分析的结果以幅频特性和相频特性两个图形显示。

【例 4.2.8】　已知 RLC 串联电路中 $R = 5.1\,\Omega$，$L = 51\,\mu H$，$C = 100\,nF$，观察电感电流的幅频特性和相频特性，求谐振频率以及电路的品质因数。

解：① 交流分析

在 Multisim 工作区中输入仿真电路图，如图 4.2.32 所示。选择菜单"Simulate/Analyses/AC Analysis"，弹出如图 4.2.33 所示的交流分析设置对话框。其中"Start frequency"为起始频率，"Stop frequency"为终止频率，"Sweep type"用于设置扫描的频点的方式，"Decade"表示按十倍频扫描，曲线横坐标将采用对数坐标；"Octave"表示按倍频方式扫描；"Linear"表示按线性扫描，曲线横坐标将采用算术坐标。"Number of points per"用于设置扫描的频点数目，设置数目越大，扫描频点越多，曲线越光滑，但分析速度会降低。"Vertical scale"为纵向坐标刻度设置，分线性/对数/分贝设置方式。

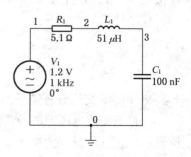

图 4.2.32　例 4.2.8 仿真电路

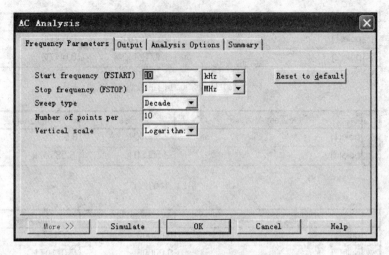

图 4.2.33　交流分析参数设置对话框

选定信号源起止频率为 1 kHz～1 MHz,频率轴刻度选用十倍频(Decade),纵向轴选为对数,设置扫描频点数为 10,仿真输出变量为电感电流("ll1♯branch"),点击 Simulate 得到如图 4.2.34 仿真输出结果。

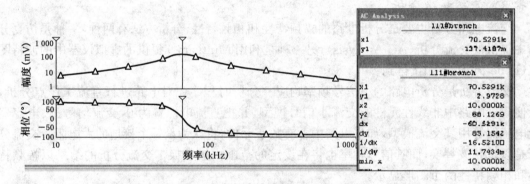

图 4.2.34　交流分析输出的频率特性曲线

利用幅频特性和相频特性曲线可以分析电路的谐振频率。本例为 RLC 串联电路,谐振时电路表现为纯阻性,电流将达到最大值,电流的相位为 0°。从幅频特性可看出,曲线存在最大值,用游标测出 $f_0 = 70.5297$ kHz,此时发生谐振;从相频特性分析,此频率处相位偏移接近 0°(仿真分析为 2.97°)。

理论计算结果如下:

$$f_0 = \frac{1}{2\pi\sqrt{LC}} = \frac{1}{2\pi\sqrt{51\times10^{-6}\times100\times10^{-9}}} = 70.51(\text{kHz})$$

Multisim 交流分析结果与理论相符。

将正弦交流电压源的频率设置为 70.529 7 kHz,用交流电压表(在指示元件库中的电压表,双击图标,设置为交流表)测得电容电压有效值为 5.2 V,电压源有效值为 1.2 V,则 $Q = 4.33$。

按理论计算得到：

$$Q = \frac{1}{R}\sqrt{\frac{L}{C}} = 4.428$$

Multisim 仿真结果与理论计算接近。

利用相频特性，可以方便地确定电路的性质。本例中，当 $f < f_0$ 时，相频特性相位为正，表示电流超前于电压，RLC 串联电路呈容性；当 $f > f_0$ 时，相频特性相位为负，表示电流滞后于电压，RLC 串联电路呈感性。

② 应用波特图仪(Bode Plotter)仿真

用波特图仪测试频率特性的电路如图 4.2.35 所示。双击图标，打开波特图仪面板，"Horizontal"为水平轴设置框，分为"Log"(对数)和"Lin"(线性)，本例选"Log"，"F"为终止频率，"I"为起始频率，设置水平轴的起止频率也为 10 kHz～1 MHz；"Vertical"为纵轴设置框，分为"Log"(分贝)和"Lin"(线性)，本例选"Log"，范围为 -200～0 dB，点击仿真按钮，在面板的显示区会出现频率特性，选"Magnitude"显示幅频特性，选"Phase"显示相频特性，如图 4.2.36 和图 4.2.37 所示。

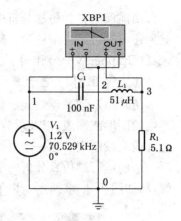

图 4.2.35 波特图仪测试频率特性的电路

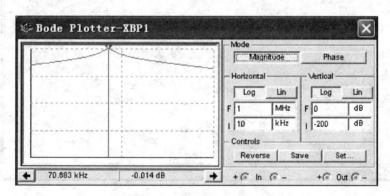

图 4.2.36 RLC 串联电路幅频特性

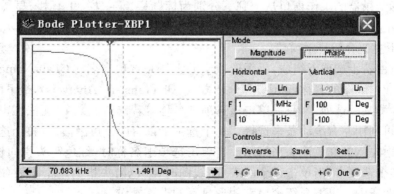

图 4.2.37 RLC 串联电路相频特性

　　可测出谐振点的频率为 70.683 4 kHz,与方法①测得结果相符,需要说明的是,方法不同,相互之间有一定的误差。

4.2.5　Multisim 9 仿真后处理

　　由前面的各种仿真分析中看出,其分析数据均以图形或图表形式显示分析结果,该分析结果还可进行进一步处理。Multisim 9 为此提供了两个工具:显示仿真结果的仿真图形记录器(Grapher View)和用于仿真结果再处理的仿真后处理器(Postprocessor)。

　　1) 仿真图形记录器(Grapher View)

　　仿真图形记录器是显示仿真结果的活动窗口,主要用来显示 Multisim 9 的各种分析所产生的图形或图表,以及示波器或波特图仪所显示的图形轨迹,另外还可以调整保存和输出仿真曲线或图表。当一个电路选择并设置完仿真分析方法后,单击 Simulate 按钮,或者针对一个已运行过仿真分析的电路,选择 View/Grapher 命令,都会弹出仿真图形记录器工作窗口,如图 4.2.38 所示。以下简要介绍 Grapher View 的功能与操作。

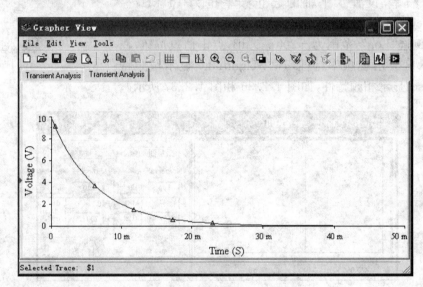

图 4.2.38　仿真图形记录器工作窗口

　　仿真图形记录器的工作窗口从上到下分别为标题栏、菜单栏、工具栏、显示窗口和状态栏。菜单栏、工具栏与一般 Windows 文件中相似,具体可参考有关 Multisim 8 或 Multisim 9 的文献,以下主要介绍显示窗口。

　　显示窗口由若干选项卡组成,每个选项卡的上侧是选项卡名称(Tab Name),选项卡名称下方是图表/曲线图的名称(Title)和分析方法(如 Transient Analysis),最下面是曲线/图表。如果要检测某一选项卡,只需单击该选项卡名称。若选项卡太多,无法在窗口上侧的空间全部出现,可利用左右滚动条来选择。每个选项卡都有两个可激活区,整个选项卡或单个图表/曲线图由左侧的红色箭头来指示。当单击选项卡名称时,红色箭头指向选项卡名称,表示选取了整个选项卡;当单击某个图表/曲线图时,红色箭头指向这个图表/曲线图,表示选中该图表/曲线图。以下介绍窗口和图形显示的设置操作。

　　(1) 设置窗口属性

首先,单击选项卡名激活选项卡,选择菜单"Edit/Page Properties",或单击工具栏中的"✎"图标,弹出如图 4.2.39 选项卡属性对话框。

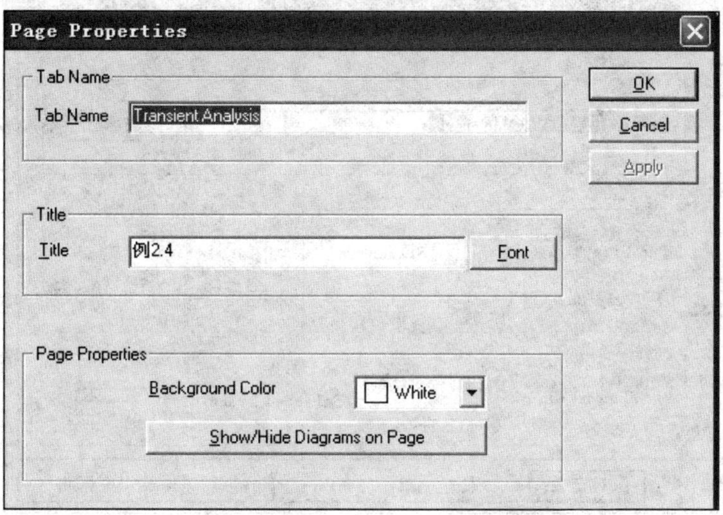

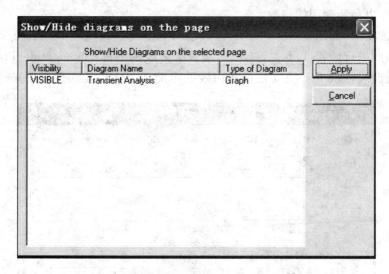

图 4.2.39　"选项卡属性"对话框

在该对话框中,"Tab Name"文本框用来设置选项卡名;Title 文本框用来设置图表/曲线图的标题,单击"Font"按钮可设置文本字体和大小等;"Backgrond Color"下拉列表框用来选择窗口的背景颜色;单击"Show/Hide Diagrams on Page"按钮,弹出 4.2.40 所示对话框。

图 4.2.40　"Show/Hide Diagrams on Pag"对话框

通过设置该对话框,可决定是否在该选项卡中显示某些图表/曲线图。要显示,选择VISIBLE;若不显示,单击 VISIBLE 使其转变为 HIDDEN。单击"Apply"按钮,即可完成窗口属性的设置。

(2)设置曲线图属性

单击选中曲线图,选择菜单"Edit/Properties"或单击工具栏中✎图标,弹出如图 4.2.41

所示的"图形属性"对话框。

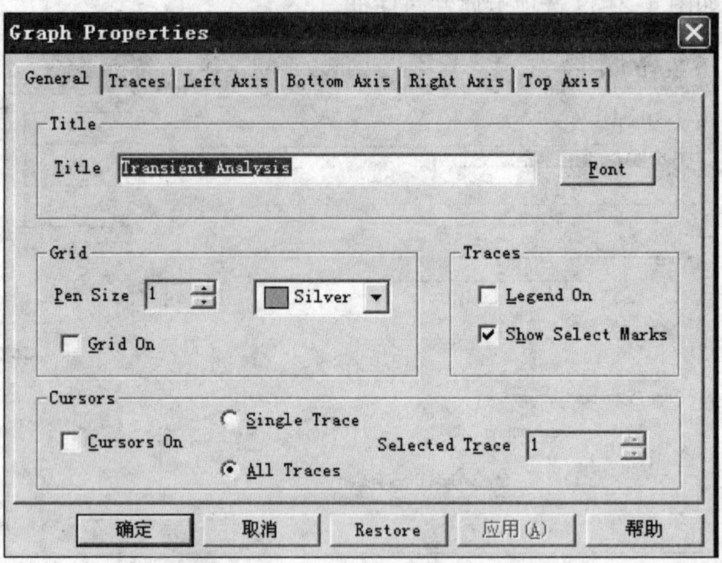

图 4.2.41 "图形属性"对话框的 General 选项卡

General 选项卡:如图 4.2.41 所示,Title 文本框用来设置曲线图的标题名称,单击 Font 按钮可设置文本的字体、大小及颜色等;在 Grid 选项组中可设置是否显示栅格线、粗细及显示的颜色;在 Traces 选项组中可设置是否显示图例;在 Curors 选项组中可设置是否使用读数指针,以及所使用的根数。

Traces 选项卡:如图 4.2.42 所示,该选项卡为曲线设置选项卡,Trace 文本框用来选择对第几号曲线进行设置,Label 文本框对应该条曲线的名称,Show/Hide Trace 复选框为是否显示该条曲线,Pen Size 文本框设置曲线的粗细,Color 下拉列表框用来设置曲线的颜

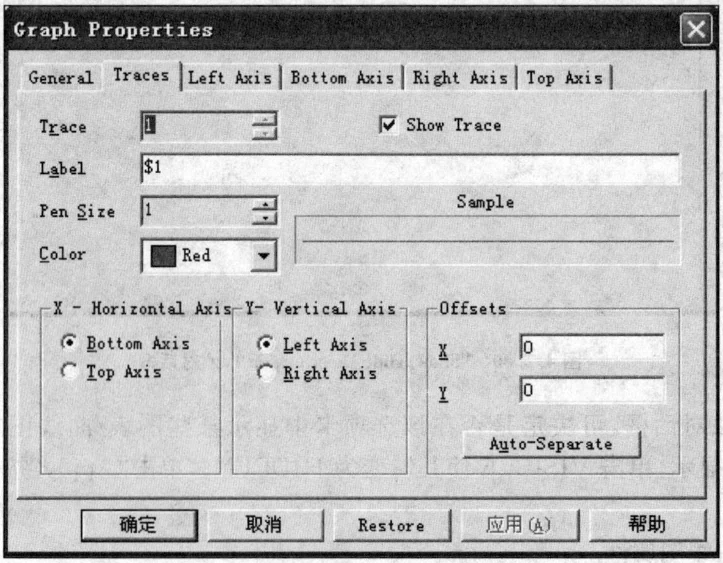

图 4.2.42 "图形属性"对话框的 Traces 选项卡

色,Sample 栏给出该曲线经设置后的样式。如同时有多条曲线显示在同一坐标上,需分别进行设置。在"X-Horizontal Axis"选项组中选择横坐标的放置位置:底部和顶部;在"Y-Vertical Axis"选项组中选择纵坐标的放置位置:左侧或右侧。在"Offsets"选项组中设置X、Y 轴的偏移,若单击"Auto-Separate"按钮,则由程序自动确定。

　　Left Axis 选项卡:如图 4.2.43 所示,该选项卡用来对曲线左边的坐标纵轴进行设置。Label 文本框用来设置纵轴名称,也可用中文,单击"Font"按钮可设置文本的字体、大小及颜色等。在"Axis"选项组中可选择是否要显示轴线及其颜色。在"Scale"选项组中可设置纵轴的刻度。在"Range"选项组中设置刻度范围。"Divisions"选项组决定将已设定的刻度范围分成多少格,以及最小标注。

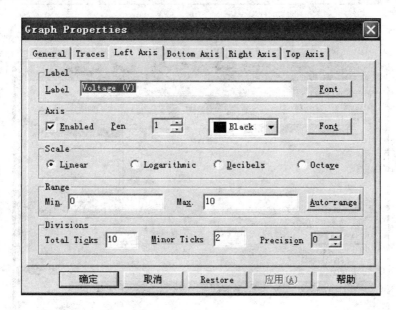

图 4.2.43　图形属性对话框的 Left Axis 选项卡

　　后 3 项选项卡与 Left Axis 设置相同,因此不再说明。

2）仿真后处理器(Postprocesser)

　　Multisim 9 提供的仿真后处理器是专门用来对仿真结果进行进一步数学处理的工具,它不仅能对仿真所得的曲线和数据进行单个化处理,还可对多个曲线或数据彼此之间进行运算处理,处理的结果仍可以曲线或数据表形式显示出来。以下以例 4.2.1 说明仿真后处理器的使用方法。

　　首先对电路进行直流分析,得到直流工作点分析结果如图 4.2.44 所示。

　　然后选择菜单 Simulate/Postprocesser 命令,弹出后处理器对话框,如图 4.2.45 所示。在后处理器对话框进行如下操作:

　　(1) 点击 Select Simulation Result 列表中的" * * Circuit1 * *",选择 DC Operating Point (op01)。

　　(2) 在 Variables 下拉列表框中选择"v($1)",单击"Copy Variable to Equation"按钮,将其添加到"Expressions"列表框中。

　　(3) 在 Functions 下拉列表框中选择"—",单击该列表框下面的"Copy Function to

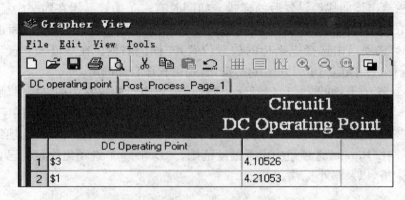

图 4. 2. 44　直流工作点分析结果

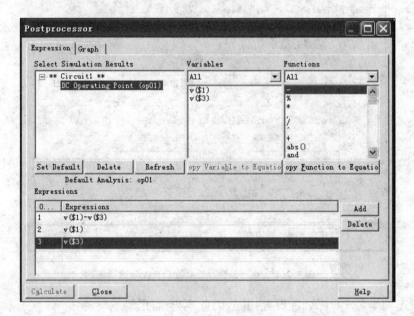

图 4. 2. 45　"后处理器"对话框

Equation"按钮,将其添加到 Expressions 列表框中。

(4) 在 Variables 下拉列表框中选择"v($3)",单击"Copy Variable to Equation"按钮,将其添加到 Expressions 列表框中,完成函数 1 的编辑。

(5) 单击"Add"按钮,重复(2)操作,完成函数 2 的编辑。

(6) 单击"Add"按钮,重复(3)操作,完成函数 3 的编辑。

接着点击 Graph,打开 Graph 选项卡,如图 4.2.46 所示,进行如下操作:

(1) 选择左边的 Expression Available 列表框中的"v($1)"项,单击"≫"按钮,将其添加到右边的 Expression Selected 列表框中。同样操作,将其余两个变量添加到右边的 Expression Selected 列表框中。

(2) 单击 Digram 列表中的"Post Process Digram 1"项,将其命名为"结点电位与电压 U13"。最后,单击"Calculate"按钮,得到后处理器分析结果,如图 4.2.47 所示。

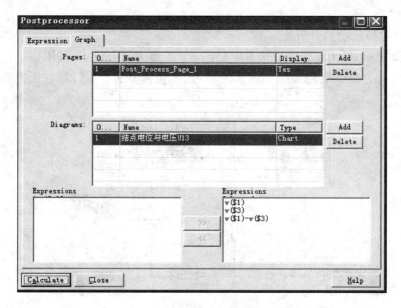

图 4.2.46 "后处理器"对话框的 Graph 选项卡

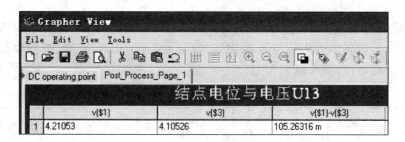

图 4.2.47 后处理器分析结果

4.3 仿真实验

4.3.1 结点电位法、网孔电流法的仿真分析

1) 实验目的

(1) 熟悉 Multisim 9 软件的使用方法。

(2) 掌握结点电位仿真实验的测试方法。

(3) 学习 Multisim 9 仿真后处理器使用方法。

2) 虚拟实验仪器及器件

直流数字电压表,直流电源,电阻器。

3) 实验电路

实验电路如图 4.3.1 所示(该电路与前面章节的操作实验电路相同,可比较仿真实验结果与操作实验结果)。

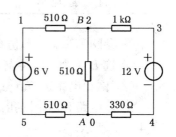

图 4.3.1 结点电位实验电路原理

4) 实验内容

(1) 结点电位法仿真分析

① 在 Multisim 9 工作区建立仿真电路图,选 A 点为 0 电位点,采用指示仪表库中的电压表直接测量的方法。电路如图 4.3.2 所示,点击仿真开关 [回回],各电压表显示数据即为各点电位。

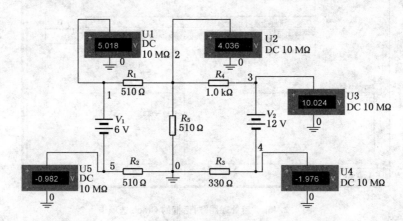

图 4.3.2　电压表直接测量结点电位

② 采用直流工作点分析方法,参照第 4.2 节方法,点击菜单"Simulate/Analyses/DC operating Point",把各结点电压变量添加到"Selected variable for"列表框中,点击"Simulate",求出各结点电位,填入表 4.3.1。

表 4.3.1　结点电位法测量数据

电位参考点	项目	φ_1	φ_2	φ_3	φ_4	φ_5	φ_F	U_{12}	U_{34}	U_{45}	U_{15}	U_{24}	U_{25}
A	计算值												
	直接测量												
	直流分析												
	相对误差												
B	计算值												
	直接测量												
	直流分析												
	相对误差												

③ 参阅第 4.2.5 节仿真后处理器的使用方法,求出结点之间的电压,填入表 4.3.1。

④ 选 B 点为 0 电位点,重复以上内容测量,测得内容填入表 4.3.1。

(2) 网孔电流法仿真分析

① 该电路有两个网孔,首先在每个网孔中假设一个网孔电流,选定各支路电流,方向如图 4.3.3 所示。

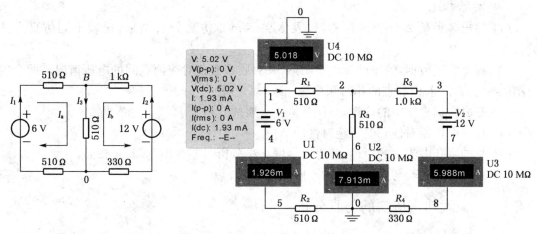

图 4.3.3 网孔电流法电路原理   图 4.3.4 电流表、测试探针测量法

② 在 Multisim 9 工作区建立仿真电路图,采用指示仪表库中的电流表直接测量的方法。电路如图 4.3.4 所示,点击仿真开关 [⬚▮▮],各电流表显示测量数据。

③ 从测试电路中读出各支路电流,确定各网孔电流,测量数据填入表 4.3.2。

表 4.3.2 网孔电流法测量数据

项目	支 路 电 流			网 孔 电 流	
	I_1	I_2	I_3	I_a	I_b
计算值					
直接测量值					
直流分析					
相对误差					

④ 用 KVL 验证网孔法的正确性。其方法是:网孔 a 闭合环路中各元件两端接直流电压表,测量各电压值,是否满足 KVL。测量电路及相应表格请读者自己设计。

⑤ 采用直流工作点分析方法,参照第 4.2 节方法,点击菜单"Simulate/Analyses/DC operating Point",把两个电压支路电流变量添加到"Selected variable for"列表框中,点击 Simulate,求出支路电流 I_1、I_2,填入表 4.3.2。

⑥ 参阅第 4.2.5 节仿真后处理器的使用方法,求出支路电流 I_3。

⑦ 用测试探针(Measurement Probe)测量各结点电位、支路电流。

测试探针有两种使用方法:一种是动态测试,即在电路仿真状态下,将测试探针放在测试点并观测;另一种是固定测试,即将测试探针在仿真前或者仿真中放在测试点,这样可以同时观测多点的电压电流值。将测量探针放在所要测试的结点位置,单击仿真开关,就可显示该结点电位、电流,如图 4.3.4 所示。

5) 分析与讨论

(1) 参考点不同,各结点的电位与结点之间的电压有何变化?

(2) 用网孔分析法时,能否用 KCL 来校验?

(3) 总结 Multisim 9 直流电路仿真分析方法。

6）实验报告

（1）写出各种仿真分析的过程，以及 Multisim 9 仿真分析结果，比较不同仿真方法的特点。

（2）根据实验数据，绘制两个电位图形，并对照观察各对应两点间的电压情况。两个电位图的参考点不同，但各点的相对顺序应一致，以便对照。

（3）完成数据表格中的计算，对误差进行必要的分析。

（4）总结电位相对性和电压绝对性的结论。

（5）总结网孔电流法的原理，并思考用网孔法分析时能否用 KCL 来校验。

（6）总结仿真实验与操作实验的不同与优缺点。

4.3.2　最大功率传输的仿真分析

1）实验目的

（1）掌握负载获得最大传输功率的条件。

（2）了解电源输出功率与效率的关系。

（3）掌握 Multisim 9 仿真软件可变电感器、电位器和瓦特表的使用。

2）虚拟实验仪器及器件

交流电压源，电阻器，电容器，可变电感器，电位器，瓦特表。

3）实验电路

实验电路如图 4.3.5 所示。

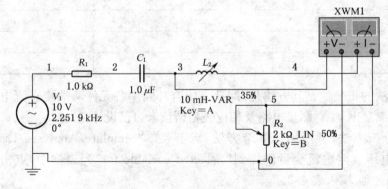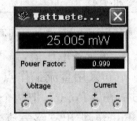

图 4.3.5　最大功率传输仿真电路　　　　图 4.3.6　瓦特表显示面板

4）实验内容

（1）创建电路：从元器件库中选择交流电压源、电阻器、电容器、电位器、可变电感器创建仿真电路，如图 4.3.5 所示。

（2）电路说明：图 4.3.5 所示电路中，可变电感器（电感值为 L_2）和电位器（阻值为 R_2）组成负载 Z，电阻器（阻值为 R_1）和电容器（容量为 C_1）作为电压源的等效阻抗 Z_{eq}；电路中交流电压源的频率为 2.251 9 kHz，电容为 1 μF，可变电感为 10 mH（50% 时为 5 mH），这时容抗约等于感抗，若 2 kΩ 的电位器在 50% 的位置，刚好符合最大功率传输条件 $Z = R_{eq} - jX_{eq} = Z_{eq}^*$。

（3）仿真运行：单击仿真运行开关，按 A、B 键可增大电位器和可变电感器的参数值，按

Shift＋A 和 Shift＋B 组合键可减小电位器和可变电感器的参数值；双击瓦特表图表XWM1，得到瓦特表显示界面，如图 4.3.6 所示；电位器不变（50％），调节可变电感的值，记录负载电感值、负载有功功率和负载功率因数，填入表 4.3.3 中。当调节可变电感值为35％，此时负载的功率为 25.005 mW，也是最大功率状态，理论计算值为 $P_{max} = \dfrac{U_{OC}^2}{4R_{eq}} =$ 25 mW，最大功率值误差很小，但可变电感值有一定误差。

表 4.3.3　负载有功功率与负载参数的关系

序　号	负载参数		负载有功功率（mW）	负载功率因数
	电感 10 mH（％）	电位器 2 kΩ（％）		
1	60	50		
2	50	50		
3	45	50		
4	40	50		
5	35	50		
6	30	50		
7	25	50		
8	20	50		
9	50	0		
10	50	10		
11	50	20		
12	50	30		
13	50	40		
14	50	60		
15	50	80		
16	50	100		

　　（4）电感不变（50％），调节电位器的值，记录负载电感值、负载有功功率和负载功率因数，填入表格 4.3.3 中。

　5）分析与讨论

（1）电力系统进行电能传输时为什么不能工作在匹配工作状态？

（2）实际应用中，电源的内阻是否随负载而变？

（3）电源电压的变化对最大功率传输的条件有无影响？

　6）实验报告

（1）根据仿真实验数据，分析负载有功功率和负载功率因数的变化关系。

（2）根据实验结果，说明负载获得最大功率的条件是什么。

4.3.3　1 阶电路的仿真分析

1) 实验目的

(1) 学会用示波器观测法分析测试 1 阶动态电路的响应曲线。

(2) 学会用 Multisim 9 暂态分析方法分析观测 1 阶动态电路的响应曲线。

(3) 学会单位阶跃信号和单位冲激信号的应用。

2) 实验仪器及器件

脉冲电压源,方波信号源,电阻器,电容器,示波器。

3) 实验电路

实验电路如图 4.3.7 所示。

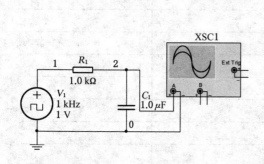

图 4.3.7　一阶 RC 仿真电路

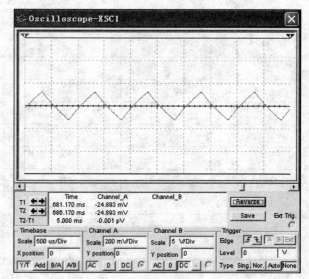

图 4.3.8　一阶 RC 电路电容器的充放电波形

4) 实验内容及步骤

(1) 创建仿真电路:从元器件库中选择方波电压信号、电阻器、电容器和示波器 XSC1,创建如图 4.3.7 所示的一阶 RC 电路。

(2) 仿真运行:点击仿真开关 ⚡ 或 ▣，或点击菜单项 Simulate/Run 或快捷键 F5,双击示波器图标,打开示波器面板及显示窗口,适当调整时基扫描周期和 A 通道(Channel A)扫描周期,使波形显示合适,点击暂停按钮 ▮▮ ,波形稳定,保存此时的波形如图 4.3.8 所示。

(3) RC 电路的单位阶跃响应:将方波电压信号参数设置为:幅值为 1 V,频率为 1 kHz,占空比为 100%。选择暂态分析,分析时间设定为 0～0.01 s(该时间范围的确定根据时间常数来确定,保证 $4\tau\sim5\tau$),输出对象为电容电压,即结点 2 电压($2),点击 Simulate 即可输出响应曲线,保存该响应曲线。

(4) RC 电路的单位冲激响应:将方波信号换为单位冲激电压信号(Exponetial Voltage),并双击该图标,设置参数:上升时间常数、降落时间常数为 1 μs,选择暂态分析,分析时间设定范围不变,输出对象也不变,点击 Simulate 即可输出响应曲线,保存该响应曲线。

5) 分析及讨论

(1) 单位阶跃响应和单位冲激响应能否用示波器观察,不妨一试。

(2) 以上三种响应各有什么特点?

6) 实验报告

(1) 写出暂态分析设置过程。

(2) 打印各种仿真波形。

(3) 总结 Multisim 9 不同仿真方法的特点。

4.3.4　2阶电路的仿真分析

1) 实验目的

学会用参数扫描方法仿真观测三种状态下的电容电压响应曲线。

2) 实验仪器及器件

方波信号源,电阻器,电感器,电容器,示波器。

3) 实验电路

实验电路如图 4.3.9 所示。

4) 实验内容及步骤

(1) 创建仿真电路:从元器件库中选择方波电压信号、电阻器、电容器、电感器和示波器,将方波电压信号设置为幅值 5 V、频率 100 Hz,创建如图 4.3.9 所示的 RLC 串联二阶电路。

(2) 示波器观测:理论计算的临界

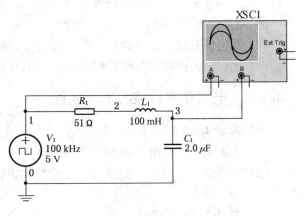

图 4.3.9　RLC 仿真电路

电阻为:$R = 2\sqrt{\dfrac{L}{C}} = 141\ \Omega$。动态过程

为非振荡指数充电放电波形,点击仿真开关⚡或⬛,或点击菜单项 Simulate/Run 或快捷键 F5,双击示波器图标,打开示波器面板及显示窗口,适当调整时基扫描周期和 A 通道(Channel A)扫描周期,使波形显示合适,点击暂停按钮⏸,波形稳定,保存此时的波形;若要观测过阻尼状态响应,需要使 $R > 141\ \Omega$,可取 $R = 300\ \Omega$,替换图中的电阻,仿真运行,保存此时波形;取 $R = 51\ \Omega$,为欠阻尼,动态过程为衰减振荡充放电,仿真运行,保存此时波形;令 $R = 0$,此时应为等幅振荡,仿真运行,保存保存此时波形。

(3) 参数扫描分析:选择菜单"Simulate/Analyses/Parameter Sweep",出现参数设置对话框。"Analysis Parameters"页共有三个区:

① "Sweep Parameters"区:用于选择扫描的元件和参数。

此项中有扫描"Device Parameters"(元件参数)和"Mode Parameters"(模型参数)可选择,本例选择"Device Parameters"。

"Device"项中选择扫描的元件种类,本实验选择"Resistor"。

"Name"项中选择扫描的元件序号。

"Parameters"项中选择扫描元件参数。

② "Points to sweep"区:用于选择扫描方式。

"Sweep Variation Type"项中有"Decade"(十倍频)、"Linear"(线性)、"Octave"(八倍频)及"List"(列表)可选择,本实验选择数值列表,阻值分别为 0 Ω、51 Ω、141 Ω、300 Ω。

③ 点击"More"按钮可选择分析类型,本实验选择"Transient analysis",点击"Edit Analysis"按钮对该项进行设置,分析终止时间设置为 0.01 s。在"Output"输出变量列表中填加结点 3,点击"Simulate"按钮执行参数扫描分析,输出波形曲线。4 种颜色曲线分别显示等幅振荡、欠阻尼、临界阻尼和过阻尼状态下的电容电压波形。保存此时波形曲线。

注:参数扫描方式详细操作可参考第 4.2.4 节的内容。

5) 分析与讨论

二阶 RLC 串联电路的 R、L、C 值与动态响应曲线的关系。

6) 实验报告

(1) 打印各种分析的输出曲线,并比较不同的 R 值,对应不同的状态,动态响应曲线有何不同,与理论知识相结合,分析仿真结果。

(2) 写出仿真设置全过程,考虑参数设置的理由。

(3) 比较示波器观测与参数扫描方法的不同特点。

4.3.5 电路频率特性的仿真分析

1) 实验目的

(1) 熟悉文氏电桥电路和 RC 双 T 形电路的结构特点及其应用。

(2) 学会用 Multisim 9 提供的交流分析和虚拟仪器波特图仪测定以上两种电路的幅频特性和相频特性。

2) 实验仪器及器件

交流电源,电阻器,电容器,波特图仪。

3) 实验电路

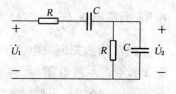

图 4.3.10　文氏桥电路

文氏电桥电路是一种 RC 串、并联电路,如图 4.3.10 所示。该电路结构简单,被广泛用于低频振荡电路中作为选频环节,可以获得很高纯度的正弦波电压。

由电路分析得知,该网络的传递函数为:

$$\dot{A} = \frac{\dot{U}_2}{\dot{U}_1} = \frac{R \mathbin{/\mkern-5mu/} \dfrac{1}{\mathrm{j}\omega C}}{R + \dfrac{1}{\mathrm{j}\omega C} + R \mathbin{/\mkern-5mu/} \dfrac{1}{\mathrm{j}\omega C}} = \frac{1}{3 + \mathrm{j}\left(\omega RC - \dfrac{1}{\omega RC}\right)}$$

当 $\omega = \omega_0 = \dfrac{1}{RC}$ 时,$\dot{A} = \dfrac{1}{3}$,$|\dot{A}| = \dfrac{U_2}{U_1} = \dfrac{1}{3}$,而且最大;$\varphi_A = 0°$,$u_1$,$u_2$ 同相。

4) 实验内容及步骤

(1) 创建仿真电路:在 Multisim 9 元器件库中选出交流电压源、电阻器、电感器,从虚拟仪器工具栏中调出波特图仪,连接电路如图 4.3.11 所示。

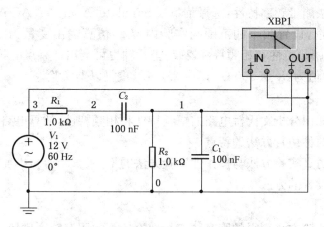

图 4.3.11　文氏桥频率特性测试仿真电路

（2）波特图仪测量频率特性：双击波特图仪图标，打开其面板，水平轴选择对数（Log）刻度坐标，设置频率的初始值 I 为 5 Hz，终止值 F 为 5 MHz。垂直轴选择线性（Lin）刻度坐标，设置幅度的初始值 I 为 0，终止值 F 为 1；设置相位的初始值 I 为 -90，终止值 F 为 90。点击仿真开关，在显示窗口显示频率特性，点击 Magnitude，显示幅频特性，如图 4.3.12 所示。点击 Phase，显示相频特性，如图 4.3.13 所示。移动坐标轴可测出选频点的频率为 1.556 kHz。

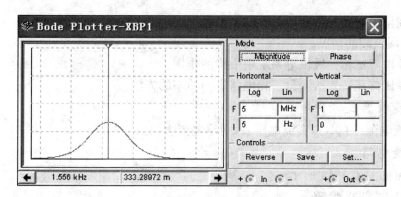

图 4.3.12　文氏桥幅频特性

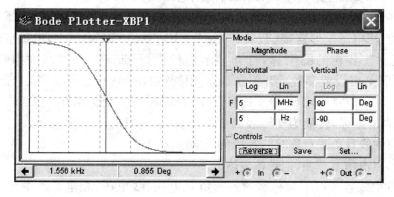

图 4.3.13　文氏桥相频特性

（3）交流分析法测量频率特性：选择菜单项 Simulate/Analyses/AC Analysis，弹出交流分析参数设置对话框，设置频率的范围同实验内容 2，仿真输出变量为结点 1（$1），点击 Simulate，即可输出幅频特性和相频特性，移动坐标轴也可测出选频点的频率。

（4）改变 R、C 值为：$R = 200\ \Omega$，$C = 2.2\ \mu F$，重复以上实验。

5）分析与讨论

（1）应用电路知识分析文氏桥电路的幅频特性和相频特性，估算电路的固有频率。

（2）比较以上两种仿真方法的特点。

（3）比较虚拟仿真实验方法与操作性实验方法的不同。

（4）总结参数设置的方法。

6）实验报告

（1）不同仿真实验方法测得的固有频率与理论计算的固有频率比较，分析其误差原因。

（2）打印不同仿真方法的频率特性输出曲线。

4.3.6　三相电路的仿真分析

1）实验目的

（1）学会调用 Multisim 9 中的三相电源、白炽灯和交流电压表、电流表，学会瓦特表的使用。

（2）掌握星形电路的创建，对比研究这种接法下的线电压、相电压及线电流、相电流在不同线制、不同负载的情况。

（3）充分理解三相四线供电系统中中线的作用。

（4）掌握用二瓦特表法测量三相电路有功功率的方法。

2）实验仪器及器件

三相交流电源，白炽灯，交流电压表，交流电流表，瓦特表。

3）实验电路

实验电路如图 4.3.14 所示。

4）实验内容及步骤

（1）测量三相负载星形连接（三相四线制供电）的电压和电流

① 创建仿真电路：点击元件工具栏的 ÷ 图标，打开电源库（Source），选择电源（Power Sources）中的三相电源星形连接（Tree Phase WYE），点击 OK 按钮，调出星形连接的三相电源。点击元件工具栏的 ⊞ 图标，打开显示器件库（Indicators），调出虚拟灯泡（Virtual Lamp），双击图标，可设置参数。开关在基本元件库（Basic）中，选择其中的"SWITCH"，选出需要的开关，双击图标，可改变开关打开/闭合的按键。交流电压表、电流表在显示器件库中，注意双击图标，转换为交流表。创建仿真电路如图 4.3.14 所示。

② 测量有中线且负载对称时的各相负载电压、线电压、相电流及中线电流：按下键 A～I，各按键闭合，点击仿真开关，记录各表读数。

③ 测量有中线且负载不对称时的各相负载电压、线电压、相电流及中线电流：A、B、C 三相并联的白炽灯数之比为 1：2：3，点击仿真开关，记录各表读数，分析与②有什么不同。

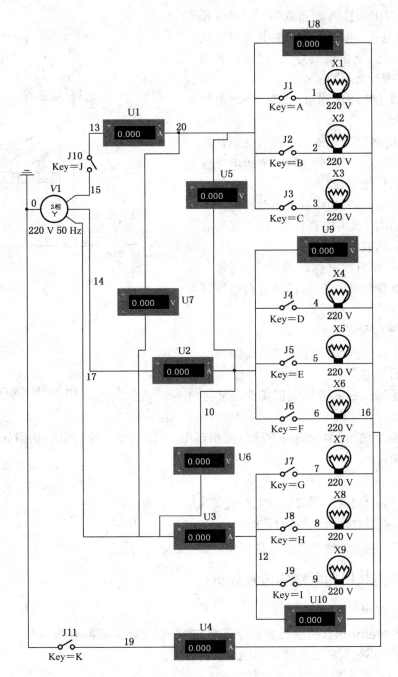

图 4.3.14 三相负载星形连接仿真电路

④ 测量无中线且负载不对称时的各相负载电压、线电压、相电流及电源中点与负载中点之间的电压：A、B、C 三相并联的白炽灯数之比为 1：2：3，点击仿真开关，记录各表读数，分析与③有什么不同。

⑤ 测量无中线且 A 相负载断开时的各相负载电压、线电压、相电流及电源中点与负载中点之间的电压：点击仿真开关，记录各表读数，分析与④有什么不同。

⑥ 测量有中线且 A 相负载断开时的各相负载电压、线电压、相电流及电源中点与负载中点之间的电压:点击仿真开关,记录各表读数,分析与⑤有什么不同。

(2)用二瓦特计法测量三相三线制电路总功率

① 创建电路如图 4.3.15 所示,注意瓦特表的接法,另外,由于负载不对称,电源电压过高会使某相的灯泡过压烧毁,因此,需降低三相电源的输出电压,三相负载是不对称的。

② 测量功率:点击仿真开关,双击瓦特表即可显示功率读数。

③ 测量三相负载对称时的功率,测量各相负载并联电容器时的功率,读者可自己设计电路。

5) 分析与讨论

(1)通过实验数据分析三相四线制供电系统中中线的作用。

(2)应用 Multisim 进行虚拟实验与实际操作实验相比较有什么不同?

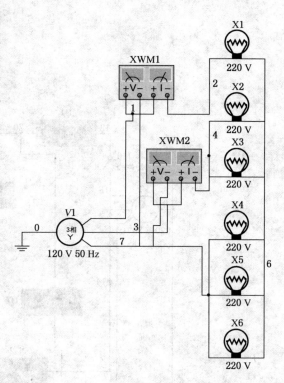

图 4.3.15　二瓦特计法测量三相功率的电路

(3)根据二瓦特计测量功率方法的限制范围,考虑三相四线制电路功率如何测量? 是否能用此方法。

6) 实验报告

(1)打印不同测量内容的仿真电路及仿真显示结果。

(2)自拟数据表格,记录实验数据。

(3)用实验测得的数据验证对称三相电路中的 $\sqrt{3}$ 关系。

4.3.7　非正弦周期电路的仿真分析

1) 实验目的

(1)掌握 Multisim 9 提供的傅里叶分析工具分析非正弦周期电路的方法。

(2)掌握非正弦周期信号特性的频谱分析方法。

2) 实验仪器及器件

方波信号源,电感器,电容器,电阻器。

3) 实验电路

实验电路如图 4.3.16 所示。

4) 实验内容及步骤

(1)创建电路:从元器件库中调出方波信号、电感器、电容器和电阻器,构成如图 4.3.16 所示仿真电路。

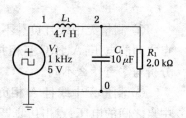

图 4.3.16　仿真电路

（2）启动傅里叶分析：选择菜单栏中的 Simulate/Analyses/Fourier Analysis，弹出傅里叶分析参数设置对话框，如图 4.3.17 所示。

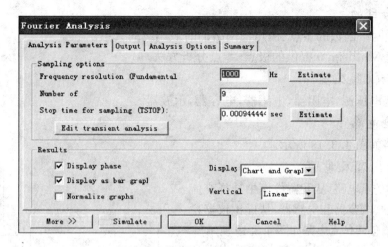

图 4.3.17 傅里叶分析参数设置对话框

（3）傅里叶分析参数设置：主要介绍傅里叶分析对话框 Analysis Parameters 选项卡中的一些项目：

① Sampling options 选项组：该选项组是对傅里叶分析的基本参数进行设置的。

Frequency resolution（Fundamental Frequency）文本框：设置基频。如果电路中含有多个交流信号源，则取各信号源频率的最小公倍数，如果不知如何设置时，可单击 Estimate 按钮，由程序自动设置。

Number of 文本框：设置希望分析的谐波的次数。

Stop time for sampling（TSTOP）文本框：设置停止取样的时间。如果不知道如何设置时，也可单击 Estimate 按钮，由程序自动设置。本实验设置如图 4.3.17 所示。

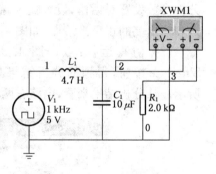

图 4.3.18 功率测量仿真电路

② Results 选项组：该选项组用来选择仿真结果的显示方式。设置方式如图 4.3.17 所示。在输出变量 Output 选项卡中，选择结点 2（$2）作为分析变量。

（4）傅里叶仿真：单击 Simulate，在仿真图形记录仪中输出傅里叶分析的频谱图曲线和对应的图表，记录保存该图表中的内容及曲线。

（5）功率测量：如图 4.3.18 所示，接入瓦特表，点击仿真开关，双击瓦特表图标，即可读出电阻器上的功率。

5）分析与讨论
（1）非正弦周期信号激励，其电路响应即电压、电流及功率的计算方法。
（2）傅里叶分析的作用。

6）实验报告
（1）写出傅里叶分析的参数设置，打印仿真输出结果。
（2）理论计算电阻器两端电压的谐波分量和功率，与仿真实验结果相比较。

4.3.8　网络函数的仿真分析

1）实验目的

（1）掌握网络函数的零点、极点与网络的时域响应的关系。

（2）掌握 Multisim 9 提供的极点-零点分析方法。

2）实验仪器及器件

正弦交流电压源，电阻器，电感器，电容器，示波器。

3）实验电路

实验电路如图 4.3.19 所示。

4）实验内容及步骤

（1）创建仿真电路：从元器件库中选择交流电压源、电阻器、电容器和电感器，从虚拟仪器栏中提取示波器，创建仿真电路如图 4.3.19 所示。

（2）启动极点-零点分析：选择菜单栏中的 Simulate/Analyses/Pole Zero，弹出极点-零点分析参数设置对话框，设置输入端的正负极结点和输出端的正负极结点，如图 4.3.20 所示。

（3）仿真运行：点击图 4.3.20 所示的 Simulate 按钮，得到的分析结果如图 4.3.21 所示。从分析结果来看，电路有两个极点，位于 S 平面的负实轴，说明电路是稳定的。

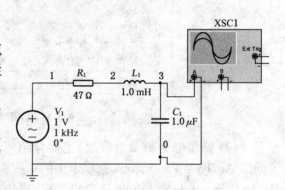

图 4.3.19　RLC 串联网络函数仿真电路

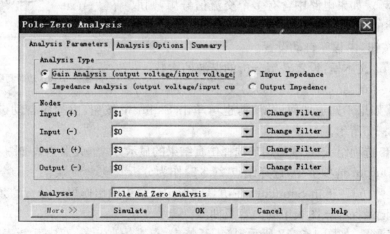

图 4.3.20　极点-零点分析参数设置对话框

网络函数的极零点分析
Pole-Zero Analysis

	Pole Zero Analysis	Real	Imaginary
1	pole(1)	-23.50000 k	21.16010 k
2	pole(2)	-23.50000 k	-21.16010 k

图 4.3.21　极点-零点分析结果

（4）网络函数的时域响应分析：点击仿真开关按钮，双击示波器图标 XSC1，适当调整时基扫描周期和幅值扫描宽度，使信号显示合适，得到正弦激励下的稳态响应波形，如图 4.3.22 所示，从该波形可看出电路是稳定的。

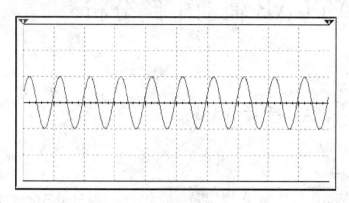

图 4.3.22　RLC 串联网络的时域响应波形

（5）将电路中的电阻置为 0，重复以上仿真步骤，分析极点与时域响应稳定性的关系。

5）分析与讨论

（1）网络函数极点-零点分布与网络的时域响应的关系，进一步分析极点分布与系统稳定性的关系。

（2）有兴趣的读者可尝试设计三阶电路，分析极点-零点分布与时域响应的关系。

6）实验报告

（1）写出极点-零点分析方法的过程，并输出打印仿真结果。

（2）保存记录示波器显示结果。

5 MATLAB 辅助电路分析

5.1 MATLAB 软件介绍

5.1.1 概 述

MATLAB(Matrix Laboratory 即"矩阵实验室")是美国 MathWorks 公司于 20 世纪 80 年代中期推出的当今世界上最优秀的高性能数值计算软件。MATLAB 具有强大的计算功能,丰富、方便的图形功能;编程效率高,扩充能力强;语句简单,易学易用;功能齐备的电工技术与自动控制软件工具包等优点,是它广为流传的原因。当今的电工技术与自动控制领域的权威专家又开发了具有特殊功能的软件工具箱,使得 MATLAB 从一个工程计算软件变成电工技术计算与仿真的强有力工具。每一个工具箱都是当今世界上该领域最顶尖、最优秀的计算与仿真软件。

在 MATLAB 的 Simulink 里,提供了一个实体图形化仿真模型库 SimPowerSystems,与数学模型库相对应。实体图形化模型库中的模块就是实际工程里实物的图形符号,例如:代表电阻、电容、电源、电机、触发器与晶闸管整流装置、电压表、电流表等实物的特有图形符号,将这些实际物体的图形符号连接就能成为一个电路、一个装置或是一个系统,这种图形化模型是按系统原理图进行的仿真,因而更具有实用价值。

1) 电路实验的 MATLAB 实现的特点:

(1) MATLAB 运算功能强大,它提供的复数及其复数矩阵运算、符号运算、常微分方程的数值积分运算等,对于电路课程是方便高效的计算工具;

(2) 各种直流、交流、单相与三相电路的稳态与暂态、非正弦周期电量的频谱分析、绘制谐振曲线等需要对各种电压与电流波形进行测量、绘制与分析,MATLAB 提供了强大的图形函数,可以完美的完成此项任务;

(3) MATLAB 界面友好,使得从事电气与自动控制的科技人员容易学习掌握,可以使得计算与绘制图形的大量重复、繁琐的劳动被简单的计算机操作所替代。而且数据计算准确、图形绘制准确而美观。

关于 MATLAB 的文献书籍很多,有专门介绍电工原理的 MATLAB 实现的教材,本教材中不再介绍该软件的安装及应用。需要请读者查阅相关文献资料。

2) Multisim 和 MATLAB 两种仿真软件的区别:

(1) Multisim 的仿真软件具有强大的元件库和虚拟的实验仪器与仪表,能直接建立电路原理图,逼真再现实验环境,可直接分析电路的内部和外部特性,Multisim 丰富的分析方法可以了解电路的状况、分析电路的各种响应,其分析精度和测量范围比用实际仪器测量的精度高、范围宽。Multisim软件适合元件和电路仿真分析,可以作为实验平台。使用 Multisim可以得到直观的电路图形界面并体现实验的操作方法,但往往不能全面显示计算结果,也无法体现分析方法;

(2) MATLAB以数值计算、图形绘制见长,MATLAB软件能运用编程方法实现,通过编程过程反映分析方法,强大的矩阵计算能力使得分析电路方程的矩阵形式和状态方程变得易如反掌,简单丰富的编程语言使得线性电路暂态过程时域分析和复频域分析更容易实现。MATLAB图形可视化功能好,功能模块丰富,用于系统仿真更方便一些,并且通过研究电路的外特性,可验证电路定理和定律,但无法体现直观的电路图形。MATLAB下的Simulink库也提供了丰富的器件库,但就电路实验来讲不如Multisim的器件库与实际器件相接近,实验调试也相对简单,用Simulink库搭建电路调试往往需要一定的经验。不过Simulink库比Multisim器件库更丰富,更加适合后续课程如:电力电子技术、自动控制原理、电机学、电力系统等课程的仿真分析,学会MATLAB及Simulink库器件的仿真方法更加势在必行。

总之,应用软件都是学习专业课程的工具,这些应用软件使得实验不在局限于实验室设备,应用起来更加方便快捷,可以帮助我们学会学好专业课程或进行科研研究,但一定注意,仿真与实际工程操作不同,仿真实验理想化程度较高,属于辅助分析,不可替代工程操作。

5.1.2 基于MATLAB的电路仿真实验指导性方向

基于MATLAB的电路仿真实验有以下几个目的:
(1) 掌握采用M文件及SIMULINK对电路进行仿真的方法。
(2) 熟悉POWERSYSTEM BLOCKSET模块集的调用、设置方法。
(3) 进一步熟悉M脚本文件编写的方法和技巧。
基于MATLAB的电路仿真实验实现步骤:
(1) 通过M文件实现电路仿真的一般仿真步骤为:
① 分析仿真对象——电路;
② 确定仿真思路——电路分析的方法;
③ 建立仿真模型——方程;
④ 根据模型编写出仿真程序;
⑤ 运行后得到仿真结果。
采用SIMULINK仿真模型进行电路仿真,可以根据电路图利用SIMULINK中已有的电子元件模型直接搭建仿真模块,仿真运行得到结果。通过SIMULINK仿真模型实现仿真为仿真者带来不少便利,它免除了仿真者在使用M文件实现电路仿真时需要进行理论分析的繁重负担,能更快更直接地得到所需的最后仿真结果。但当需要对仿真模型进行一定理论分析时,MATLAB的M语言编程就有了更大用武之地。它可以更加灵活地反映仿真者研究电路的思路,可更加自如地将自身想法在仿真环境中加以验证,促进理论分析的发展和完善。因此,可根据自己的实际需要,进行相应的选择。采用SINMULIN模块搭建电路模型实现仿真非常直观高效,对迫切需要得到仿真结果的用户非常适用;当用户需要深刻理解及深入研究理论的用户来说,则选择编写M文件的方式进行仿真。

应用MATLAB中的SIMULINK仿真原理与前面介绍的Multisim软件仿真相类

似,读者可以自己体会。采用 SIMULINK 进行电路仿真时元器件模型主要位于仿真模型窗口中 SimPowerSystems 节点下。其中电路仿真实验可能用到的模块如下:

　　• "DC Voltage Source"模块:位于 SimPowerSystems 节点下的"Electrical Sources"模块库中,代表一个理想的直流电压源;

　　• "Series RLC Branch"模块:位于 SimPowerSystems 节点下的"Elements"模块库内,代表一条串联 RLC 支路。通过对其参数的设置,可以将其变为代表单独的或电阻、或电容、或电感的支路。如设定:电阻值 Resistance＝5,电感值 Inductance＝0,电容值 Capacitance＝inf,则表示一个电阻值为 5 欧姆的纯电阻元件。

　　• "Parallel RLC Branch"模块:位于 SimPowerSystems 节点下的"Elements"模块库内,代表一条并联 RLC 支路。通过对其参数的设置,可以将其变为或电阻、或电容、或电感并联的支路。

　　• "Current Measurement"模块:位于 SimPowerSystems 节点下下的"Measurements"模块库内,用于测量所在支路的电流值。

　　• "Voltage Measurement"模块:位于 SimPowerSystems 节点下下的"Measurements"模块库内,用于测量电压值。

　　• "Display"模块:位于 Simulink 节点下的"Sinks"模块库内,用于输出所测信号的数字显示。

5.2　基于 MATLAB 的电路仿真实验

5.2.1　MATLAB 基础及其基本操作(预备实验)

　1) 实验目的

(1) 熟悉 MATLAB 的关于矩阵的基本运算。

(2) 熟悉 MATLAB 的基本绘图方法。

　2) 实验内容

(1) 矩阵的基本运算

① 矩阵基本输入

>>A＝[1　2　3;2　3　4;3　4　5];

>>B＝[6　9　13　15　17];

>>C＝B'　　　　　　　　　　%求转置矩阵

运算结果:

C＝

　　6

　　9

　　13

　　15

　　17

② 矩阵运算

```
>>E=[7  2  3;4  3  6;8  1  5];
F=[1  4  2;6  7  5;1  9  1];
>>G=E-F
```
运行结果：
G=

```
    6  -2   1
   -2  -4   1
    7  -8   4
```
```
>>H=E+F
```
运行结果：
H=

```
    8   6   5
   10  10  11
    9  10   6
```
```
>>J=H+1
J=
    9   7   6
   11  11  12
   10  11   7
>>Q=E*F
Q=
   22  69  27
   28  91  29
   19  84  26
>>2*Q
ans=
   44  138  54
   56  182  58
   38  168  52
>>E\F                    %为左除,为方程 EX=F 的解,为 E⁻¹F
ans=
  -0.508 5    0.237 3   -0.237 3
   1.084 7   -1.372 9    1.372 9
   0.796 6    1.694 9    0.305 1
>>E/F                    %为右除,为方程 XF=E 的解,为 EF⁻¹
```
运行结果
ans=

```
  -2.442 3   1.557 7    0.096 2
   2.442 3   0.442 3   -1.096 2
  -1.346 2   1.653 8   -0.576 9
```

左除右除容易混淆,inv(A)表示对矩阵的求逆运算

\>\>inv(E) * F   %结果与左除相同

ans=

    −0.508 5   0.237 3 −0.237 3

     1.084 7 −1.372 9   1.372 9

     0.796 6   1.694 9   0.305 1

\>\>E * inv(F)   %结果与右除相同

ans=

    −2.442 3 1.557 7   0.096 2

     2.442 3 0.442 3 −1.096 2

    −1.346 2 1.653 8 −0.576 9

③ 数组运算

\>\>A1=[2 7 6 8 9 0];

\>\>B1=[6 4 3 2 3 4];

\>\>C1=A1. * B1   %为点乘运算,表示两个矩阵或数组的相应元素直接相乘

C1=

   12 28 18 16 27 0

\>\>D1=A1.\B1   %为点右除

D1=

   3.000 0 0.571 4 0.500 0 0.250 0 0.333 3 Inf

\>\>D2=A1./B1   %为点左除

D2=

   0.333 3 1.750 0 2.000 0 4.000 0 3.000 0 0

\>\>r1=[7 3 5];

\>\>s1=[2 4 3];

\>\>q1=r1.^s1   %点求幂

q1=

   49 81 125

\>\>q2=r1.^2

q2=

   49 9 25

q3=2.^s1

q3=

   4 16 8

④ 复数

\>\>w=[1+j 2−2j 3+2j 4+3j]

w=

  1.000 0+1.000 0i 2.000 0−2.000 0i 3.000 0+2.000 0i 4.000 0+3.000 0i

\>\>wp=w'   %求复数共轭

wp＝

    1．000 0－1．000 0i

    2．000 0＋2．000 0i

    3．000 0－2．000 0i

    4．000 0－3．000 0i

＞＞wt＝w.'   %求复数矩阵转置

wt＝

    1．0000＋1．0000i

    2．0000－2．0000i

    3．0000＋2．0000i

    4．0000＋3．0000i

⑤ :的使用

＞＞t1＝1:6

t1＝

    1 2 3 4 5 6

＞＞t2＝3:－0.5:1

t2＝

  3．000 0 2．500 0 2．000 0 1．500 0 1．000 0

t3＝[(0:2:10);(5:－0.2:4)]

t3＝

      0 2．000 0 4．000 0 6．000 0 8．000 0 10．000 0

  5．000 0 4．800 0 4．600 0 4．400 0 4．200 0   4．000 0

＞＞t4＝t3(:,4)   %取 t3 的第 4 列

t4＝

  6．000 0

  4．400 0

＞＞t5＝t3(2,:)   %取 t3 的第 2 行

t5＝

  5．000 0 4．800 0 4．600 0 4．400 0 4．200 0 4．000 0

＞＞t6＝t3(:)   %取 t3 的所有元素

t6＝

  0

  5．000 0

  2．000 0

  4．800 0

  4．000 0

  4．600 0

  6．000 0

  4．400 0

　　　　8. 000 0
　　　　4. 200 0
　　　　10. 000 0
　　　　4. 000 0
（2）MATLAB 的可视化画图
① 绘制二维图形的基本函数
t＝0：pi/20：4 * pi；
y＝sin(t)；
plot(t,y)；　　　　　　　　　　　　%在一幅图中只绘制一个窗口曲线
运行结果如图 5.2.1 所示。

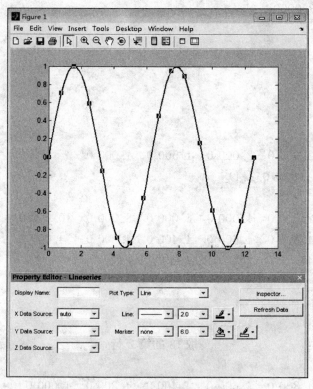

图 5.2.1　MATLAB 绘制的单窗口显示曲线

　　点击 Edit,点击下拉框中的 Figure Properties,再点击图中曲线选中如图 5.2.1 所示,
弹出一个编辑框,可以进一步编辑修改图中曲线。
t＝0：0.1：2；
y1＝2 * exp(−3 * t)；
subplot(221)；　　　　　　　　　　%在一幅图中显示 2×2 的子曲线
plot(t,y1)；
xlabel('(a)')；
y2＝2 * exp(−3 * t)；
subplot(222)；

```
plot(t,y2);
xlabel('(b)');
t1=-4:0.1:4;
y3=1/(2^0.5) * exp(-0.5 * t1.^2);
subplot(223);
plot(t1,y3);
xlabel('(c)');
t2=-5:0.1:5;
y4=sinc(t2);
subplot(224);
plot(t2,y4);
xlabel('(d)');
subplot(224);
ylabel('sinc(t)');
axis([-5　5　-0.25　1.1])
grid on
```

运行结果如图 5.2.2 所示。

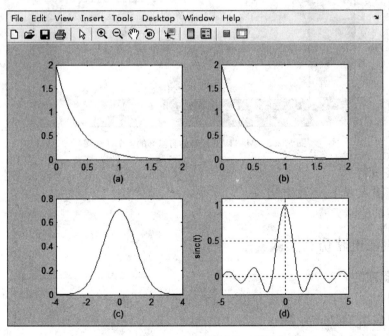

图 5.2.2　MATLAB 绘制的多窗口显示曲线

② 二维图线的修饰

```
>>t=0:pi/20:4 * pi;
y=sin(t);
plot(t,y);
x=0:pi/10:4 * pi;
```

plot(x,sin(x),'r+:');
hold on;
y2=4*x.*exp(-x);
plot(x,y2,'m*-.');
plot(x,sin(x)-0.5,'bo-');
legend('sin(x)','4*exp(x)','sin(x)-0.5')
axis([0 4*pi -1.6 1.6]);
title('实例6');gtext('正弦函数');gtext('指数函数');
运行结果如图5.2.3所示。

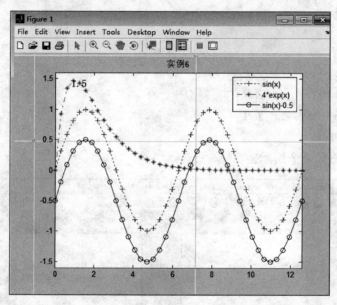

图5.2.3　MATLAB绘制的有修饰的多个曲线图

3）分析与讨论
（1）矩阵输入方法、运算方法；
（2）图线的绘制方法。

5.2.2　直流电路仿真实验

1）实验目的
（1）学习 Matlab 的矩阵运算方法及对直流电路的分析方法。
（2）学习应用 Matlab 绘图。
2）实验内容
（1）电阻电路的计算
电路如图 5.2.4 所示,已知:$R_1=2\ \Omega,R_2=4\ \Omega,R_3=12\ \Omega,R_4=4\ \Omega,R_5=12\ \Omega,R_6=4\ \Omega,R_7=2\ \Omega$。
① 若已知 $u_s=10$ V,求 i_3、u_4、u_7;
② 如已知 $u_4=6$ V,求 u_s、i_3、u_7。

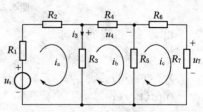

图 5.2.4　电阻电路计算电路

$$\begin{cases} (R_1+R_2+R_3)i_a-R_3i_b=u_s \\ -R_3i_a+(R_3+R_4+R_5)i_b-R_5i_c=0 \\ -R_5i_b+(R_5+R_6+R_7)i_c=0 \end{cases}$$

$$\begin{bmatrix} R_1+R_2+R_3 & -R_3 & 0 \\ -R_3 & R_3+R_4+R_5 & -R_5 \\ 0 & -R_5 & R_5+R_6+R_7 \end{bmatrix}\begin{bmatrix} i_a \\ i_b \\ i_c \end{bmatrix}=\begin{bmatrix} 1 \\ 0 \\ 0 \end{bmatrix}u_s$$

$$AI=Bu_s$$

$$i_3=k_1u_s,\quad u_4=k_2u_s,\quad u_7=k_3u_s$$

$$u_s=\frac{u_4}{k_2},\quad i_3=k_1u_s=\frac{k_1}{k_2}u_4,\quad u_7=k_3u_s=\frac{k_3}{k_2}u_4$$

程序如下：
R1=2;R2=4;R3=12;R4=4;R5=12;R6=4;R7=2;
>>   %解问题(1)
display('解问题(1) ')
a11=R1+R2+R3;a12=-R3;a13=0;
a21=-R3;a22=R3+R4+R5;a23=-R5;
a31=0;a32=-R5;a33=R5+R6+R7;
b1=1;b2=0;b3=0;
us=input('us=')
A=[a11,a12,a13;a21,a22,a23;a31,a32,a33]
B=[b1;0;0];I=inv(A)*B*us
ia=I(1) ;ib=I(2) ;ic=I(3)
i3=ia-ib,u4=R4*ib,u7=R7*ic
解问题(1)
us=10
us=
    10
A=
    18   -12   0
   -12   28   -12
    0   -12   18
I=
   0.925 9
   0.555 6
   0.370 4
ic=
   0.370 4
i3=
   0.370 4

u4＝

　　2. 222 2

u7＝

　　0. 740 7

％利用电路的线性性质及问题(1)的解解问题(2)

display('解问题(2) ')

u42＝input('给定 u42＝')　　　　　　　　　　％2 表示问题 2 中的 u4

k1＝i3/us;k2＝u4/us;k3＝u7/us　　　　　％若将";"或为",",k1 和 k2 结果也会显示

us2＝u42/k2,i32＝k1/k2 * u42,u72＝k3/k2 * u42

解问题(2)

给定 u42＝6

u42＝

　　6

k3＝

　　0. 074 1

us2＝

　　27. 000 0

i32＝

　　1. 000 0

u72＝

　　2

(2) 含受控源的电阻电路

如图 5.2.5 所示电路,已知 $R_1＝R_2＝R_3＝4\ \Omega,R_4$ ＝2 Ω,控制常数 $k_1＝0.5,k_2＝4,i_s＝2$ A,求 i_1 和 i_2。

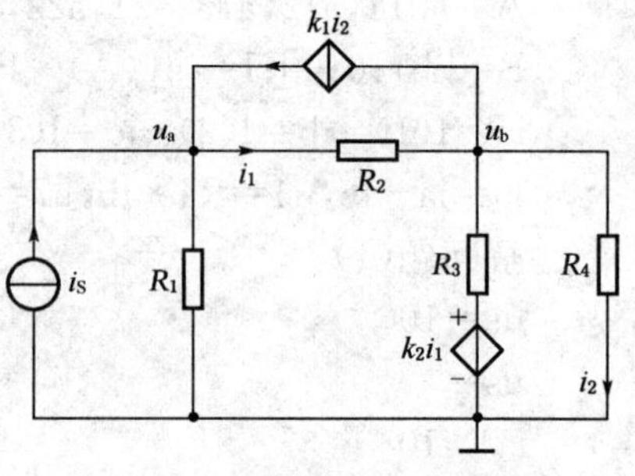

解:结点电压方程

$$\left(\frac{1}{R_1}+\frac{1}{R_2}\right)u_a-\frac{1}{R_2}u_b=i_s+k_1i_2$$

$$-\frac{1}{R_2}u_a+\left(\frac{1}{R_2}+\frac{1}{R_3}+\frac{1}{R_4}\right)u_b=-k_1i_2+\frac{k_2i_1}{R_3}$$

$$i_1=\frac{u_a-u_b}{R_2},\quad i_2=\frac{u_b}{R_4}$$

图 5. 2. 5　含受控源的电阻电路

$$\begin{bmatrix} \dfrac{1}{R_1}+\dfrac{1}{R_2} & -\dfrac{1}{R_2} & 0 & -k_1 \\[2mm] -\dfrac{1}{R_2} & \dfrac{1}{R_2}+\dfrac{1}{R_3}+\dfrac{1}{R_4} & -\dfrac{k_2}{R_3} & k_1 \\[2mm] \dfrac{1}{R_2} & -\dfrac{1}{R_2} & -1 & 0 \\[2mm] 0 & \dfrac{1}{R_4} & 0 & -1 \end{bmatrix}\begin{bmatrix} u_a \\ u_b \\ i_1 \\ i_2 \end{bmatrix}=\begin{bmatrix} 1 \\ 0 \\ 0 \\ 0 \end{bmatrix}i_s$$

程序如下:

```
clc
clear,format compact
R1=4;R2=4;R3=4;R4=2;
is=2;k1=0.5;k2=4;
a11=1/R1+1/R2;a12=-1/R2;a13=0;a14=-k1;
a21=-1/R2;a22=1/R2+1/R3+1/R4;a23=-k2/R3;a24=k1;
a31=1/R2;a32=-1/R2;a33=-1;a34=0;
a41=0;a42=1/R4;a43=0;a44=-1;
A=[a11,a12,a13,a14;a21,a22,a23,a24;a31,a32,a33,a34;a41,a42,a43,a44]
B=[1;0;0;0]
X=inv(A)*B*is
i1=X(3) ,i2=X(4)
A=
    0.500 0   -0.250 0         0   -0.500 0
   -0.250 0    1.000 0   -1.000 0    0.500 0
    0.250 0   -0.250 0   -1.000 0         0
         0    0.500 0         0   -1.000 0
B=
   1
   0
   0
   0
X=
   6
   2
   1
   1
i1=
   1
i2=
   1
```

(3) 戴维宁定理

如图 5.2.6 所示电路,已知:$R_1 = 4\ \Omega$,$R_2 = 2\ \Omega$,$R_3 = 4\ \Omega$,$R_4 = 8\ \Omega$;$i_{S1} = 2\ A$,$i_{S2} = 0.5\ A$。求:

(1) 负载 R_L 为何值时能获得最大功率?

(2) 研究 R_L 在 $0 \sim 10\ \Omega$ 范围内变化时,其吸收功率的情况。

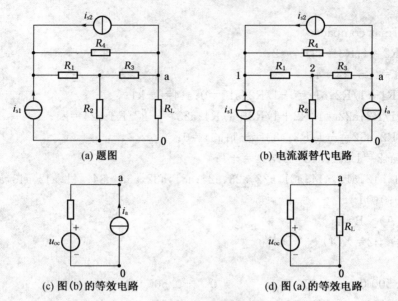

(a) 题图　　　　　　　　　　　(b) 电流源替代电路

(c) 图(b)的等效电路　　　　　(d) 图(a)的等效电路

图 5.2.6　戴维宁定理应用电路

解:将负载电阻 R_L 用电流源 i_a 替代,得到如图 5.2.6(b),列写结点电压方程:

$$\begin{cases} \left(\dfrac{1}{R_1}+\dfrac{1}{R_4}\right)u_1 - \dfrac{1}{R_1}u_2 - \dfrac{1}{R_4}u_a = i_{s1}+i_{s2} \\[2mm] -\dfrac{1}{R_1}u_1 + \left(\dfrac{1}{R_1}+\dfrac{1}{R_2}+\dfrac{1}{R_3}\right)u_2 - \dfrac{1}{R_3}u_a = 0 \\[2mm] -\dfrac{1}{R_4}u_1 - \dfrac{1}{R_3}u_2 + \left(\dfrac{1}{R_3}+\dfrac{1}{R_4}\right)u_a = -i_{S2}+i_a \end{cases}$$

$$A\begin{bmatrix} u_1 \\ u_2 \\ u_a \end{bmatrix} = \begin{bmatrix} 1 & 1 & 0 \\ 0 & 0 & 0 \\ 0 & -1 & 1 \end{bmatrix}\begin{bmatrix} i_{s1} \\ i_{s2} \\ i_a \end{bmatrix}$$

$$A = \begin{bmatrix} \dfrac{1}{R_1}+\dfrac{1}{R_4} & -\dfrac{1}{R_1} & -\dfrac{1}{R_4} \\[3mm] -\dfrac{1}{R_1} & \dfrac{1}{R_1}+\dfrac{1}{R_2}+\dfrac{1}{R_3} & -\dfrac{1}{R_3} \\[3mm] -\dfrac{1}{R_4} & -\dfrac{1}{R_3} & \dfrac{1}{R_3}+\dfrac{1}{R_4} \end{bmatrix}$$

且当 $i_a=0$ 时,相当于负载端开路,$R_L \to \infty$,此时 $u_a=u_{oc}$

当 $i_{s1}=0,i_{s2}=0,i_a=1$ 时,$u_a=R_{eq}i_a=R_{eq}$,$u_a=R_{eq}i_a+u_{oc}$

当 $R_L=R_{eq}$ 时,$P_{Lmax}=\dfrac{u_{oc}^2}{4R_{eq}}$

负载 R_L 吸收功率:$P_L=\dfrac{R_L u_{oc}^2}{(R_{eq}+R_L)^2}$

程序如下:

％直流电路的戴维宁定理仿真

```
clear,format compact
R1=4;R2=2;R3=4;R4=8;
is1=2;is2=0.5;a11=1/R1+1/R4;a12=-1/R1;a13=-1/R4;
a21=-1/R1;a22=1/R1+1/R2+1/R3;a23=-1/R3;
a31=-1/R4;a32=-1/R3;a33=1/R3+1/R4;
A=[a11,a12,a13;a21,a22,a23;a31,a32,a33];
B=[1,1,0;0,0,0;0,-1,1];
X1=inv(A)*B*[is1;is2;0];uoc=X1(3),
X2=inv(A)*B*[0;0;1];Req=X2(3),
RL=Req;P=uoc^2*RL/(Req+RL)^2;
RL=0:10,p=(RL*uoc./(Req+RL)).*uoc./(Req+RL),
figure(1),plot(RL,p),grid
for k=1:21
ia(k)=(k-1)*0.1;
X=inv(A)*B*[is1;is2;ia(k)];
u(k)=X(3);end
figure(2),plot(ia,u,'x'),grid
c=polyfit(ia,u,1);%ua=c(2)*ia=c(1),%用拟合函数术,c(1),c(2) uoc=c(1),
Req=c(2)
```

输出结果

uoc=
    5.000 0
Req=
    5.000 0
RL=
    0 1 2 3 4 5 6 7 8 9 10
p=
    0 0.694 4 1.020 4 1.171 9 1.234 6 1.250 0 1.239 7 1.215 3 1.183 4
    1.148 0 1.111 1

RL与功率 p 的关系曲线图如图 5.2.7 所示,戴维宁等效电路的伏安特性如图 5.2.8
所示。

3) 实验小结

(1) 通过本次实验掌握 MATLAB 在电路中的基本表达式;

(2) 掌握能够运用 MATLAB 解电路方程组;

(3) 掌握能够运用 MATLAB 绘制曲线图。

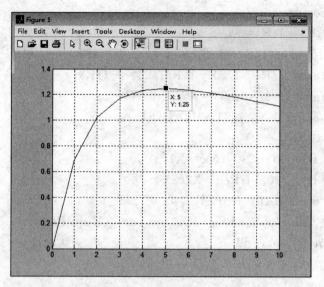

图 5.2.7　MATLAB 仿真输出的功率曲线图

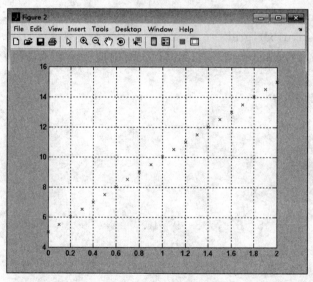

图 5.2.8　MATLAB 仿真输出的戴维宁等效电路的伏安特性

5.2.3　动态电路仿真实验

1）实验目的

（1）巩固学习动态电路的分析方法；

（2）学会应用 MATLAB 仿真分析动态电路。

2）实验内容

（1）一阶动态电路

电路如图 5.2.9 所示，是由直流激励的一阶电路，已知：$R=2$ kΩ，$C=0.5$ μF，电容初始电压 $u_C(0_+)=5$ V，激励的直流电压为 $u_S=10$ V。当 $t=0$ 时，开关闭合，求电容电压的全响应、零状态响应与零输入响应,并画出波形。

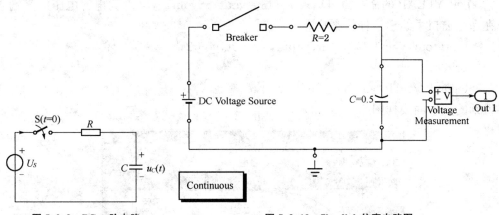

图 5.2.9 RC 一阶电路   图 5.2.10 Simulink 仿真电路图

解:方法 1:利用 MATLAB 中的电力系统模块集合虚拟仪器搭建仿真电路,搭建好的仿真电路如图 5.2.10 所示,要设一个文件名存盘。

双击图中的 DC Voltage Source 设置为 10 V,双击 Breaker,数据设置如图 5.2.11 所示。电容初始电压的设置方法是双击左下角的 Continuous,弹出图 5.2.12 所示对话框,选择点击 Initial States Setting,弹出初始状态设置对话框如图 5.2.13,设置电容初始电压为 5 V。

 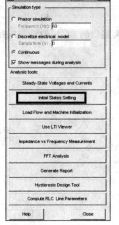 

图 5.2.11 Breaker 模块的设置   图 5.2.12 Powergui 工具框   图 5.2.13 电容初始状态设置框

为了把电容上的三种电压波形画在一张图内,选用 Voltage Measurement 模块取出电容两端的电压,并送给 Sinks 下的 out 模块,这样在仿真时会在 MATLAB 工作空间中产生 2 个默认变量,时间变量 tout 和数据变量 yout。仿真时间设置为 10 s,solver 选 ode23,步长为系统自动。

三种响应步骤:

① Capacitor initial voltage 设为 5 V。参数设置完毕进行仿真,仿真结束后在 MATLAB 工作空间产生 tout 和 yout,在工作空间修改 yout 为 yout1,yout1 为电容电压的全响应;

② 其他参数不变,再将 Capacitor initial voltage 设为 0 V,再仿真,在工作空间修改

yout 为 yout2，yout2 即为零状态响应；

③ 在 MATLAB 的命令窗口输入 yout3＝yout1－yout2，yout3 为电容电压的零输入响应。在命令窗口中绘出三种状态响应：

$\gg$plot(tout,yout1,'一',tout,yout3,':',tout,yout2,'一. ＊')

$\gg$grid on

$\gg$legend('yout1','yout3','yout2')

得到的图形曲线如图 5.2.14 所示。

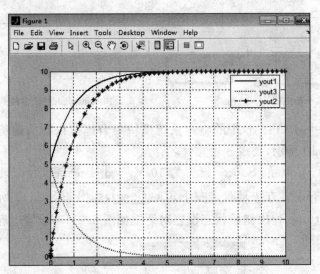

图 5.2.14 Simulink 仿真输出的 RC 一阶动态电路响应曲线

方法 2：应用 MATLAB 程序

因为一阶 RC 动态电路的全响应为：

$$u_C(t)=U_s(1-e^{-t/T})+U_0 e^{-t/T}$$

其中第一项为零状态响应，第二项为零输入响应

程序如下：

$\gg$U0＝5；Us＝10；

$\gg$R＝2；C＝0.5；

$\gg$T＝R＊C；

$\gg$t＝0：0.1：10；

$\gg$uc1＝Us＊(1－exp(－t/T))；   %零状态响应

$\gg$uc2＝U0＊exp(－t/T)；   %零输入响应

$\gg$uc3＝uc1+uc2；   %全响应

$\gg$plot(t,uc3,'一',t,uc2,':',t,uc1,'一. ＊')

$\gg$grid on   %加网格

$\gg$legend('uc3','uc2','uc1')

得到的图形如图 5.2.15 所示

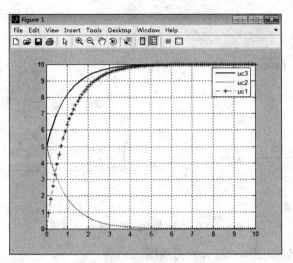

图 5.2.15　MATLAB 命令输出的 RC 一阶电路的动态响应

比较两种方法输出的结果完全相同。

二阶动态电路

电路是典型的 RLC 串联二阶电路,如图 5.2.16 所示,电容初始电压 $u_C(0_+)=10$ V,电感的初始电流为零,在电路零输入条件下,电路参数不同,研究电容电压 $u_C(t)$ 的响应,并画出其波形。

四种参数如下:

$R=220$ Ω,$L=0.25$ H,$C=100$ μF,过阻尼。

$R=100$ Ω,$L=0.25$ H,$C=100$ μF,临界阻尼。

$R=50$ Ω,$L=1$ H,$C=100$ μF,欠阻尼。

$R=0$ Ω,$L=1$ H,$C=100$ μF,自由振荡。

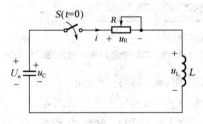

图 5.2.16　RLC 串联电路

解:利用 MATLAB 中的电力系统模块集合虚拟仪器搭建仿真电路,搭建好的仿真电路如图 5.2.17 所示,要设一个文件名存盘。电路比较简单,只有一个电阻、一个电感和一个电容。实际上纯电感是不存在的,在电感元件设置参数中 Series RLC 中设置一个很小的电阻。Breaker 设置中,Breaker resistance Rom 设置很小的数值,如 0.000 001,Snubber resistance Rom 设置很大的数值,如 100 000,Switching time 设置为 0.01 s。电容初始状态电压设为 10 V。solver 选 ode23,步长为 0.001 s。

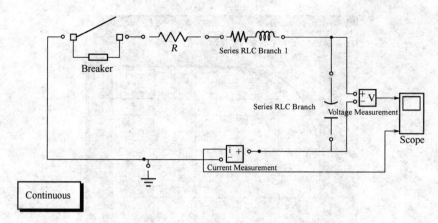

图 5.2.17　二阶动态电路 Simulink 仿真图

运行仿真可以得到如图 5.2.18(a)曲线图。

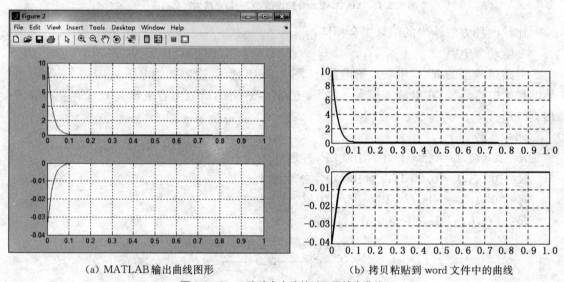

　　　　(a) MATLAB 输出曲线图形　　　　　　　　　　(b) 拷贝粘贴到 word 文件中的曲线

图 5.2.18　二阶动态电路的过阻尼输出曲线

图 5.2.18(a)为拷屏截图得到,也可以选 Figure 中的 Edit→Copy Figure,直接在 word 文件中粘贴,得到比较简洁的曲线图如图 5.2.18(b)所示。

方法 2:二阶动态电路的零输入响应可以参看电路教材,应用 MATLAB 命令绘制各种响应曲线,程序如下:

L=0.25;R=220;C=0.000 1;

uc0=10;iL0=0;

alpha=R/2/L;wn=sqrt(1/(L * C));

p1=−alpha+sqrt(alpha^2−wn^2);

p2=−alpha−sqrt(alpha^2−wn^2);

dt=0.01;t=0:dt:1;

uc1=(p2 * uc0−iL0/C)/(p2−p1) * exp(p1 * t);

uc2=−(p1 * uc0−iL0/C)/(p2−p1) * exp(p2 * t);

```
iL1＝p1＊C＊(p2＊uc0－iL0/C)/(p2－p1)＊exp(p1＊t);
iL2＝－p2＊C＊(p2＊uc0－iL0/C)/(p2－p1)＊exp(p2＊t);
uc＝uc1＋uc2;iL＝iL1＋iL2;
subplot(2,1,1),plot(t,uc),grid
subplot(2,1,2),plot(t,iL),grid
num＝[uc0,R/L＊uc0＋iL0/C];
den＝[1,R/L,1/L/C];
[r,p,k]＝residue(num,den);
ucn＝r(1)＊exp(p(1)＊t)＋r(2)＊exp(p(2)＊t);
iLn＝C＊diff(ucn)/dt;
figure(2),subplot(2,1,1),
plot(t,ucn),grid
subplot(2,1,2)
plot(t(1:end－1),iLn),grid
```

程序运行输出曲线与图 5.2.18 相同。

改变 R、L、C 的参数,重新运行程序,得到不同状态的零输入响应,如图5.2.19～图5.2.21所示。

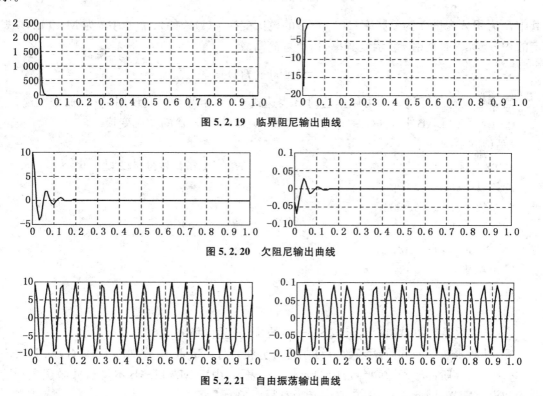

图 5.2.19 临界阻尼输出曲线

图 5.2.20 欠阻尼输出曲线

图 5.2.21 自由振荡输出曲线

比较这两种方法,各有特点,Simulink仿真接近实验研究,不用复杂的数学分析计算,但 Simulink 的仿真调试需要一定的技巧。如果对电路响应的数学表达式做了深入研究,应用 MATLAB 程序,可以比较容易的得到各种响应曲线。

3) 实验小结

(1) 通过本次实验掌握 Simulink 仿真图的搭建和调试方法；

(2) 能够根据电路分析结果，应用 MATLAB 绘制响应曲线图；

(3) 比较应用这两种方法，拓展应用该方法分析其他动态响应。

5.2.4 频域分析仿真实验

1) 实验目的

(1) 学会应用 MATLAB 辅助分析拉普拉斯变换；

(2) 学会应用 MATLAB 辅助分析频率响应。

2) 实验内容

(1) 拉普拉斯变换 MATLAB 辅助分析

信号 $F(t)$ 的单边拉氏变换定义为：

$$F(s) = \int_{0_-}^{\infty} f(t) e^{-st} dt$$

在 MATLAB 中与上式对应的指令为：

$$L = \text{laplace}(f(t), t, s)$$

其中，t 为积分变量；s 为复频率；L 为 $f(t)$ 的拉氏变换 $F(s)$。如果 $f(t)$ 中 t 为 MATLAB 规定的积分变量，而且用 s 表示复频率，指令可简写成

$$L = \text{laplace}(f(t))$$

需要定义符号变量 t，才可以描述时域表达式 $f(t)$，申明符号变量用 syms 命令实现。

① 用 MATLAB 求 $f_1(t) = \sin(2t)\varepsilon(t)$ 和 $f_2(t) = e^{-at}\varepsilon(t)$ 的拉氏变换。

解：M 文件如下：

```
syms t a;                        %指定 t 和 a 为符号变量
>>f1=sin(2*t);
>>f2=exp(-a*t);
>>f1s=laplace(f1)
>>f2s=laplace(f2)
```

输出结果：

```
f1s=2/(s^2+4)
f2s=1/(s+a)
```

② 求冲激函数 $\delta(t)$ 和阶跃函数 $\varepsilon(t-a)$ 的拉氏变换，其中 $a>0$。

解：冲激函数 $\delta(t)$ 和阶跃函数 $\varepsilon(t)$ 在符号分析程序 Maple 中分别用 Dirac(t) 和 Heaviside(t) 表示，高阶冲激函数 $\delta^{(n)}(t)$ 用 Dirac(n,t) 表示，由于 MATLAB 本身对冲激函数和阶跃函数没有定义，因此，必须将它们定义为符号对象。

```
>>syms t s;
>>syms a positive;               %指定 a 为取正值的符号变量
>>dt=sym('Dirac(t)');
```

```
>>et=sym('Heaviside(t−a)');
>>ds=laplace(dt,t,s)
```

ds 输出结果：

ds=1

```
>>es=laplace(et,t,s)
```

es 输出结果：

es=exp(−s＊a)/s

拉氏反变换的定义式为：

$$f(t) = \frac{1}{2\pi j} \int_{\sigma-j\infty}^{\sigma+j\infty} F(s)\,\mathrm{e}^{st}\,\mathrm{d}s$$

实现上式运算的指令格式为：

$$F=ilaplace(L,y,x)$$

或简写格式为：

$$F=ilaplace(L)$$

MATLAB 的帮助 help 中给出的例子。

Examples：

```
        syms s t w x y
        ilaplace(1/(s−1))                        returns    exp(t)
        ilaplace(1/(t^2+1))                      returns    sin(x)
        ilaplace(t^(−sym(5/2)),x)                returns    4/3/pi^(1/2)＊x^(3/2)
        ilaplace(y/(y^2+w^2),y,x)                returns    cos(w＊x)
        ilaplace(sym('laplace(F(x),x,s)'),s,x)   returns    F(x)
```

读者不妨逐一试试。

③ 求 $F(s)=\dfrac{-2s^2+7s+19}{s^3+5s^2+17s+13}$ 的反拉氏变换。

解：由于 $F(s)$ 为有理分式，可先将分子、分母多项式的有关系数用数组表示，再利用 poly2sym 函数将其转换为多项式。

```
>>syms s;
>>a=[−2,7,19];
>>b=[1,5,17,13];
>>fs=poly2sym(a,s)/poly2sym(b,s);
>>ft=ilaplace(fs)
```

输出结果：

ft=exp(−t)−3＊exp(−2＊t)＊cos(3＊t)+4＊exp(−2＊t)＊sin(3＊t)

分式多项式：

$$F(s)=\frac{N(s)}{D(s)}=\frac{a_m s^m+a_{m-1}s^{m-1}+\cdots+a_0}{b_n s^n+b_{n-1}s^{n-1}+\cdots+b_0}$$

如果所有极点互不相等，$F(s)$ 可展开为：

$$F(s)=\frac{r_1}{s-p_1}+\frac{r_2}{s-p_2}+\cdots+\frac{r_n}{s-p_n}k_1s^{m-n}+\cdots+k_{m-n}s+k_{m-n+1}$$

在 MATLAB 中对上式进行部分分式展开的指令为：

$$[r,p,k]=\text{residue}(a,b)$$

其中，a 是由 $F(s)$ 分子多项式系数组成的行向量 a，$a=[a_m,a_{m-1},\cdots a_1,a_0]$，$b$ 是由 $F(s)$ 分母多项式系数组成的行向量 b，$b=[b_n,b_{n-1},\cdots,b_1,b_0]$，返回值 r 是留数列向量 r，$r=[r_1,r_2,\cdots,r_n]^T$；p 是极点列向量 p，$p=[p_1,p_2,\cdots,p_n]^T$；k 是直接项系数行向量 k。

④ 用 MATLAB 辅助求解 $F(s)=\dfrac{-2s^2+7s+19}{s^3+5s^2+17s+13}$ 的反拉氏变换。

解：使用 residue 函数求解，M 文件如下：
>>b=[−2,7,19];
>>a=[1,5,17,13];
>>[r,p,k]=residue(b,a)
输出结果为
r=
　　−1.500 0−2.000 0i
　　−1.500 0+2.000 0i
　　1.000 0
p=
　　−2.000 0+3.000 0i
　　−2.000 0−3.000 0i
　　−1.000 0
k=
　　[]
$F(s)$ 的展开式为：

$$F(s)=\frac{-1.5-\text{j}2}{s+2-\text{j}3}+\frac{-1.5+\text{j}2}{s+2+\text{j}3}+\frac{1}{s+1}$$

于是

$$f(t)=(-1.5-\text{j}2)\text{e}^{(-2+\text{j}3)t}+(-1.5+\text{j}2)\text{e}^{(-2-\text{j}3)t}+\text{e}^{-t}$$
$$=-1.5\text{e}^{-2t}(\text{e}^{\text{j}3t}+\text{e}^{-\text{j}3t})-\text{j}2\text{e}^{-2t}(\text{e}^{\text{j}3t}-\text{e}^{-\text{j}3t})+\text{e}^{-t}$$
$$=-3\text{e}^{-2t}\cos(3t)+4\text{e}^{-2t}\sin(3t)+\text{e}^{-t}$$

函数 residue 也可将部分分式转换为两个多项式之比形式，其格式为：
[b,a]=residue(r,p,k)
对上例中的部分分式进行转换，M 文件如下：
>>r=[−1.5−2j;−1.5+2j;1];
>>p=[−2+3j;−2−3j;−1];

```
>>k=[];
>>[b,a]=residue(r,p,k)
```
输出结果为
b=-2　7　19
a=1　5　17　13

⑤ 应用 MATLAB 辅助求解 $F(s)=\dfrac{1}{(s+1)^3 s^2}$ 的原函数。

解：$F(s)$ 的分母多项式在 $p_1=-1$ 处具有 3 重根，$p_2=0$ 处有 2 重根，用根构造多项式的指令为 poly(r)

其中，r 为多项式的根向量。M 文件如下：
```
>>p=[-1,-1,-1,0,0];%极点行向量
>>a=poly(p)%构造分母多项式
```
分母多项式系数输出结果：
a=
　　1　3　3　1　0　0
```
>>b=[1];
>>[r,p,k]=residue(b,a)
```
留数与极点输出结果：
r=
　　3.000 0
　　2.000 0
　　1.000 0
　　-3.000 0
　　1.000 0
p=
　　-1.000 0
　　-1.000 0
　　-1.000 0
　　0
　　0
则（注意留数与极点的对应关系）

$$F(s)=\frac{3}{s+1}+\frac{2}{(s+1)^2}+\frac{1}{(s+1)^3}-\frac{3}{s}+\frac{1}{s^2}$$

相应的原函数为：

$$f(t)=3e^{-t}+2te^{-t}+\frac{1}{2}t^2e^{-t}-3+t$$

（2）应用 MATLAB 绘制极点、零点图
网络函数的极点、零点可用多项式指令 roots 或指令 tf2zp 求解，其格式为：

p＝roots(a)

z＝roots(b)

[z,p,k]＝tf2zp(b,a)

其中,a 为分母系数向量;p 为极点;b 为分子系数向量;z 为零点;k 为增益。

根据系统模型求极点、零点的指令为:

p＝pole(sys)

z＝zero(sys)

极点、零点图用指令 plot 绘制,极点处标注 x,零点标注 o,也可直接使用指令

pzmap(sys)

[p,z]＝pzmap(sys)

在 s 平面加网格线的指令为:

grid

试绘制系统函数 $H(s)=\dfrac{s+2}{s^2+2s+3}$ 的极点、零点图。

解:方法 1:

b＝[1,2];

＞＞a＝[1,2,3];

＞＞zs＝roots(b)

＞＞ps＝roots(a);

＞＞plot(real(zs),imag(zs),'o')

＞＞hold on

＞＞plot(real(ps),imag(ps),'x')

＞＞hold on

＞＞grid

方法 2:

b＝[1,2];

a＝[1,2,3];

＞＞[zs,ps,k]＝tf2zp(b,a);

＞＞plot(real(zs),imag(zs),'o')

＞＞hold on

＞＞plot(real(ps),imag(ps),'x')

＞＞hold on

＞＞grid

＞＞grid

运行结果,得到零极点如图 5.2.22 所示,与理论计算完全相同。

(3) RC 低通滤波器频率特性仿真分析

系统传递函数描述为:$H(s)=\dfrac{N(s)}{D(s)}=\dfrac{b_m s^m+b_{m-1}s^{m-1}+\cdots+b_1 s+b_0}{a_n s^n+a_{n-1}s^{n-1}+\cdots+a_1+a_0}$

MATLAB 中构造描述分子和分母多项式的行向量

num＝[b_m,b_{m-1},…,b_1,b_0];

den＝[a_n,a_{n-1},…,a_1,a_0];

MATLAB中提供了一种sys对象,用于描述系统对象的创建,其构造语句为

sys＝tf(num,den);

MATLAB也提供了根据系统对象sys直接绘制系统的波特图来分析系统的频率特性,其函数为:[mag,pha,w]＝bode(sys);

所以,应用MATLAB仿真电路频率特性,首先需要将时域电路转换为相频电路如图5.2.23所示。

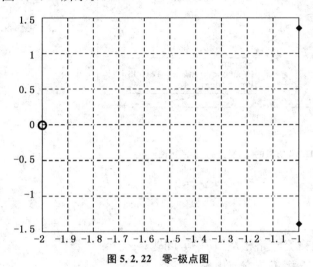

图 5.2.22　零-极点图　　　　图 5.2.23　RC低通滤波器相频电路

求出输入到输出的网络传递函数:

$$\frac{U_2(s)}{U_1(s)}=\frac{\frac{1}{sC}}{R+\frac{1}{sC}}=\frac{\frac{1}{RC}}{s+\frac{1}{RC}}=\frac{1\,000}{s+1\,000}$$

在MATLAB环境中编辑程序:

clear

＞＞den＝[1,1 000];

＞＞num＝[1 000];

＞＞sys＝tf(num,den);

＞＞bode(sys)

运行结果,得到RC低通滤波器的频率特性,包括幅频特性和相频特性如图5.2.24所示,并且应用测量指针测出截止频率:$\omega_0=\frac{1}{RC}=1\,000$ rad/s,与理论计算完全相同。

3) 实验小结

(1) 总结MATLAB的拉氏变换方法,学会拓展应用;

(2) 总结MATLAB的频域分析方法,并能拓展应用。

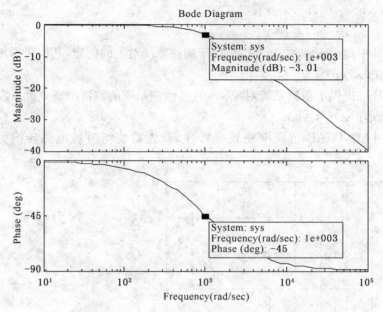

图 5.2.24　MATLAB 仿真的幅频特性和相频特性

5.2.5　交流分析仿真实验

1) 实验目的
(1) 学会应用 MATLAB 辅助分析交流电路相量、功率等问题；
(2) 学会应用 MATLAB 辅助分析三相正弦交流电路。

2) 实验内容
(1) 正弦交流电路的复数运算及相量图绘制

电路如图 5.2.25 所示，已知 $R_1 = 100\ \Omega, R_2 = 200\ \Omega, L = 0.7H, C = 11\ \mu F, \dot{U}_S = 220\angle 30°\ V, f = 50\ Hz$。试求：

(1) 电路中的 $\dot{I}$、$\dot{I}_L$、$\dot{I}_C$ 的有效值相量；

(2) 电路中电源及各元件吸收的有功功率、无功功率，并验证复功率守恒；

(3) 应用 Simulink 库元件创建电路的仿真模型并对模型进行仿真。

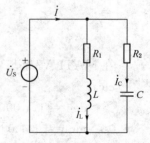

图 5.2.25　电阻电感电容电路

解：常用的复数运算及相量图函数

real(A)：求复数或复数矩阵 A 的实部；

imag(A)：求复数或复数矩阵 A 的虚部；

conj(A)：求复数或复数矩阵 A 的共轭；

abs(A)：求复数或复数矩阵 A 的模；

angle(A)：求复数或复数矩阵 A 的相角，单位为弧度；

compass 函数：绘制相量图，其调用格式：compass([I1,I2,I3…])，引用参数为相量构成的行向量。

MATLAB 仿真程序如下：

```
clear;
omega=100*pi;R1=100;R2=200;L=0.7;C=11e-6;
U=220*exp(j*pi/6);XL=omega*L;XC=1/omega/C;
IL=U/(R1+j*XL);SL=U*conj(IL),        %应用复数运算求电感支路的电流和复
功率
IC=U/(R2-j*XC);SC=U*conj(IC),        %应用复数运算求电容支路的电流和复
功率
I=IL+IC,S=U*conj(I),SLC=SL+SC,       %应用复数运算求总支路的电流和复
功率
disp('U   I   IL   IC'),
disp('有效值相量模='),disp(abs([U   I   IL   IC]));        %运行后显示各个相量
的模
disp('相角(度)='),disp(angle([U   I   IL   IC])*180/pi);        %运行后显示各个相量
相角(度)
disp('相角(弧度)='),disp(angle([U   I   IL   IC]));        %运行后显示各个相量
相角(弧度)
tu=compass([U/200   I   IL   IC]);set(tu,'linewidth',3);        %在罗盘图中画出各个
相量图,电压缩小 200
gtext('\fontsize{14}\bf U');gtext('\fontsize{14}\bf I');        %MATLAB 运行后在
图中相应位置点击鼠标,标出相应的量
gtext('\fontsize{14}\bf IL');gtext('\fontsize{14}\bf IC');
title('\fontsize{14}\bf 电路电压电流相量图')
```

运行结果：

I=0.791 7+0.093 9i

SL=8.293 2e+001+1.823 8e+002i

SC=7.823 1e+001−1.131 9e+002i

S=1.611 6e+002+6.918 8e+001i

SLC=1.611 6e+002+6.918 8e+001i

	U	I	IL	IC
有效值相量模=	220.000 0	0.797 2	0.910 7	0.625 4
相角(度)=	30.000 0	6.766 0	−35.547 4	85.349 7
相角(弧度)=	0.523 6	0.118 1	−0.620 4	1.489 6

程序运算结果：S=SLC，说明了电路中电源吸收的复功率 S 与各元件吸收的有功功率和无功功率 SLC 是相等的，功率守恒的。

程序运行后绘制的电路电压电流相量图如图 5.2.26 所示。

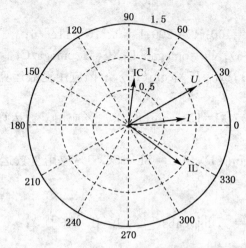

图 5. 2. 26　MATLAB 绘制的电压电流相量图

（2）应用 Simulink 库元件创建仿真电路

解：利用 MATLAB\Simulink\SimPowerSystems 库元件搭建仿真电路如图 5. 2. 27 所示。图中，signalrms 为有效值测量仿真模块，功能是将正弦交流时域量转换为有效值，输出一般连接到数字显示器（Display），仿真模块提取的路径是：SimPowerSystems\Extra Library\Measurements\RMS.

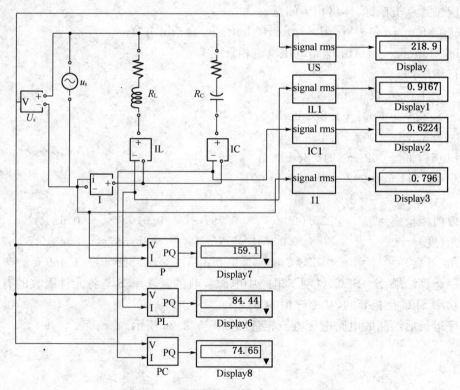

图 5. 2. 27　正弦稳态电路 Simulink 仿真电路图

为有功与无功功率测量模块,功能是测量交流电能的有功功率和无功功率,有两个输入端,分别是欲测量的电压和电流,输出一般连接到数字显示器(Display),仿真模块提取路径:SimPowerSystems\Extra Library\Measurements\Active & Reactive Power.

以上两个模块双击鼠标,都有一个参数设置:"Fundamental frequency(Hz)"下空白窗口中输入欲转换交流的频率,默认设置是60,一般我们修改为50。

在进行电气测量时,也可以应用万用表(Multimeter)测量,其仿真提取路径:SimPowerSystems\Measurements\Multimeter。该模块无需与模型作电气连接,电路如图5.2.28所示,但需要双击被测支路模块,在参数设置"Measurements"空白栏选择测量的变量,有支路电压或支路电流或支路电压电流。再双击万用表模块,弹出如图5.2.29参数对话框,将要测量显示的变量选择填加到右边空白区域,这样电路显得简洁明了。图5.2.27与图5.2.28电路参数设置一样,测量结果有一定的误差。

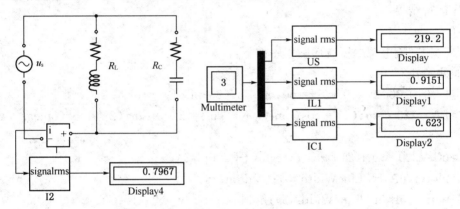

图 5.2.28　万用表测量仿真图

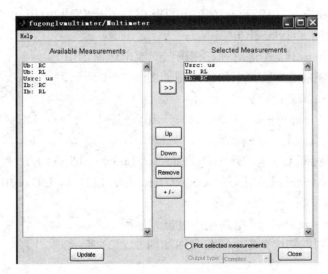

图 5.2.29　万用表参数设置对话框

（3）对称三相交流电源波形图和相量图绘制

已知正弦三相交流电源电压为 $u_A = 220\sqrt{2}\cos(314t)$，$u_B = 220\sqrt{2}\cos(314t - 120°)$，$u_C = 220\sqrt{2}\cos(314t + 120°)$。试求：三相正弦交流电压瞬时值之和 $u = u_A + u_B + u_C$；绘制三相交流电源电压波形图和相量图。

解：求三相正弦交流电压瞬时值之和 $u = u_A + u_B + u_C$。

MATLAB 程序如下：

```
>>clear;
>>syms t;f=50;omega=2*pi*f;
>>uA=220*sqrt(2)*cos(omega*t);uB=220*sqrt(2)*cos(omega*t-2*pi/3);
>>uC=220*sqrt(2)*cos(omega*t+2*pi/3);
>>u=simple(uA+uB+uC),      %三角函数的数值简化运算
```

程序运行结果

u＝0

绘制三相交流电源电压波形图程序如下：

```
>>clear;
>>t=0:0.000 001:0.03;f=50;omega=2*pi*f;
>>uA=220*sqrt(2)*cos(omega*t);uB=220*sqrt(2)*cos(omega*t-2*pi/3);
>>uC=220*sqrt(2)*cos(omega*t+2*pi/3);
>>plot(t,uA,'r','LineWidth',3);hold on;
>>plot(t,uB,'m','LineWidth',3);hold on;
>>plot(t,uC,'k','LineWidth',3);grid on;
>>gtext('A 相电压 uA');gtext('B 相电压 uB');gtext('C 相电压 uC');
>>xlabel('时间 s');ylabel('电压 V');
>>title('\fontsize{14}\bf 对称三相正弦交流电压波形图');
```

程序运行后绘制的三相交流电压波形图如图 5.2.30 所示。

绘制相量图程序如下：

```
>>UA=220*exp(j*0);UB=220*exp(-j*2*pi/3);UC=220*exp(j*2*pi/3);
>>tu=compass([UA  UB  UC]);set(tu,'Linewidth',3);
>>gtext('\fontsize{14}\bf UA');gtext('\fontsize{14}\bf UB');gtext('\fontsize{14}\bf UC');
>>title('\fontsize{14}\bf 电路电压电流相量图')
```

程序运行后绘制的三相交流电压相量图如图 5.2.31 所示。

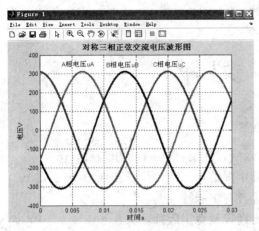

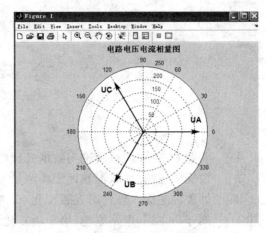

图 5.2.30   三相正弦交流电压波形图   图 5.2.31   三相交流电压相量图

3）实验小结

（1）通过本次实验掌握应用 MATLAB 进行复数运算和相量图的绘制；

（2）学会应用 Simulink 库元件创建电路，并测量相应的变量；

（3）通过本次实验掌握应用 MATLAB 三相对称交流电源波形图和相量图的绘制。

参 考 文 献

[1] 费业泰主编. 误差理论与数据处理(第六版). 北京:机械工业出版社,2015

[2] 倪骁骅主编. 形状误差评定和测量不确定度估计. 北京:化学工业出版社,2010

[3] 邱关源主编. 电路(第五版). 北京:高等教育出版社,2006

[4] 周守昌主编. 电路原理(第 2 版). 北京:高等教育出版社,2004

[5] 秦曾煌主编. 电工学(第七版)(上册)电工技术. 北京:高等教育出版社,2010

[6] 马鑫金主编. 电工仪表与电路实验技术. 北京:机械工业出版社,2012

[7] 吕华平主编. 大学物理实验教程(第二版)(下册). 北京:高等教育出版社,2013

[8] 张峰主编. 电路实验教程. 北京:高等教育出版社,2008

[9] 齐凤艳主编. 电路实验教程. 北京:机械工业出版社,2012

[10] 姚缨英主编. 电路实验教程(第 2 版). 北京:高等教育出版社,2011

[11] 刘玉成主编. 电路原理实验教程. 北京:清华大学出版社,2014

[12] 肖海荣主编. 电工实验教程. 北京:清华大学出版社,2014

[13] 杨风主编. 电工学实验. 北京:机械工业出版社,2013

[14] 俞艳主编. 电子元器件与电路基础学习辅导与练习. 北京:高等教育出版社,2013

[15] 崔陵主编. 电子基本电路装接与调试. 北京:高等教育出版社,2014

[16] 张继彬主编. 电工电子实验与实训. 北京:机械工业出版社,2008

[17] 钱晓龙主编. 电工电子实训教程. 北京:机械工业出版社,2009

[18] 申永山主编. 电工电子技术实验及课程设计. 北京:机械工业出版社,2013

[19] 景新幸主编. 电子电路创新性实验指导. 北京:高等教育出版社,2011

[20] 童建华主编. 电路基础与仿真实验. 北京:人民邮电出版社,2009

[21] 毕满清主编. 电子技术实验与课程设计. 北京:机械工业出版社,2001

[22] 殷志坚主编. 电工实验与 Multisim 9 仿真技术. 武汉:华中科技大学出版社,2010

[23] 张新喜主编. Multisim10 电路仿真及应用. 北京:机械工业出版社,2014

[24] 王亚芳主编. MATLAB 仿真及电子信息应用. 北京:人民邮电出版社,2011

[25] 何正风主编. MATLAB 动态仿真实例教程. 北京:人民发邮电出版社,2012

[26] 黄忠霖主编. 电工原理的 MATLAB 实现. 北京:国防工业出版社,2012